本书受海军院校和士兵训练机构
教材重点建设项目资助出版

信息技术重点图书·雷达

雷达探测与应用

刘涛　卢建斌　毛玲　蒋燕妮　毛滔　刘立国　**编著**

西安电子科技大学出版社

内 容 简 介

本书系统地讲述了雷达探测及其应用方面的知识,涵盖了雷达基础篇(雷达原理、雷达系统)、雷达进阶篇(雷达信号处理、雷达数据处理)和雷达对抗篇(雷达对抗、雷达防御)。全书共8章,主要介绍了雷达的基本组成结构,雷达方程,目标距离、角度、速度的测量与应用,以及先进的雷达信号处理技术、数据处理技术和目标识别方法,最后阐述了雷达电子战的基本原理,突出实战化需求牵引,为后续雷达装备的学习、使用和作战指挥奠定坚实的基础。

本书内容充实,系统性强,理论联系实际,强化工程实践和作战应用,既可作为雷达工程专业和预警探测方向初级任职培训的入门教材,也可作为雷达工程技术和指挥人员掌握雷达系统的分析设计、作战使用并解决有关实际问题的参考书。

图书在版编目(CIP)数据

雷达探测与应用/刘涛等编著 . —西安:西安电子科技大学出版社,
2019.12(2022.7 重印)
ISBN 978 - 7 - 5606 - 5438 - 6

Ⅰ. ① 雷… Ⅱ. ① 刘… Ⅲ. ① 雷达探测 Ⅳ. ① TN953

中国版本图书馆 CIP 数据核字(2019)第 220109 号

策 划 杨丕勇
责任编辑 雷鸿俊
出版发行 西安电子科技大学出版社(西安市太白南路2号)
电 话 (029)88202421 88201467 邮 编 710071
网 址 www.xduph.com 电子邮箱 xdupfxb001@163.com
经 销 新华书店
印刷单位 西安日报社印务中心
版 次 2019 年 12 月第 1 版 2022 年 7 月第 2 次印刷
开 本 787 毫米×1092 毫米 1/16 印张 21
字 数 494 千字
印 数 1001~1500 册
定 价 55.00 元
ISBN 978 - 7 - 5606 - 5438 - 6/TN
XDUP 5740001 - 2

前　　言

本书定位于军队初级指挥与工程技术人员，立足于全面掌握雷达基本原理及其作战应用，遵循深入浅出的授课理念，以透过现象看本质的哲学思想为指导，将雷达原理、雷达系统和雷达电子战的相关知识进行融合。

全书共 8 章，分为三篇：雷达基础篇（第 1～4 章）、雷达进阶篇（第 5、6 章）和雷达对抗篇（第 7、8 章）。雷达基础篇主要介绍雷达的基本概念、作用距离和参数测量等；雷达进阶篇主要介绍信号处理和数据处理等关键技术；雷达对抗篇给出雷达电子战的概念，最后落脚于雷达的电子防御。

第 1 章为绪论，介绍了雷达的基本概念及发展简史、雷达的工作原理及应用；第 2 章为雷达系统组成，分别对雷达发射机、雷达接收机、雷达天线和雷达显示终端等进行了介绍；第 3 章为雷达方程与目标检测，介绍了雷达方程、噪声中的信号检测、雷达脉冲积累、雷达电磁波传播效应及影响；第 4 章为雷达目标参数测量，主要介绍了目标距离测量、角度测量、速度测量及信号分辨力与测量精度；第 5 章为雷达信号处理，介绍了脉冲压缩技术、数字波束形成技术、合成孔径雷达技术等；第 6 章为雷达数据处理，介绍了雷达数据录取与预处理、雷达目标跟踪、雷达目标特性及雷达目标识别；第 7 章为雷达的电子威胁，介绍了雷达作战环境与电子战、雷达对抗侦察原理、雷达干扰方程与干扰手段以及新体制雷达对抗技术；第 8 章为雷达的电子防御，介绍了雷达反侦察方法、雷达抗干扰措施、抗反辐射攻击与反隐身措施以及经典雷达电子战实例分析。全书体系结构完整，哲学观点明确，深入浅出，既适合初学者踏入雷达专业的门槛，也适合科研人员聚焦雷达系统的物理本质。

本书由海军工程大学电子工程学院预警探测教研室组织编写。全书由刘涛设计、撰写大纲并统稿，并编写了第 5 章、第 7 章、第 8 章的相关内容；卢建斌编写了第 2 章、第 3 章的相关内容；毛玲编写了第 1 章、第 4 章、第 6 章的相关内容；刘立国参与了第 1 章、第 3 章的修改工作；蒋燕妮参与了第 2 章、第 5 章的修改工作；毛滔参与了全书的审校工作。

在撰写本书的过程中得到了本科生杨子渊、陶佳康、王庆和王诺等的大力支持和帮助，在此我们一并表示衷心的感谢。

由于时间仓促、资料不足，加之编者水平有限，书中难免存在一些不足，恳请读者批评指正。

编　者

2019 年 8 月

目　　录

第一篇　雷达基础篇

1

第二篇　雷达进阶篇

第三篇　雷达对抗篇

第一篇　雷达基础篇

第 1 章 绪 论

本章主要介绍雷达的基本概念、发展历史、工作原理、基本组成及其应用和分类,宏观把握雷达的主要任务、需要学习掌握的主要内容和今后雷达技术的发展趋势。从知识掌握和本质理解上来说,雷达信号处理是学习雷达的关键。雷达信号处理的本质就是矢量相加,同向最大,也就是"1+1=2"的问题。后续的脉冲积累、脉冲压缩、匹配滤波、脉冲多普勒、模糊函数、傅里叶变换、相控阵雷达技术、合成孔径雷达技术以及空域滤波技术等都是"1+1=2"的具体体现。

1.1 雷达的基本概念及发展简史

1.1.1 雷达的基本概念

雷达是英文 Radar 的音译,源于 Radio Detection and Ranging 的缩写,原意是"无线电探测和测距",即用无线电方法发现目标并测定它们在空间的位置,因此雷达也称为"无线电定位"。随着雷达技术的发展,雷达的任务不仅是测量目标的距离、方位和仰角,而且还包括测量目标的速度,以及从目标回波中获取更多有关目标的信息。

雷达是利用目标对电磁波的反射(或称为二次散射)现象来发现目标并测定其位置的。飞机、导弹、人造卫星、舰艇、车辆、兵器、炮弹及建筑物、山川、云雨等,都可能作为雷达的探测目标,这要根据雷达的用途而定。目标对雷达信号的反射强弱程度可以用目标的雷达截面积(RCS)来描述。通常,目标的雷达截面积越大,则反射的雷达信号功率越强。雷达截面积与目标自身的材料、形状和大小等因素有关,也与照射它的电磁波的特性有关。目标的雷达截面积的大小影响着雷达对目标的发现能力,通常雷达截面积越大的目标可能在越远的距离被雷达发现。雷达的基本原理如图 1.1.1 所示。

除了目标的回波外,雷达接收机中总是存在着一些杂乱无章的信号。这些信号称为噪声,它是由外部噪声源经天线进入接收机,以及接收机本身的内部电路共同产生的。采用先进的电子元器件和精心的电路设计可以减小这些噪声,但不可能完全消除它们。由于噪声时时刻刻伴随目标回波存在,所以当目标距离雷达很远、目标回波很弱的时候,回波就难以从噪声中被区分出来。只有当目标与雷达的距离近到目标回波比噪声足够强的时候,雷达才可能从接收机的噪声背景中发现目标的回波。雷达从噪声中发现回波信号的过程称为雷达目标检测或目标的发现。从上面的分析容易知道,雷达对目标的发现距离是有限度的。

雷达发射的电磁波信号照射目标的同时,也会照射到目标所在的背景物体上,这些背景物体的反射回波进入雷达接收机,形成无用的回波,也称为雷达杂波。例如,雨雪等自然现象形成的反射回波称为气象杂波;向地面、海面观测目标时地物和海面反射形成的杂

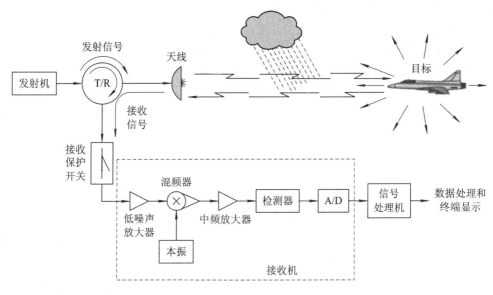

图 1.1.1 雷达工作的基本原理

波分别称为地杂波和海杂波。此外，在实际战场环境中还存在大量的有意针对雷达发射的人为电磁波信号，这些信号进入雷达接收机后，可能起到削弱雷达对目标发现能力的作用，这样的信号称为干扰。噪声、杂波、干扰都会在雷达显示器上出现，严重影响雷达对目标的观察。因此，现代雷达根据噪声、杂波、干扰与目标的不同特征，利用各种信号处理技术，消除杂波、干扰的影响，才使雷达的应用能扩展到复杂的战场环境下，保证雷达正常发现目标和测量目标参数的能力。噪声与杂波的区别可以直观地理解为：雷达不发射信号的时候，接收机噪声依旧存在，但是不存在杂波。

雷达辐射电磁能量并检测来自反射体的回波，回波信号提供了下列关于目标的信息：

（1）通过测量电磁波信号从雷达传播到目标并返回雷达的时间可得到目标的距离；

（2）目标的角度信息可以通过方向性天线（具有窄波束的天线）测量回波信号的到达角来确定；

（3）如果是动目标，则雷达能得到目标的轨迹或航迹，并能预测它未来的位置；

（4）径向动目标的多普勒效应使接收的回波信号产生频移，雷达可以根据频移将希望检测的动目标和不希望检测的固定目标区分开；

（5）当雷达具有足够高的分辨力时，它还能识别目标尺寸和形状的某些特性。

归纳起来，雷达在发现（检测）目标之后，其基本测量功能可以分为尺度测量和特征测量两类。尺度测量包括对目标三维坐标（距离、角度）的测量，还包括速度（或加速度）的测量；特征测量包括对目标雷达截面积、散射矩阵、散射中心分布等的测量。

1.1.2 雷达发展简史

1. 雷达原理的发现和早期雷达

在雷达出现之前，人们一般采用光学系统进行探测，但是光学系统受天气影响很大，后来出现了利用声音进行探测的设备，但是作用距离很有限。雷达作为一种军事装备服务于人类始于 20 世纪 30 年代，但雷达原理的发现和探讨则要追溯到 19 世纪。

1864 年，麦克斯韦提出了电磁理论，预见到了电磁波的存在。

1886 年，海因里奇·赫兹进行了用人工方法产生电磁波的实验，建立了第一个天线系统。他当时装配的设备实际上是工作在米波波长的无线电系统。赫兹通过实验证明了电磁波的存在，验证了电磁波的发生、接收和散射。

1904 年，德国人克里斯琴·赫尔斯迈耶研制出原始的船用防撞雷达并获得专利，探测到了从船上反射回来的电磁波。

1922 年，马可尼在接受无线电工程师学会(IRE)荣誉奖章时发表讲话，主张用短波无线电来探测物体。

1925 年，约翰斯·霍普金斯大学的伯瑞特(Breit)和图夫(Tuve)第一次在阴极射线管荧光屏上观测到了从电离层反射回来的短波窄脉冲回波。

到了 20 世纪 30 年代，很多国家都开展了用于探测飞机和舰船的脉冲雷达的研究工作。1930 年，美国海军研究实验室的汉兰德采用连续波雷达探测到了飞机。

1935 年 2 月，英国人用一部 12 MHz 的雷达探测到了 60 km 外的轰炸机。德国人也验证了对飞机目标的短脉冲测距。

1937 年年初，英国人罗伯特·沃森·瓦特设计的作战雷达网"本土链"(Chain Home)正式部署。这是世界上第一个用于实战的雷达网，并在著名的"大不列颠空战"中发挥了重要作用。图 1.1.2 所示为 Chain Home 雷达系统。

图 1.1.2 Chain Home 雷达系统

1938 年，美国信号公司制造了第一部防空火控雷达 SCR-268，它是世界上第一部真正实用的火控雷达，前后共生产了约 3000 部。

1938 年，美国无线电公司研制出了第一部实用的舰载雷达(XAF)，安装在美国"纽约"号战舰上，它对海面舰船的探测距离为 20 km，对飞机的探测距离为 160 km。

1939 年，英国在一架飞机上装了一部工作频率为 200 MHz 的雷达，用来监视入侵的飞机。这可称得上是世界上第一部机载预警雷达。当时的英国在研制厘米波功率发生器件方面居于世界领先地位，并首先制造出了能产生 3000 MHz 频率 1 kW 功率信号的磁控管。

高功率厘米波器件的出现，大大促进了雷达技术的发展。

2. 第二次世界大战中的雷达

虽然最早出现的是民用雷达，但世界上的发达国家很快就意识到雷达巨大的军事应用价值，除英国、美国外，法国、苏联、德国和日本等国都在致力于雷达的研制。在第二次世界大战期间，雷达获得了很大发展及广泛应用。

1941年12月，美国已经生产了近百部SCR-270/271警戒雷达(见图1.1.3)，其中一部就架设在珍珠港，它探测到了入侵珍珠港的日本飞机。但是，那天执勤的美国指挥官误把荧光屏上出现的日本飞机回波当成了本国飞机的回波，由此酿成惨重损失。

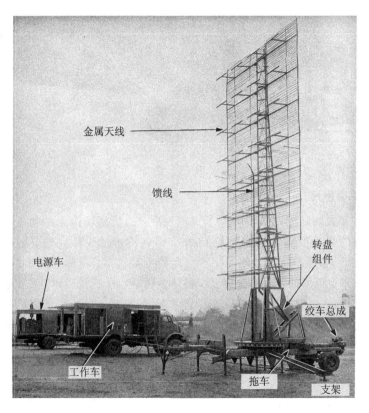

图1.1.3　SCR-270警戒雷达

在第二次世界大战中，由于战争的需要，交战双方都集中了巨大的人力、物力和财力来发展雷达技术。到了战争末期，雷达已在海、陆、空三军中得到了广泛应用。借助英国的帮助，美国在雷达方面的研制大大超过了德国和日本，保证了同盟国的胜利。当时的雷达不仅能在各种复杂条件下发现数百千米外的入侵飞机，而且还能精确地测出它们的位置。那时雷达已进入控制领域，火炮射击和飞机轰炸等都借助雷达进行瞄准控制。统计结果表明，在第二次世界大战初期，高射炮每击落一架飞机平均要消耗5000发炮弹。到了大战末期，尽管飞机性能已经大为提高，但采用火控雷达控制高射炮进行射击，每击落一架飞机平均只需用50发炮弹，命中率提高到了100倍。

二战中的雷达大多数工作于超高频(或更低的频段)。海军的雷达一般工作在200 MHz频率上。到战争后期，工作在400 MHz、600 MHz和1200 MHz频率上的雷达也已经投入使用。

　　1943年，高功率微波磁控管研制成功并投入生产之后，微波雷达正式问世。从英国研制成功磁控管到美国麻省理工学院辐射实验室研制出第一部10 cm波长的实验雷达，前后只用了一年时间。首先制造成功的只是XT-1型外场试验装置，到1943年中期美国就研制成功了针状波束圆锥扫描S波段的SCR-584防空火控雷达(见图1.1.4)。这种雷达的波束宽度约为4°(约70 mrad)，跟踪飞机的精度约为0.86°(约15 mrad)。这样的精度已经能满足高炮射击指挥仪的要求，而且光学跟踪仍然作为雷达的补充，使得雷达伺服系统控制自动跟踪的性能足以使由雷达控制的火炮在射程范围内具有很高的杀伤力。

图1.1.4　SCR-584防空火控雷达

3. 战后的雷达发展

　　第二次世界大战期间雷达技术得到了飞速发展，战后很快进入持续近半个世纪的冷战时期。军备竞赛的刺激推动着雷达系统技术及相关技术的发展，主要包括：高功率速调管、低噪声行波管、参量放大器、锁相技术与高稳定振荡器、单脉冲测角技术、动目标显示和脉冲多普勒技术、频率捷变、极化捷变、超视距雷达、合成孔径雷达、窄脉冲技术与宽带信号的产生和处理、电扫描与相控阵天线、固态功率器件、超高速集成电路与专用集成电路、数字计算机、数字信号处理与高速信号处理芯片、电波传播与电离层探测、印制电路与微电子电路、薄膜电路和厚膜电路、电子设计自动化。这些技术的发展又促使雷达进一步获得了更加广泛的应用。从第二次世界大战结束至今，每个时期内都有各种标志性的产品相继研制成功。

　　1) 20世纪50年代的雷达

　　20世纪40年代雷达的工作频段由高频(HF)、甚高频(VHF)发展到了微波波段，直至K波段(波长约1 cm)。到50年代末，为了有效地探测卫星和远程导弹，需要研制超远程雷达，雷达的工作频段又返回到了较低的甚高频(VHF)和超高频(UHF)波段。在这些波段上雷达可获得兆瓦级的平均功率，采用尺寸达百米以上的大型天线。目前，大型雷达主要用于观测月亮、极光、流星和金星等。

　　脉冲压缩在20世纪40年代被提出，但直到50年代才得以应用于雷达系统。最早的高功率脉冲压缩雷达采用相位编码调制，把一个长脉冲分成200个子脉冲，各子脉冲的相位按照伪随机码选择为0°或180°。脉冲压缩技术的出现，使得雷达在提高距离分辨力的同时也能够保证较大的作用距离。

　　20世纪50年代还出现了合成孔径雷达，它利用装在飞机或卫星上相对来说较小的侧视天线，产生地面上的一个条带状地图。机载气象观测雷达和地面气象观测雷达也问世于这一时期。机载脉冲多普勒雷达是 20 世纪 50 年代初提出的构想，50 年代末就成功地应用于"波马克"空空导弹的下视、下射制导雷达。

2）20 世纪 60 年代的雷达

20 世纪 60 年代的雷达技术是以第一部电扫描相控阵天线和后期开始的数字处理技术为标志的。天线波束的空间扫描可以采用机械扫描和电子控制扫描的办法。电扫描比机械扫描速度快、灵活性好。

第一种实用的电扫描雷达采用频率扫描天线，其中最为著名的是美国 IIT 公司生产的 AN/SPS-48 雷达（参见图 1.1.5）与苏联的"顶板"雷达。它们在方位向采用机械扫描，而仰角向采用电扫描。

1957 年，苏联成功地发射了人造地球卫星，这表明射程可达美国本土的洲际弹道导弹已进入实用阶段，人类进入了太空时代。美苏相继开始研制外空监视和洲际弹道导弹预警用的超远程相控阵雷达。美国在 60 年代研制了 AN/SPS-85 相控阵雷达（见图 1.1.6），它的天线波束可在方位和仰角方向上实现电扫描。AN/SPS-85 是正式用于探测和跟踪空间物体的第一部大型相控阵雷达，它的发展证明了数字计算机对相控阵雷达的重要性。60 年代后期，数字技术的发展使雷达信号处理开始了一场革命，并一直延续到现在。今天，几乎所有的雷达信号处理设备都是数字式的。60 年代，美国海军研究实验室还研制了探测距离在 3700 km 以上的"麦德雷"高频超视距（OTH）雷达，这个研制成果证明了超视距雷达探测飞机、弹道导弹和舰艇的能力，还包括确定海面状况和海洋上空风情的能力。

图 1.1.5　美军的 AN/SPS-48 频率扫描三坐标雷达　　　　图 1.1.6　美军的 AN/SPS-85 相控阵雷达

3）20 世纪 70 年代的雷达

20 世纪 50 年代末实现技术突破，60 年代得到大力发展的几种主要相参雷达，如合成孔径雷达、相控阵雷达和脉冲多普勒雷达等，在 70 年代又有了新的发展。合成孔径雷达的计算机成像是 70 年代中期实现技术突破的，目前高分辨力合成孔径雷达已经扩展到民用。装在海洋卫星上的合成孔径雷达已经获得分辨力为 25 m×25 m 的雷达图像，用计算机处理后能提供地理、地质和海洋状态信息。在 1 cm 波段上，机载合成孔径雷达的分辨力已可达到约 0.09 m。相控阵雷达和脉冲多普勒雷达的发展都与计算机的高速发展密不可分。70 年代投入正常运转的 AN/FPS-108"丹麦眼镜蛇雷达"是一部有代表性的大型高分辨力相控阵雷达（见图 1.1.7），美国将该雷达用于观测和跟踪苏联堪察加半岛靶场上空多个再入的弹道导弹弹头。

图 1.1.7 AN/FPS-108"丹麦眼镜蛇雷达"

4）20 世纪 80 年代的雷达

20 世纪 80 年代，相控阵雷达技术大量用于战术雷达，包括美国陆军"爱国者"系统中的 AN/MPQ-53（见图 1.1.8）、海军"宙斯盾"系统中的 AN/SPY-1 和空军的 B-1B。

图 1.1.8 AN/MPQ-53 相控阵雷达

5）20 世纪 90 年代以后的雷达

20 世纪 90 年代以后，尽管冷战结束，但局部战争仍然不断，特别是由于海湾战争的刺激，雷达又进入了一个新的发展时期。90 年代以后雷达技术发展状况可概括为以下几个方面：

（1）军用雷达面临电子战中反雷达技术的威胁，特别是有源干扰和反辐射导弹的威胁。现代雷达发展了多种抗有源干扰与抗反辐射导弹的技术，包括自适应天线方向图置零技术、自适应宽带跳频技术、多波段共用天线技术、诱饵技术、低截获概率技术等。

（2）隐身飞机的出现，使微波波段目标的雷达截面积减小了 20～30 dB，要求雷达的灵敏度相应提高同样的量级。反隐身雷达已采用低频段（米波、短波等）雷达技术、双（多）基地雷达。

（3）巡航导弹与低空飞机飞行高度低至 10 m 以下，目标截面积小到 $0.1～0.01$ m^2。因此，对付低空入侵是雷达技术发展的又一挑战。采用升空平台、宽带雷达、脉冲多普勒及毫米波等技术能有效对付低空入侵。

（4）成像雷达技术的发展，为目标识别创造了前所未有的机会。目前工作的合成孔径雷达分辨力已达 1 m×1 m，0.3 m×0.3 m 的系统也已研制成功，为大面积实时侦察与目标识别创造了条件，多频段、多极化合成孔径雷达已经投入使用。

（5）航天技术的发展，为空间雷达技术的发展提供了广泛的机会。高功率的卫星警戒雷达、空基侦察与警戒雷达、空间飞行体交会雷达等成为雷达家族新的挑战。

（6）探地雷达是雷达发展的另一重要方向。目前已有多种体制的探地，用于地雷、地下管道探测和高速公路质量检测等。树林下及沙漠下隐蔽目标的探测已取得重要的实验成果，UHF/VHF 频段的超宽带合成孔径雷达已取得突破性进展。

（7）毫米波雷达在各种民用系统中（如海港及边防监视、船舶导航、直升机防撞等）大显身手。欧美已开发出 77 GHz 和 94 GHz 的汽车防撞雷达，为大规模生产汽车雷达创造了条件。在研制的用于自动装置的雷达中，最高频率已达 220 GHz。

（8）目前雷达逐渐朝着新体制的方向不断发展，比如米波反隐身雷达、量子雷达、微波光子雷达、认知雷达、数字阵列雷达等等。

对于雷达的另一个要求是多功能与多用途。在现代雷达应用中，由于作战空间和时间的限制，加之快速反应能力的要求和系统综合性的要求，雷达必须具备多功能和综合应用的能力。例如：要求一部雷达能同时对多目标实施搜索、截获、跟踪、识别及武器制导或火控等功能；要求雷达与通信、指挥控制、电子战等功能构成综合体。

1.1.3　美军雷达命名规范

按军用标准 MIL‑STD‑196D 所述，美国军用电子设备（包括雷达）是根据联合电子类型命名系统（JETDS）来命名的，它以前称陆军—海军联合命名系统（AN 系统）。名称的字母由字母 AN、一条斜线和另外三个字母组成。三个经适当选择的字母表示设备的安装位置、设备类型和设备用途。表 1.1.1 列出了设备的指示字母。三个字母后是一个破折号和一个数字。对于特定的字母组合，数字是顺序选取的。例如，AN/SPS‑49 是一舰载警戒雷达。数字 49 标识特定设备，并且表示该设备是 JETDS 所规定的 SPS 类的第四十九种。每经一次修改就在原型号后附加一个字母（A、B、C 等），但每次修改都保持了它的可互换性。在基本名称后加上 X、Y、Z 来标识电源输入电压、相位和频率的变化。当名称后加上破折号、字母 T 和数字时则表明设备是用于训练的。名称后括号中的 V 表示设备是可变系统（指那些通过增加或减少装置、组件和单元抑或它们的组合来完成不同功能的系统）。处于实验和研制中的系统有时在紧随正式名称后的括弧内用特殊标志来表示，它们指明研制的单位。例如，XB 表示海军研究实验室，XW 为罗姆航空发展中心。空括号用于开发中的或系列未明确的设备。

在表 1.1.1 的第一列中，字母 M 用于安装和工作在车辆上的设备，车辆的唯一功能是放置和运输设备。字母 T 用于地面设备，该设备可由一地转移到另一地并且运输过程中设备是不能工作的。字母 V 表示安置在车辆中的设备，该车辆不只用来运载电子设备（如坦克）。字母 G 表示具有两种或两种以上地面安装方法的设备。特地设计成人员携带时工作的设备用字母 P 表示。字母 U 表明设备使用两种或更多的安装类型，如地面、飞机和舰艇。字母 Z 表示设备安装在空间飞行的装置中，如飞机、无人机和制导导弹。

设备类型提示符（表 1.1.1 中的第二列）用 P 表示雷达，但也可用于表示和雷达一起工作的信标、电子识别系统及脉冲类的导航设备。

加拿大、澳大利亚、新西兰和英国的电子设备也包含在 JETDS 命名规范内。例如，500～599 和 2500～2599 这两组数字是预留给加拿大的。

表 1.1.1　JETDS 设备符号

安装位置(第一字母)	设备类型(第二字母)	用途(第三字母)
A　机载	A　不可见光、热辐射设备	A　辅助装置
B　水下移动式、潜艇	C　载波设备	B　轰炸
D　无人驾驶运载工具	D　放射性检测、指示、计算设备	C　通信(发射和接收)
F　地面固定	E　激光设备	D　测向侦察或警戒
G　地面通用	G　电报、电传设备	E　弹射或投掷
K　水陆两用	I　内部通信和有线广播	G　火力控制或探照灯瞄准
M　地面移动式	J　机电设备	H　记录或再现(气象图形)
P　便携式	K　遥测设备	K　计算
S　水面舰艇	L　电子对抗设备	M　维修或测试装置(包括工具)
T　地面可运输式	M　气象设备	N　导航(包括测高计、信标、罗盘、雷达信标、测深计,以及进场和着陆导航)
U　通用	N　空中声测设备	
V　地面车载	P　雷达	
W　水面和水下	Q　声呐和水声设备	Q　专用或兼用
Z　有人和无人驾驶空中运输工具	R　无线电设备	R　接收、无源探测
	S　专用设备、磁设备或组合设备	S　探测或测距、测向、搜索
	T　电话(有线)设备	T　发射
	V　目视和可见光设备	W　自动飞行或遥控
	W　武器特有设备(未包括在其他类型中的)	X　识别和辨认
	X　传真和电视设备	Y　监视(搜索、探测和多目标跟踪)和控制(火控和空中控制)
	Y　数据处理设备	

美国联邦航空局空中交通管制系统的雷达使用以下术语:

ASR:机场监视雷达。

ARSR:航路监视雷达。

TDWR:终端多普勒气象雷达。

字母后的数字表示该类雷达的特定型号。

美国国家气象局使用的气象雷达用 WSR 来表示。该标识与 JETDS 无关。WSR 后的数字表明雷达开始服役的时间。数字后的字母表明雷达工作频率的波段字母名称。所以,WSR‐74C 是 1974 年开始服役的 C 波段气象雷达。

1.2　雷达的工作原理及应用

1.2.1　雷达的工作原理

1. 雷达的测量原理

雷达发现目标之后,最基本的目的就是测量目标参数。目标参数包括距离、方位角、俯仰角(高度)、速度等。不同用途的雷达对测量目标参数的要求也不同。

目标在空间、陆地或海面的位置可以用多种坐标系来表示。最常见的是直角坐标系，即空间任一点的位置用 x、y 和 z 三个坐标表示。在雷达应用中，目标位置常采用极（球）坐标系，如图 1.2.1 所示。目标 P 的位置用下列三个坐标确定：

（1）目标斜距 R：雷达到目标的直线距离 OP。

（2）方位角 φ：目标斜距 R 在水平面上的投影 OB 与某一起始方向（正北、正南或其他参考方向）在水平面上的夹角。

（3）俯仰角 θ：目标斜距 R 与它在水平面上的投影 OB 在铅垂面上的夹角，有时也称为倾角或高低角。

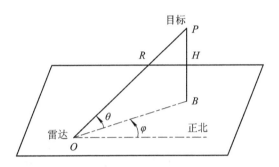

图 1.2.1　目标的位置坐标

有时需要知道目标的高度和水平距离，这时采用圆柱坐标系比较方便。在圆柱坐标系中，目标的位置由水平距离 D、高度 H 和方位角 α 表示。极坐标和圆柱坐标的关系为

$$D=R\cos\theta, \quad H=R\sin\theta, \quad \alpha=\varphi$$

由于地球曲率的影响，上述关系在目标距离较近时是准确的，当目标距离较远时必须作适当修正。

现以典型的单基地脉冲雷达为例来说明雷达测量的基本工作原理，如图 1.1.1 所示。

由雷达发射机产生的电磁能，经收发开关后传输给天线，再由天线将此电磁能定向辐射于大气中。电磁能在大气中以光速（约 3×10^{8} m/s）传播，如果目标恰好位于定向天线的波束内，则它将要截取一部分电磁能。目标将被截取的电磁能向各方向散射，其中部分散射的能量朝向雷达接收方向。雷达天线搜集到这部分散射的电磁波后，就经传输线和收发开关馈给接收机。接收机将这个微弱信号放大并经信号处理后即可获取所需信息，并将结果送至终端显示。

1）目标斜距的测量

雷达工作时，发射机经天线向空间发射一串重复周期一定的高频脉冲。如果在电磁波传播的途径上有目标存在，那么雷达就可以接收到由目标反射回来的回波。由于回波信号往返于雷达与目标之间，它将滞后于发射脉冲一个时间 t_{r}，如图 1.2.2 所示。我们知道，电磁波的能量是以光速传播的，设目标的距离为 R，则传播的距离等于光速乘上时间间隔，即 $2R=ct_{r}$。式中：R 为目标到雷达站的单程距离，单位为 m；t_{r} 为电磁波往返于目标与雷达之间的时间间隔，单位为 s；c 为光速，$c=3\times10^{8}$ m/s。

能测量目标距离是雷达的一个突出优点，测距的精度和分辨力与发射信号带宽（或处理后的脉冲宽度）有关。脉冲越窄，性能越好。

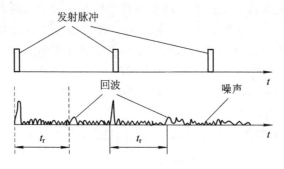

图 1.2.2　雷达测距

2）目标角位置的测量

目标角位置指方位角或仰角，在雷达技术中测量这两个角位置基本上都是利用天线的方向性来实现的。雷达天线将电磁能量汇集在窄波束内，当天线波束轴对准目标时，回波信号最强，如图 1.2.3 中的实线所示。当目标偏离天线波束轴时回波信号减弱，如图 1.2.3 中的虚线所示。根据接收回波最强时的天线波束指向，就可确定目标的方向，这就是角坐标测量的基本原理。

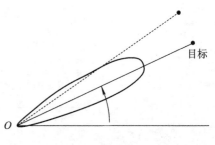

图 1.2.3　角坐标测量

3）相对速度的测量

有些雷达除确定目标的位置外，还需测定运动目标的相对速度，例如测量飞机或导弹飞行时的速度。当目标与雷达站之间存在相对速度时，接收到回波信号的载频相对于发射信号的载频产生一个频移，这个频移在物理学上称为多普勒频移，它的数值为

$$f_d = \frac{2v_r}{\lambda} \qquad (1.2.1)$$

式中：f_d 为多普勒频移，单位为 Hz；v_r 为雷达与目标之间的径向速度，单位为 m/s；λ 为载波波长，单位为 m。

当目标向着雷达站运动时，$v_r>0$，回波载频提高；反之 $v_r<0$，回波载频降低。雷达只要能够测量出回波信号的多普勒频移 f_d，就可以确定目标与雷达站之间的相对速度。

径向速度也可以用距离的变化率来求得，此时精度不高但不会产生模糊。无论是用距离变化率或用多普勒频移来测量速度，都需要时间。观测时间愈长，则速度测量精度愈高。

多普勒频移除用作测速外，更广泛的是应用于动目标显示（MTI）、脉冲多普勒（PD）等雷达中，以区分运动目标回波和杂波。

4）目标尺寸和形状

如果雷达测量具有足够高的分辨力，就可以提供目标尺寸的测量。由于许多目标的尺寸在数十米量级，因而分辨能力应为数米或更小。目前雷达的分辨力在距离维已能达到，但在通常作用距离下切向距离维的分辨力还远达不到，增加天线的实际孔径来解决此问题是不现实的。然而当雷达和目标的各个部分有相对运动时，就可以利用多普勒频率域的分辨力来获得切向距离维的分辨力。例如，装于飞机和宇宙飞船上的 SAR（合成孔径）雷达，与目标的相对运动是由雷达的运动产生的。高分辨力雷达可以获得目标在距离和切向距离方向的轮廓(雷达成像)。

如果雷达具有足够高的分辨力,就能测量目标的尺寸。因为许多雷达目标的尺寸在数十米的量级,所以要求雷达的分辨力在几米或更小的量级。高分辨力雷达(如合成孔径雷达 SAR 或逆合成孔径雷达 ISAR)通过采用大带宽的信号,可以在距离向获得很高的分辨力,通过采用合成孔径技术,可以在方位向获得很高的分辨力,从而得到目标的二维图像,给出目标的尺寸和形状信息。

雷达可以测量目标回波起伏特性。目标回波起伏特性的测量对于判定目标属性有重要意义。例如,在空间目标监视雷达中,利用目标起伏特性可区分该目标是否为稳定目标(自旋稳定或非自旋稳定目标)。

此外,雷达还可以测量目标的极化散射矩阵。极化散射特性在一定程度上反映了目标的形状及属性信息。

2. 雷达的基本框图

这里以典型的单基地脉冲雷达为例来说明雷达的基本组成及其作用。单基地脉冲雷达主要由发射机、天线、接收机、信号处理机和显示器等组成,如图 1.1.1 所示。

1) 发射机

雷达发射机产生辐射所需强度的脉冲信号,脉冲的波形由调制器产生,其波形是具有一定脉冲宽度和重复周期的高频脉冲,当然,某些雷达也采用更加复杂调制的波形。发射机可以是功率放大器,如速调管、行波管、正交场放大器或固态器件等;也可以是功率振荡器件,如磁控管。

典型的地面对空监视雷达发射机的平均功率是几千瓦,近程雷达的平均功率是毫瓦数量级,而探测空间物体的雷达和高频超视距雷达的平均功率可达兆瓦数量级。基本雷达方程说明,雷达的探测距离与发射功率 4 次方根成正比。所以,为了将探测距离提高 1 倍,发射机功率要提高到原来的 16 倍。这样的比例关系说明,为提高雷达探测距离应使用的发射功率总量通常要受到实际条件和经济条件的限制。

发射机不仅要能产生大功率、高稳定的波形,而且常常还要在很宽的频率范围内高效、长时间无故障工作。发射机输出的能量用波导或其他形式的传输线馈送到天线,经由天线辐射到空间。

2) 天线

通常,发射机能量由天线聚焦成一个窄波束辐射到空中。脉冲雷达的天线一般都具有很强的方向性,以便集中辐射能量获得较大的观测距离。同时,天线的方向性越强,天线波束宽度越窄,雷达测角的精度和分辨力也越高。在雷达中,机械控制的抛物面反射面天线和电扫描的平面相控阵天线都得到了广泛的应用。

常用的抛物面反射面天线的馈源位于焦点上,天线反射面将高频能量聚成窄波束,天线波束在空间的扫描常采用机械装置转动天线实现。根据雷达用途的不同,波束形状可以是扇形波束或针状波束(也称笔形波束)。专用跟踪雷达通常采用笔状波束,用于探测或跟踪飞机的雷达,天线波束宽度的典型值约为 1°~2°。常用的探测目标距离和方位的地面对空警戒雷达,通常采用机械转动的反射面天线,它的扇形波束在水平方向窄,而垂直方向宽。

天线波束的空间扫描也可以采用电子控制的办法,它比机械扫描速度快、灵活性好,这就是 20 世纪末开始日益广泛使用的平面相控阵天线和电子扫描的阵列天线。前者在方位和仰角两个角度上均实行电扫描，天线的波束控制可在微秒或更短的时间完成；后者是一维电扫描，另一维机械扫描。机载雷达和三坐标对空警戒雷达波束经常采用电扫描。机载雷达通常采用相控阵天线，方位、俯仰两维电扫描；而三坐标对空警戒雷达通常在方位上机械转动以测量方位，而在垂直方向上使用电控扫描或波束形成来测量仰角。

脉冲雷达的天线是收发共用的，天线的切换需要依靠高速开关装置。在发射时，天线与发射机接通，并与接收机断开，以免强大的发射功率进入接收机将接收机高放混频部分烧毁；在接收时，天线与接收机接通，并与发射机断开，以免微弱的接收功率因发射机旁路而减弱。这种切换装置称为天线收发开关。天线收发开关属于高频馈线中的一部分，通常由高频传输线和放电管组成，或用环行器及隔离器等来实现。

3）接收机

天线收集到的回波信号送往接收机。现代雷达接收机几乎都是超外差式，超外差接收机混频器利用本振将射频信号转变为中频信号，在中频对信号进行放大、滤波等。雷达接收机通常由高频放大、混频、中频放大、检波、视频放大等电路组成。

接收机的首要任务是把微弱的回波信号放大到足以进行信号处理的电平；同时，接收机内部的噪声应尽量小以保证接收机的高灵敏度。因此，接收机的第一级常采用低噪声高频放大器。通常在接收机中也进行一部分信号处理。例如，中频放大器的频率特性应设计为发射信号的匹配滤波器，这样就能在中频放大器输出端获得最大的峰值信号噪声功率比（信噪比，即 SNR）。对于需要进行较复杂信号处理的雷达，例如需分辨固定杂波和运动目标回波的动目标显示（MTI）雷达，则还需要在典型接收机后接信号处理机。

接收机的检波器通常是包络检波器，它能消除中频载波，并让调制包络通过。在连续波雷达、动目标显示雷达、脉冲多普勒雷达中，由于需要进行多普勒处理，相位检波器代替了包络检波器。相位检波器通过与一个频率为发射信号频率的参考信号比较，可提取目标的多普勒频率。

对于普通脉冲雷达而言，中频处理之后可以直接通过包络检波器获取视频信号。视频放大器将信号电平提高到便于显示它所含有信息的程度。在视频放大器的输出端建立一个用于检测判决的门限，若接收机的输出超过该门限则判定有目标。判决可由操作员作出，也可无须操作员的干预而由自动检测设备得出。

4）信号处理机

早期雷达基本不需要单独的信号处理机，全部雷达回波的处理都由雷达接收机完成。雷达接收机进行高频放大、混频、中频放大后就进行检波、视频放大，然后送显示器显示。

现代雷达（主要是相参雷达）基本上在接收机包络检波前先进行相位检波（又叫相干检波），然后对检波后的同相支路（I 通道）及正交支路（Q 通道）进行信号处理。通常认为，信号处理是消除不需要的信号、杂波及干扰，并通过或加强所关注的目标产生的回波信号。信号处理是在检测判决之前完成的，不同雷达对信号处理的要求不同。信号处理可以包括动目标显示（MTI）以及脉冲多普勒雷达的多普勒滤波等，有时也包括复杂信号的脉冲压缩处理。现代雷达一般在信号处理之后再进行包络检波，获得视频信号。

5）显示器

早期显示器可以直接显示由雷达接收机输出的原始视频回波。在通常情况下，接收机中频输出后经检波器取出脉冲调制波形，由视频放大器放大后送到显示器。例如，在平面位置显示器上可根据目标亮弧的位置测读目标的距离和方位角两个坐标。

现代雷达的显示器还可以显示经过处理的信息。例如,自动检测和跟踪设备先将原始视频信号(接收机或信号处理机输出)按距离方位分辨单元分别积累,而后经门限检测,取出较强的回波信号而消去大部分噪声,对门限检测后的每个目标建立航迹跟踪,最后,按照需要将经过上述处理的回波信息加到终端显示器。自动检测和跟踪设备的各种功能常要依靠数字计算机来完成。

3. 雷达的工作频率

雷达的工作频率没有根本性的限制,无论工作频率如何,只要是通过辐射电磁能量来检测和定位目标,并且利用目标反射回波来提取目标信息的任何设备都可认为是雷达。雷达的工作频率主要根据目标的特性、电波传播条件、天线尺寸、高频器件的性能、雷达的测量精确度和功能等要求来决定。已经使用的雷达工作频率从几兆赫到紫外线区域。任何工作频率的雷达,其基本原理是相同的,但具体的实现却差别很大。实际上,大多数雷达的工作频率是微波频率。

雷达工程师利用表 1.2.1 给出的字符来标识雷达常用工作频段。这些字符表示的波段名称在雷达领域是通用的。它作为一种标准已被电气和电子工程师协会(IEEE)正式接受。

每个频段都有其自身特有的性质,从而使它比其他频段更适合于某些应用。实际上,频域的划分并不像名称那样分明。

表 1.2.1 标准的雷达频率命名法

波段名称	频率范围	波 长	国际电信联盟分配的雷达频段
HF	3～30 MHz	100～10 m	
VHF	30～300 MHz	10～1 m	138～144 MHz 216～225 MHz
UHF	300～1000 MHz	100～30 cm	420～450 MHz 890～942 MHz
L	1000～2000 MHz	30～15 cm	1215～1400 MHz
S	2000～4000 MHz	15～7.5 cm	2300～2500 MHz 2700～3700 MHz
C	4000～8000 MHz	7.5～3.75 cm	5250～5925 MHz
X	8000～12 000 MHz	3.75～2.5 cm	8500～10 680 MHz
Ku	12～18 GHz	2.5～1.7 cm	13.4～14.0 GHz 15.7～17.7 GHz
K	18～27 GHz	1.7～1.1 cm	24.05～24.25 GHz
Ka	27～40 GHz	1.1～0.75 cm	33.4～36.0 GHz
V	40～75 GHz	0.75～0.4 cm	59～64 GHz
W	75～110 GHz	0.4～0.27 cm	76～81 GHz 92～100 GHz
mm	110～300 GHz	2.7～1 mm	126～142 GHz 126～142 GHz 144～149 GHz 231～235 GHz

4. 雷达的主要技术指标

1）天馈线性能

天馈线性能主要包括天线孔径、天线增益、天线波瓣宽度、天线波束的副瓣电平、极化形式、馈线损耗和天馈线系统的带宽等。

2）雷达信号形式

雷达信号形式主要包括工作频率、脉冲重复频率 PRF（脉冲重复周期的倒数）、脉冲宽度、脉冲串的长度、信号带宽、信号调制形式等。

根据发射的波形来区分，雷达主要分为脉冲雷达和连续波雷达两大类。当前常用的雷达大多数是脉冲雷达。常规脉冲雷达周期性地发射高频脉冲，其波形如图 1.2.4 所示。图中标出了相关的参数，它们是脉冲重复周期和脉冲宽度。

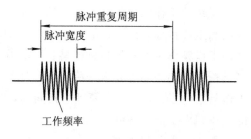

图 1.2.4 雷达发射信号波形

3）发射机性能

发射机性能主要包括峰值功率、平均功率、功率放大链总增益、发射机末级效率和发射机总效率等。有的雷达还对发射信号的频谱和二次、三次谐波的功率电平等提出了要求。

4）接收机性能

接收机性能主要包括接收机灵敏度、系统噪声温度（或噪声系数）、接收机工作带宽、动态范围、中频特性等。

5）测角方式

测角方式主要分为振幅法和相位法两类测角方式，还有天线波束的扫描方法。

6）雷达信号处理

雷达信号处理主要包括诸如动目标显示（MTI）或动目标检测（MTD）的系统改善因子、脉冲多普勒滤波器的实现方式与运算速度要求、恒虚警率（CFAR）处理和视频积累方式等。

7）雷达数据处理能力

雷达数据处理能力主要包括对目标的跟踪能力、二次解算能力、数据的变换及输入/输出能力。

5. 雷达的主要战术指标

雷达战术指标主要由功能决定，合理地确定完成特定任务的雷达战术指标，在很大程度上决定了雷达的性能、研制周期和生产成本。

1）观察空域

观察空域包括了雷达方位观察空域（例如两坐标监视雷达要求在 360°范围内均能进行观察）、仰角观察空域（例如对于监视雷达，仰角监视范围是 0～30°、最大探测高度（H_{max}）、最大作用距离（R_{max}）和最小作用距离（R_{min}）。图 1.2.5 所示的雷达威力图是一种用来描述雷达高度观察空域的方便形式。观察空域的大小取决于雷达辐射能量的大小。

2）观察时间与数据率

观察时间是指雷达用于搜索整个空域的时间，它的倒数称为搜索数据率，也就是单位时间内雷达对整个空域内任一目标所能提供数据的次数。

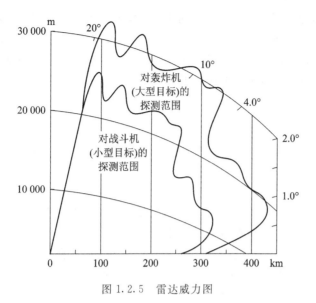

图 1.2.5 雷达威力图

对同一目标相邻两次跟踪之间的间隔时间称为跟踪间隔时间,其倒数称为跟踪数据率。

3)测量精度

测量精度是指雷达所测量的目标坐标与其真实值的偏离程度,即两者的误差。误差越小,精度就越高。测量精度取决于系统误差与随机误差。系统误差是固定误差,可以通过校准来消除,但是由于雷达系统非常复杂,所以系统误差不可能完全消除,一般给出一个允许的范围。随机误差与测量方法、测量设备的选择以及信号噪声(或信号干扰)比有关。

4)分辨力

分辨力是指雷达对空间位置接近的点目标的区分能力。其中距离分辨力是指在同一方向上两个或两个以上点目标之间的最小可区分距离,而角度分辨力是指在相同距离上两个或两个以上不同方向的点目标之间的可区分程度。除了位置分辨力外,对于测速雷达,还有速度分辨力要求。一般来说,雷达分辨力越好,测量精度也就越高。

5)抗干扰能力

抗干扰能力是指雷达在干扰环境中能够有效地检测目标和获取目标参数的能力。通常雷达都是在各种自然干扰和人为干扰条件下工作的。这些干扰包括人为施放的有源干扰和无源干扰、近处电子设备的电磁干扰以及自然界存在的地物、海浪和气象等干扰。对雷达的抗干扰能力一般从两个方面描述。一是采取了哪些抗干扰措施,使用了何种抗干扰电路;二是以具体数值表达,如动目标改善因子的大小、接收天线副瓣电平的高低、频率捷变的响应时间、频率捷变的跳频点数、抗主瓣干扰自卫距离和抗副瓣干扰自卫距离等。

此外,雷达的战术指标还有观察与跟踪的目标数、数据的录取与传输能力、工作可靠性与可维修性、工作环境条件、抗核爆炸和抗轰炸能力及机动性能。

1.2.2 雷达的应用

目前,雷达已广泛应用于地面、海上、空中和太空的各种人类活动。雷达的基本功能是搜索/探测、跟踪和成像,利用雷达技术可以满足许多遥感应用。对于不同的雷达,其作用范围从几米到远程超视距不等，峰值功率从几毫瓦到几兆瓦不等，天线波束宽度从各向同性到窄至小于一度不等。下面列举一些例子。一般将雷达的应用领域划分为"军事"和"民事"（商业和民用）两类。在许多情况下，这两个领域都使用相同的基本功能。这里表示的雷达应用是最常见的，但实际上还有更多。

1. 军事应用

在军事领域，雷达是重要的军事装备，利用雷达可以探测飞机、舰艇、导弹以及其他军事目标，可以侦察、追踪对方的飞机、舰艇、导弹等的军事行动。军用雷达按战术类型可以分为以下几类：

1) 搜索雷达

搜索雷达通常由两个独立的雷达系统执行与搜索和跟踪要求有关的主要功能。一个系统执行搜索功能，另一个系统执行跟踪功能。对于地面或水面舰艇系统来说，这种情况很常见，但并不总是如此。有些应用禁止使用多个雷达或多个孔径。例如，有限的峰值功率或电子空间的平台迫使搜索和跟踪要求由一个系统执行。这在机载应用中很常见，对于许多电子扫描天线系统来说也是如此。二维搜索系统通常在范围和方位两个维度使用扇形波束来执行搜索。这导致了一个窄的方位角波束宽度和一个宽的仰角波束宽度。搜索体的仰角范围由宽的仰角波束宽度覆盖，而方位角范围则由机械扫描天线的方位角覆盖。图1.2.6描绘了一个扇形波束模式搜索的模型。具有这种波束模式的系统可以提供精确的距离和方位位置，但由于宽的仰角波束宽度，系统提供了较差的仰角或高度信息。因此，它被称为两坐标系统，只提供二维的位置信息。

两坐标搜索雷达的一个例子是 AN/SPS-49 舰载雷达，如图1.2.7所示。SPS-49是一种超远程的两坐标搜索雷达，工作在 UHF 频段（850～942 MHz）。雷达的标称最大射程约为250 海里。AN/SPS-49 为海军水面舰艇防空作战（AAW）任务提供目标指示。AN/SPS-49使用截断抛物面机械稳定天线来提供所有海况下的空中目标的采集。SPS-49最初由雷神公司于1975 年生产，是世界上很多国家海军战斗人员作战系统的关键部分。它被不断改进，以提供更好的海掠和高俯冲反舰导弹探测能力。

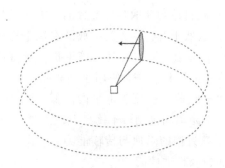

图 1.2.6　两坐标雷达搜索示意图　　　　图 1.2.7　SPS-49 两坐标搜索雷达

图1.2.8描绘了一个针状波束天线，可提供精确的距离、方位角和仰角信息。使用这种方法的系统被称为三坐标搜索雷达。

美国海军在水面舰艇（包括大型两栖舰艇和航空母舰）上装有由 ITT Gilfillan 生产的

AN/SPS-48，如图 1.2.9 所示。天线是由波导缝隙天线组成的方形平面阵列。天线在左下方馈入连接到平面阵列的蛇形结构。这种蛇形提供了高度维扫描的频率灵敏度。SPS-48 通过机械扫描在方位角平面上以 15 r/min 的速度扫描，并通过电子(频率)扫描在仰角平面中扫描。主天线顶部的矩形天线用于敌我识别(IFF)系统。SPS-48 工作在 S 波段(2~4 GHz)，平均额定功率为 35 kW。雷达扫描高度(通过频移)高达 65°。它可以检测并自动跟踪从雷达地平线到 100 000 英尺(约 30 km)的目标。SPS-48 的最大探测范围是 220 海里。SPS-48 通常由舰载作战系统控制。它为战斗系统和显示系统提供航迹数据，包括距离、方位角、高度和速度，以便舰船自动防御系统和操作员采取行动。

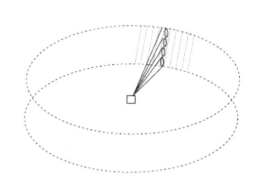

图 1.2.8　三维针状波束搜索示意图　　　　图 1.2.9　AN/SPS-48 三坐标搜索雷达

2) 防空系统

美国空军使用的 AN/TPS-75 防空雷达如图 1.2.10 所示。它的功能类似于多功能的三坐标搜索雷达。它在方位角上进行机械扫描，并以单脉冲形式形成自适应波束，以进行高程计算。方形阵列顶部显示的长而窄的天线为敌我识别器天线。敌我识别天线的角度在方位角上稍微滞后于主天线，可使得在发现目标后敌我识别器可以快速响应。

图 1.2.11 所示的 AN/MPQ-64 哨兵是美国陆军和美国海军陆战队使用的具有类似功能的防空雷达。这是一个 X 波段相干(脉冲多普勒)系统，在俯仰或者方位平面分别采用相位扫描和频率扫描。该系统能够检测、跟踪和识别空中威胁。

图 1.2.10　AN/TPS-75 防空雷达　　　　图 1.2.11　AN/MPQ-64 哨兵

3）超视距雷达

冷战期间，美国希望探测远程弹道导弹的活动情况。然而，在此之前雷达应用仅限于"视线"范围内，但是为了更艰巨的任务，几千千米的探测距离是需要的。为此，超视距雷达(Over The Horizon，OTH)应运而生。OTH雷达利用电离层的折射效应，可探测地球周围极远的距离。电离层折射具有反射电磁信号的作用。这种效应的频率依赖性使得它在短波波段(3～30 MHz)最有效。考虑到需要合理的窄波束宽度，在如此低频的要求下，天线阵通常非常大。因此，OTH天线通常由位于地面上的单独的发射和接收单元阵列组成，如图1.2.12所示。

4）弹道导弹预警雷达

弹道导弹预警(Ballistic Missile Defense，BMD)雷达系统用于早期发现来袭的弹道导弹并根据测得的来袭导弹的运动参数提供足够的预警时间，同时给己方战略进攻武器指示来袭导弹的发射阵位，所以它是国家防御系统中的一个重要组成部分。对弹道导弹预警系统的主要要求是：预警时间长，发现概率高，虚警率低，目标容量大，并能以一定的精度测定来袭导弹的轨道参数。弹道导弹预警系统通常由预警卫星监视系统和地面雷达系统组成。地面雷达系统又分为洲际导弹预警雷达网和潜地导弹预警雷达网。根据来袭导弹在不同飞行阶段的物理现象，可以采取不同的探测手段进行监测。其工作波长从可见光、红外一直到微波波段，如图1.2.13所示。

图1.2.12　超视距雷达发射天线　　　　图1.2.13　铺路爪(AN/FPS‐115)弹道导弹防御雷达

5）火控雷达

火控雷达(Fire Control Radar，FCR)包含了雷达扫描系统和火力控制系统，是通过计算机辅助系统，实现对整个武器系统的综合有效利用的过程。一般在综合武器平台如飞机、军舰(都携带多种可并发的武器)上使用。可以现实获取战场态势和目标的相关信息；计算射击参数，提供射击辅助决策；控制火力兵器射击，评估射击的效果。图1.2.14所示为长弓火控系统。

6）导弹制导雷达

导弹制导雷达简称制导雷达，是导弹武器系统的重要组成部分。按装载平台，可分为车载、舰载、机载和弹载制导雷达；按导弹类型，可分为地(舰)空导弹、舰(岸)舰导弹、空空导弹和空地(舰)导弹制导雷达等。地(舰)空导弹制导雷达按制导体制，又可分为指令式制导、波束制导、半主动寻的制导和复合制导雷达。所采用的雷达体制有圆锥扫描雷达、

图 1.2.14　长弓火控系统

单脉冲雷达、边搜索边跟踪雷达和相控阵多功能雷达。舰（岸）舰导弹制导雷达用于跟踪海上目标。发射导弹前，根据目标运动参数向导弹预装定有关的参数，导弹发射后由导弹自动寻的。机载制导雷达用于对空空导弹和空地（舰）导弹的制导，通常由机载截击雷达来承担。弹载制导雷达是装在导弹头部的小型跟踪雷达，又称主动雷达导引头，主要用于导弹末制导。图 1.2.15 所示为海麻雀导弹系统。

　　7）靶场测量雷达

　　许多军事装备效能测试需要使用到雷达。例如，在新墨西哥州的白沙导弹靶场和阿拉巴马州亨茨维尔的美国陆军导弹司令部进行导弹试验，要求雷达对目标无人机和导弹进行精确跟踪，以协助分析测试结果和提供安全射程。巨大的天线提供足够窄的波束宽度，以实现精确的数据跟踪。高重复频率（PRF）提供了非常高的多普勒分辨能力，以便真实地反映受测军事装备的性能。图 1.2.16 所示为 AN/MPQ-39 C 波段靶场测量雷达。

　　8）多功能相控阵雷达

　　相控阵雷达（Phased Array Radar，PAR）即相位控制电子扫描阵列雷达，利用大量个别控制的小型天线单元排列成天线阵面，每个天线单元都由独立的移相开关控制，通过控制各天线单元发射的相位，就能合成不同相位波束。相控阵各天线单元发射的电磁波以干涉原理合成一个接近笔直的雷达主瓣，而旁瓣则是由各天线单元的不均匀性造成的。

图 1.2.15　海麻雀导弹系统

图 1.2.16　AN/MPQ-39 C 波段靶场测量雷达

相控阵分为"被动无源式"(PESA)与"主动有源式"(AESA)，其中技术性能较低的"被动无源式"在 20 世纪 80 年代已有成熟的系统部署于舰艇及中、小型飞机上，而性能更优异、发展前景更好但技术性能较高的"主动有源式"，则到了 90 年代末期才开始有实用的战机用，并在舰载系统中开始服役。

相控阵雷达从根本上解决了传统机械扫描雷达的种种先天问题，在相同的孔径与操作波长下，相控阵的反应速度、目标更新速率、多目标追踪能力、分辨力、多功能性、电子对抗能力等都远优于传统雷达，相对而言则付出了更加昂贵、技术要求更高、功率消耗与冷却需求更大等代价。

相控阵雷达 1937 年由美国开始研制，1955年研制出两套系统。有源相控阵雷达的典型代表有美国伯克级驱逐舰的 AN/SPY‐1、远程预警 AN/FPS‐115"铺路爪"、F‐22 战斗机的 AN/APG‐77 有源相控阵雷达等。英国的 AR‐3D、法国的 AN/TPN‐25、日本的 NPM‐510 和 J/NPQ‐P7、意大利的 RAT‐31S、德国的 KR‐75 及中国的 052D 型驱逐舰的 346A 型均

图 1.2.17　宙斯盾 AN/SPY‐1 相控阵雷达

为有源相控阵雷达。图 1.2.17 所示为宙斯盾 AN/SPY‐1 相控阵雷达。

2. 民事应用

在商业、民用雷达方面，主要有以下类型。

1）过程控制用雷达

超短程雷达可用于非常准确地测量封闭罐中的液位，或确定产品在制造过程中的"干度"，以便向过程控制器提供反馈。典型的过程控制雷达系统采用较高的频率（如 10 GHz），采用调频连续波（FMCW）技术测量水箱中流体顶部的距离。图 1.2.18 是一个非接触式液位测量雷达的例子，它安装在油箱顶部。

图 1.2.18　液面测量雷达

2）航行管制雷达

在现代航空飞行运输体系中，对于机场周围及航路上的飞机，都要实施严格的管制。

航行管制雷达兼有警戒雷达和引导雷达的作用，故有时也称为机场警戒雷达，它一般和二次雷达配合起来应用。二次雷达（敌我识别器）地面设备发射询问信号，机上接到信号后用编码的形式发出一个回答信号，地面收到回答信号后在航行管制雷达显示器上显示。这一雷达系统可以确定空中目标的高度、速度和属性，用以识别目标。

航空管制雷达在工作时，同时探测和跟踪各种商用和通用航空飞机。它们通常使用前面描述的二维系统，在使用宽的仰角波束提供垂直覆盖的同时，机械地旋转方位角。当雷达的天线波束进行 360°扫描并检测飞机目标时，目标跟踪文件将被更新并显示给操作员。

3）气象雷达

气象雷达是专门用于大气探测的雷达，属于主动式微波大气遥感设备。气象雷达是用于警戒和预报、小尺度天气系统（如台风和暴雨云系）中的主要探测工具之一。常规雷达装置大体上由定向天线、发射机、接收机、天线控制器、显示器和照相装置、电子计算机和图像传输等部分组成。气象雷达是气象监测的重要手段，在突发性、灾害性的监测、预报和警报中具有极为重要的作用。

4）尾流探测雷达

大型的航行器在飞行中会产生明显的尾涡或湍流，而与航行器的尾部相接触的是大气层流或静止的空气。这种旋涡的持续时间取决于当地的大气条件，并且这种漩涡的存在可能对在大型飞机后面着陆或起飞的轻型飞机造成巨大的危险。通常，经过一分钟左右的时间，就足以使这种尾部湍流消散。然而在某些情况下，尾部湍流的持续时间较长，放置在跑道末端的雷达可以感应到航行器尾部的湍流，并告知接近的飞机对这种情况进行处理。

5）船用导航雷达

船用导航雷达（Marine Navigation Radar，MNR）是保障船舶航行的雷达，也称航海雷达。它特别适用于黑夜、雾天引导船只出入海湾、通过窄水道和沿海航行，主要起航行防撞作用。

船上装备雷达始自第二次世界大战期间，战后逐渐扩大到民用商船。国际海事组织（IMO）规定，1600 吨位以上的船只须装备导航雷达。导航雷达的一项重要任务是目标标绘，这项任务正逐渐改由自动雷达标绘装置来担任。国际海事组织还规定所有 1 万吨位以上的船只须逐步装设这种装置。

一般雷达把自身作为不动点表示在平面位置显示器的中心。但在航海中，船舶自身在运动，总是与固定目标或运动目标做相对运动。适应航海环境的雷达，应是真正运动的雷达，须能自动输入船舶自身的航速和航向，数据必须相当准确。

6）卫星测绘雷达

基于卫星的雷达系统的优点是可以通畅地俯视地球和地球表面上的物体。这些系统通常由低地球轨道上的卫星运行，其高度约为 770 km。脉冲压缩波形和合成孔径雷达（SAR）技术被用来获得良好的距离和角度分辨力。可利用卫星上的合成孔径雷达对地物进行扫描成像观测。卫星在轨道运行时，星载合成孔径雷达波束对地物扫描并发射脉冲电磁波，接收经目标反射的信号，在星上或发送回地面经数据处理后获取目标图像。雷达成像的分辨力高，能全天候工作，能穿透地表和掩蔽物、识别伪装、观测地表下水，有广泛的军用和民用价值。图 1.2.19 所示为目前 NASA 应用的 SAR 系统。

图 1.2.19　目前 NASA 应用的 SAR 系统

7）警用测速雷达

警用测速雷达采用简单的连续波（CW）体制，它能够通过运动目标的多普勒频移得到目标的径向运动速度。这种雷达使用很低的发射功率和简单的信号检测与处理技术，集成度高且轻便，因此可以手持。

8）车载避碰雷达

汽车前碰撞预警毫米波雷达克服了红外、激光、摄像头（光学技术价格低廉且技术简单，但全天候工作效果不好）、超声波（受天气状态影响大，探测距离短，多用于倒车保护）等探测方式在汽车防撞探测中的缺点，具有稳定的探测性能和良好的环境适应性。它不仅可测量目标距离，还可测量目标物体的相对速度及方位角等参数，是未来无人自动驾驶的必选传感器。此外，毫米波雷达结构简单、发射功率低、分辨力和灵敏度高、天线部件尺寸小，已成为汽车主动防撞雷达的首选。图 1.2.20 所示为智能汽车中的防撞雷达波束覆盖示意图。

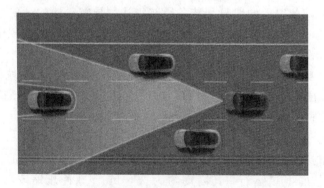

图 1.2.20　智能汽车中的防撞雷达波束覆盖示意图

9）探地雷达

探地雷达（Ground Penetrating Radar，GPR）如图 1.2.21 所示，其机理是利用天线发射和接收高频电磁波来探测介质内部物质特性和分布规律。探地雷达早期有多种叫法，如地面探测雷达、地下雷达、地质雷达、脉冲雷达、表面穿透雷达等，其命名都是指面向地质勘探目标、利用高频脉冲电磁探测地质目标内部结构的一种电磁波方法。

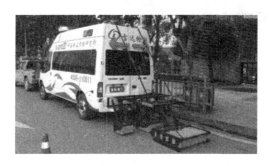

图 1.2.21　探地雷达正在进行作业

　　由于探地雷达探测的高精度、高效率以及无损的特点，目前主要被用于考古、矿产勘查、灾害地质调查、岩土工程勘察、工程质量检测、建筑结构检测以及军事目标探测等众多领域。

　　探地雷达的工作频率范围为 1 MHz～1 GHz，在地下介质中的传播以位移电流为主。虽然探地雷达和地震方法的物理机制和测量的物理量不一样(电磁波和弹性波)，但两者的运动学特征一致，遵循形式相似的波动方程，只是其中参数的物理意义不同。这种运动学特征的相似性使得探地雷达方法从数据采集、数据处理(包括处理软件)到数据解释都可借鉴地震勘探的方法技术成果。近年来随着电磁波理论研究的深入，一些电磁特性如极化特性等得到更深入的研究，并在雷达设备、采集技术和数据处理方法等方面得到了开发和应用。

　　10) 雷达高度计

　　相对简单的调频连续波(Frequency Modulated Continuous Wave，FMCW)雷达可用于确定飞机的地面高度，范围从可近 0 千米到几千千米。当雷达天线直接向下时，会从地面接收到强烈的地表反射，因此可以较为精准地确定飞机的高度。雷达高度计广泛应用于商用飞机和军用飞机。

1.2.3　雷达"四抗"技术与雷达发展趋势

　　20 世纪 80 年代开始，雷达的生存环境遇到极大威胁，主要表现在四个方面：① 快速应变的电子侦察及强烈的电子干扰；② 具有掠地、掠海能力的低空、超低空飞机和巡航导弹；③ 使雷达散射面积成百上千倍减少的隐形飞行器；④ 快速反应自主式高速反辐射导弹。"四大威胁"的出现和发展并非预示着雷达末日的到来，相反它将极大地促进雷达技术的发展，要求雷达具有以下能力：

　　(1) 能够对目标进行分类和威胁估计；

　　(2) 寻求在更大空域内观察多种目标的能力；

　　(3) 提高雷达在恶劣环境中工作的可靠性、有效性和生存能力；

　　(4) 提高雷达测量的分辨力和精度；

　　(5) 进行目标分类、识别和判别目标属性；

　　(6) 对地面空中目标进行高分辨率成像；

　　(7) 多部雷达组网。

1. 发展中的雷达"四抗"技术

下面介绍针对雷达"四大威胁"发展的雷达"四抗"技术。

1）加强雷达的抗电子干扰性能

在现代战争环境下，电子干扰几乎无处不在，严重影响着雷达等电子装备的工作。雷达反干扰的重要性在中东战争和伊拉克战争中都得到了证实。实践证明，没有抗干扰能力的雷达很难在战争环境中发挥作用。

雷达抗干扰技术是随着电子对抗技术的发展而发展的。近年来，通过抗电子干扰技术的研究，发展了一系列电子对抗技术，主要体现在雷达天线、雷达发射机、雷达接收机和雷达信号处理系统等方面。

（1）天线方面：高增益，低副瓣，窄波束，低交叉极化影响，副瓣对消，旁瓣匿影，电子扫描相控阵技术，单脉冲测角技术。

（2）发射方面：高有效辐射功率，脉冲压缩波形，宽带频率跳变。

（3）接收方面：宽动态范围，镜像抑制，单脉冲/辅助接收系统的信道匹配。

（4）信号/信息处理方面：目标回波微小变化识别，同时多目标/多单元跟踪，杂波抑制，程控信号处理。

（5）综合抗干扰技术。

① 低截获概率雷达技术（LPI）：采用编码扩谱和降低峰值功率等措施，将雷达信号设计成低截获概率信号。

② 稀疏布阵综合脉冲孔径雷达（SIAR）技术：在米波段采用大孔径稀疏布阵、宽脉冲发射、接收用数字技术综合形成窄脉冲和天线阵波束的新体制雷达技术。这种雷达具有工作频带宽、工作频率多、信号截获概率低等优点。

③ 无源探测技术：自身不发射信号，仅靠接收目标发射信号来发现目标的一种探测技术。

2）发展抗反辐射导弹技术

反辐射导弹（ARM）是利用雷达辐射的电磁波束进行制导来准确击中雷达。在海湾战争中，多国部队仅反辐射导弹就发射了数千枚，使伊方雷达多数被摧毁。因此，反 ARM 的战术/技术措施成了雷达设计师和军用雷达用户所共同关心的问题。目前，反 ARM 的战术/技术措施主要有主动措施和被动措施两种。

（1）主动抗 ARM 措施：直接摧毁 ARM，使它在到达目标雷达前失去作用。

（2）被动抗 ARM 措施：

① 提高雷达空间、结构、频率、时间及极化的隐蔽性，具体方法是采用复杂的信号调制形式和极化调制形式；

② 瞬时改变雷达辐射脉冲参数；

③ 采用双基地/多基地雷达技术；

④ 降低雷达带外辐射和热辐射；

⑤ 雷达组网技术；

⑥ 采用短波雷达技术。

3）发展抗低空入侵技术

低空/超低空指距地面300 m以下的空间，这一区域是大多数雷达的盲区。目前主要采取技术措施和战术措施反低空突防。

(1) 发展反杂波技术的低空监视雷达；

(2) 超视距雷达技术；

(3) 提高雷达平台高度；

(4) 雷达组网。

4）发展抗隐身技术

(1) 短波超视距雷达技术；

(2) 甚高频与超高频雷达技术；

(3) 多基地雷达技术；

(4) 相控阵雷达技术；

(5) 雷达网的数据融合技术。

5）开发新技术，开发雷达新体制

从技术上来讲，雷达界正在或已经开发出了一些行之有效的新技术，主要包括：

(1) 参数捷变或自适应捷变技术，参数包括雷达的工作频率、波束、波形、功率、重复频率等；

(2) 功率合成技术；

(3) 匹配滤波技术；

(4) 相参积累和恒虚警技术；

(5) 低截获概率技术，即采用编码扩谱和降低峰值功率等措施，将雷达信号设计成低截获概率信号，以对付雷达侦察机的侦察，从而提高雷达生存能力；

(6) 极化信息处理技术；

(7) 扩谱技术；

(8) 超低旁瓣天线技术；

(9) 多种发射波形设计技术；

(10) 数字波束形成技术。

从雷达体制上来讲，主要有：

(1) 无源雷达；

(2) 噪声雷达；

(3) 双/多基地雷达；

(4) 相控阵雷达；

(5) 机(星)载预警雷达；

(6) 稀布阵雷达；

(7) 多载频雷达；

(8) 谐波雷达；

(9) 微波成像雷达；

(10) 毫米波雷达；

(11) 激光雷达；

(12) 超视距雷达。

另外，将雷达与红外技术、电视技术结合，构成一个以雷达、光电和其他无源探测设备为中心的极为复杂的综合空地一体化探测网络，充分利用联合监视网在频率分集、空间分集和能量分集上的特点，在实现坐标和时间的归一化处理基础上，达到互补和信息资源共享。

图 1.2.22 是目前雷达发展的新技术。

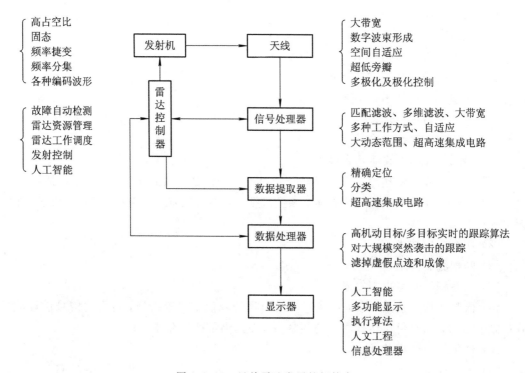

图 1.2.22　目前雷达发展的新技术

2. 雷达发展趋势

（1）雷达频段扩展。传统雷达工作频段集中在微波波段，为了提高雷达的抗干扰能力（抗反辐射导弹、抗隐身性能、低空突防等）和雷达测量精度，雷达频段继续向高、低端两个方面扩展：高端——毫米波、激光和红外，相对应的雷达技术就是毫米波雷达、激光雷达和红外设备；低端——VHF、UHF 和 HF 波段，发展高频、其高频和超高频雷达。

（2）雷达目标识别。雷达目标识别技术主要是欺骗干扰。欺骗干扰不同于一般的压制性干扰，它将误导雷达，让雷达跟踪到一个假目标和多个假目标信号上，从而失去雷达的战斗力。从雷达回波信号中提取目标属性、判别目标类型、区分真假目标是目前雷达界研究的重要领域。

（3）雷达成像技术。采用大的瞬时雷达带宽信号，对目标的高分辨率一维成像；采用综合孔径天线原理，可以获得较高的二维分辨能力。

（4）相控阵雷达技术。除低或超低副瓣天线外，有源相控阵天线、共形相控阵天线和宽带相控阵天线的发展有重大意义。作为这类相控阵天线基础的高性能、高可靠、低成本的收发组件，数字波束形成技术、大时宽带宽积信号的数字产生和数字处理技术和自适应波束形成技术是相控阵雷达技术发展的重点。

（5）雷达信号处理技术。信号处理是雷达完成信号检索和信息提取功能所采取的实施手段，是现代雷达系统的核心研究内容之一。在实际应用中，利用雷达系统中的信号处理技术对接收数据进行处理，不仅可以实现高精度的目标定位和目标跟踪，还能够将目标识别、目标成像、精确制导、电子对抗等功能进行拓展，实现综合业务的一体化，从而为后续军事行动的实施提供技术上的支持。

（6）雷达建模与仿真技术。雷达系统的建模与仿真，旨在计算机上模拟、再现真实雷达系统在不同场景中的工作机理和过程，从而求解、验证和评估真实雷达系统特性、效能。在雷达系统仿真设计及开发过程中，通过模块化方法对雷达整个系统进行功能拆解和归并来确定系统软件功能模块，建立具有一定抽象度的软件仿真系统模型，从而降低系统设计的复杂性。

第 2 章　雷达系统组成

本章主要介绍基本雷达系统的组成结构，包括发射机、接收机、天馈线、伺服系统以及显示器等，这些都是常规雷达的主要硬件组成。学习此章内容能够对雷达有直观的理解。

2.1　雷达基本组成概述

随着面临的探测环境及探测目标类型的变化，雷达的技术体制也不断发展，从非相参体制发展到全相参体制，从无源相控阵发展到有源相控阵、数字阵列雷达。同时，雷达的组成也不断变化，但是其基本组成与工作原理是不变的。

预警雷达几乎都采用脉冲体制。早期脉冲雷达的基本组成框图如图 2.1.1 所示。它主要由发射机、天馈系统、接收机、显示器、定时器、伺服系统、控保电路和电源等组成。

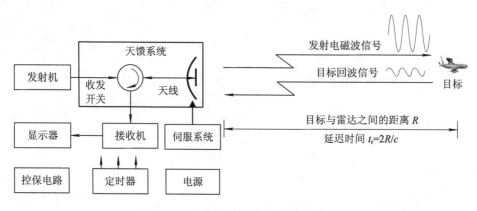

图 2.1.1　早期脉冲雷达的基本组成框图

发射机产生电磁信号（固定载频窄脉冲是其中最简单的一种），由天线辐射到空中。发射信号的一部分被目标拦截并向许多方向再辐射。向后再辐射回到雷达的信号被雷达天线接收，并送到接收机。在接收机中，该信号被处理以检测目标的存在并且确定其位置，最后送给显示器显示。收发开关用于收发合一的天线系统中。通过测量雷达发射电磁波信号到目标并从目标返回雷达的时间 $t_r = 2R/c$，得到目标的距离；目标的角度位置可以根据天线的方向性获得；如果目标是运动的，由于多普勒效应，回波信号的频率会偏移，该频率与目标相对于雷达的速度（也称径向速度）成正比，而且多普勒频移被广泛用于雷达中，作为将所要的运动目标从自然环境，如地面、海面或云雨反射回来的固定（不想要的）或低速目标"杂波"回波中分离开来的基础。

随着雷达面临环境与探测对象的变化，雷达技术也不断发展，现代雷达几乎都采用全相参脉冲体制。其典型脉冲雷达基本组成框图如图 2.1.2 所示。它主要由频综器、发射

机、天馈系统、接收机、信号处理与数据处理、显示终端、伺服系统、监控系统、定时器和
电源等组成。

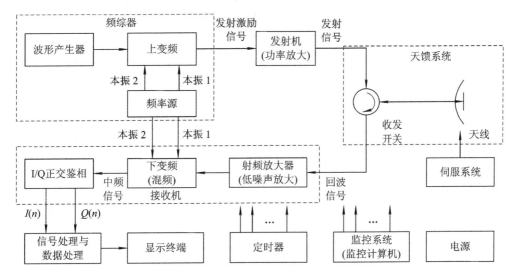

图 2.1.2　典型脉冲雷达的基本组成框图

　　频综器产生的发射激励信号经过发射机进行功率放大后，输出一定功率的发射信号，
经馈线传输至天线辐射到空间，收发开关使天线时分复用于发射和接收。反射物或目标截
获并反射一部分雷达信号，其中少量信号沿着雷达的方向返回。雷达天线收集回波信号，
经接收机进行放大、下变频、I/Q 正交鉴相处理，输出相参视频 $I(n)$ 和 $Q(n)$ 两路信号至信
号处理与数据处理机，由它完成地物/海杂波对消处理、恒虚警检测处理、干扰抑制处理、
目标参数提取、目标点迹和航迹处理等，最终将雷达探测信息送至显示终端。频综器提供
雷达的频率标准和时间标准，它产生的各种频率之间保持严格的相位关系，从而保证雷达
全相参工作；它向定时器提供参考时钟，由定时器产生全机工作时钟，使雷达各分系统保
持同步工作。伺服系统控制雷达天线自动展开/撤收、自动调平并按规定速度驱动天线旋
转。监控系统通过网络和监控计算机监视雷达整机的工作状态并控制雷达的工作模式。

　　随着雷达的发展和广泛应用，典型脉冲雷达组成出现了多种变化，其中采用相控阵天
线的相控阵雷达越来越多地出现在防空预警雷达中。相控阵雷达的组成方案很多，目前典
型的相控阵雷达用移相器控制波束的发射和接收，共有两种组成形式。

　　一种称为无源相控阵雷达，其组成框图如图 2.1.3 所示。它共用一个或几个高功率发
射机，发射时通过馈电网络中的分配器激励天线阵列，接收时通过馈电网络中的合成器实
现信号的接收，波束控制器控制天线阵中各移相器的相移量，使天线波束按指定空域搜索
或跟踪目标。

　　另一种称为有源相控阵雷达，其组成框图如图 2.1.4 所示。每个阵列单元(行、列或子
阵)对应一个 T/R(收/发)组件。每个 T/R 组件主要由发射用的功率放大器、接收用的低
噪声放大器、收发开关、移相器等组成。发射机末级放大器位于每个单元的 T/R 组件中，
回波信号由每个 T/R 组件的低噪声放大器放大后通过馈电网络进入主接收机。也可将一
个完整的接收机一起放在每个组件中，通过总线将数字信号馈入含有数字波束形成功能的
信号处理机中。

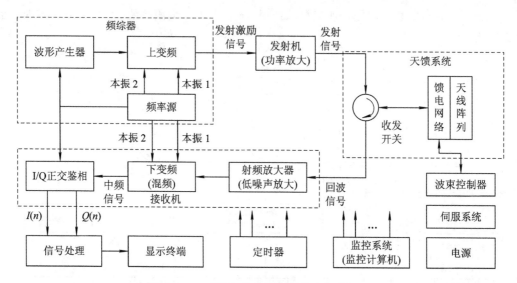

图 2.1.3　无源相控阵雷达的基本组成框图

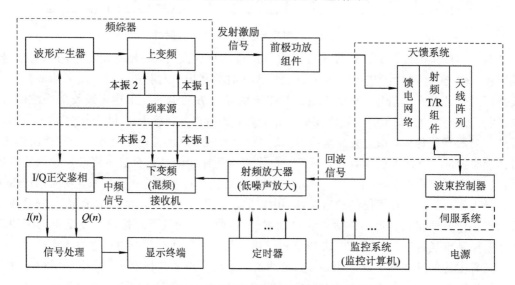

图 2.1.4　有源相控阵雷达的基本组成框图

目前有的雷达装备将发射激励信号产生也放入 T/R 组件中，即数字阵列雷达。它是一种接收和发射波束都采用数字波束形成技术的全数字阵列扫描雷达。数字阵列雷达系统的基本组成框图如图 2.1.5 所示。系统工作时，根据工作模式，信号处理系统控制波束在空间进行扫描，实现收/发数字波束形成。该系统发射时，由控制处理系统产生每个天线单元的幅/相控制字，对各 T/R 组件的信号产生器进行控制以产生一定频率、相位、幅度的射频信号，并输出至对应的天线单元，最后由各阵元的辐射信号在空间合成所需的发射方向图。接收时，每个 T/R 组件接收天线各单元的回波信号，经过下变频形成中频信号，经中频 A/D 采样处理后输出 I/Q 相参视频信号。多路数字化 T/R 组件输出的大量回波数据通过高速数据传输系统传送至实时信号处理机。实时信号处理机完成自适应波束形成和软件化信号处理，如脉冲压缩、MTI、MTD 和 PD 处理等。

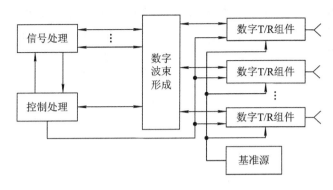

图 2.1.5　数字阵列雷达的基本组成框图

数字阵列雷达的核心部分是数字 T/R 组件，它包含了整个发射机、接收机、频率源和激励源，组件的唯一模拟输入是基准源。这样，数字 T/R 组件可以当做一个完整的发射机和接收机分系统，其功能主要包括：完成各种不同形式发射信号的产生和转换；实现频率变换，在发射通道把数字信号转换为射频信号，在接收通道把接收到的目标模拟回波信号转换为信号处理机所需的数字信号；利用全数字的方法实现发射信号所需的相移，其移相的位数可以做到很高。

2.2　雷 达 发 射 机

2.2.1　雷达发射机的主要功能

雷达发射机是为雷达系统提供符合要求的射频发射信号，将低频交流能量（少数也可是直流电能）转换成射频能量，经过馈线分系统传送到天线并辐射到空间的设备。

雷达发射机对雷达频综器中激励源产生的小功率射频信号进行放大或直接自激振荡产生高功率射频发射信号，它主要包括射频系统（功率放大器或频率振荡器）、电源、系统监控和冷却等。雷达发射机是雷达系统的重要组成部分，也是整个雷达系统中最昂贵的部分之一。雷达发射机性能的好坏直接影响到雷达整机的性能和质量。

2.2.2　雷达发射机的基本组成

脉冲雷达发射机类型较多。按产生射频信号的方式不同，雷达发射机分为自激振荡式（单级）雷达发射机和主振放大式（多级）雷达发射机；按产生大功率射频能量所采用器件的不同，雷达发射机分为真空管雷达发射机和全固态雷达发射机；按功率合成方式的不同，雷达发射机分为集中式高功率雷达发射机和分布式有源相控阵雷达发射机。根据雷达发射机输出信号的不同、输出功率的要求、使用器件的不同，各种类型雷达发射机的组成形式也各不相同。下面分别介绍自激振荡式雷达发射机、主振放大式真空管雷达发射机、集中式高功率全固态雷达发射机和分布式有源相控阵雷达发射机。

1. 自激振荡式雷达发射机

自激振荡式雷达发射机直接自激振荡产生高功率射频发射信号，只需利用振荡管就能同时完成射频信号的产生和放大，因此也称为单级振荡式发射机。其组成框图如图 2.2.1

所示，主要由大功率射频振荡器、脉冲调制器和高压电源、电源、系统监控、冷却等部分组成。大功率振荡器在米波一般采用超短波真空二极管；在分米波可采用真空微波三极管、四极管及多腔磁控管；在厘米波至毫米波则常用多腔磁控管和同轴磁控管。自激振荡式雷达发射机中常用的脉冲调制器主要有线型(软性开关)脉冲调制器和刚性开关脉冲调制器两类。

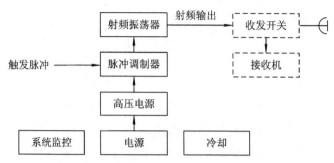

图 2.2.1　自激振荡式雷达发射机组成框图

自激振荡式雷达发射机的主要优点是结构简单、比较轻便、效率较高、成本低，缺点是频率稳定性差(磁控管振荡器频率稳定度一般为 10^{-4}，采用稳频装置以及自动频率调整系统后也只有 10^{-5})，难以产生复杂的信号波形，相邻的射频脉冲信号之间的初始相位是随机的，不能满足相参要求。但其中磁控管发射机可工作在多个雷达频段，加之成本低、效率高，所以目前仍有一定数量的磁控管发射机被一些雷达所采用。

2. 主振放大式真空管雷达发射机

现代防空预警雷达基本上都采用主振放大式发射机。主振放大式真空管雷达发射机是其中一种，其组成框图如图 2.2.2 所示，主要由射频放大链、脉冲调制器、高压电源、低压电源、系统监控、电源、冷却等部分组成。射频放大链是主振放大式真空管雷达发射机的核心部分，它主要由前级固态放大器和真空管放大器(或放大链)组成。前级固态放大器一般采用微波硅双极晶体管；真空管放大器可采用高功率高增益速调管放大器、高增益行波管放大器或高功率高效率前向波管放大器等，或者根据功率、带宽和应用条件将它们适当组合构成真空管放大链，如采用行波管—行波管、行波管—前向波管等构成真空管放大链。

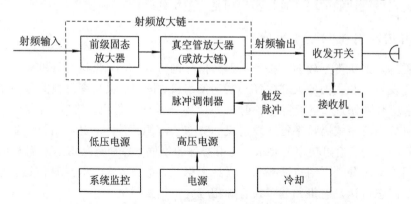

图 2.2.2　主振放大式真空管雷达发射机组成框图

脉冲调制器是主振放大式真空管雷达发射机的重要组成部分，用来产生大功率视频脉冲去控制真空管放大器工作。脉冲调制器通常有线型(软性开关)脉冲调制器、刚性开关脉冲调制器和浮动板脉冲调制器三类。在触发脉冲(定时脉冲)的作用下，各级真空管放大器受对应的脉冲调制器控制，将前级固态放大器的输出信号进行放大，最后输出大功率的射频脉冲信号。

3. 集中式高功率全固态雷达发射机

全固态雷达发射机的实现方式多样，集中式全固态雷达发射机是其中一种，主要用于要求高功率输出的单一天线发射的雷达系统，这是早期研制全固态雷达发射机替换原有真空管雷达发射机的重要目的。

全固态雷达发射机通过合成小功率放大器的输出来实现大功率，以达到所需辐射功率量级。集中式高功率全固态雷达发射机的组成框图如图 2.2.3 所示，主要由前级固态放大器、功率放大器组件、功率分配器、功率合成器、低压电源、系统监控、冷却等部分组成。前级固态放大器的输出被功率分配器分配至 n 个功率放大器组件，一个功率放大器组件通常由许多相同的固态放大器组成，通过采用微波合成和隔离技术将这些放大器并联和相互隔离。所有功率放大器组件的输出功率在功率合成器中合成后通过一个端口给天线馈电，向空间辐射一个能量集中的高功率主波束。前级固态放大器以及所有功率放大器组件的驱动功率均通过低压电源(或开关电源)来提供。

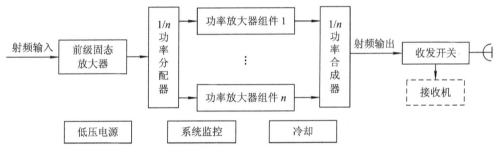

图 2.2.3　集中式高功率全固态雷达发射机组成框图

4. 分布式有源相控阵雷达发射机

分布式有源相控阵雷达发射机的应用使相控阵雷达的发展登上了新台阶，获得了长寿命、高可靠性，同时设备维修保养费用也大大降低。

分布式有源相控阵雷达发射机的组成框图如图 2.2.4 所示，主要由前级固态放大器、功率放大器组件、T/R 组件功率放大器、功率分配器、低压电源、系统监控、冷却等部分组成。与集中式高功率全固态雷达发射机不同的是，分布式有源相控阵雷达采用了独立的、具有内部移相功能的 T/R 组件功率放大器，每个 T/R 组件功率放大器被放置在二维阵列的一个相关辐射单元后面，波束以空间合成的方式形成。这种空间合成能够减小馈线传输损耗，从而能够提高发射效率。这种空间合成输出结构也可以作为全固态相控阵雷达的子阵，将多个子阵按设计要求组合，即可构成超大功率的有源相控阵雷达发射机。分布式有源相控阵雷达发射机中的 T/R 组件是最重要的核心部件，设计和制造高性价比的T/R 组件，对雷达发射机的性能提高和成本降低起着十分关键的作用。

主振放大式真空管雷达发射机、集中式全固态雷达发射机和分布式有源相控阵雷达发射机都属于主振放大式雷达发射机。与自激振荡式雷达发射机相比，主振放大式雷达发射机电路复杂、较难制造，但各射频脉冲之间的相参性好、频率稳定度高，常用于脉冲压缩体制、频率捷变体制、三坐标体制以及相控阵体制等防空预警雷达中。

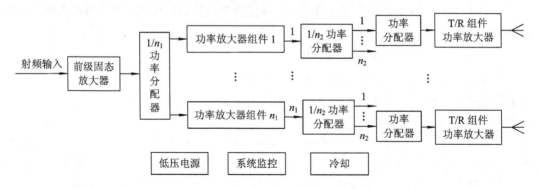

图 2.2.4 分布式有源相控阵雷达发射机组成框图

2.2.3 雷达发射机的主要技术指标

雷达发射机的主要技术指标包括工作频率、输出功率、发射信号脉冲波形、发射信号稳定度、总效率等。

1. 工作频率

雷达的工作频率 f_0 是指雷达发射机输出射频信号的中心频率，即射频信号每秒振荡的次数。与工作频率相应的波长叫做工作波长 λ。若光速为 c，则它们之间的关系为

$$\lambda = \frac{c}{f_0} \tag{2.2.1}$$

雷达的工作频率或频段是按照雷达的用途确定的。为了提高雷达系统的工作性能和抗干扰能力，有时还要求它能在几个甚至几十个频率上跳变工作或同时工作。工作频率或波段的不同对发射机的设计影响很大，直接影响功率放大器种类的选择。目前，防空预警雷达中，P 波段、L 波段和 S 波段的雷达发射机通常选用硅双极晶体管或砷化镓场效应管，或选用微波真空管，例如速调管、行波管和前向波管等。

2. 输出功率

雷达发射机的输出功率是指发射机送至馈线系统的功率。对于脉冲雷达发射机，其输出功率可用峰值功率 P_t 和平均功率 P_{av} 来表示。峰值功率 P_t 是指脉冲持续期间输出功率的平均值，不是射频正弦振荡的最大瞬时功率；平均功率 P_{av} 是指脉冲重复周期内输出功率的平均值。若发射机输出的是一串脉冲宽度为 τ、脉冲重复周期为 T_r 的矩形脉冲，则 P_t 与 P_{av} 的关系如下：

$$P_{av} = \frac{\tau}{T_r} P_t = \tau f_r P_t = D P_t \tag{2.2.2}$$

雷达发射机的输出功率与雷达最大作用距离之间的关系密切。一次雷达距离方程的基本形式表示为

$$R_{max} = \left[\frac{P_t G^2 \lambda^2 \sigma}{(4\pi)^3 S_{i\,min}} \right]^{\frac{1}{4}} \tag{2.2.3}$$

式中：R_{max} 为雷达最大作用距离；P_t 为雷达发射功率即峰值功率；G 为雷达天线的发射增益和接收增益；λ 为雷达波长；σ 为目标的雷达截面积；$S_{i\,min}$ 为雷达接收机的临界灵敏度。

　　由式(2.2.3)可知，雷达发射机的输出峰值功率直接影响雷达的作用距离和抗干扰能力。提高雷达峰值功率，可以增大雷达的最大作用距离，并且，由于信噪比的增加，能够使得受干扰的影响减小。但是，增大峰值功率，就必须提高发射机电源的电压或电流，即升高高压或者加大电流，从而带来散热难度增大、功耗增加等问题，因此现代防空预警雷达一般都希望提高平均功率而不过分增大峰值功率。

　　由式(2.2.2)和式(2.2.3)可知，雷达的最大作用距离正比于平均功率 P_{av}，因此，为了提高雷达最大作用距离，可以增大平均功率。增大平均功率的方法有三种：增大脉冲宽度 τ、增大峰值功率 P_t、增大脉冲重复频率 f_r。平均功率受到关注还有别的原因，它和发射机效率一起决定了因损耗而产生的热量。这些热量应当散发掉，这又决定了所需要的冷却量。平均功率加上损耗决定了必须供给发射机的输入(初级)功率。因此，平均功率越大，发射机就变得越大、越重。

　　目前，雷达发射机的输出峰值功率为几十千瓦至几百千瓦，对于分布式有源相控阵雷达的峰值功率则可达几兆瓦以上。例如，某远程防空警戒三坐标雷达的 P_t 为 700 kW，某机动防空预警三坐标雷达的 P_t 大于 68 kW。

3. 发射信号脉冲波形

　　在脉冲体制雷达中，理想矩形脉冲的参数主要为脉冲幅度和脉冲宽度。然而，实际的发射信号一般都不是理想的矩形脉冲，而是具有上升沿和下降沿的脉冲，而且脉冲顶部有波动和倾斜。图 2.2.5 给出了发射信号的检波波形示意图，A 为发射脉冲信号的平顶幅度，通常定义为脉冲顶部振荡结束点对应的幅度值，脉冲宽度 τ 通常定义为脉冲上升沿幅度的 $0.5A$ 处至下降沿幅度 $0.5A$ 处之间的脉冲持续时间；脉冲前沿 τ_r 为脉冲上升沿幅度 $0.1A \sim 0.9A$ 处之间的持续时间，它引起测量目标回波延迟时间的误差，从而引起测距误差；脉冲后沿 τ_f 为脉冲下降沿 $0.9A \sim 0.1A$ 处之间的持续时间。

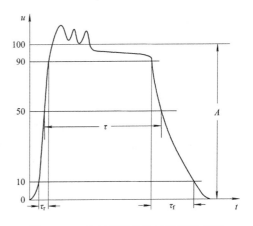

图 2.2.5　发射信号的检波波形示意图

　　τ_f 对雷达性能的影响表现在以下两个方面：

　　一是使雷达最小作用距离 R_{min} 增大，雷达最小作用距离为

$$R_{min} = \frac{1}{2}c(\tau + \tau_0 + \tau_f) \qquad (2.2.4)$$

式中，τ_0 为收发开关转换时间。因此 τ_f 增大，则雷达最小作用距离增大。

　　二是 τ_f 使得收发开关在关断发射通道时产生延时，从而导致发射功率的泄露。

4. 发射信号稳定度

　　发射信号稳定度是指发射信号的各项参数，即发射信号的振幅、频率(或相位)、脉冲宽度及脉冲重复频率等随时间变化的程度。由于发射信号参数的任何不稳定都会影响高性能雷达主要性能指标的实现，因而需要对发射信号稳定度提出严格要求。

　　这里重点说明由于发射机导致的不稳定度对系统性能参数的恶化。信号的不稳定度可以分为确定的不稳定度和随机的不稳定度。确定的不稳定度是由电源的波纹、脉冲调制波形的顶部波形和外界有规律的机械振动等因素产生的,通常随时间周期性变化;随机性的不稳定度则是由发射机放大管的噪声、调制脉冲的随机起伏等原因造成的。

　　发射脉冲的时间抖动(主要指脉冲宽度及脉冲重复频率的不稳定度)会使脉间发射脉冲信号的前沿及后沿发生变化,从而导致动目标对消系统的性能变坏。发射脉冲的幅度抖动会对改善因子产生限制,因为总会出现很多达不到限幅电平的杂波,即便在动目标对消系统前采用限幅系统,这种限制仍然存在。但是,在大多数的雷达发射机中,当频率稳定度或相位稳定度满足要求后,幅度的抖动影响是不大的。另外,因为雷达接收机总是调谐在发射机的工作频率上,如果发射机的工作频率不稳,将使雷达接收机难于接收回波信号。因此,雷达发射机导致的不稳定度对雷达系统的恶化必须严格控制。

5. 总效率

　　雷达发射机的效率通常是指发射机输出射频功率与输入供电(交流市电)或发电机的输入功率(包含冷却耗电)之比。连续波雷达发射机的效率较高,一般为 $20\% \sim 30\%$。高峰值功率、低工作比的脉冲雷达发射机的效率较低。速调管、行波管发射机的效率较低;磁控管自激振荡式发射机、前向波管发射机的效率相对较高;分布式有源相控阵固态雷达发射机的效率也比较高,例如某高机动防空预警三坐标雷达发射机的效率可以达到 13% 以上。

　　需要指出的是,由于雷达发射机在雷达整机中通常是最耗电和最需要冷却的部分,因此提高雷达发射机的总效率不仅可以省电,而且可以降低雷达整机的体积和重量。

　　除了上述对雷达发射机的主要性能要求之外,还有结构上、使用上及其他方面的要求。在结构上,应考虑雷达发射机的体积重量、通风散热及防震防潮等问题;在使用上,应考虑系统监控、便于检查维修、安全保护和稳定可靠等因素。

2.3　雷达接收机

2.3.1　雷达接收机的主要功能

　　雷达接收机的主要作用是放大和处理雷达发射后反射回来的所需要的回波,并在有用的回波和无用的干扰之间以获得最大鉴别率的方式对回波进行滤波。干扰(有时也称作杂波)不仅包含雷达接收机自身产生的噪声,而且包含从银河系、邻近的雷达或通信设备以及可能的干扰设备接收到的电磁能,以及雷达自身辐射的电磁波被无用的目标(如建筑物、山、森林、云、雨、雪、鸟群、虫类、金属箔条等)所反射的部分。这里要说明的是:对于不同用途的雷达,有用回波和杂波是相对的。一般来讲,雷达探测的飞机、船只、地面车辆和人员所反射的回波是有用信号,而海面、地面、云雨等反射的回波均为杂波。然而对气象雷达而言,云、雨则是有用信号。

　　雷达接收机一般是通过放大、变频、滤波和解调等方法,使目标反射回的微弱射频回波信号变成有足够幅度的视频信号或数字信号,以满足信号处理和数据处理的需要。

2.3.2　雷达接收机的基本组成

在雷达接收机的发展过程中，曾出现过超再生式接收机、晶体视频接收机和调谐式射频接收机，然而自从超外差式接收机出现以后，由于其灵敏度高和抗干扰能力强，使得几乎所有的雷达系统都采用了超外差式接收机。

全相参超外差式雷达接收机的组成框图和各级波形示意图如图 2.3.1 和图 2.3.2 所示。从图 2.3.1 中可以看到，雷达接收机的组成主要包括三大部分：主电路、辅助电路和 I/Q 正交鉴相电路。接收机的主电路有时也称为接收前端，包括射频放大器、混频器和中频放大器；接收机的辅助电路有时也称为增益控制电路或抗干扰电路，包括灵敏度时间控制电路和自动增益控制电路等；I/Q 正交鉴相有时也称为 I/Q 双通道相位检波电路，根据处理方式的不同，可分为模拟 I/Q 正交鉴相和数字 I/Q 正交鉴相。

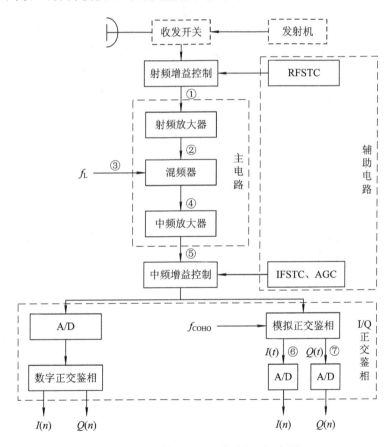

图 2.3.1　超外差式雷达接收机原理框图

接收机的主电路将经天线进入接收机的微弱射频信号经过放大、变频和选择为具有一定功率的固定中频频率和带宽的中频信号。回波信号首先要经过射频放大器进行放大；接着混频器将雷达的射频信号变换成中频信号，为了抑制混频干扰，通常采用二次变频方案；中频放大器主要完成对中频信号的放大，它比射频放大器成本低、增益高、稳定性好，容易对信号进行匹配滤波。

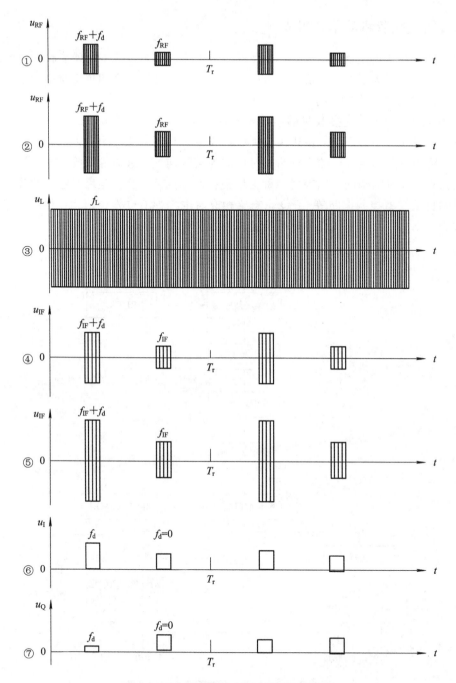

图 2.3.2　雷达接收机各级波形示意图

接收机的辅助电路主要包括灵敏度时间控制（Sensitivity Time Control，STC）和自动增益控制（Auto Gain Control，AGC），它们是雷达接收机抗饱和、扩展动态及保持接收机增益稳定的主要措施。STC 可以在射频或中频实现，经常表示为 RFSTC（Radio Frequency STC）或 IFSTC（Intermediate Frequency STC）。AGC 通常在中频实现，它是一种反馈技术，用它调整接收机的增益，以便使系统保持适当的增益范围，它对接收机在宽温、宽频带工作中保持增益稳定具有重要作用，对于多路接收机系统，它还有保持多路接收机增益平衡的作用。

对于全相参的雷达接收机，中频信号放大之后，通常采用 I/Q 正交鉴相处理，输出同相支路 $I(n)$ 和正交支路 $Q(n)$ 两路相参视频信号，以便同时获取目标的相位和幅度信息。根据处理方式的不同可以分为数字 I/Q 正交鉴相和模拟 I/Q 正交鉴相。模拟 I/Q 正交鉴相又称为"零中频处理"。所谓"零中频"，是指因相参振荡器的频率 f_{COHO} 与中频信号的中心频率相等（不考虑多普勒频移），使其差频为零。零中频处理既保持了中频处理时的全部信息，同时又可在视频实现，因而得到了广泛的应用。这里的 f_{COHO} 是由频率源产生的相参振荡信号提供的。数字 I/Q 正交鉴相的实现方法是首先对模拟信号进行 A/D 变换，然后进行 I/Q 分离。数字 I/Q 正交鉴相的最大优点是可实现更高的 I/Q 精度和稳定度。

需要说明的是，这里没有单独提到非相参检测和显示，这是因为对于防空预警雷达而言，需要同时提取幅度和相位信息，而且终端显示在信号处理之后。对于非相参检测和显示，可采用线性放大器和包络检波器为显示器或检测电路提供信息。在要求大的瞬时动态范围时，可使用对数放大器和包络检波器。对数放大器可提供 80~90 dB 的有效动态范围，对于大时间带宽积的线性调频或非线性调频信号可以用脉冲压缩电路（简称"脉压"）来实现匹配滤波，接收机中的脉压一般为模拟脉压，如果是数字脉压，则要放置在信号处理系统中。

2.3.3 雷达接收机的主要技术指标

雷达接收机的主要技术指标包括噪声系数、灵敏度、接收机带宽、动态范围、I/Q 正交鉴相器的正交度、A/D 转换性能参数等。

1. 噪声系数

当把接收机的输出送到示波器上去观察时，在示波器荧光屏上所显示的杂乱起伏的"茅草"，就是噪声的反映。噪声的实质是存在于接收机内部或加于接收机输入端的一种微小的杂乱起伏的电压或电流。在讨论接收机噪声对接收机性能的影响前，首先来看看接收机噪声的来源。

1）接收机噪声的来源

接收机噪声来源包括接收机外部噪声和接收机内部噪声两部分。

接收机外部噪声有时也称为天线噪声，主要包括天体噪声（如太阳噪声、银河系噪声、宇宙噪声等）、大气噪声（如雷电、雨、雪噪声等）、大地噪声、天馈线噪声等。

天体噪声和大气噪声与雷达工作频段、天线指向、电波的极化均有关。太阳噪声与太阳内部的黑子活动、不同季节以及雷达在地球上的不同位置和天线的增益有关。大气噪声在低频时主要由雷电产生，当频率增加时，大气中的水蒸气和氧气的吸收所带来的噪声成为噪声的主要来源，而且随着频率的升高和水蒸气的密度增加而增加。大地噪声与地面温度、介质的电导率有关。天馈线噪声与天馈线所选用的材料和表面处理有关。

接收机内部噪声主要包括无源器件的电阻热噪声、有源半导体器件产生的噪声（如热噪声、分配噪声、散弹噪声、闪烁噪声等）和模/数变换器产生的有关噪声（如量化噪声、孔径噪声等）等。

2）接收机噪声大小的度量

前面提到，噪声的实质是一种微小的杂乱起伏的电压或电流，因此噪声电压的瞬时值

$U_n(t)$ 是一个随机量。通常接收机热噪声电压是零均值、幅度起伏的概率密度函数为高斯分布的随机量。图 2.3.3 给出了这种高斯噪声的概率分布，图 2.3.3(a) 为该噪声电压的概率密度函数，图 2.3.3(b) 为噪声电压幅度波形的某一瞬时值，其噪声电压的均方值 $\overline{U_n^2}$ 表示了在 $1\,\Omega$ 电阻上所产生的平均功率，其均方根值表示噪声电压的有效值。图 2.3.3 中 PDF 表示噪声电压的概率密度函数，在此为高斯分布函数。

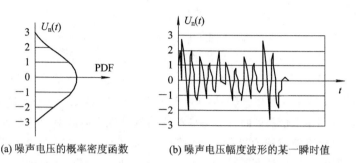

(a) 噪声电压的概率密度函数　　　　(b) 噪声电压幅度波形的某一瞬时值

图 2.3.3　高斯噪声的概率分布

对热噪声电压的频谱分析表明：电阻热噪声的频谱在整个频率范围内为均匀分布，功率谱密度与频率无关。因此热噪声有时又称为白噪声。

为了更好地描述热噪声特性，首先说明几个基本概念。

(1) 噪声功率谱密度。

单位带宽内的噪声功率称为噪声功率谱密度，有时简称为噪声功率谱，其单位为 W/Hz。

根据 Nyquist(奈奎斯特)定理，一个处于物理温度为 T 的电阻在匹配负载上产生的额定噪声功率谱密度为

$$P_{no}=kT \tag{2.3.1}$$

式中，k 为波尔兹曼常数，$k \approx 1.38 \times 10^{-23}\,\text{J/K}$。额定噪声功率谱密度也是热噪声在单位带宽内的额定功率。

(2) 额定噪声功率。

根据 Nyquist 定理，一个能产生噪声的纯电阻可以等效为一个噪声电压源和一个不产生噪声的纯电阻相串联，如图 2.3.4 所示。

当噪声源的内阻为一个复阻抗时，只有当负载阻抗 Z^* 与噪声源内阻 Z 为复共轭时，噪声源才能够向负载提供最大输出功率，此时的最大输出功率称为噪声源的额定噪声

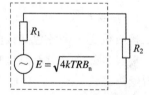

图 2.3.4　一个纯电阻的噪声等效电路(虚线框内)

功率。当噪声源的内阻为纯电阻时，负载就是与其等值的电阻，即 $R_1=R_2=R$。

额定噪声功率为

$$N_o=\left(\frac{E}{2R}\right)^2 \cdot R=\frac{E^2}{4R} \tag{2.3.2}$$

式中，E 为噪声电动势。1928 年由 Nyquist 所提出的电阻产生的噪声电动势(噪声电压的均方值)为

$$E^2=\overline{U_n^2}=4kTRB_n \tag{2.3.3}$$

则电阻产生的开路热噪声电压为

$$U_n = \sqrt{4kTRB_n} \tag{2.3.4}$$

式中，B_n 为测量系统的等效噪声带宽。此时噪声源的额定噪声功率为

$$N_o = \frac{\overline{U_n^2}}{4R} = kTB_n \tag{2.3.5}$$

结论：

① 一个纯电阻的额定噪声功率大小与电阻值大小无关，与频率也无关，N_o 仅与 T 和 B_n 有关，也可以说只与该电阻的噪声功率谱密度 kT 和测试仪表的等效噪声带宽 B_n 有关。此处的 T 称为噪声源的等效噪声温度，当噪声源为纯电阻时，其等效噪声温度就是该电阻当时所处的物理温度。

② 严格地讲，式(2.3.5)实际上并不存在。因为并不存在真正的白噪声源，它不可能在无限大的带宽内产生无限大的噪声功率，实际上在远超过毫米波范围的频率，该处的噪声功率谱将下降；另外，在较低的频率范围内，例如 100 MHz 以下，有增加的噪声，通常这种噪声被称为 $1/f$ 噪声或闪烁噪声。但是在实际应用的米波至毫米波段的宽广频率范围内，可以用式(2.3.5)很好地近似表征。

③ 上述原理适用于一切性质的网络和负载，对于其他网络和负载，式(2.3.5)中的 T 称为该网络和负载的等效噪声温度。诸如一个有源器件，对于一个温度分布不均匀的电阻负载或温度均匀分布但有耗的传输线等，其等效噪声温度与其物理温度会有显著的区别。

④ 当噪声源为一复阻抗时，它的热噪声功率是由其电阻部分产生的，由于理想的电抗元件没有损耗电阻，因而也就没有自由电子的热运动，所以也就不会产生热噪声功率。电抗部分只是进行电磁能量的转换。对于实际的电感器而言，其中的损耗电阻产生的热噪声不能忽视，而由电容中的损耗电阻所产生的较小热噪声可以忽略。

（3）等效噪声带宽。

在讨论噪声源经过某一网络输出的额定噪声功率时，是指通过该网络频率响应所有频率点输出的噪声功率，它不包括寄生响应和镜像响应，这样的通频带带宽称为噪声带宽，所以噪声带宽为网络功率增益响应曲线 $G(f)$ 下的面积与该频率下的功率增益之比。为了便于分析和计算，常取一个矩形带宽与其等效，称为等效噪声带宽 B_n。该带宽为一矩形带宽，它与频率轴所包含的面积等于实际噪声带宽所包含的面积，矩形的高度等于实际频响曲线在中心频率处的额定功率增益。额定功率增益是指该网络的输入端与输出端分别与源阻抗和负载阻抗匹配时的网络功率增益。这种等效相当于频响曲线对中心频率增益的归一化。图 2.3.5 给出了 B_n 与 $G(f)$ 之间的关系。这样，通过等效噪声带宽的噪声功率等于噪声源经过该网络实际输出的额定噪声功率；而在等效噪声带宽内各频率点的增益处处相等。

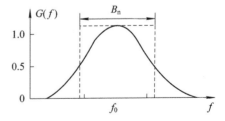

图 2.3.5　B_n 与 $G(f)$ 之间的关系

噪声源通过网络的额定噪声功率为

$$N_o = \int_0^\infty kTG(f)\mathrm{d}f = kT\int_0^\infty G(f)\mathrm{d}f = kTB_nG_m \tag{2.3.6}$$

式中，G_m 为网络的最大额定功率增益。$G(f)$ 是网络功率增益响应曲线，是指功率比随频

率变化的关系曲线，而不是电压比随频率变化的曲线。

　　3）噪声系数

　　前面提到，接收机噪声包括外部噪声和内部噪声，而雷达接收机内部噪声的大小直接影响该接收机性能。如何衡量接收机内部噪声对接收机性能的影响呢？下面介绍的噪声系数正是表征接收机内部噪声大小的一个物理量。

　　（1）噪声系数的定义及意义。

　　噪声系数是指接收机线性电路（检波器以前电路）输入端信号噪声功率比与输出端信号噪声功率比之比。噪声系数的说明如图 2.3.6 所示。

　　噪声系数的定义如下：

$$F = \frac{S_i / N_i}{S_o / N_o} \qquad (2.3.7)$$

图 2.3.6　噪声系数的说明图

式中：F 为噪声系数；S_i 为输入端信号功率；N_i 为输入端噪声功率；S_o 为输出端信号功率；N_o 为输出端噪声功率。

　　由式（2.3.7），可直观看出噪声系数 F 的物理意义，它表示由于接收机内部噪声的影响，使接收机输出端信噪比相对其输入端信噪比变化（降低、衰减）的倍数。

　　由于实际接收机内部总会产生新的噪声，因此输出信噪比总比输入信噪比小，即 $S_o / N_o < S_i / N_i$，所以 $F > 1$，而且 F 越大，说明接收机内部噪声的影响越严重，即接收机输出端信噪比相对其输入端信噪比降低（衰减）的倍数越大。

　　式（2.3.7）可以改写为

$$F = \frac{N_o / N_i}{S_o / S_i} = \frac{N_o}{G N_i} \qquad (2.3.8)$$

式中，G 为接收机的额定功率增益，$G = S_o / S_i$；而 $G N_i$ 为输入端噪声通过"理想接收机"（即内部不产生噪声的接收机）后，在输出端呈现的额定噪声功率。

　　因此噪声系数 F 可以定义为：实际接收机输出端的额定噪声功率 N_o 与"理想接收机"输出端的额定噪声功率 $G N_i$ 之比。其物理意义是：噪声系数为实际接收机由于有内部噪声的影响，使其输出端的额定噪声功率比理想接收机输出端的额定噪声功率增大的倍数。

　　实际接收机输出端的额定噪声功率 N_o 由两部分组成，其中一部分是 $G N_i$，另一部分是接收机内部噪声在输出端所呈现的额定噪声功率 ΔN，即

$$N_o = G N_i + \Delta N \qquad (2.3.9)$$

将 N_o 代入式（2.3.8），可得

$$F = \frac{G N_i + \Delta N}{G N_i} = 1 + \frac{\Delta N}{G N_i} \qquad (2.3.10)$$

　　从式（2.3.10）可以更明显地看出噪声系数与接收机内部噪声的关系。分子为一部实际接收机当输入噪声功率为 N_i 时，其实际输出的噪声功率；分母为一部理想接收机当输入噪声功率也为 N_i 时的输出噪声功率。基于这一理解，噪声系数可解释为：当一部实际接收机与一部理想接收机有相同的噪声功率输入 N_i 时，二者输出噪声功率之比，用此比值的大小来衡量一部实际接收机的噪声性能。若比值大，表明该实际接收机噪声性能差（即内部产生的噪声大），反之比值小，则表明该接收机接近理想接收机。当比值为 1 时，该接收机即为理想接收机。

下面对噪声系数做几点说明：

① 噪声系数只适用于接收机的线性电路和准线性电路，即接收机检波器以前的部分。检波器是非线性电路，而混频器可以看成是准线性电路，因其输入信号和噪声都比本振电压小得多，输入信号与噪声间的相互作用可以忽略。

② 为使噪声系数具有单值确定性，规定输入噪声以输入等效电阻 R_s 在室温 $T_0 = 290$ K 时产生的热噪声为标准，即 $N_i = kT_0B_n$，所以由式(2.3.10)可以看出，噪声系数只由接收机本身的参数确定。后面我们将会看到，kT_0B_n 即是天线等效电阻 R_A 在室温 $T_0 = 290$ K 时产生的噪声功率。

③ 噪声系数 F 是一个没有量纲的数值。通常可用分贝(dB)来表示：

$$F(\text{dB}) = 10\lg F$$

例如，某雷达接收机的噪声系数 $F = 2$，则以分贝数表示为

$$F(\text{dB}) = 10\lg 2 = 3 \text{ dB}$$

实际雷达装备中，整机噪声系数大小通常小于3，例如某球载防空预警雷达接收机的噪声系数为 2.6，某低空补盲雷达接收机的噪声系数为 1.9。

④ 噪声系数的概念与定义可以适用于任何无源或有源的四端网络。

(2) 等效噪声温度。

为了更直观地比较内部噪声与外部噪声的大小，可以把接收机内部噪声在输出端呈现的额定噪声功率 ΔN 等效到输入端来计算，这时内部噪声可以看成是天线电阻 R_A 在温度 T_e 时产生的热噪声，即

$$\Delta N = GkT_eB_n \tag{2.3.11}$$

温度 T_e 称为"等效噪声温度"或简称为"噪声温度"，此时接收机就变成没有内部噪声的理想接收机，其等效电路如图 2.3.7 所示。

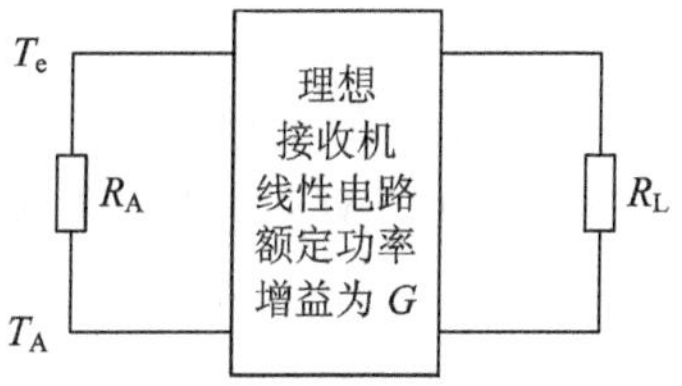

将式(2.3.11)代入式(2.3.10)，可得

$$F = 1 + \frac{GkT_eB_n}{GkT_0B_n} = 1 + \frac{T_e}{T_0} \tag{2.3.12}$$

$$T_e = (F-1)T_0 = (F-1) \times 290 \,(K) \tag{2.3.13}$$

图 2.3.7　接收机内部噪声的换算

式(2.3.13)即为等效噪声温度 T_e 的定义，它的物理意义是把接收机内部噪声看成是理想接收机的天线电阻 R_A 在温度 T_e 时产生的，此时实际接收机变成如图 2.2.3 所示的理想接收机。

图 2.3.7 中，T_A 为天线噪声温度。前面提到，接收机外部噪声与天线本身噪声有时又统称为天线噪声，因此接收机外部噪声可用天线噪声温度 T_A 来表示，接收机外部噪声的额定功率为

$$N_A = kT_AB_n \tag{2.3.14}$$

式(2.3.12)定义的仍是仅考虑了接收机内部噪声，利用该式计算的 F 当然只是接收机的噪声系数，若按图 2.3.6，将天线噪声也考虑进去，则可计算整个系统的噪声系数，记为 F_s。计算整个系统的噪声系数，应该是在相同噪声功率输入 $N_i = kT_0B_n$ 时，实际系统的输出噪声功率 N_{os} 与理想系统输出噪声功率(仍为 GN_i)之比。N_{os} 应包含三项，其表达式如下：

$$N_{os} = GN_i + GkT_eB_n + GkT_AB_n \tag{2.3.15}$$

因此

$$F=\frac{N_{os}}{GN_i}=\frac{GN_i+GkT_eB_n+GkT_AB_n}{GN_i}=\frac{GkT_0B_n+GkT_eB_n+GkT_AB_n}{GkT_0B_n}=1+\frac{T_e+T_A}{T_0}$$

(2.3.16)

记 $T_s=T_e+T_A$，T_s 称为系统噪声温度，由内外两部分噪声温度所组成，即

$$F=1+\frac{T_s}{T_0}$$

(2.3.17)

表 2.3.1 给出了 T_e 与 F 的数值关系。从表中可以看出，若用噪声系数 F 来表示两部低噪声接收机的噪声性能，例如它们分别为 1.05 和 1.1，有可能误认为两者的噪声性能差不多。但若用噪声温度来表示其噪声性能，将会发现两者的噪声性能实际上已相差一倍（分别为 14.5 K 和 29 K）。

表 2.3.1　T_e 与 F 的数值关系

F（倍数）	1	1.05	1.1	1.5	2	5	8	10
F/dB	0	0.21	0.41	1.76	3.01	6.99	9.03	10
T_e/K	0	14.5	29	145	290	1160	2030	2610

此外，只要直接比较 T_e 和 T_A，就能直观地比较接收机内部噪声与外部噪声的相对大小。因此，对于低噪声接收机和低噪声器件，常用噪声温度来表示其噪声性能。

（3）噪声系数的计算。

① 无源四端网络噪声系数的计算。四端网络可以分成有源和无源两大类。在雷达接收机中，晶体管属于有源四端网络，馈线、放电器、移相器等则属于无源四端网络。其示意图如图 2.3.8 所示，图中 G 为额定功率传输系数（对于有源网络，也称为额定功率增益）。虽然这类无源四端网络中没有信号源，但它有损耗电阻，因此也会产生热噪声，下面求其噪声系数。

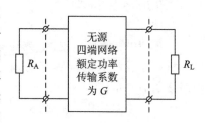

图 2.3.8　无源四端网络电路

由图 2.3.8 可知，从网络的输入端向左看，是一个电阻为 R_A 的无源二端网络，它输出的额定噪声功率为

$$N_i=kT_0B_n$$

(2.3.18)

经过网络传输，加于负载电阻 R_L 上的外部噪声额定功率为

$$GN_i=GkT_0B_n$$

(2.3.19)

从负载电阻 R_L 向左看，也是一个无源二端网络，同理，它是由信号源电阻 R_A 和无源四端网络组合而成的。同理，这个二端网络输出的额定噪声功率为 kT_0B_n，它也就是无源四端网络输出的总额定噪声功率，即

$$N_o=kT_0B_n$$

(2.3.20)

将式（2.3.19）和式（2.3.20）代入式（2.3.8），可得

$$F=\frac{N_o}{GN_i}=\frac{kT_0B_n}{GkT_0B_n}=\frac{1}{G}$$

(2.3.21)

因此，无源四端网络的噪声系数为该网络的额定功率传输系数的倒数。由于无源四端网络额定功率传输系数 $G\leqslant1$，因此其噪声系数 $F\geqslant1$。对于无源四端网络而言，其损耗越小，

额定功率传输系数 G 越大(接近于 1),噪声系数 F 就越小(越接近于 1)。

② 级联电路噪声系数的计算。雷达接收机是由多级电路级联起来的,因此需要讨论多级级联电路噪声系数的计算。为了简便,先考虑两个单元电路级联的情况,如图 2.3.9 所示。图中 F_1、F_2 和 G_1、G_2 分别表示第一级和第二级电路的噪声系数和额定功率增益,ΔN_1、ΔN_2 分别为第一级和第二级电路内部噪声的额定噪声功率,B_n 为电路等效噪声带宽,N_i、N_o 分

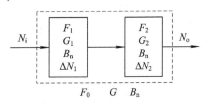

图 2.3.9　两级电路的级联

别为两级级联电路的输入、输出额定噪声功率,F_0、G 分别为两级级联电路的总噪声系数和总额定功率增益。

由式(2.3.8),可写出两级级联电路总的噪声系数:

$$F = \frac{N_o}{GN_i} = \frac{N_o}{G_1 G_2 N_i} \tag{2.3.22}$$

$$N_i = kT_0 B_n \tag{2.3.23}$$

N_o 由三部分组成:第一部分是由输入噪声在通过两级理想电路后,在输出端所呈现的额定噪声功率 $G_1 G_2 N_i$,第二部分是第一级电路的内部噪声 ΔN_1 在输出端所呈现的额定噪声功率 $G_2 \Delta N_1$,第三部分是第二级电路的内部噪声在输出端所呈现的额定噪声功率 ΔN_2,根据式(2.3.23)和式(2.3.10),这三部分额定噪声功率值可以表示为

$$G_1 G_2 N_i = G_1 G_2 kT_0 B_n \tag{2.3.24}$$

$$G_2 \Delta N_1 = G_2 (F-1) G_1 kT_0 B_n \tag{2.3.25}$$

$$\Delta N_2 = (F_2 - 1) G_2 kT_0 B_n \tag{2.3.26}$$

将式(2.3.24)~式(2.3.26)代入式(2.3.22),经过整理可得

$$F_0 = F_1 + \frac{F_2 - 1}{G_1} \tag{2.3.27}$$

同理可得,n 级级联电路的总噪声系数 F_0 为

$$F_0 = F_1 + \frac{F_2 - 1}{G_1} + \frac{F_3 - 1}{G_1 G_2} + \cdots + \frac{F_n - 1}{G_1 G_2 \cdots G_{n-1}} \tag{2.3.28}$$

式(2.3.28)给出了一个重要结论:为了使接收机的总噪声系数小,要求各级的噪声系数小、额定功率增益高。而各级内部噪声的影响并不相同,级数越靠前,对总噪声系数的影响越大。所以噪声系数主要取决于最前面几级,这就是接收机要采用高增益低噪声射频放大器的原因之一。

噪声系数只适用于检波器以前的线性电路。典型的雷达接收机前端电路如图 2.3.10 所示,图中列出了各级的额定功率传输系数和噪声系数。

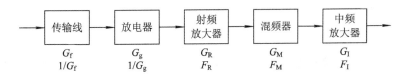

图 2.3.10　雷达接收机前端组成框图

将图 2.3.10 中所列各级的额定功率传输系数和噪声系数代入式(2.3.28)，即可求得该接收机的总噪声系数为

$$F_0 = \frac{1}{G_f} + \frac{1/G_g - 1}{G_f} + \frac{F_R - 1}{G_f G_g} + \frac{F_M - 1}{G_f G_g G_R} + \frac{F_I - 1}{G_f G_g G_R G_M}$$

$$= \frac{1}{G_f G_g}\left(F_R + \frac{F_M - 1}{G_R} + \frac{F_I - 1}{G_R G_M}\right) \tag{2.3.29}$$

如果射频放大器的额定功率增益很大，式(2.3.29)括号内第二项以后的各项可以忽略不计，简化为

$$F_0 \approx \frac{F_R}{G_f G_g} \tag{2.3.30}$$

例如，某雷达接收机射频放大器的额定功率增益 $G_R = 20$ dB，噪声系数 $F_R = 1.2$，传输线的功率传输系数 $G_f = 0.87$，放电器的功率传输系数 $G_g = 0.8$，则该接收机的总噪声系数为

$$F_0 \approx \frac{1.2}{0.87 \times 0.8} = 1.72$$

或

$$F(dB) = 10 \lg 1.72 \approx 2.35 \text{ dB}$$

可见该雷达接收机的噪声系数主要取决于射频放大器及射频放大器以前有关器件的损耗。为了提高接收机灵敏度，必须调整好收发开关，使射频损耗减至最小，尤其重要的是调整好射频放大器，使射频放大器工作在功率增益大、噪声小的良好状态。

2. 灵敏度

接收机的灵敏度表示了接收机接收微弱信号的能力。接收机能够接收的信号越微弱，则接收机灵敏度也就越高。雷达回波强度是随着目标距离的增大而减弱的，所以为了增大雷达的作用距离，应该要求接收机具有较高的灵敏度。

接收机灵敏度有临界灵敏度和实际灵敏度之分。由于接收机的灵敏度主要受接收机内部噪声的限制，因此衡量和检测接收机灵敏度总是以内部噪声来确定的。

1) 临界灵敏度

临界灵敏度是指接收机线性部分输出端(即检波器输入端)信号噪声功率比 $S_o/N_o = 1$ 和 $T_A = T_0$ 时，接收机输入端所需的最小信号功率 $S_{i\,min}$。由于线性部分只包括射频放大器的输入电路、射频放大器、混频器和中频放大器等，没有包括非线性的检波器，所以检波器对临界灵敏度没有影响。另外，临界灵敏度只考虑了接收机内部噪声的影响，所以它也是衡量接收机本身噪声性能好坏的一个质量指标。

由于临界灵敏度由接收机的内部噪声决定，所以只要知道接收机线性部分的噪声系数，就很容易确定接收机的临界灵敏度。

接收机线性部分的总噪声系数式可表示为

$$F = \frac{S_i/N_i}{S_o/N_o} \tag{2.3.31}$$

当接收机线性部分输出端的信号噪声功率比 $S_o/N_o = 1$ 时，则接收机输入端的信号功率 $S_i = FN_i$，按临界灵敏度的定义，此时输入端的信号功率 S_i 就是最小信号功率 $S_{i\,min}$，即

$$S_{i\,min} = FN_i \tag{2.3.32}$$

而 N_i 一般取为天线额定噪声功率，其值为 kT_0B_n，室温 $T_0=290$ K。将其代入式(2.3.32)就可求得接收机临界灵敏度为

$$S_{i\,min}=FkT_0B_n=kT_0FB_n \tag{2.3.33}$$

式(2.3.33)表明，临界灵敏度只与接收机线性部分的通频带(等效噪声带宽)B_n 和噪声系数 F 有关，为了提高接收机灵敏度，就要尽可能降低接收机噪声系数和合理选择接收机的通频带。

米波雷达接收机的灵敏度通常用最小信号电压 $U_{i\,min}$ 表示，单为 V，其数量级一般为 $10^{-6}\sim10^{-7}$ V。厘米波雷达接收机临界灵敏度常用最小信号功率 $S_{i\,min}$ 表示，单位为 W，数量级一般为 $10^{-12}\sim10^{-14}$ W。若接收机的输入电阻为 R_i，则最小信号功率 $S_{i\,min}$ 与最小信号电压 $U_{i\,min}$ 满足下列关系：

$$U_{i\,min}=\sqrt{S_{i\,min}\cdot R_i} \tag{2.3.34}$$

在工程上，灵敏度通常用最小信号功率 $S_{i\,min}$ 相对于 1 mW 的分贝数表示，将 $kT_0\approx4\times10^{-21}$ 代入式(2.3.32)，$S_{i\,min}$ 取常用单位 dBm 可得

$$S_{i\,min}(\text{dBm})=-114+10\lg B(\text{MHz})+10\lg F \tag{2.3.35}$$

由式(2.3.35)可以画出不同通频带宽时接收机灵敏度与噪声系数的关系曲线，如图 2.3.11 所示。利用该图，在已知通频带宽的条件下，就可由噪声系数找到相应的接收机灵敏度 $S_{i\,min}$。

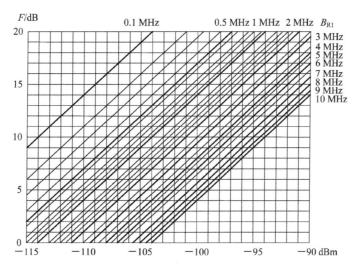

图 2.3.11　不同带宽时接收机灵敏度与噪声系数关系曲线

例如，$B=1$ MHz，$F=6$ dB，可查得 $S_{i\,min}=-105.4$ dBm。

2) 实际灵敏度

由上面的讨论可知，接收机临界灵敏度没有考虑检波器、显示器以及其他一些因素的影响。所以临界灵敏度不能确定雷达检测器和终端设备在噪声中发现目标的可能性，并且也不能利用它来计算雷达的探测距离。因此，为了全面估计接收机灵敏度，还需要引入实际灵敏度的概念。

实际灵敏度是指当正常检测目标时，在接收机输出端达到一定的信噪功率比时输入端所需的最小可检测信号功率 $S'_{i\,min}$。实际灵敏度示意图如图 2.3.12 所示。

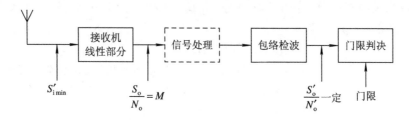

图 2.3.12 实际灵敏度示意图

由于实际灵敏度考虑了所有因素对接收机输出信号噪声功率比的影响,所以,实际灵敏度的数值,可以直接确定雷达正常检测时,接收机输入端实际上所需的有用信号功率的最小值。如果信号功率小于实际灵敏度数值就不能保证正常检测。也就是说,这时信号已无法从噪声中辨别出来了。

在终端显示设备上目标信号刚能从噪声中分辨出来,要求加到接收机输入端的最小信号功率必须能使输出端的信噪比达到规定数值。此时接收机线性部分输出端的信噪比为 M,即 $(S_o/N_o)_{\min}=M$,其为接收机线性部分输出端所允许的最小信噪比,当输出端的实际信噪比小于此数值时,信号就不能被正常识别或检测,所以这一比值 M 又称为识别系数(或检测因子)。根据噪声系数的定义

$$S'_{i\,\min}=F\left(\frac{S_o}{N_o}\right)_{\min}\cdot N_i \tag{2.3.36}$$

其中 $N_i=kT_0B_n$,因此,接收机的实际灵敏度可写为

$$S'_{i\,\min}=kT_0FB_nM \tag{2.3.37}$$

识别系数 M 与检波器的性能、显示设备的形式、示波管荧光屏的性质、操纵员的熟练程度和天线的转速等有关。

式(2.3.37)并未考虑天线以外的噪声,当频率在 100 MHz 以上时,这是正确的。因为在这种情况下,起主要作用的是内部噪声。但是频率在 100 MHz 以下时,这时不仅内部噪声较小,而且外部噪声也较大,需要把它也计算进去。外部噪声对接收机的影响可以假设将天线的温度 T_A 提高到 T_n,T_n 称为天线的有效噪声温度,它与频率有关。

当天线有效噪声温度为 T_A 时,送到接收机输入端的额定噪声功率为

$$N_A=kT_AB_n \tag{2.3.38}$$

将接收机内部噪声换算到接收机输入端,接收机等效为"理想接收机",其额定噪声功率为

$$\Delta N=(F-1)kT_0B_n \tag{2.3.39}$$

这样,理想接收机输入端的额定噪声功率应为上述两种噪声功率之和,即

$$N_i=N_A+\Delta N=kT_0B_n\left(F-1+\frac{T_A}{T_0}\right) \tag{2.3.40}$$

对于理想接收机,其输出端信噪比与输入端的信噪比相等,即有

$$\left(\frac{S_i}{N_i}\right)_{\min}=\left(\frac{S_o}{N_o}\right)_{\min}=M \tag{2.3.41}$$

因此,最小可检测信号功率 $S'_{i\,\min}$ 为

$$S'_{i\,\min}=M\cdot N_i \tag{2.3.42}$$

将式(2.3.40)代入上式得

$$S'_{i\,min} = kT_0 B_n \left(F - 1 + \frac{T_A}{T_0} \right) M \qquad (2.3.43)$$

无论由式(2.3.37)还是由式(2.3.43)均可看出：要使雷达接收机的灵敏度高，即最小可检测信号功率小，就要尽可能地减小接收机的总噪声系数 F 和识别系数 M，并选用接收机(线性部分)最佳通频带宽。如何选用接收机(线性部分)最佳通频带宽的问题将在下面的接收机带宽中介绍。

例如，某雷达接收机的噪声系数为 2.3 dB，通频带宽度为 2 MHz，识别系数为 11.8 dB，那么，该接收机临界灵敏度为 −108.7 dBm，实际灵敏度为 −96.9 dBm(注意，经过信号处理后实际灵敏度会提高，其数值会减小)。

总之，实际灵敏度表示雷达接收机整机的实际性能，它是雷达整机的一个重要指标。对于雷达接收机本身来说，接收机灵敏度的高或低，主要取决于接收机线性部分性能的好或坏，其他部分只要是正常设计制造的，一般对灵敏度影响不大。因此，当比较不同接收机线性部分对灵敏度的影响时，用临界灵敏度比较方便。

3. 接收机带宽

接收机带宽通常定义为网络频率响应曲线的半功率点频率间隔，即所谓 3 dB 带宽，包含射频级带宽、各级混频器带宽和各级中频级带宽。射频级带宽(含混频级)主要取决于低噪声放大器带宽，此带宽常常称为雷达工作频宽，可容纳该雷达全部工作频率。为了提高接收机的选择性，各中频级的带宽通常取得较窄。二者相差较远，所以接收机带宽工程上常取为中频级的级联合成带宽，也称为通频带宽。包络检波后的回波信号为视频脉冲，其电路的带宽为接收机带宽的一半。

下面以雷达发射信号为固定载频矩形脉冲为例讨论接收机带宽的选择。接收机带宽会影响接收机输出信噪比和波形失真。选用最佳带宽时可以达到最高灵敏度，但是波形失真较大，会影响到雷达测距精度，所以应根据雷达的不同用途来选择接收机带宽。

1) 警戒雷达和引导雷达

这类雷达突出的要求是接收机灵敏度高，对波形失真要求不严格，要求接收机高中频部分输出最大信噪比，因此接收机带宽取为最佳带宽 B_{opt}。考虑到发射频率和接收机本振频率漂移以及目标多普勒频移，需加宽一个数值：

$$B_1 = B_{opt} + \Delta f_x \qquad (2.3.44)$$

式中，B_1 为中频带宽(当雷达发射机信号为固定载频矩形脉冲时)。接收机视频噪声对系统噪声系数的影响很小，因此视频带宽只要不使信号通过时幅度减小，一般选取视频带宽为最佳带宽的一半即可。

2) 跟踪雷达

这类雷达是根据目标回波脉冲的前沿进行测距的，这就要求接收通道对目标回波失真要小，其次才是要求接收机灵敏度，因此要求接收机带宽大于最佳带宽 B_{opt}，一般取为

$$B_1 = \frac{2 \sim 5}{\tau} \qquad (2.3.45)$$

式中，τ 为发射信号的脉冲宽度。

4. 动态范围

1) 定义

接收通道的动态范围是雷达接收机的一个十分重要性能指标。对于全相参防空预警雷达而言，接收机动态范围通常是指当电路工作于线性状态时，允许的信号强度变化范围，即线性动态范围，简称动态范围。

2) 影响接收机动态范围的因素

一般情况下，如果保持接收机输入端动态范围不变，接收机输入信号经过接收机各级放大电路后，由于电路对大信号输出能力的限制，在接收机后面各级可能超出电路的线性范围，特别是在混频级、中放级和接收机输出端更显得突出。因此必须对接收机的增益进行适当控制，使接收机输出端信号大小的变化范围控制在输出电路的线性动态范围之内。这样就产生了接收机输入端和输出端动态范围的区别。

接收机输入端动态范围(也称为总动态范围)通常应与接收机输入信号的动态范围相匹配。接收机输出端动态范围(也称为接收机瞬时动态范围)应与接收机各级电路输出能力相匹配，一旦某级输入信号电平超过电路的线性工作范围时，将会引起信号波形的非线性失真，同时在频域将产生谐波、杂散，当有多个信号输入时还会产生互调。如果这些成分落入接收机通频带内，会造成虚假信号输出。因此接收机各级电路必须工作在线性动态范围内。

下面首先分析影响接收机输入动态范围的因素。接收机输入信号即雷达回波通常包括四大类：噪声、目标、杂波和干扰。其中杂波和干扰回波通常比目标回波大很多，为了防止这些信号通过接收机时产生非线性，接收通道对于这些信号也必须是线性工作的。接收机输入端回波信号总动态范围 DR_s 可以表示为

$$DR_s = DR_R + DR_\sigma + DR_f + DR_M \, (\text{dB}) \tag{2.3.46}$$

下面分析式(2.3.46)中各项。

(1) 雷达在反射式工作状态下(一次雷达工作时)距离变化引入的动态 DR_R 为

$$DR_R = 40\lg\left(\frac{R_{\max}}{R_{\min}}\right) \tag{2.3.47}$$

式中，$R_{\max}$、$R_{\min}$ 分别为雷达最大作用距离和最小作用距离。对于大型相控阵雷达 DR_R 有可能达到 80 dB。

式(2.3.47)中，DR_R 通常并没有那么大的动态范围，这是因为，防空预警雷达通常在远程工作和近程工作时分为两挡，即中近程工作模式和中远程工作模式。中远程工作时允许 $R_{\min}$ 大些，中近程工作时允许 $R_{\max}$ 小些，以降低信号在这两种工作模式时的动态范围，比如在不同的工作周期中采用不同的工作波形。尽管如此，大体上 $R_{\max}/R_{\min} = 10$，即 $DR_R = 40$ dB 还是应该保证的。

雷达在应答式工作状态下(二次雷达工作时)距离变化引入的动态 DR_R 为

$$DR_R = 20\lg\left(\frac{R_{\max}}{R_{\min}}\right) \tag{2.3.48}$$

(2) 目标的雷达散射截面积变化引入的动态 DR_σ 为

$$DR_\sigma = 10\lg\left(\frac{\sigma_{\max}}{\sigma_{\min}}\right) + 10\lg\left(\frac{\sigma_c}{\sigma_{\max}}\right) \tag{2.3.49}$$

式中，$\sigma_{\max}$、$\sigma_{\min}$、σ_c 分别为最大、最小目标和杂波的雷达散射截面积。

式(2.3.49)等号右端第一项为雷达观测目标散射面积的变化范围之比，大多数防空预警雷达观测空中目标的雷达散射截面积范围为 $0.01\sim10\ \mathrm{m^2}$，所以 DR_σ 在 30 dB 左右。

式(2.3.49)等号右端第二项为考虑地物、海浪和各种气象杂波的动态范围时，需要增加的此动态范围附加值。

(3) DR_f：雷达接收信号的动态范围是最大信号与最小信号的比值，最小信号通常认为是噪声电平。当接收机通道带宽(通频带)与信号带宽不匹配并超过信号带宽时，按照噪声电平计算出的信号动态范围将比实际信号动态范围小，因此实际的信号动态范围应加上 DR_f。DR_f 是实际带宽超过信号带宽的分贝数。

(4) DR_M：雷达识别系数 M 变化引入的动态范围的变化。雷达为检测目标或提取目标信息所要求的最低信噪比。防空预警雷达的识别因子多在 10 dB 以上。

通过上面的分析，我们知道，防空预警雷达接收机输入端信号的动态范围一般为 80～100 dB，对于球载雷达和机载预警雷达而言，甚至会达到 120 dB。然而接收机输出端的动态范围通常达不到如此巨大，通常为 60～80 dB，因此只能在接收机通道中采用增益控制技术使接收机输入动态范围大大降低，以保证接收机输出动态范围能与接收机输入端信号动态范围相匹配，即接收机输入动态范围和输出动态范围应满足关系：接收机输入(总)动态范围＝接收机输出(瞬时)动态范围＋最大增益控制范围。

3) 衡量接收机动态范围的准则

接收机动态范围是针对整个接收通道而言的，下面重点分析接收机输出动态范围。接收机输出动态范围的下限通常是接收机噪声电平。根据前面讲述的噪声系数和灵敏度指标，我们知道接收机噪声电平与接收机噪声系数和通频带宽等因素有关。接收机输出动态范围上限即各级电路或各部件对大信号的输出能力。衡量各部件对大信号输出能力的准则通常包括两种：增益 1 dB 压缩点准则和无杂散动态范围准则。

(1) 增益 1 dB 压缩点准则。

任何电路元件，均有一定的线性工作范围，在此范围内，传递函数(增益或插损)的模为常数，相位为线性相位。当输入信号增加到一定功率时，电路开始进入非线性工作状态，部件的这种非线性，使信号在时域发生波形失真。将部件增益比线性工作状态的增益减小 1 dB 时的输出功率(或输入功率)定义为 1 dB 压缩点功率，用符号 P_{-1} 表示，P_{i-1} 表示 1 dB 压缩点输入点，P_{o-1} 表示 1 dB 压缩点输出点。电路的输入/输出关系如图 2.3.13 所示。

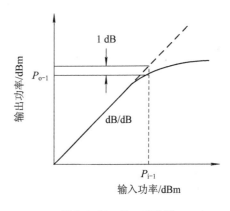

图 2.3.13　P_{-1} 示意图

在输入信号功率逐渐增加时，通道出现增益压缩 1 dB，此时电路的输入功率即为通道动态范围的上限，而通道动态范围的下限为最小可检测信号电平，它可能在噪声电平之上某一个电平，由雷达对目标检测所需的识别系数(M)决定，当雷达采用数字脉压等相参处理技术时，接收机输出的最小可检测信号电平可能是在噪声电平之下某一处。

1 dB 增益压缩点动态范围定义为：当接收机输出功率大到产生 1 dB 增益压缩时，输

入信号功率与最小可检测信号功率 $P_{i\,min}$ 之比，即

$$DR_{-1} = \frac{P_{i-1}}{P_{i\,min}} \qquad (2.3.50)$$

很显然

$$DR_{-1} = \frac{P_{i-1} \cdot G}{P_{i\,min} \cdot G} \approx \frac{P_{o-1}}{P_{i\,min} \cdot G} \qquad (2.3.51)$$

式中：P_{i-1} 为产生 1 dB 压缩时接收机输入端的信号功率，P_{o-1} 为产生 1 dB 压缩时接收机输出端的信号功率；G 为接收机的增益。

从接收机灵敏度的计算公式可知

$$P_{i\,min} = S'_{i\,min} = kT_0 FB_n M \qquad (2.3.52)$$

最后求得

$$DR_{-1} \approx P_{i-1} + 114 - F - 10\lg B_n - M \qquad (2.3.53)$$

或

$$DR_{-1} \approx P_{o-1} + 114 - F - 10\lg B_n - M - G \qquad (2.3.54)$$

在式(2.3.53)和式(2.3.54)中，P_{o-1} 的单位为 dBm，F 的单位为 dB，B_n 的单位为 MHz，M、G 的单位为 dB。

（2）无杂散动态范围（无虚假响应动态范围）准则。

互调现象：在多个频率信号输入情况下，由于器件的非线性而产生互调，此互调分量在一定带宽范围内产生虚假响应输出，随输入信号功率的加大，互调分量功率也增加。例如，在电路输入端加入 f_1、f_2 两个频率的信号，当此信号增大至某一定功率时，在电路输出端除产生 f_1、f_2 两个频率成分的信号外，还会产生 $mf_1 + nf_2$ 各频率分量，如图 2.3.14 所示。

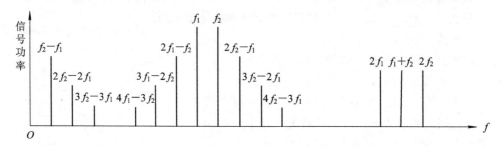

图 2.3.14　信号 f_1、f_2 及其互调分量频谱

由图 2.3.14 可见，距离有用信号 f_1、f_2 最近、功率最大的，也是威胁最大的互调分量，是 3 阶（f_1 和 f_2 与 f_2 和 f_1 的谐波次数之和为 3）互调分量 $2f_1 - f_2$ 及 $2f_2 - f_1$。由于 3 阶互调分量对应于信号幅度的立方项，故 3 阶互调分量随输入功率变化的曲线斜率为 3 dB/dB。当信号功率达到一定值再次增加时，此直线关系开始出现非线性而弯曲，此直线部分的延长线与 f_1、f_2 输入/输出关系线的延长线交点称为 3 阶截点，表示为 INT_3，INT_3 点对应的垂直坐标表示为 P_{3rd}，此关系曲线如图 2.3.15 所示。图中同时示出二阶互调产物与输入功率的关系及二阶截点 INT_2。

无杂散（无虚假响应）动态范围：对于放大器，当 3 阶互调分量等于最小可检测信号输出功率时，有用信号基频输出功率与 3 阶互调分量输出功率之比称为无虚假响应动态范围（SFDR）。对于通道接收机而言，除互调分量之外，还可能出现其他杂散频谱，无虚假响应动

态范围即无杂散动态范围，是指在信号输出动态范围之内，无任何杂散频谱出现的动态范围。

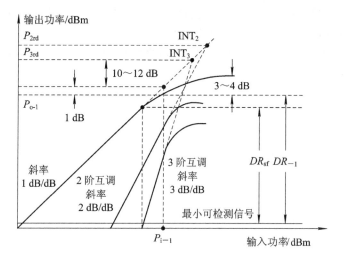

图 2.3.15　放大器非线性失真与输入功率的关系

由图 2.3.15 可得出如下结论：

① 放大器处于线性工作状态时输出/输入关系曲线的线性段斜率为 1 dB/dB；2 阶输出输入关系曲线的线性段斜率为 2 dB/dB；3 阶输出输入关系曲线的线性段斜率为 3 dB/dB。

② 生产器件的厂家多给出 3 阶截点输出功率 P_{3rd}，通常情况下：

$$P_{3rd} = P_{o-1} + (10 \sim 12)(dB) \tag{2.3.55}$$

③ 通常情况下，器件饱和输出功率：

$$P_{饱和} = P_{o-1} + (3 \sim 4)(dB) \tag{2.3.56}$$

④ 无虚假动态范围 DR_{sf} 通常由下式计算：

$$DR_{sf} = \frac{2}{3}(DR_{-1} + 10.65)(dB) \tag{2.3.57}$$

若已知通道以 P_{o-1} 为上限的动态范围 DR_{-1}，则根据式（2.3.57），可近似估计出无虚假动态范围 DR_{sf}。

从输出能力 P_{o-1} 而言，对接收机前级要求低，随着通道增益逐渐增大，后级的 P_{o-1} 应该更高。当通道接收机输入端信号功率逐渐增大时，首先是通道接收机末级先出现非线性，由于通道接收机的带宽取决于末级之前的滤波器，则末级的 DR_{-1} 和 DR_{sf} 的上限就是通道接收机的 1 dB 压缩动态范围和无虚假响应动态范围的上限。例如，如果通道接收机的 1 dB 压缩动态范围 $DR_{-1} = 66$ dB，则根据式（2.3.57），通道接收机无虚假响应动态范围 $DR_{sf} = 50.7$ dB。

4）接收机大动态的实现方法

防空预警雷达接收机，尤其是空基平台预警雷达接收机，都要求接收机具有大动态范围。接收机大动态的实现方法可分为实现接收机输出动态（瞬时动态）的方法和扩大接收机输入（总）动态的方法。

（1）实现接收机输出动态的方法。

要实现大的接收机输出动态，通常有两种方法：一种是接收机通道增益的合理分配；另一种是选用大动态范围的器件。

为了合理分配增益，通常情况下应遵循以下几个原则：

① 从降低接收机噪声系数出发，应使接收机前端在不进入非线性的前提下，增益尽量高，以便减小后续电路噪声对接收机噪声系数的恶化；但接收机前端增益过高，同时受限于器件的线性输出能力，将使该器件成为接收机输出动态范围的瓶颈，所以接收机前端增益的提高应使接收机在大信号输入时，接收机前端各级不进入非线性工作状态为准则，比如各级输出功率不超过器件的 1 dB 增益压缩功率 P_{o-1}。总之，增益的设计是对接收机输出动态范围与接收机噪声系数统筹兼顾的结果。

② 各级混频器的增益压缩 1 dB 的输入功率常常是 0 dBm 左右（指混频二极管构成的混频器），对于采用有源器件构成的混频器可能有所不同。

③ 接收机大信号输出能力不应超过 A/D 转换器的满量程，它决定了大信号输入时的接收机的增益。

下面用一个 S 波段的雷达接收机为例来说明增益、噪声系数与接收机输出动态范围之间的关系，该例也是一种具体的增益分配方式。

接收机的噪声系数 F 为 2 dB，动态范围 DR_{-1} 为 60 dB，A/D 转换器采用 AD9240 型 14 位 ADC，最大输入信号电平为 $2V_{p-pmax}$（50 Ω 负载），接收机的通频带宽 B_n 为 3.3 MHz。

接收机的临界灵敏度为

$$S_{i\,min} \approx -114 + F + 10\lg B_n \approx -107 \text{ dBm}$$

接收机输入端的最大信号功率电平为

$$P_{i-1} = S_{i\,min} + DR_{-1} = -47 \text{ dBm}$$

接收机输出端的最大信号功率电平为

$$P_{o-1} = \frac{1}{50}\left(\frac{V_{p-p\,max}}{2\sqrt{2}}\right)^2 = 10 \text{ dBm}$$

接收机的系统增益

$$G = P_{o-1} - P'_{i-1} = 57 \text{ dB}$$

接收机中各功能模块电路的增益及信号电平关系如图 2.3.16 所示。在该图中，各功能模块电路上方的 dBm 值为最大信号，下方为最小信号，差值为动态范围。

从图 2.3.16 中可以看出：第二混频器的最大输入电平为 -4 dBm，这是很容易实现的。但是，如果接收机输出动态要求为 80 dB，则第二混频器的最大输入电平会变为 $+16$ dBm，这对混频器来说是非常困难的。但是，如果把两种低噪声放大器（LNA）的增益各减小 5 dB，这样混频器的最大输入电平变为 $+6$ dBm，这就变得可以实现了，当然增益减小后还要兼顾其对接收机噪声系数的影响。

从图 2.3.16 中也可以看出，为了把接收机输出动态范围扩大到 80 dB，中频放大器的增益 1 dB 压缩点可能从 $+5$ dBm 增加到 $+15$ dBm。另外，为了与 A/D 转换器的接口相匹配，最大输出信号仍应保持 10 dBm，那么最小信号可能达到 -70 dBm，接收机的噪声只能在 A/D 转换器中占一位（A/D 转换器每一位对应的输出动态范围为 6 dB，AD9240 为 14 位），这就大大地增加了 A/D 转换器的位数及最大输入电平；还可以将中频信号接入对数放大器，经过对数压缩后，再进行 A/D 转换，这样就大大地减小了 A/D 转换器的压力。

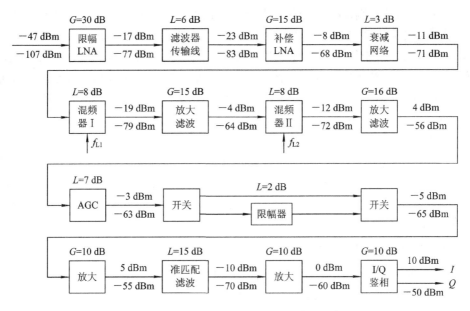

图 2.3.16　接收机增益和信号电平关系示意图

（2）扩大接收机输入动态范围的方法。

前面提到，进入雷达接收机的回波信号动态范围通常为 80～100 dB，对于空基平台预警雷达，其至可达 120 dB，实际所用接收机器件的有限输出能力不能使接收机输入的回波信号在 100 dB 的动态范围内保持接收机的线性特性，特别是雷达接收机采用高速 A/D 转换器的输出动态范围更难达到 100 dB。因此根据接收机不同的使用目的，采用不同的增益控制方法来满足线性要求。雷达接收机增益控制的方法有三种：程序增益控制、自动增益控制和采用对数放大器。

① 程序增益控制。程序增益控制是指按照一定的程序控制接收机的增益，控制方法通常包括两种：一种是杂波图控制，接收机根据接收到的杂波强度对接收机增益进行控制，用以防止强的地物杂波造成接收机的饱和或过载；另一种称为灵敏度时间控制（STC）或者称为近程增益控制，它的增益控制曲线随着距离四次方的倒数而变化，根据距离逐渐增加接收机的增益。增益变化可以是连续的也可以是步进的。此时认为地物杂波的强度是随着距离的四次方逐渐减弱的。后者是一种开环的控制方式。这种方式往往适用于被控对象是固定的地物杂波，多应用于地面防空预警雷达接收机的增益控制。而对于空基平台的预警雷达而言，当使用中重复频率或高重复频率工作时，存在严重的距离模糊，因此 STC 增益控制方式已不能使用，只能一个距离门一个距离门地实现增益控制。STC 增益控制只能在低重复频率工作方式中使用。

② 自动增益控制。自动增益控制（AGC）用于防止由于强信号引起的接收机的饱和或过载，即可扩大接收机的输入动态范围。雷达观测的目标（包括杂波和干扰信号）有大小、远近之分，因此反射信号的强弱程度可能变化很大。当大目标处于近距离时，其反射信号强，这就可能使接收机发生过载现象，破坏接收机的正常工作。为了防止强信号使接收机过载，就要求接收机的增益可进行调节，当信号强时，接收机工作于低增益状态，当信号弱时则工作于高增益状态。

对于自动增益控制来说,选通级是非常重要的。选通脉冲所取的信号不同,则代表的 AGC 的作用也不同。选通脉冲选取的是杂波和干扰(通常是很强的信号),此时 AGC 的作用就是防止接收机由于信号太强而发生过载;如果用一个稳定的测试信号作为选通信号,此时就可通过 AGC 补偿接收机的不稳定,例如在单脉冲雷达中选取的和信号,就可以保证角误差信号的归一化;在有些雷达中,选通信号为接收机的噪声,由于接收机系统噪声系数随温度和时间变化很小,所以用噪声作为基准信号也能起到稳定接收机增益的作用,此时的 AGC 通常称为"噪声 AGC"。

③ 采用对数放大器。接收机采用对数放大器也是一种常用的扩展接收机输入动态范围的方法。对一个线性接收机(由线性放大器组成的接收机)而言,其动态范围达到 60 dB 以上就比较困难;但对一个对数接收机(由线性放大器和对数放大器组成的接收机)而言,其输入动态范围达到 80 dB 甚至 90 dB 已成为现实。

5. I/Q 正交鉴相器的正交度

为了保持和获得雷达回波信号的幅度信息和相位信息,I/Q 正交正交鉴相器(或称"相位检波器")将回波信号分解成 I、Q 分量,其中

$$I(t) = A(t)\cos[2\pi f_d t + \phi(t)] \tag{2.3.58}$$

$$Q(t) = A(t)\sin[2\pi f_d t + \phi(t)] \tag{2.3.59}$$

式中:$A(t)$ 为回波信号的幅度;f_d 为回波信号的多普勒频移;$\phi(t)$ 为回波的初相;$I(t)$ 称为"同相分量";$Q(t)$ 称为"正交分量"。

回波信号此时常称为"相参视频信号"。它的复信号表示形式为

$$S(t) = I(t) + Q(t) = A(t)e^{j\phi(t)} \tag{2.3.60}$$

I/Q 正交鉴相器的正交度表示鉴相器保持回波信号幅度和相位信息的准确程度,如果因鉴相器电路的不正交产生了幅度和相位误差,信号则产生失真。在频域里,幅度和相位误差将产生镜像频率,影响系统动目标改善因子;在时域里,幅度和相位的失真也会对脉冲压缩的主副瓣比产生负面影响。

6. A/D 转换性能参数

A/D 转换器的功能是将接收机接收到的回波模拟信号(可以是射频信号、中频信号或视频信号)转换成二进制的数字信号,A/D 转换器的工作过程大致可分为采样、保持、量化、编码、输出等几个环节。随着数字技术的迅速发展,A/D 转换器在接收机中的作用越来越重要。

衡量 A/D 转换性能的指标有:A/D 转换位数、转换灵敏度、信噪比、转换速率、无杂散动态范围、孔径抖动等。

1) 转换灵敏度

转换灵敏度又称量化电平。假设一个 A/D 器件的输入电压为 $(-V, V)$,转换位数为 N,即它有 2^N 个量化电平,则它的量化电平为 $\Delta V = 2V/2^N$。一般来说,量化电平可表示为

$$Q = \frac{V_{p-p\,max}}{2^N} \tag{2.3.61}$$

式中,$V_{p-p\,max}$ 为输入电平峰峰最大值。显然 A/D 的转换位数越多,器件的电压输入范围越小,它的转换灵敏度越高。

2）信噪比（SNR）

对一个理想的 A/D 转换器来说，和系统设计最密切相关的是 A/D 的信噪比，通常一个幅度与 A/D 最大电平匹配的正弦波可表示为

$$V_{p-p\,max} = 2^N Q \tag{2.3.62}$$

式中，N 称为 A/D 的分辨率，Q 称为量化分层电平。

最大功率

$$P_{max} = \frac{\left(\dfrac{V_{p-p\,max}}{2\sqrt{2}}\right)^2}{R} = \frac{2^{2N}Q^2}{8R} \tag{2.3.63}$$

在没有输入噪声的情况下，最小电压被认为是量化电平，最小功率为

$$P_{min} = \frac{\left(\dfrac{Q}{2\sqrt{2}}\right)^2}{R} = \frac{Q^2}{8R} \tag{2.3.64}$$

此时动态范围

$$DR = 10\lg\frac{P_{max}}{P_{min}} = 20N\lg 2 \approx 6N\,(\text{dB}) \tag{2.3.65}$$

当最小位为噪声位时，最小信号用噪声的均方差来表示，假设噪声是均匀分布的，如图 2.3.17 所示。此时量化噪声功率 N_b 为

$$N_b = \frac{1}{Q}\int_{-\frac{Q}{2}}^{+\frac{Q}{2}} x^2 \, dx = \frac{Q^2}{12} \tag{2.3.66}$$

因此，理想 A/D 的最大信噪比为

$$\left(\frac{S}{N}\right)_{max} = \frac{P_{max}}{N_b} = \frac{3}{2}\cdot 2^{2N} \tag{2.3.67}$$

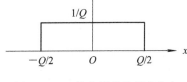

图 2.3.17 量化误差的概率分布

式(2.3.67)用对数形式表示为

$$SNR = 10\lg\frac{P_{max}}{N_b} \approx (6N+1.76)\,(\text{dB}) \tag{2.3.68}$$

如果信号带宽固定，采样频率提高，效果就相当于在一个更宽的频率范围内扩展量化噪声，从而使 SNR 有所提高；如果信号带宽变窄，在此带宽内的噪声也减少，信噪比也会有所提高。因此，以一个满量程的正弦信号，SNR 可准确地表示为

$$SNR \approx 6N+1.76+10\lg\left(\frac{f_s}{2B}\right)(\text{dB}) \tag{2.3.69}$$

式中，f_s 为采样频率，B 为模拟信号带宽。

3）孔径抖动

在 A/D 转换器中，噪声基底抬高的一个重要因素是 A/D 时钟孔径的不确定性。孔径抖动的示意图如图 2.3.18 所示。

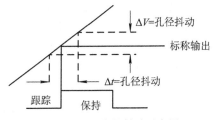

图 2.3.18 孔径抖动示意图

孔径不确定性是噪声调制采样时钟的结果。孔径的不确定性主要来自两个方面：一个是 A/D 转换器内部采样保持电路或带锁存比较器取样时，样本时间延迟的变化；另一个是采样时钟本身上升、下降沿触发抖动。采样时钟抖动取决于提供时钟的振荡器的频谱纯度。

孔径不确定性本身为一个孔径误差，这个误差的幅度与模拟输入信号的变化速率有关

（通常称为"摆率"）。

模拟输入信号的变化速率为 $dV(t)/dt$，当孔径抖动为 Δt 时，孔径抖动引入的电压误差为 $\Delta V = (dV(t)/dt)\Delta t$，$\Delta V$ 表示孔径抖动引入的电压误差。

当输入正弦波，即 $V(t) = A\sin(2\pi ft)$，$dV(t)/dt = 2\pi Af\cos(2\pi ft)$，$t = 0$ 时，取得最大值：

$$\frac{dV(t)}{dt} = 2\pi Af \tag{2.3.70}$$

这样，由孔径抖动引入的误差电压为

$$\Delta V = \frac{dV(t)}{dt}\Delta t = 2\pi Af\Delta t \tag{2.3.71}$$

理论上，由孔径抖动所限制的 SNR 为

$$SNR = -20\lg(2\pi f_0 \Delta t_{rms}) \tag{2.3.72}$$

式中，SNR 是信噪比，f_0 是模拟输入信号频率，Δt_{rms} 是孔径抖动的均方根值。

例如，对于输入频率为 101 MHz 的正弦波，如果用孔径抖动均值为 10 ps 的时钟采样，其理论 SNR 的限制为

$$SNR = -20\lg(2\pi \times 101 \times 10^6 \times 10 \times 10^{-12}) \approx +44 \text{ dB}$$

因此，当模拟信号的输入频率较高时，系统要求的动态范围越大，则要求采样时钟的孔径不确定性越小。采样时钟的抖动取决于提供时钟的振荡器频谱的纯度。

4) 无杂散动态范围（SFDR）

无杂散动态范围在 A/D 转换器中是指在第一 Nyquist 区内测得的信号幅度的有效值与最大杂散分量有效值之比的分贝数。它反映的是 A/D 转换器输入端存在大信号时，接收机能辨别有用小信号的能力。

对于一个理想的 A/D 转换器来说，在其输入满量程信号时，SFDR 值最大。在实际应用中，当输入信号比满量程值低几个分贝时，出现最大的 SFDR 值。这是由于 A/D 转换器在输入信号接近满量程值时，其非线性误差和其他失真都会增大的缘故。另外，由于实际输入信号幅度的随机波动，当输入信号接近满量程时，信号幅度超出满量程值的概率增加，这也会带来由限幅所造成的额外失真。

在 A/D 转换器的手册中可以看到，N 位 A/D 转换器的 SFDR 值通常比 SNR 值大很多。例如，AD9024 的 SFDR 值为 80 dBc，而 SNR 典型值为 65 dB（理论值为 74 dB）。这是因为 SFDR 这个指标只考虑了由于 A/D 非线性引起的噪声，仅仅是信号功率和最大杂散功率之比；而 SNR 是信号功率和各种误差功率之比，误差包括量化噪声、随机噪声以及非线性失真，故 SNR 比 SFDR 要小。

在信号带宽比采样频率低很多时，SNR 由于噪声减小使得性能指标提高，而且可以通过窄带数字滤波再加以改善，而寄生分量可能仍然落在滤波器带内而无法消除。

2.4　雷　达　天　线

2.4.1　雷达天线的主要功能

在雷达中，天线的作用是将发射机产生的射频功率辐射至空间形成特定的分布，然后

接收目标的反射回波。天线的主要功能如图 2.4.1 所示。

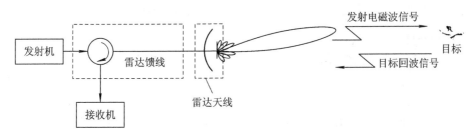

图 2.4.1　天线主要功能示意图

对于防空预警雷达而言，为实现目标探测与定位的能力，天线辐射的功率在空间往往非均匀分布，而且具有较强的方向性，即在某些特定方向集中辐射能量并重点收集位于该方向上的目标回波，从而使天线具有一定的指向功能(具备测定目标角度的能力)。

此外，雷达天线还有一些引申功能，如在角度域起空间滤波器作用、确定雷达多次观测目标之间的时间间隔等，这些功能的实现本质上都源于天线的方向性。

有的雷达采用两部天线，分别用做发射和接收，但绝大多数雷达都采用同一部收、发共用天线，因而雷达馈线中具有如图 2.4.1 所示的收发开关(图中虚框内的环流器部分)。

2.4.2　雷达天线的主要类型与结构特点

天线的分类方法很多，就雷达应用而言，主要按天线结构形式进行划分。常见防空预警雷达天线的主要类型包括反射面天线和阵列天线。

1. 反射面天线

反射面天线由反射面和馈源构成，如图 2.4.2 所示。发射机产生的大功率射频信号经雷达馈线系统传输至馈源，由馈源向反射面进行初级辐射(图中虚线所示)，反射面在馈源照射下在空间形成次级辐射场，最终实现雷达所需的辐射方向图(图中点画线所示)。

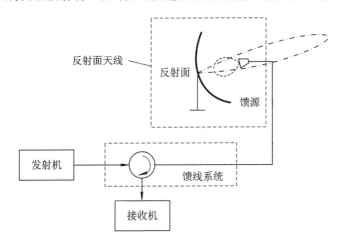

图 2.4.2　反射面天线组成及原理示意图

根据反射面形状的不同，反射面天线又可进一步分为简单抛物面天线、双弯曲反射面天线、堆积多波束抛物面天线等；馈源通常采用喇叭口，某些情况下也采用对称振子等辐射单元。反射面天线的方向图取决于馈源初级辐射场的分布、反射面的形式以及馈源与反射面之间的几何关系，其波束扫描是通过天线的机械旋转实现的。

2. 阵列天线

阵列天线是一类由离散辐射单元按照一定的排列方式构成的天线，如图 2.4.3 所示。与反射面天线不同，阵列天线不需要馈源，发射机产生的大功率射频信号经雷达馈线系统馈送至各离散天线单元，各单元在馈电激励下向空间辐射电磁波（图中短虚线所示），所有单元辐射场在空间矢量叠加形成最终所需辐射方向图（图中点画线所示）。

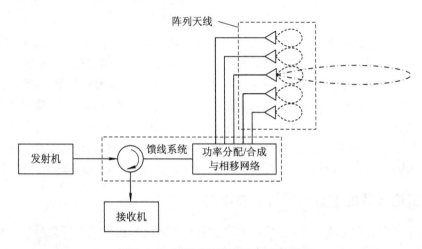

图 2.4.3 阵列天线组成及原理示意图

各辐射单元的馈电包括幅度和相位，其中幅度分布决定了方向图的形状，而相位分布则控制波束的指向，因此在其馈线系统中包括功率分配/合成相移网络。阵列天线的辐射单元可采用对称振子、引向天线、对数周期天线、喇叭口、裂缝等，而各单元相移值可采用固定式相移网络或可变移相器构成的相移网络来实现。

对于采用固定式相移网络的阵列天线而言，其功率分配/合成网络（对应于各单元馈电幅度分配）往往也为固定式的，即整个阵列的合成方向图具有确定的波束指向，天线波束的扫描依靠机械转动天线来实现；采用可变移相器的阵列天线即相控阵天线，其天线波束的扫描可通过改变移相器的相移量来实现。相控阵天线又可进一步分为无源相控阵天线和有源相控阵天线，无源相控阵天线采用集中式发射机，大功率发射信号经固定的功率分配网络馈送至各天线单元；有源相控阵采用分布式发射机，天线每个子阵（或每个阵列单元）后都接有一个小型发射机，雷达发射的大功率信号在空间进行合成。相控阵天线可通过对天线各单元接收信号的幅度及相位加权实现接收波束的灵活指向（或接收多波束），既可通过设计相应的合成网络（包括幅度加权和相位加权）来实现，也可以用数字的方式产生加权的幅度和相位，后者称为接收数字波束形成（DBF）技术。

随着雷达技术的发展，数字阵列雷达应运而生。此时阵列各单元馈电幅度与相位不再由功率分配网络与相移网络来分配，因此对数字阵列雷达而言，其馈线系统中没有移相器。各单元的馈电幅度和相位由数字 T/R 组件中的 DDS（直接数字合成）器件通过频率、相位、幅度、时间控制来实现，因此波束控制更加灵活多变，在发射和接收时均可实现数字波束形成。

2.4.3　雷达天线的方向特性

雷达天线的方向特性主要体现在其辐射方向图中。天线辐射方向图分功率方向图和场强方向图，分别用 $P(\alpha, \beta)$ 和 $F(\alpha, \beta)$ 表示，其中 α 和 β 分别代表方位角和俯仰角。功率方向图为天线辐射功率在空间的归一化分布，场强方向图为电场强度的归一化分布。

天线辐射功率在空间任意一点的功率密度记为 $S(\alpha, \beta)$，则功率方向图定义为

$$P(\alpha, \beta) = \frac{|S(\alpha, \beta)|}{\max|S(\alpha, \beta)|} \tag{2.4.1}$$

天线辐射的电场强度记为 $E(\alpha, \beta)$，则场强方向图为

$$F(\alpha, \beta) = \frac{|E(\alpha, \beta)|}{\max|E(\alpha, \beta)|} \tag{2.4.2}$$

根据电磁场理论，对于空间传播的 TEM 波，其辐射功率与辐射电场之间存在如下关系：

$$S(\alpha, \beta) = \frac{|E(\alpha, \beta)|^2}{2Z_0} \tag{2.4.3}$$

式中，Z_0 为与空间磁导率 μ 和介电常数 ε 有关的空间波阻抗。因此功率方向图和场强方向图有如下关系：

$$P(\alpha, \beta) = |F(\alpha, \beta)|^2 \tag{2.4.4}$$

即两者均描述了天线辐射的电磁能量在三维空间中的分布。如果以 dB 分别表示，则为

$$F(\alpha, \beta)(\mathrm{dB}) = 20\lg F(\alpha, \beta) \tag{2.4.5}$$

$$P(\alpha, \beta)(\mathrm{dB}) = 10\lg P(\alpha, \beta) \tag{2.4.6}$$

此时场强方向图与功率方向图完全相同。

将天线辐射方向图以两维角度为变量绘制成曲面则称为立体方向图。立体方向图显示了天线方向图的三维特性，从中可以直观地了解天线在整个空间的辐射分布情况，如图 2.4.4(a)所示。但立体方向图的绘制需要大量的数据，在大多数情况下，用二维方向图就足够了，且测绘和绘制起来比较方便。例如，将图 2.4.4(a)的方向图与通过波束峰值分别与 0°俯仰和 0°方位的垂直面相截，则得到方向图的二维切片，分别称为方位方向图和俯仰方向图，如图 2.4.4(b)、(c)所示。这两个切割平面也称为主平面或基本平面。

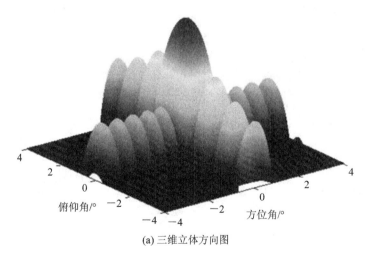

(a) 三维立体方向图

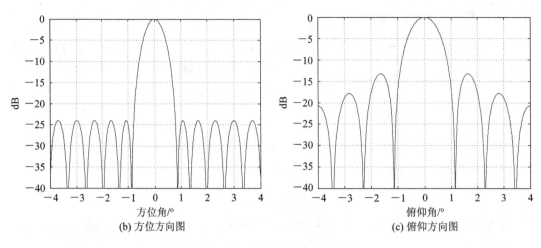

(b) 方位方向图　　　　　　　　(c) 俯仰方向图

图 2.4.4　某圆孔径天线方向图

　　天线二维方向图可以绘制成各种形式的曲线，如极坐标或直角坐标、辐射强度或电场强度等。如图 2.4.5 画出了辛格函数方向图的四种形式：图(a)为相对电场强度的极坐标曲线；图(b)为相对电场强度的直角坐标曲线；图(c)为相对功率的直角坐标曲线；图(d)为对数功率的直角坐标曲线。

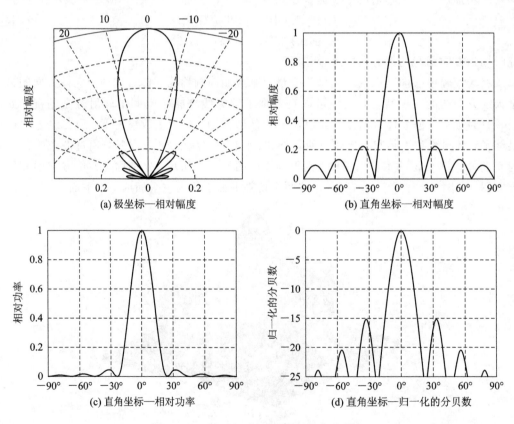

(a) 极坐标—相对幅度　　　　　　　(b) 直角坐标—相对幅度

(c) 直角坐标—相对功率　　　　　　(d) 直角坐标—归一化的分贝数

图 2.4.5　$\sin x/x$ 方向图的各种表示形式

2.4.4　雷达天线的主要技术指标

描述雷达天线性能的主要技术指标包括天线孔径、增益、主瓣宽度、旁瓣以及辐射效率等，下面分别介绍。

1. 天线孔径

天线孔径分为实际孔径 A 和有效孔径 A_e，实际孔径 A 反映了天线实际尺寸的大小，而有效孔径 A_e 则表示"天线在接收电磁波时呈现的有效面积"，是一个虚拟的孔径大小。天线的有效孔径体现为面积的量纲，它与入射电磁波功率密度 S_i 相乘后即可得到天线的接收功率 P_r，即

$$P_r = S_i \cdot A_e \tag{2.4.7}$$

式(2.4.7)表明有效孔径越大，天线接收目标回波的能力越强。

A_e 与 A 有关，但不相同，两者的关系为

$$A_e = \rho_A \cdot A \tag{2.4.8}$$

式中，ρ_A 为天线口径利用效率，与天线口径面上的幅度分布有关，通常 $\rho_A \leqslant 1$。

对于反射面天线而言，由于口径面上的场通常无法实现均匀等幅分布，因而口径利用效率普遍为 $50\% \sim 80\%$；对于口径面上能维持均匀等幅场的天线而言（通常阵列天线更易达到），口径利用效率可以接近 100%。

2. 天线增益

天线增益描述了一副天线将能量聚集于一个窄的角度范围的能力，有两个不同但相关的定义，分别为方向性增益和功率增益。

方向性增益 G_D 定义为远场距离 R 处的最大辐射功率密度 S_{max}（每平方米的瓦数）与同一距离上相同辐射功率无方向性理想天线辐射功率密度之比，即

$$G_D = \frac{S_{max}}{P_t / 4\pi R^2} \tag{2.4.9}$$

式中，S_{max} 为最大辐射功率密度，P_t 为天线辐射到外部空间的实际功率。方向性增益是指实际的最大辐射功率密度比辐射功率为各向同性分布时的功率密度强多少倍。这个定义不包含天线中的耗散损耗，只与辐射功率的集中程度有关。

工程上通常所指的"天线增益"或"增益"严格意义上应该称为"功率增益"，一般用 G 表示，简称为增益。天线的功率增益考虑了与天线有关的所有损耗，是将实际天线与一个无耗的、在所有方向都具有单位增益的理想天线比较而得。功率增益 G 定义为远场距离 R 处的最大辐射功率密度 S_{max} 与同一距离上收到相同总功率无方向性理想天线辐射功率密度之比，即

$$G = \frac{S_{max}}{P_0 / 4\pi R^2} \tag{2.4.10}$$

式中，P_0 为经馈线输入到天线上的功率。

上述天线增益意味着辐射的最大值，而实际上增益也常作为角度函数来讨论。而天线方向图则描述了增益和角度的函数关系，且将增益归一化为 1。或者说，天线方向图描述了"相对增益"，以最大增益为参考值，其他各个方向上的值都取为与参考值的比值。若已

知天线最大增益 G 和天线方向图 $F(\alpha, \beta)$，则可以很方便地获得天线在某个方向 (α, β) 上的增益 $G(\alpha, \beta)$ 为

$$G(\alpha, \beta) = G \cdot F^2(\alpha, \beta) \tag{2.4.11}$$

习惯上，天线方向图用 dB 表示，则最大增益处为 0 dB，其他角度均为负值，如图2.4.5(d)所示。

天线理论分析表明，其有效孔径 A_e 与天线增益 G 之间具有如下关系：

$$A_e = \frac{G\lambda^2}{4\pi} \tag{2.4.12}$$

显然波长一定时，有效孔径 A_e 与天线增益 G 成正比，天线有效孔径越大，天线增益越大。因此很多情况下，天线的接收能力也用天线增益表示。根据收、发天线的互易定理，一部天线如果不含非互易器件，那么它发射或接收具有相同的性能。因此同一部天线一般按照发射增益和接收增益相等来处理。防空预警雷达天线增益通常在 30～40 dB 量级。

3. 主瓣宽度

天线的方向图由一些"花瓣"似的包络组成，"花瓣"的形状即天线波束形状，天线波束的扫描使雷达在空间上形成一定的覆盖。这些"花瓣"中包含最大辐射方向的为主瓣，与主瓣相关的重要指标即主瓣宽度。

主瓣宽度为方向图主瓣所占据的角度范围，工程上常用 3 dB 波束宽度来定义，即功率降到波束中心功率 1/2 处，或相对电压下降至 0.707 处时所对应点之间的波束宽度，记为 θ_{3dB}，如图 2.4.6 所示。波束通常是不对称的，因此通常要区分水平波束宽度和垂直波束宽度。

3 dB 波束宽度主要取决于口径面尺寸，近似满足以下基本关系：

$$\theta_{3dB} \approx \frac{\lambda}{L} \tag{2.4.13}$$

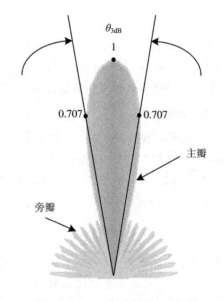

图 2.4.6 天线波束宽度示意图

式中，θ_{3dB} 角度单位为弧度，L 为天线沿某一维方向的尺寸。可见，天线尺寸（或孔径）越大，θ_{3dB} 宽度越窄，天线方向性越好。式(2.4.13)只是一个估算公式，实际天线 3 dB 波束宽度与天线的形式及馈电分布有关。

根据式(2.4.12)及式(2.4.13)，可得到天线增益与波束宽度之间存在以下近似关系：

$$G \approx \frac{40\ 000}{\alpha_{3dB}\beta_{3dB}} \tag{2.4.14}$$

式中，α_{3dB} 和 β_{3dB} 分别为主平面内的方位和俯仰 3 dB 的波束宽度（单位为°）。例如，1°×1°针状波束的天线增益为 46 dB，1°×2°波束时对应的天线增益约为 43 dB。但这一关系不适用于赋形波束。

防空预警雷达水平波束宽度典型值为 1°～3°，若垂直面采用赋形波束则俯仰波束宽度典型值为 10°～20°。对于采用针状波束的三坐标雷达其俯仰波束宽度通常与方位波束宽度相当。

4. 旁瓣

主瓣区域以外，天线辐射方向图常常由大量较小的波瓣组成，统称为旁瓣。雷达辐射的大部分能量集中在主瓣中，余下能量分布在旁瓣里。

旁瓣的高低用旁瓣电平来描述。旁瓣电平指旁瓣峰值与主瓣峰值的比值，通常用分贝表示。所有旁瓣中，电平最高的旁瓣称为最大旁瓣。最靠近主瓣的旁瓣称为第一旁瓣，通常第一旁瓣的电平最大。

雷达系统的很多问题可能源于旁瓣。发射时，旁瓣表示功率的浪费，即辐射能量照射到其他方向而不是预期的主波束方向；接收时，旁瓣使得能量从不希望的方向进入系统。通常希望旁瓣越低越好。

然而为了降低旁瓣电平必须采用非等幅口径场分布，这必然导致口径利用效率的下降。对给定的天线增益，这意味着必须采用较大的天线孔径。反之，对给定的天线物理尺寸，较低的旁瓣意味着较低的增益和相应较宽的波束宽度。防空预警雷达天线最大旁瓣电平典型值为 $-35 \sim -25$ dB。

5. 天线辐射效率

实际的非理想天线存在一定程度的损耗，天线辐射效率表征了天线本身损耗的程度，定义为天线辐射到外部空间的实际功率与经馈线输入到天线上的功率之比，即

$$\eta = \frac{P_{\mathrm{t}}}{P_0} \tag{2.4.15}$$

例如，若一个典型天线的耗散损耗为 1.0 dB，则 $\eta \approx 10^{-0.1} = 0.79$，即输入功率的 79% 被辐射，其余 21% 转化为热能。

比较式(2.4.9)、式(2.4.10)和式(2.4.15)，可得增益和方向性增益之间有如下的简单关系：

$$G = \eta \cdot G_{\mathrm{D}} \tag{2.4.16}$$

目前设计良好的天线，其辐射效率的值可做到接近于 1，但实际上功率增益 G 总是小于方向性增益 G_{D} 且以 G_{D} 为理想的最大值。

2.5　雷达馈线

2.5.1　雷达馈线的主要功能

雷达馈线是天线与发射机和接收机之间传输和控制电磁信号的传输线、元器件与网络的总称，是整个雷达系统各组成部分电系统连接的关键。由于大部分雷达工作在微波频段，雷达馈线常称为微波馈线。

雷达馈线主要担负信号及能量传输的功能，其主要作用是将发射机输出的射频能量按特定方式分配给天线并辐射到指定空域，将天线收到的目标回波信号按特定方式合成后送给接收机进行处理。由于雷达发射机产生的是高功率射频信号，因此发射馈线必然工作在高功率状态；由于天线的扫描，雷达系统存在固定部分与转动部分信号及能量传输的需求，旋转铰链即实现这一功能；此外，对于阵列天线而言，众多离散辐射单元的馈电需通过复杂的馈电网络来实现。

2.5.2 雷达馈线的主要组成形式

雷达馈线的组成形式根据不同的雷达体制以及所采用的天线形式而有所不同，通常可以分为反射面天线馈线系统、阵列天线馈线系统、相控阵天线馈线系统等。

1. 反射面天线馈线系统

采用反射面天线的雷达，其大功率射频信号由集中式高功率发射机提供，其馈线系统一般包括传输线、旋转铰链、收发开关以及用于监测馈线系统中传输信号质量的定向耦合器。对于采用多馈源的反射面天线（如双馈源的赋形波束反射面天线和堆积多波束反射面天线），在发射或接收支路可能还存在多路信号的分配与合成要求，因而还会包括一些功率分配器和合成器。

某雷达馈线系统组成框图如图 2.5.1 所示。主路馈线连接发射机与天线主波束馈源喇叭，接收和发射共用；辅路馈线连接天线辅波束馈源喇叭与接收前端的限幅场放模块，只用于接收；匿影支路馈线连接匿影天线与匿影支路的限幅场放模块，只用于接收；询问机支路馈线连接询问机天线和询问机和、差两个支路，和、差支路均收发共用；主路馈线由若干段硬同轴线、2∶1 功率合成器、大功率四端环流器（收发开关）、双向耦合器、大功率低损耗螺旋介质同轴电缆、八路旋转铰链等组成。

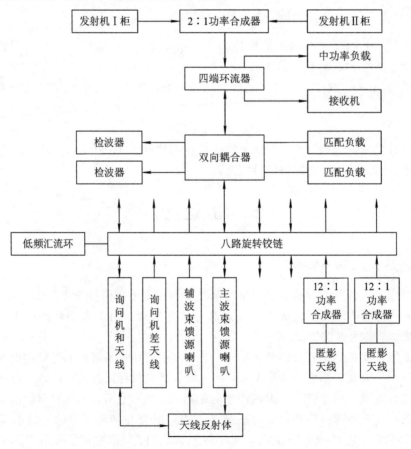

图 2.5.1 某雷达馈线分系统组成框图

2. 阵列天线馈线系统

采用阵列天线的雷达，其天线由众多离散辐射单元组成，集中式发射机产生的大功率发射信号需通过功率分配网络馈送至各辐射单元，接收时各单元接收的目标回波信号需经功率合成网络送至接收机。

某雷达馈线系统简要组成框图如图 2.5.2 所示，主要包括功率分配网络、旋转铰链、收发开关及传输电缆等。

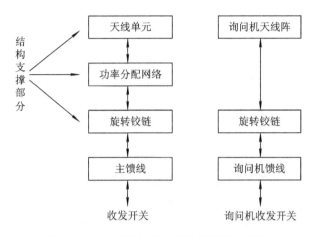

图 2.5.2　某雷达馈线分系统简要组成框图

馈线系统将来自发射机的发射信号经过收发开关送至主馈线，通过旋转铰链、功率分配网络，不等幅同相高效地馈送给天线阵的每个单元天线，定向地辐射到自由空间。目标回波信号被 96 个单元天线接收并被合成一路，经旋转铰链、主馈线、收发开关送至接收机。某雷达通过天线阵作圆周机械扫描来确定目标的方位。

询问机天线寄生在主天线阵上，与主天线同步工作。询问信号通过询问天线进行发射和接收，其收发工作过程与上述过程类似。

3. 相控阵天线馈线系统

对于相控阵天线而言，其馈线系统除了普通阵列天线所包含的馈线元件外，还有大量移相器。某雷达天馈系统组成框图如图 2.5.3 所示，包括定向耦合器、环流器、移相器、激励/本振功率分配器、射频电缆、旋转铰链等，其中环流器和 PIN 开关组成收发开关。

馈线系统将来自接收机的射频激励信号经激励功分网络、发射组件、环流器、定向耦合器馈送给 40 路行线源，定向辐射到自由空间。40 个行线源接收目标回波信号后经定向耦合器、环流器、PIN 开关分别送 40 路接收机。作为有源相控阵雷达，图 2.5.3 中还给出了某雷达的幅相监测和校正支路，包括 40 只定向耦合器、单刀双掷开关、接收机及相应的传输线等。

该雷达是方位机扫、俯仰相扫体制，若是二维相扫体制，则天线阵面是固定不动的，因而馈线系统不再包括旋转铰链，但功率分配/合成网络、移相器、中小功率收发开关及定向耦合器仍然必不可少。

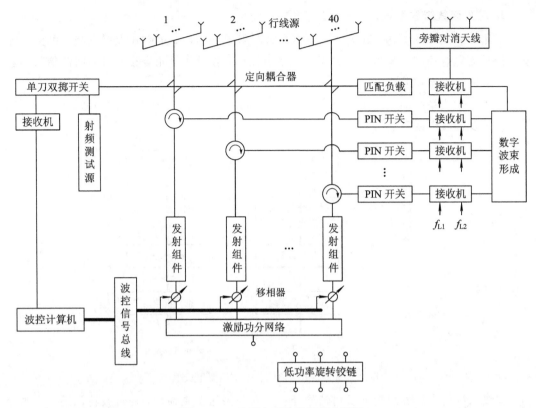

图 2.5.3 某雷达天馈系统组成框图

2.5.3 雷达馈线的主要技术指标

对馈线的性能指标,不同雷达有不同要求,最基本的包括电压驻波比、插入损耗和功率容量。

1. 电压驻波比

电压驻波比 ρ 是用来描述传输线上驻波大小的参数,定义为传输线上电压最大值 $|V|_{max}$ 与电压最小值 $|V|_{min}$ 之比,即

$$\rho = \frac{|V|_{max}}{|V|_{min}} = \frac{1+|\Gamma|}{1-|\Gamma|} \qquad (2.5.1)$$

式中,Γ 表示传输线上的反射系数,取决于传输线终端负载匹配情况。从能量传输的角度看,显然反射系数越小越好。电压驻波比反映了传输线所处的工作状态:$\rho=1$ 表示传输线处于无反射工作状态;$\rho=\infty$ 表示传输线处于全反射工作状态;$1<\rho<\infty$ 表示传输线处于部分反射工作状态,且 ρ 值越大反射越强。

对于雷达系统而言,电压驻波比越高意味着馈线系统反射能量越强,能量传输的效率越低,影响雷达的探测距离。此外,驻波比过大,即由于阻抗不匹配而从天线处反射回的能量经由收发开关进入接收机,将烧毁接收前端(如低噪声放大器)。实际雷达装备中对电压驻波比的要求通常为 $1.5\sim2$。

2. 插入损耗

插入损耗是指传输链路插入前后负载或终端所收到功率的损耗,以插入前后功率比值

表示，即

$$IL = 10\lg\left(\frac{P_{\text{o}}}{P_{\text{out}}}\right) \tag{2.5.2}$$

式中，P_{o} 为发射机输出功率，P_{out} 为经馈线系统传输后到达负载或天线端的功率。显然馈线系统的插入损耗越小越好，常规地面防空预警雷达的馈线损耗大约为 4～6 dB(包含收发双程损耗)。

3. 功率容量

功率容量指整个馈线系统所能承受的最大允许功率负荷，通常应大于发射机输出的峰值功率。

2.6　雷达伺服控制

2.6.1　雷达伺服控制的主要功能

伺服控制分系统是保证和控制设备按照人们预置的指令运动的装置，主要是指设备按照指令沿着方位或高低(水平或垂直)方向转动或运动的控制分系统，是自动控制系统的一个分支。常见的雷达伺服控制分系统有机械式伺服系统和电机式伺服系统。机械式伺服系统主要是液压伺服系统，当前主要用于雷达天线的自动调平和翻转/举升。电机式伺服系统主要是指以电机作为执行元件的伺服系统，主要用于雷达天线的平面转动控制、俯仰角控制以及显示器扫描基线的随动控制。换句话说，雷达伺服控制分系统是控制雷达车天线自动展开/撤收、自动调平、按规定速度驱动天线旋转并能输出方位信息的机械电气和液压一体化设备，它可实现以下功能：

(1) 天线自动展开：实现主天线和询问机天线从运输状态进入到规定精度的工作状态。

(2) 自动调平：使天线方位回转面处在相对水平面内。

(3) 天线驱动：使天线按每分钟 3、4、5、6 等转速旋转并控制切换。

(4) 天线方位信息输出：同步机随着天线同步旋转，输出带有天线转角信息的三相交流电压，送至方位控制器，产生需要的方位信息。

(5) 天线自动撤收：实现主天线和询问机天线从工作状态收拢到运输状态。

2.6.2　雷达伺服控制的基本组成

雷达伺服控制包括机械机构和电气控制部分。其基本组成如图 2.6.1 所示。

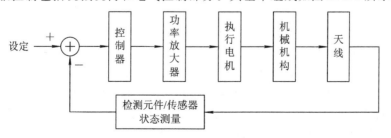

图 2.6.1　雷达伺服控制分系统基本组成

　　控制器通常也称为控制单元，可由工业控制计算机、可编程逻辑控制器 PLC 或单片计算机等组成，它将人工控制信息和状态测量信息进行处理，变换成所需的控制量，输入到功率放大器。

　　功率放大器通常称为驱动单元，将控制单元的控制信息变换成能驱动执行单元的能量。

　　执行单元是雷达机电液一体化设备的终端装置，即图 2.6.1 中所示的执行电机和机械机构，它将驱动单元输出的电能转化成力、速度、位移等机械能表示形式，实现对机电液设备的控制。驱动单元和执行单元必须"忠实地"执行控制单元的控制要求，努力避免由各种因素所引起的"失真"（或称误差），这与它们本身的工作特性有关，但也可以通过传感器检测及反馈来进行弥补。

　　检测元件/传感器能实时地反映执行单元的执行结果或运行状态，为整个机电液一体化设备的准确运行创造条件。

　　现代高机动防空预警雷达伺服控制分系统中的电气部分一般由驱动调平控制和天线翻转/举升控制两个分机组成，两个分机是通过一个通信接口连接在一起的，如图 2.6.2 所示。驱动调平控制机箱安装在天线车的工作平台上，举升翻转机箱安装于主天线背部。整个分系统的操作面板置于驱动调平控制机箱内。

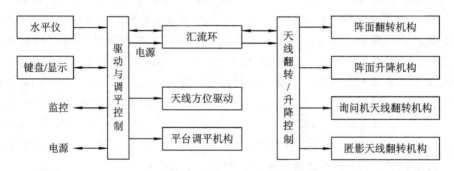

图 2.6.2　雷达伺服控制分系统控制电路组成框图

　　雷达伺服控制分系统的工作过程为：在雷达到达阵地并加电后，通过驱动调平控制机箱上的按键进行架设操作，即支腿展开并锁定、天线车一次调平、天线展开、天线上升。驱动调平分机里的 PLC 控制器把天线翻转（展开）/升降的指令通过串口送到天线举升翻转机箱内；天线翻转/升降的各种状态则通过串口传回到驱动调平分机的 PLC 上，实现天线的翻转和举升，同时翻转询问机天线和全向天线。在天线翻转和举升到位后，再对天线车进行二次调平，完成天线车的自动架设。其中撑腿传感器检测撑腿到位情况，水平传感器用于调平过程中实时提供平台水平误差信号，调平控制器根据撑腿到位和水平误差信号及时修正各撑腿的控制量，当水平传感器的输出误差为零时，调平任务完成。阵面翻转分机控制天线阵面的展开和收拢，并能根据控制命令和位置传感器信息，将天线阵面举升到预定的高度。架设完毕后即可选择天线的方位旋转速度，启动天线方位旋转。驱动调平控制分机根据操作命令或主控遥控指令，实施天线转速调整和定位停止。雷达主控台监控机电界面和驱动调平控制机箱显示面板对各传感器的状态进行监视，并对驱动调平控制、天线翻转/升降过程的故障进行报警和定位。当要从工作状态进入运输状态时，操作天线下降，待天线收拢完毕后，操作撑腿收回和支腿收拢，在连杆驱动机构作用下，仿生腿自动完成解锁和收回到运输状态过程。

2.6.3　雷达伺服控制的主要技术指标

1. 方位驱动

（1）天线机械旋转：方位 360°连续旋转，正常工作转速 3～6 转每分钟可调。

（2）转速误差：每分钟 6 转时转速偏差占百分比。

2. 自动寻北

（1）寻北精度：电轴北与地理北之间的偏差。

（2）寻北时间：保证精度时所需寻北时间（不含预热时间）。

3. 架设与撤收

（1）天线展开/收拢时间：天线展开/收拢到位所需时间。

（2）自动调平时间：天线平台完成调平所需时间。

（3）自动调平精度：天线平台与水平之间的偏差。

（4）天线俯仰精度：天线俯仰角与规定角度之间的偏差。

（5）方位测角精度：测定基准方位角度与真值之间的偏差。

2.7　雷达显示器

　　雷达显示器用来显示雷达所获得的目标信息和情报，显示的内容包括目标的位置及运动情况、目标的各种特征参数等。对于常规的警戒雷达和引导雷达的显示器，基本任务是发现和测定目标的坐标，有时要根据回波的特点及其变化规律来判断目标的性质（如飞机的机型、飞机的架数等），供指挥员全面掌握海空情。在现代预警雷达和精密跟踪雷达中，通常采用数字式自动录取设备，雷达终端显示器的主要任务是在搜索状态截获目标，在跟踪状态监视目标运动规律和监视雷达系统的工作状态。

　　在指挥控制系统中，雷达终端显示器除了显示情报之外，还有综合显示和指挥控制显示。综合显示是把多部雷达站网的情报综合在一起，经过坐标系的变换和归一、目标数据的融合等加工过程，在指挥员面前形成一幅敌我情况动态形势图像和数据。指挥控制显示还需要在综合显示的基础上加上我方的指挥命令显示。

　　早期的雷达终端显示器主要采用模拟技术来显示雷达原始图像。随着数字技术的飞速发展以及雷达系统功能的不断提高，现代雷达的终端显示器除了显示雷达的原始图像之外，还要显示经过计算机处理的雷达数据，例如目标的高度、航向、速度、轨迹、架数、机型、批号、敌我属性等，以及显示人工对雷达进行操作和控制的标志或数据，进行人机对话。

　　雷达终端显示器主要包括距离显示器、B 型显示器、E 型显示器（高度显示器）、平面位置显示器、情况显示器和综合显示器及其各种变形等。

2.7.1　距离显示器

　　距离显示器主要显示目标距离，它可以描绘出接收机输出幅度与距离的关系曲线。

距离显示器中最常见的为 A 型显示器，如图 2.7.1 所示。A 型显示器为直线扫描，扫描线起点与发射脉冲同步，扫描线长度与雷达距离量程相对应，主波与回波之间的扫描线长度代表目标的斜距。A 型显示器的画面包括发射脉冲（又称主波）、近区地物回波和目标回波，距离刻度可以是电子式的，也可以是机械式的。A 型显示器类似于常见的示波器。

在 A 型显示器上，操作人员可以控制移动距标去对准目标回波，然后读出目标的距离数据。在测量中，不可能做到使移动距标完全和目标重合，它们之间总会有一定的误差。在实际工作中，常常既要能观察全程信息，又要能对所选择的目标进行较精确的测距，这时只用一个 A 型显示器很难兼顾。如果增加一个显示器来详细观察被选择目标及其附近的情况，则其距离量程可以选择得较小，这个仅显示全程中一部分距离的显示器通常称为 R 型显示器，由于它和 A 型显示器配合使用，因而统称为 A/R 型显示器。A/R 型显示器画面如图 2.7.2 所示，画面上方是 A 扫掠线，下方是 R 扫掠线。在图中 A 扫掠线显示出发射脉冲、近区回波及目标回波 1 和 2。R 扫掠线显示出目标 2 及其附近一段距离的情况，还显示出精移动距标。精移动距标将以两个亮点夹住目标回波 2。通常在 R 扫掠线上所显示的那一段距离在 A 扫掠线上以缺口方式、加亮显示方式或其他方式显示出来，以便操作人员观测。

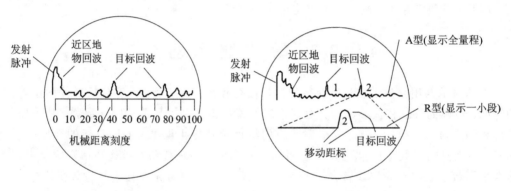

图 2.7.1 A 型显示器画面　　　　　　　图 2.7.2 A/R 型显示器画面

2.7.2 B 型显示器

平面显示器如果用直角坐标显示距离和方位，则称为 B 型显示器（如图 2.7.3 所示），它以横坐标表示方位，纵坐标表示距离。通常方位角不是取整 360°，而是取其中的某一段，这时的 B 型就叫做微 B 显示器。在观察某一波门范围以内的情况时可以用微 B 显示器。

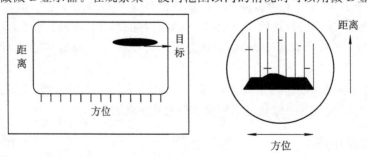

图 2.7.3 B 型显示器

2.7.3　E 型显示器

高度显示器如果用于测高雷达和地形跟随雷达系统中，则统称为 E 型显示器（如图 2.7.4 所示），它以横坐标表示距离，纵坐标表示仰角或高度，表示高度者又称为 RHI 显示器。在测高雷达中主要用 RHI 显示器。在精密跟踪雷达中常采用 E 型显示器，并配合 B 型显示器使用。

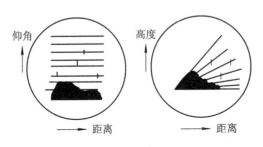

图 2.7.4　E 型显示器

2.7.4　平面位置显示器

平面位置显示器显示目标的斜距和方位两个坐标，是二维显示器。它用平面上的亮点位置表示目标的坐标，亮点的强度表示目标回波的大小，属于亮度调制显示器。

平面显示器是使用最广泛的雷达显示器。显示器图像如图 2.7.5 所示。方位角以正北为基准（零方位角），顺时针方向计量；距离则沿半径计量；圆心是雷达站（零距离）。图的中心部分大片目标是近区的杂波所形成的，较远的小亮弧则是动目标，大的是固定目标。平面显示器提供了 360°范围内的全部平面信息，所以也称为全景显示器或环视显示器，简称 PPI(Plan Position Indicator)显示器或 P 显。人工录取目标坐标的时候，通常在 P 显上进行。P 显的原点也可以远离雷达站，以便在给定方向上得到最大的扩展扫描，这种显示器称作偏心 PPI 显示器。

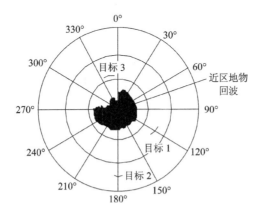

图 2.7.5　平面位置显示器

2.7.5　情况显示器和综合显示器

随着防空预警系统和航空管制系统要求的提高，以及数字技术在雷达中的广泛应用，出现了由计算机和微处理器控制的情况显示器和综合显示器。情况显示器和综合显示器是安装在作战指挥室和空中导航管制中心的自主式显示装置，它在数字式平面位置显示器上提供一幅空中和海上态势的综合图像，并可在综合图像之上叠加雷达图像，如图 2.7.6 所示，其中雷达图像称为一次显示信息，综合图像称为二次显示信息，包括表格数据、特征符号和地图背景，例如河流、跑道、桥梁和建筑物等。图 2.7.7 是典型的机载雷达显示器对地扫描状态的显示画面。

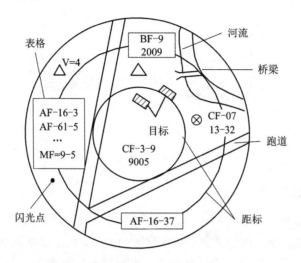

图 2.7.6 综合显示器显示画面

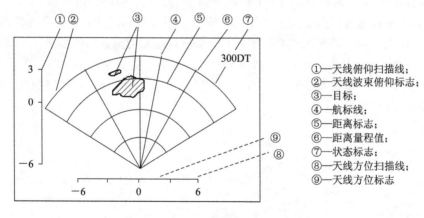

①—天线俯仰扫描线；
②—天线波束俯仰标志；
③—目标；
④—航标线；
⑤—距离标志；
⑥—距离量程值；
⑦—状态标志；
⑧—天线方位扫描线；
⑨—天线方位标志

图 2.7.7 机载雷达对地扫描状态的显示画面

第 3 章　雷达方程与目标检测

　　雷达方程集中反映了雷达的探测距离同发射机、接收机、天线、目标及其环境等因素之间的相互关系。雷达方程不仅可以用来估算雷达的作用距离，也是深入理解各分系统参数对雷达整机性能的影响以及进行雷达系统设计等的重要工具。几乎所有雷达的设计都是从雷达方程开始的。同时目标探测是雷达的基本功能，也是雷达方程的一个重要应用领域。本章主要介绍基本雷达方程的推导、不同形式的雷达方程、电波传播效应对雷达探测的影响、噪声中的信号检测以及脉冲积累对雷达检测的影响。

3.1　雷 达 方 程

3.1.1　雷达方程的推导

　　图 3.1.1 示出了雷达系统同目标相互作用的信号发射—目标散射—雷达接收过程示意图。假设雷达发射机功率为 P_t，雷达到目标的距离为 R。

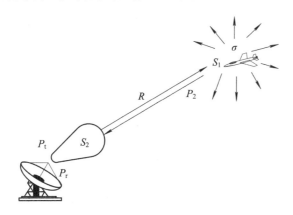

图 3.1.1　信号发射—目标散射—雷达接收过程示意图

1. 雷达天线的辐射功率

　　全向天线和定向天线的辐射方向示意图如图 3.1.2 所示。如果雷达发射机的功率 P_t 由一个全向天线发射，且全向天线的辐射效率 $\eta=1$（即无任何功率损耗），则在距离天线 R 远处的功率密度为

$$S_{\mathrm{ISO}} = \frac{P_t}{4\pi R^2} \, (\mathrm{W/m^2}) \tag{3.1.1}$$

这里 $\mathrm{W/m^2}$ 表示瓦特/平方米。

　　实际的雷达系统中均采用定向天线。假设定向雷达发射天线的增益为 G_t，则在自由空间，距离天线 R 远处的目标处的功率密度 S_1 为

$$S_1 = G_t \frac{P_t}{4\pi R^2} (\mathrm{W/m^2}) \tag{3.1.2}$$

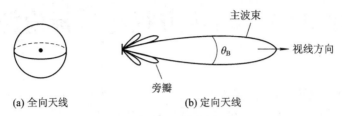

(a) 全向天线　　　　　　(b) 定向天线

图 3.1.2　全向天线和定向天线方向图

2. 目标的散射功率

目标受到雷达电磁波的照射而将产生散射回波。散射功率的大小与目标处的入射功率密度以及目标本身的电磁散射特性有关。目标的电磁散射特性用雷达截面积(Radar Cross Section，RCS)σ 表征。RCS 的单位为 $\mathrm{m^2}$。简单地说，目标的 RCS 反映了目标截获入射电磁波并将其再辐射出来的能力。

假定目标将接收到的全部入射功率无损耗地再辐射出来，则可得到由目标截获并散射的功率为

$$P_2 = \sigma \cdot S_1 = \frac{P_t G_t \sigma}{4\pi R^2} (\mathrm{W}) \tag{3.1.3}$$

3. 天线接收的功率

假定目标的散射功率是向各个方向均匀辐射的，则在雷达接收天线处目标回波的功率密度为

$$S_2 = \frac{P_2}{4\pi R^2} = \frac{P_t G_t \sigma}{(4\pi R^2)^2} (\mathrm{W/m^2}) \tag{3.1.4}$$

雷达截获的目标回波功率同雷达接收天线的有效接收面积 A_r 成正比，且雷达接收天线的有效接收面积同接收天线的增益 G_r 之间有以下关系：

$$G_r = \frac{4\pi A_r}{\lambda^2} \tag{3.1.5}$$

式中，λ 为雷达波长。

因此，在雷达接收天线处收到的目标回波功率 P_r 为

$$P_r = A_r S_2 = \frac{P_t G_t A_r \sigma}{(4\pi R^2)^2} = \frac{P_t G_t G_r \lambda^2 \sigma}{(4\pi)^3 R^4} (\mathrm{W}) \tag{3.1.6}$$

由于电磁波受到大气传输衰减以及雷达系统自身损耗的影响，使得接收到的功率有一个损耗因子 $L(L \geqslant 1)$，则接收到的回波功率为

$$P_r = \frac{P_t G_t G_r \lambda^2 \sigma}{(4\pi)^3 R^4 L} = \frac{P_t A_t A_r \sigma}{4\pi \lambda^2 R^4 L} (\mathrm{W}) \tag{3.1.7}$$

单站脉冲雷达通常收发共用天线，此时有

$$G_t = G_r = G, \ A_r = A_t = A\eta$$

式中 η 为天线效率，A 为天线的孔径面积。

因此，雷达接收到的目标回波功率变为

$$P_r = \frac{P_t G^2 \lambda^2 \sigma}{(4\pi)^3 R^4 L} = \frac{P_t A^2 \eta^2 \sigma}{4\pi R^4 \lambda^2 L} (\mathrm{W}) \tag{3.1.8}$$

式(3.1.8)就是用接收信号功率表示的最基本的雷达方程,简称为雷达功率方程。

从式(3.1.8)可以看出,雷达接收的目标回波功率 P_r 与目标的雷达散射截面 σ 成正比,而与目标到雷达站之间距离 R 的 4 次方成反比。因为在一次雷达中,回波功率需要经过往返双倍的路程,其功率密度同 R^4 成反比。为了加深对上述推导过程的理解,现把这一过程重新归纳整理,并示于图 3.1.3 中。

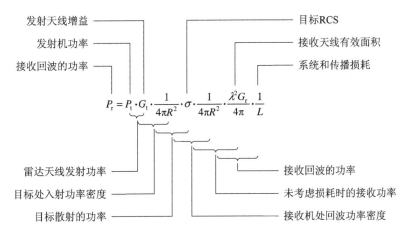

图 3.1.3　雷达方程的推导过程总结

为了使雷达能可靠地检测目标,一般要求接收到的回波功率 P_r 必须超过某个最小可检测信号功率 S_{min}(通常也即接收机的灵敏度)。当 P_r 正好等于 S_{min} 时,就得到雷达检测该目标的最大作用距离 R_{max}。因为超过这个距离,接收的信号功率 P_r 将进一步减小,从而雷达不能可靠地检测到目标。这一关系式为

$$P_r = S_{min} = \frac{P_t A_r^2 \sigma}{4\pi R_{max}^4 \lambda^2 L} = \frac{P_t G^2 \lambda^2 \sigma}{(4\pi)^3 R_{max}^4 L} \tag{3.1.9}$$

其中

$$R_{max} = \left[\frac{P_t A_r^2 \sigma}{4\pi S_{min} \lambda^2 L} \right]^{1/4} \tag{3.1.10}$$

或

$$R_{max} = \left[\frac{P_t G^2 \lambda^2 \sigma}{(4\pi)^3 S_{min} L} \right]^{1/4} \tag{3.1.11}$$

式(3.1.10)和式(3.1.11)是雷达距离方程的两种最基本的形式。它表明了雷达的最大作用距离同雷达参数及目标散射特性之间的相互关系。

在式(3.1.10)中, R_{max} 与 $\lambda^{1/2}$ 成反比,而在式(3.1.11)中 R_{max} 与 $\lambda^{1/2}$ 成正比。这是由于当天线面积不变(口径一定),雷达波长 λ 增大时,天线的增益将会下降,从而导致作用距离减小。同样,当要求天线增益不变,波长增大时要求的天线口径也相应增大,有效面积增加,其结果是雷达作用距离加大。

从雷达方程(3.1.10)或(3.1.11)中,可以直观地分析出提高雷达作用距离的技术途径。对于给定的雷达工作频段、给定的目标 RCS,提高雷达作用距离的主要途径有如下几种:

(1) 尽可能选用大孔径天线,即加大天线有效面积 A_e 或增益 G。

（2）提高发射机功率 P_t。事实上，由雷达距离方程可见，雷达威力是随着雷达系统"功率孔径积"的提高而增大的。

（3）尽可能地提高接收机的灵敏度，即减小 $S_{\min}$。

（4）尽可能地降低系统的传输损耗 L。

上述这些途径只是理论上的分析，在工程实现上会受到很多限制。如发射脉冲功率太高有可能产生高压打火；增加设备的重量和体积，增大雷达天线孔径，有可能影响雷达抗风能力设计、机动性能设计和结构设计等。因此，在雷达具体指标的选择上，往往要根据应用场合和战术技术参数折中考虑。

注意到在式（3.1.8）～式（3.1.11）的简单雷达方程中，尚没有考虑到实际雷达系统中诸多其他因素的影响，例如：① 最小可检测信号的统计特性（通常取决于接收机噪声）；② 目标的不确定性和起伏特性；③ 地球表面或大气传播的精确模型；④ 雷达系统本身可能存在的各种损耗。

因此，在很多情况下，仅靠这几个方程不能以足够高的精度预测雷达系统的性能。此外，由于接收机噪声和目标 RCS 起伏均必须通过统计特性来表征，这意味着雷达的最大作用距离也是检测概率（Probability of Detection）和虚警概率（Probability of False Alarm）（虚警率）的函数。在这里，检测概率定义为雷达在特定距离上能够检测到特定目标的概率；虚警概率则定义为当没有目标而雷达做出检测到目标判决的错误概率。

3.1.2 距离诸因子的定义及计算

雷达距离方程中大部分因子的定义都有其局部随意性，而且许多因子的定义不止一种。原则上，不能认为哪一种定义比另一种优越。但是，一旦选定一种因子的定义后，就不能再换用另一种定义。这些因子的定义之间是互相依赖的，相互间必须保持一致。这里将给出一组影响雷达作用距离的距离方程因子。

1. 发射机功率及脉冲宽度

雷达传播方程是用比值 P_t/P_r（无量纲的）表示的，后续的所有雷达距离方程都是由它推出的。因此，定义 P_t 的最基本要求是必须与 P_r 的定义一致。在连续波雷达中，功率（射频周期内的平均值）是一个常数，所以不存在定义问题。在脉冲雷达中，P_t 和 P_r 通常都定义为脉冲功率，即脉冲持续期内的平均功率。更准确地说，

$$P_t = \frac{1}{\tau} \int_{-\frac{T}{2}}^{\frac{T}{2}} W(t) \, dt \tag{3.1.12}$$

式中，$W(t)$ 是瞬时功率（时间 t 的函数），但它不包括脉冲的"前沿尖峰"、"尾巴"和任意其他对雷达探测无用的瞬变信号。时间间隔 T 是脉冲周期，等于脉冲重复频率的倒数。由于排除了波形的无用部分（发射机输出端就是如此），所以如此定义的 P_t 可以称为有用脉冲功率。P_r 通常可看作峰值功率，但是峰值功率表示脉冲峰值的功率（射频周期取平均）更准确，所以用脉冲功率表示更恰当。

P_t 和 P_r 是天线端的发射和接收功率。P_t 定义为发射机输出端的发射功率，发射机输出端与天线输入端之间的损耗则用损耗因子 L_t 表示。

在定义脉冲功率 P_t 和脉冲宽度 τ 时，必须使它们的乘积等于脉冲能量。如果和式（3.1.12）中取同一个 τ 的定义，则 τ 的定义无论怎样取，都可以得出以上结果。这里介绍

的是最普通的定义，即 τ 等于射频脉冲包络半功率点(0.707 V 电压点)之间的时间间隔。在某些用途中，如分析距离分辨力或测量精度，需要更严格的脉冲宽度定义。但在距离方程中采用半功率点定义比较常见，也是可以接受的。

距离方程中的 $P_t\tau$ 可以用脉冲能量 E_t 代替。本书仍然用 $P_t\tau$ 的表示法，这是因为一般脉冲雷达常常都是给出 P_t 和 τ，而不给出 E_t。但是，方程中用 E_t 也有优点，这样可避免定义 P_t 和 τ，它在发射复杂波形时特别有用。

若假定固定积累时间内的积累是相关的，那么在距离方程的分子上可用发射机平均功率表示。在简单的脉冲雷达中，平均功率等于脉冲功率、脉冲宽度和脉冲重复频率的乘积。在用平均功率表示的公式中，平均功率 P_t 要乘以积累时间 t_i(假定积累时间比脉冲间隔时间长)才等于发射能量。假定检测是建立在观察一个脉冲基础上的，那么还要用到检测因子(最小可检测信噪比)D_0。用平均功率表示的公式特别适用于连续波雷达或脉冲多普勒雷达。

2. 天线增益、效率和损耗因子

G_t 和 G_r 定义为天线在最大增益方向上的功率增益。如果感兴趣目标的仰角不在波束最大值方向上，则可用方向图传播因子 F_t 和 F_r 来解释。天线最大功率增益等于方向性(最大方向性增益)与辐射效率的乘积。方向性用电场强度方向图 $E(\theta, \phi)$ 来定义。

$$D = \frac{4\pi E_{\max}^2}{\int_0^{2\pi}\int_0^\pi E^2(\theta, \phi)\sin\theta \, \mathrm{d}\theta \, \mathrm{d}\phi} \tag{3.1.13}$$

式中，θ 和 ϕ 为球坐标系(以天线为原点)的两个角度，$E_{\max}$ 为最大增益方向上的 E 值。

辐射效率是输入天线的功率与天线实际辐射功率(包括副瓣辐射的功率)之比。如果从接收天线的角度来定义，则等于天线(具有匹配的负载阻抗)从入射电场得到的总信号功率与负载实际得到的信号功率之比。辐射效率的倒数就等于天线的损耗因子 L_a。

实测的天线增益通常是功率增益，而根据方向图测量或理论计算的增益则是方向性增益。如果本章距离方程中所用到的天线增益指的是后者，则要将它除以适当的损耗因子变成功率增益。在许多简单天线中，电阻损耗是忽略不计的。在这种情况下，功率增益和方向性增益实际上是相等的。但是，在条件未知时，这并不是一种可靠的假设。特别是在阵列天线中，用波导或同轴线在辐射元间传递能量时很可能有大的电阻损耗。

3. 天线波束宽度

天线的这个性能在距离方程中没有明确出现，但是，它通过影响天线扫描时的脉冲积累数来影响雷达的作用距离。通常它定义为方向图半功率点之间波束的张角。从通常的天线意义上说，这里方向图是指单程传播方向图，而不是指天线扫过固定目标时雷达回波信号的双程方向图。

从雷达天线观察目标，如果其角度大小与波束宽度相比相当大，则目标截面积 σ 是波束宽度的函数(参见 3.2 节)。在实际工作中，使用半功率波束宽度产生的误差常常是可接受的。

4. 目标截面积

以上雷达距离方程中运用的雷达目标截面积的定义将在 3.2 节中叙述，这里只介绍它与距离估算关系密切的几个问题。

目标可以分为点目标和分布目标两类。点目标是指：① 主要散射单元之间的最大横向距离小于目标距离处的天线波束截取弧长；② 散射单元的最大径向距离小于脉冲延伸距离大小。距离 R 处天线波束的横向弧长等于波束宽度（弧度数）的 R 倍。脉冲延伸距离等于 $c\tau/2$，其中：c 是自由空间中电波的传播速度，即 $3 \times 10^5 \, \text{km/s}$；$\tau$ 是脉冲宽度，单位为 s。雷达作用距离估算所关心的目标一般都是点目标，如距雷达相当距离的飞机。

但是，有些情况也要估算分布目标的距离。例如，当雷达波束宽度接近于或小于 $0.5°$ 或者脉冲宽度约小于 11.6 ms 时，月亮就是一个分布目标。暴风雨是分布目标的另一个例子。在通常情况下，人们关注分布目标的原因是，它们的回波（称为雷达杂波）会掩盖欲探测的点目标的回波。当云雨回波影响飞机或其他点目标的探测时，它们属于杂波，但是对气象雷达而言，它们却是感兴趣的信号。

雷达距离方程最初是根据点目标导出来的，所以当把这个方程或由此推导出的新方程用于分布目标的距离估算时，会遇到一些麻烦。但是，在许多情况下，只要选取适当的 σ 有效值，仍然可以将点目标距离方程用于分布目标。

任意非球形目标的截面积是雷达视角及雷达电磁场极化的函数。所以，更全面地说，雷达对某目标（如飞机）的距离估算，必须假定目标的视角及采用的极化方式。通常，最关心飞机的前端视向（目标飞近）。常用的极化方式有水平极化、垂直极化和圆极化。飞机的雷达截面积测量值表格中有时给出其前向、尾向和侧面三个数值。

如果截面积数值是在动态下（动目标）测得的，那么这个值一般都是在某段时间内起伏数值的平均值；否则，就是某一特定视向上的静态值。由于目标的瞬间截面积是视角的函数，而运动目标的视向是随机变化的，所以它的截面积也将随时间随机地起伏。在计算检测概率时就必须考虑这种起伏的影响。当 σ 起伏时，距离方程中的 σ 是其时间的平均值。

因为实际目标的截面积变化范围较大，所以雷达的作用距离性能通常是用某一特定目标截面积来表述的。许多应用的常用值是 $1 \, \text{m}^2$，这是在前端视向上小型飞机截面积的近似值，各种"小"飞机的截面积变化范围一般为 $0.1 \sim 10 \, \text{m}^2$。雷达性能的测试常常是用金属球作目标来测定的，有时用气球将它升到天空，这是因为这种目标的截面积可以精确计算出来，而且不随视角或极化方式而变化。

当目标大到足以使雷达不能均匀照射它时，就提出了一个特殊定义问题。例如，舰船就是够大的目标，所以从水平线到桅顶，它的方向图传播因子值都不同。

5. 波长（频率）

雷达距离方程中的频率通常是不需要定义和估算的。但是，有些雷达的带宽非常宽或者频率是脉间变化的，这就存在用什么频率进行距离计算的问题。因为距离方程中存在 λ（或 f），所以很显然作用距离是与频率有关的。但是，这种相关性并不总是很明确的，因为距离方程中的其他参数与频率有间接的关系。因此，作用距离与频率关系的分析是比较复杂的，它涉及哪些参数与频率有关，哪些参数与频率无关的问题。例如，大多数天线的增益都是与频率密切相关的，但有些天线的增益在相当宽的频率范围内实际上是与频率无关的。

3.1.3 搜索雷达方程和跟踪雷达方程

1. 搜索雷达方程

搜索雷达的任务是在指定空域进行目标搜索。设整个搜索空域的立体角为 Ω，天线波

束所张的立体角为 β，扫描整个空域的时间为 T_f，而天线波束扫过点目标的驻留时间为 T_d，则有

$$\frac{T_d}{T_f} = \frac{\beta}{\Omega} \tag{3.1.14}$$

现在讨论上述应用条件下，雷达参数如何选择最为合理。举例来说，天线增益加大时，一方面使收发能量更集中，有利于提高作用距离，但同时天线波束 β 减小，扫过点目标的驻留时间缩短，可利用的脉冲数 M 减小，这又是不利于发现目标的。下面具体分析各参数之间的关系。波束张角 β 和天线增益 G 的关系为 $\beta = 4\pi/G$，代入式(3.1.14)，得到

$$\frac{4\pi}{G} = \frac{\Omega T_d}{T_f} \quad \text{或} \quad G = \frac{4\pi T_f}{\Omega T_d} \tag{3.1.15}$$

将上述关系代入雷达方程，并用脉冲功率 P_t 与平均功率 P_{av} 的关系 $P_t = P_{av}T_f/\tau$ 置换后得

$$R_{max} = \left[(P_{av}G) \frac{T_f}{\Omega} \frac{\sigma\lambda^2}{(4\pi)^2 k T_0 F_n D_0 C_B L T_d f_r} \right]^{1/4} \tag{3.1.16}$$

式中，$T_r = 1/f_r$，为雷达工作的重复周期。天线驻留时间的脉冲数 $M = T_d f_r$，天线增益 G 和有效面积 A 的关系为 $G = 4\pi A/\lambda^2$。将这些关系式代入式(3.1.16)，并注意到 MD_0 乘积的含义，此时的 D_0 应是积累 M 个脉冲后的检测因子 $D_0(M)$。如果是理想的相参积累，则 $D_0(M) = D_0(1)/M$，$MD_0(M) = D_0(1)$（在非相参积累时效率稍差）。考虑了以上关系式的雷达搜索方程为

$$R_{max} = \left[(P_{av}A) \frac{T_f}{\Omega} \frac{\sigma}{4\pi k T_0 F_n D_0(1) C_B L} \right]^{1/4} \tag{3.1.17}$$

式(3.1.17)常称为搜索雷达方程。此式表明，当雷达处于搜索状态工作时，雷达的作用距离取决于发射机平均功率和天线有效面积的乘积，并与搜索时间 T_f 和搜索空域 Ω 比值的 4 次方根成正比，而与工作波长无直接关系。这说明对搜索雷达而言应着重考虑 $P_{av}A$ 乘积的大小。平均功率和天线孔径乘积的数值受各种条件约束和限制，各个波段所能达到的 $P_{av}A$ 值也不相同。此外，搜索距离还和 T_f、Ω 有关，允许的搜索时间加大或搜索空域减小，均能提高作用距离 R_{max}。

2. 跟踪雷达方程

搜索跟踪雷达在跟踪工作状态时是在 t_0 时间内连续跟踪一个目标，若在距离方程中引入关系式 $P_t\tau = P_{av}T_r$，$MT_r = t_0$，相参积累时的 $MD_0(M) = D_0(1)$ 以及 $G = 4\pi A/\lambda^2$，则跟踪雷达方程可化简为以下形式：

$$R_{max} = \left[(P_{av}A) \frac{A_r}{\lambda^2} \frac{t_0\sigma}{4\pi k T_0 F_n D_0(1) C_B L} \right]^{1/4} \tag{3.1.18}$$

如果在跟踪时间内采用非相参积累，则 R_{max} 将有所下降。

式(3.1.18)是连续跟踪单个目标的雷达方程。由该式可见，要提高雷达跟踪距离，也需要增大平均功率和天线有效面积的乘积 $P_{av}A$，同时要加大跟踪时间 t_0（脉冲积累时间）。此外还可看出，在天线孔径尺寸相同时，减小工作波长 λ 也可以增大跟踪距离。选用较短波长时，同样天线孔径可得到较窄的天线波束，对跟踪雷达，天线波束愈窄，跟踪精度愈高，故一般跟踪雷达倾向于选择较短的工作波长。

3.1.4　对海雷达方程

相对陆地等杂波，舰船目标的多普勒频移易淹没在复杂的海杂波中，所以在海杂波背

景下的目标检测更加困难，导致对海雷达的性能要求更高。本节对海杂波背景下的雷达方程进行介绍。

如图 3.1.4 所示，ψ 为雷达检测的掠射角，θ_B 为雷达波束宽度，c 为光速，τ 为脉冲宽度。当低掠射角时，距离维分辨单元由脉冲宽度决定。雷达分辨单元面积为

$$A_c = R\theta_B \left(\frac{c\tau}{2}\right)\sec\psi \tag{3.1.19}$$

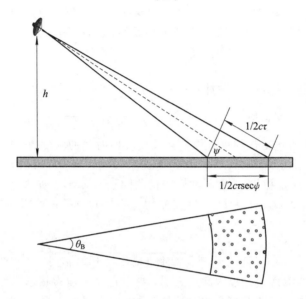

图 3.1.4　对海雷达电磁波传播示意图

海杂波雷达横截面积（RCS）为

$$\sigma_c = \sigma^0 A_c \tag{3.1.20}$$

目标回波和海杂波功率分别为

$$S = \frac{P_t G A_e \sigma_t}{(4\pi)^2 R^4} \tag{3.1.21}$$

$$C = \frac{P_t G A_e \sigma^0 \theta_B (c\tau/2)\sec\psi}{(4\pi)^2 R^3} \tag{3.1.22}$$

则信杂比为

$$\frac{S}{C} = \frac{\sigma_t}{\sigma^0 R\theta_B (c\tau/2)\sec\psi} \tag{3.1.23}$$

如果在灵敏度（即最小可检测信杂比 $(S/C)_{\min}$）下对应的最大作用距离为 $R_{\max}$，则低掠射角检测海杂波背景下目标的雷达方程为

$$R_{\max} = \frac{\sigma_t}{(S/C)_{\min}\sigma^0 \theta_B (c\tau/2)\sec\psi} \tag{3.1.24}$$

为了便于对比，给出噪声背景下的雷达方程：

$$R_{\max} = \left[\frac{P_t G A_e \sigma_t}{(4\pi)^2 k T_0 B F_n (S/N)_{\min}}\right]^{\frac{1}{4}} \tag{3.1.25}$$

其中，海杂波下雷达方程中距离以 1 次方形式出现，而一般噪声下的雷达方程中距离以 4 次方形式出现。这意味着海杂波下雷达探测距离受参数变化的影响更大。如 RCS 变

化 2 倍，海杂波下雷达探测距离也变化 2 倍，而噪声下的探测距离仅变化 1.2 倍。海杂波下雷达方程中没有出现发射功率，提高发射功率并不能提高探测距离。因为加大发射功率在提高目标信号功率的同时也增加了杂波功率。海杂波下，方位波束宽度越窄，探测距离越远。海杂波下，脉冲宽度越窄，探测距离越远。这一点与噪声下的目标检测正好相反，当雷达探测主要受噪声影响时，增加发射脉冲宽度有利于提高信噪比。系统损耗对探测无明显影响，因为系统损耗对目标回波和海杂波的影响程度是一样的。

可见，海杂波背景下雷达系统设计应考虑的因素有以下九点：

（1）脉冲宽度。减小脉冲宽度（对脉压雷达为脉压后的宽度）有利于减小分辨单元，从而降低杂波功率。

（2）天线波束宽度。减小波束宽度有利于减小分辨单元，从而降低杂波功率。

（3）极化。一般情况下，水平极化的海杂波强度比垂直极化小，所以对海雷达大多数采用水平极化。

（4）接收机抗饱和。杂波回波在接收机中一旦饱和，将使得后续的信号处理无计可施。所以，对海雷达的接收机应有较大的动态范围。其中抗饱和手段有：STC、对数接收机等。

（5）频率捷变。对均匀的瑞利型杂波，当脉间的频率变化满足 $\Delta f > 1/\tau$ 时，杂波回波不相关，通过积累可以提高信杂比。但是对非瑞利杂波，如海尖峰，频率捷变提供的改善不明显。

（6）多普勒滤波。当目标回波与海杂波的多普勒频移存在差异时，用 MTI、MTD 这一类多普勒域的处理方法，理论上可以抑制海杂波而分离出目标。实际上，在很多情况下效果却并不理想。其原因主要有：海上存在大量慢速目标，多普勒频移不大；杂波谱存在时变性；海尖峰存在空、时相关性。

（7）海杂波中的信号检测。从理论上讲，只要知道杂波和目标的统计模型，就可以按一定的准则得到最佳检测器，从而设计相应的 CFAR 电路。低分辨雷达的海杂波分布接近瑞利分布，用均值平均类 CFAR 处理时，在大部分情况下效果是可接受的。当海杂波不能用一个特定的概率密度函数描述时，可以考虑鲁棒检测和自由分布检测。鲁棒检测对不同分布杂波有较好的适应性，但对任一种杂波的概率密度函数却不一定是最佳的。比如组合检测器，把针对不同分布的检测器组合在一起使用。自由分布检测器又称与分布无关的检测器或非参量检测器，它尽量少地对杂波统计特性做假设。其典型代表为秩检测器。

（8）数据处理。在变幻莫测的海杂波背景下要求信号处理把杂波虚警控制在一个比较低的水平往往是不切实际的，一味降低虚警率对海上弱小目标的检测也极为不利。随着处理平台的计算速度、存储容量的提高，适当放宽信号处理阶段对虚警率的要求，通过数据处理进一步压缩虚警是一个不错的选择。

（9）点迹过滤。利用杂波点迹在外形、能量、多普勒、所处区域等方面特征与目标点迹的差异，滤除杂波点。若天线扫描间隔时间大于海杂波的相关时间，则杂波在扫描间是不相关的。

3.2　雷达目标特性

雷达是通过接收物体对雷达电磁信号的反射回波来发现目标的。目标的大小和性质不同，对雷达波的散射特性就不同，雷达所能接收到的反射能量也不一样，因而雷达对不同目标的探测距离各异。目标的雷达截面积(RCS)就是表征雷达目标对于照射电磁波散射能力的一个物理量。

3.2.1 雷达散射截面积的定义与典型目标的 RCS

根据目标自身的体形结构和雷达分辨单元的大小，可以将雷达目标分为点目标和分布式目标两种类型。脉冲雷达的特点是有一个"空间分辨单元"，分辨单元在角度上的大小取决于天线波束宽度，在距离上的尺寸取决于脉冲宽度，该分辨单元表现为某个面积或体积。

如图 3.2.1 所示，如果一个目标全部包含在体积 V 中，便认为该目标属于点目标，实际上只有明显地小于体积 V 的目标才能真正算作点目标。像飞机、卫星、导弹、船只等雷达目标，当用普通雷达观测时可以算是点目标，但对极高分辨力的雷达来说，便不能算是点目标了。

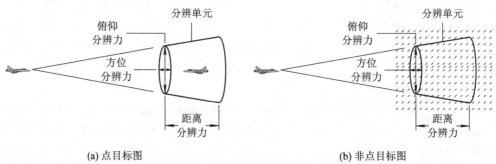

(a) 点目标图   (b) 非点目标图

图 3.2.1 点目标与非点目标示意图

不属于点目标的目标有两类：如果目标大于分辨单元，且形状不规则，则它是一个实在的"大目标"，例如大于分辨单元的一艘大船；另一类是分布目标，它是一群统计上均匀的散射体的集合。

本节将具体讨论点目标雷达截面积的主要特性及其对检测性能的影响。

1. RCS 定义

为了便于讨论问题、统一表征目标的散射特性和估算雷达作用距离，人们把实际目标等效为一个垂直电波入射方向的截面积，并且这个截面积所截获的入射功率向各个方向均匀散射时，在雷达处产生的电磁波回波功率密度与实际目标所产生的功率密度相同。这个等效面积就称为雷达截面积(RCS)。通常，目标的雷达截面积越大则反射的电磁波信号功率就越强。

如图 3.2.2 所示，为了描述目标的后向散射特性，在雷达方程的推导过程中，定义了"点"目标的雷达截面积 σ：

$$P_2 = S_1 \sigma \tag{3.2.1}$$

式中，P_2 为目标散射的总功率，S_1 为照射的功率密度。雷达截面积 σ 又可写为

$$\sigma = \frac{P_2}{S_1} \tag{3.2.2}$$

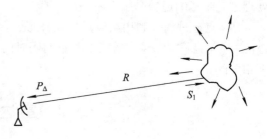

图 3.2.2 目标的散射特性

由于二次散射，因而在雷达接收点处单位立体角内的散射功率 P_Δ 为

$$P_\Delta = \frac{P_2}{4\pi} = S_1 \frac{\sigma}{4\pi} \tag{3.2.3}$$

据此，又可定义雷达截面积 σ 为

$$\sigma = 4\pi \times \frac{\text{返回接收机每单位立体角内的回波功率}}{\text{入射功率密度}} \tag{3.2.4}$$

σ 定义为，在远场条件（平面波照射的条件）下，目标处每单位入射功率密度在接收机处每单位立体角内产生的反射功率乘以 4π。为了进一步了解 σ 的意义，可按照定义来考虑一个具有良好导电性能的各向同性的球体截面积。设目标处入射功率密度为 S_1，球目标的几何投影面积为 A_1，则目标所截获的功率为 $S_1 A_1$。由于该球是导电良好且各向同性的，因而它将截获的功率 $S_1 A_1$ 全部均匀地辐射到 4π 立体角内，根据式（3.2.4），可定义

$$\sigma_i = 4\pi \frac{S_1 A_1/(4\pi)}{S_1} = A_1 \tag{3.2.5}$$

式（3.2.5）表明，导电性能良好各向同性的球体，它的截面积 σ_i 等于该球体的几何投影面积。这就是说，任何一个反射体的截面积都可以想象成一个具有各向同性的等效球体的截面积。等效的意思是指该球体在接收机方向每单位立体角所产生的功率与实际目标散射体所产生的相同，从而将雷达截面积理解为一个等效的无耗各向均匀反射体的截获面积（投影面积）。因为实际目标的外形复杂，它的后向散射特性是各部分散射的矢量合成，因而不同的照射方向有不同的雷达截面积 σ 值。除了后向散射特性外，有时需要测量和计算目标在其他方向的散射功率，例如双基地雷达工作时的情况。可以按照同样的概念和方法来定义目标的双基地雷达截面积 σ_b。对复杂目标来讲，σ_b 不仅与发射时的照射方向有关，而且还取决于接收时的散射方向。

虽然自 20 世纪 50 年代起人们就开始研究电磁波从各种形状和不同尺寸的物体上的反射，但是，时至今日，要精确地计算和预测雷达截面积仍很困难。不过，人们可以从大量的实际测试中对一般目标得出一个大致的平均值，如表 3.2.1 所示。

表 3.2.1　一般目标的雷达截面积

目　标	雷达截面积/m²	目　标	雷达截面积/m²
巨型飞机	100	小型单人发动机飞机	1
大型轰炸机或客机	40	人	1
中型轰炸机或客机	20	普通有翼无人驾驶导弹	0.5
大型歼击机	6	鸟	0.01
小型歼击机	2		

2. RCS 与波长的关系

目标的后向散射特性除与目标本身的性能有关外，还与视角、极化和入射波的波长有关。其中与波长的关系最大，常以相对于波长的目标尺寸来对目标进行分类。为了讨论目标后向散射特性与波长的关系，比较方便的办法是考察一个各向同性的球体。由于球有最简单的外形，而且理论上已经获得其截面积的严格解答，其截面积与视角无关，因此常用金属球来作为截面积的标准，用于校正数据和实验测定。

球体截面积与波长 λ 的关系如图 3.2.3 所示。当球体周长 $2\pi r \ll \lambda$ 时，称为瑞利区，这时的截面积正比于 λ^{-4}；当波长减小到 $2\pi r = \lambda$ 时，就进入振荡区，截面积在极限值之间振荡；$2\pi r \gg \lambda$ 的区域称为光学区，截面积振荡地趋于某一固定值，它就是几何光学的投影面积 πr^2。

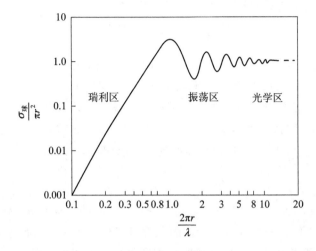

图 3.2.3　球体截面积与波长 λ 的关系

目标的尺寸相对于波长很小时呈现瑞利区散射特性，即 σ 正比于 λ^{-4}。绝大多数雷达目标都不处在这个区域中，但气象微粒对常用的雷达波长来说是处在这一区域的(它们的尺寸远小于波长)。处于瑞利区的目标，决定它们截面积的主要参数是体积而不是形状，形状不同的影响只做较小的修改即可。通常，雷达目标的尺寸较云雨微粒要大得多，因此降低雷达工作频率可减小云雨回波的影响而又不会明显减小正常雷达目标的截面积。

实际上大多数雷达目标都处在光学区。光学区名称的来源是因为目标尺寸比波长大得多时，如果目标表面比较光滑，那么几何光学的原理可以用来确定目标雷达截面积。按照几何光学的原理，表面最强的反射区域是对电磁波波前最突出点附近的小的区域，这个区域的大小与该点的曲率半径 ρ 成正比。曲率半径越大，反射区域越大，这一反射区域在光学中称为"亮斑"。可以证明，当物体在"亮斑"附近为旋转对称时，其截面积为 $\pi\rho^2$，故处于光学区球体的截面积为 πr^2，其截面积不随波长 λ 变化。

在光学区和瑞利区之间是振荡区，这个区的目标尺寸与波长相近，在这个区中，截面积随波长变化而呈振荡，最大点较光学值约高 5.6 dB，而第一个凹点的值又较光学值约低 5.5 dB。实际上雷达很少工作在这一区域。

3. RCS 与极化的关系

决定雷达目标特性的另外一个重要因素是入射电磁波的极化。极化是描述电磁波矢量性的物理量，表征了空间给定点上电场强度矢量(大小和方向)随时间变化的特性。

极化通常分为线极化、圆极化和椭圆极化。线极化又可根据电场矢量的取向与地面的关系分为水平极化和垂直极化。辐射水平极化波的天线称为水平极化天线，如水平偶极子；辐射垂直极化波的天线称为垂直极化天线，如垂直偶极子；辐射圆极化波的天线称为圆极化天线，根据圆极化旋转方向不同又分为左旋圆极化天线和右旋圆极化天线，螺旋天线是圆极化天线的典型例子。

从空间某一固定观察点看，当电场的矢端(矢量端点)轨迹是直线时，称这种波为线极化；当电场的矢端轨迹是圆时，称这种波为圆极化；当电场的矢端轨迹是椭圆时，称这种波为椭圆极化。线极化和圆极化是椭圆极化的特殊情况。

对于圆极化和椭圆极化，电场的矢端可以按顺时针方向或逆时针方向运动。如果观察者沿传播方向看，电场的矢端沿顺时针方向运动，称之为右旋极化，反之则称为左旋极化。

绝大部分目标在任意姿态角下，对不同的极化波的散射是不相同的，且对于大部分目标，反射或散射电磁波的极化不同于入射电磁波的极化。当目标受特定极化状态的入射波照射时，其散射波取值依赖入射波的强度、极化状态和目标的极化特性。

4. 简单形状目标和复杂形状目标的 RCS 计算

几何形状比较简单的目标，如球体、圆板、锥体等，它们的雷达截面积可以计算出来。其中球是最简单的目标。上节已讨论过球体截面积的变化规律，在光学区，球体截面积等于其几何投影面积 πr^2，与视角无关，也与波长 λ 无关。

对于其他形状简单的目标，当反射面的曲率半径大于波长时，也可以应用几何光学的方法来计算它们在光学区的雷达截面积。一般情况下，其反射面在"亮斑"附近不是旋转对称的，可通过"亮斑"并包含视线作互相垂直的两个平面，这两个切面上的曲率半径为 ρ_1、ρ_2，则雷达截面积为 $\sigma = \pi \rho_1 \rho_2$。对于球体目标，其面积与视角有关，而且在光学区其截面积不一定趋于一个常数，但利用光斑处的曲率半径可以对许多简单几何形状的目标进行分类，并说明它们对波长的依赖关系。表 3.2.2 是目标为简单几何形状物体的雷达参数。

表 3.2.2　目标为简单几何形状物体的雷达参数

随波长的变化关系	目　　标	相对入射波的视角	雷达截面积
λ^{-2}	面积为 A 的大平板	法线	$\dfrac{4\pi A}{\lambda^2}$
	边长为 a 的三角形角反射器	对称轴平行于照射方向	$\dfrac{4\pi a^4}{3\lambda^2}$
λ^{-1}	长为 L、半径为 a 的圆柱	垂直于对称轴	$\dfrac{2\pi a L^2}{\lambda}$
λ^0	半长轴为 a、半短轴为 b 的椭球	轴	$\pi\dfrac{b^4}{a^2}$
	顶部曲率半径为 ρ_0 的抛物面	轴	$\pi\rho_0^2$
λ^1	长为 L、半径为 a 的圆柱（在 θ 角范围内的平均值）	与垂直于对称轴的法线成 θ 角	$\dfrac{a\lambda}{2\pi\theta^2}$
λ^2	半锥角为 θ_0 的有限锥		$\dfrac{\lambda^2}{16\pi} + a\pi^4\theta_0$

诸如飞机、舰艇、地物等复杂目标的雷达截面积，是视角和工作波长的复杂函数。尺寸大的复杂反射体常常可以近似分解成许多独立的散射体，每一个独立散射体的尺寸仍处于光学区，各部分没有相互作用，在这样的条件下，总的雷达截面积就是各部分截面积的矢量和。

　　对于复杂目标，各散射单元的间隔是可以和工作波长相比的，因此当观察方向改变时，在接收机输入端收到的各单元散射信号间的相位也在变化，使其矢量和相应改变，这就形成了起伏的回波信号。

　　图3.2.4所示为螺旋桨飞机后向散射变化的一个例子，这是一架第二次世界大战中大量服役的双引擎B-26中型轰炸机。该飞机装在一个转台上，周围没有其他反射物体，受工作于3 GHz(S波段)雷达的照射。测量期间飞机的螺旋桨转动并且产生1～2 kHz量级的调制信号。只有(1/3)°姿态角的变化可产生高达15 dB的雷达截面积的变化。最大的回波信号发生在侧射附近，因为在这里飞机的投影面积最大且具有产生大回波信号的较平坦表面。该图已在许多有关雷达和雷达散射的书中出现过，因为它是文献中容易查到的可对全尺寸飞机的后向散射进行测量(无须求角平均)的为数不多的例子之一。

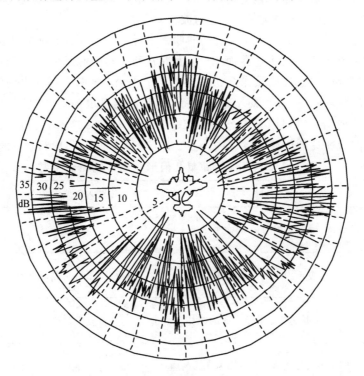

图3.2.4　全尺寸B-26双引擎(螺旋桨驱动)中型轰炸机在10 cm
波长上的后向散射与视向角的函数关系

　　从上面的讨论中可看出，对于复杂目标的雷达截面积，只要稍微变动观察角或工作频率，就会引起截面积大的起伏。但有时为了估算作用距离，必须对各类复杂目标给出一个代表其截面积大小的数值σ。至今尚无一个统一的标准来确定飞机等复杂目标截面积的单值表示值。可以采用其各方向截面积的平均值或中值作为截面积的单值表示值，有时也用"最小值"(即差不多95%以上时间的截面积都超过该值)来表示。也可以根据实验测量的作用距离反过来确定其雷达截面积。表3.2.3列出几种目标在微波波段时的雷达截面积作为参考例子，但这些数据不能完全反映复杂目标截面积的性质，只是截面积平均值的一个度量。

表 3.2.3　目标雷达截面积举例(微波波段)

类　别	σ/m^2
普通无人驾驶带翼导弹	0.5
小型单引擎飞机	1
小型歼击机或四座喷气机	2
大型歼击机	6
中型轰炸机或中型喷气客机	20
大型轰炸机或大型喷气客机	40
小船(艇)	0.02～2
巡逻艇	10

复杂目标的雷达截面积是视角的函数,通常雷达工作时,无法知道精确的目标姿态及视角,因为目标运动时,视角会随时间变化。因此,最好是用统计的概念来描述雷达截面积,所用统计模型应尽量和实际目标雷达截面积的分布规律相同。大量试验表明,大型飞机截面积的概率分布接近瑞利分布,当然也有例外,小型飞机和各种飞机侧面截面积的分布与瑞利分布差别较大。

导弹和卫星的表面结构比飞机简单,它们的截面积处于简单几何形状与复杂目标之间,这类目标截面积的分布比较接近对数正态分布。

船舶是复杂目标,它与空中目标不同之处在于海浪对电磁波反射会产生多径效应,雷达所能收到的功率与天线高度有关,因而目标截面积也和天线高度有一定的关系。关于舰船雷达截面积的一条"民间定理"是以平方米表示的截面积近似等于以吨表示的舰船的排水量。这样,一艘 10 000 吨的舰船可说是有大约 10 000 m² 的雷达横截面积。当没有更好的资料可以利用时,可用一个数字来描述截面积,且当掠射角不接近 0°时,这个经验关系式是一种方便的办法。在多数场合,船舶截面积的概率分布比较接近对数正态分布。

3.2.2　雷达散射截面积的起伏与计算方法

目标雷达截面积的大小与雷达检测性能有直接的关系,在工程计算中常把截面积视为常量,或者说不考虑目标 RCS 的起伏。实际上,根据雷达目标特性,目标在大多数情况下属于复杂点目标。一个处于运动状态的目标,其视角一直在变化,RCS 随之起伏。RCS 的起伏会给雷达目标发现能力带来影响。图 3.2.5 给出了某喷气战斗机向雷达站飞行时记录的脉冲,起伏周期在远距离时是几秒,在近距离时大约是几十分之一秒,起伏周期与波长有关。对于飞机的不同姿态,起伏变化的范围为 26～10 dB。

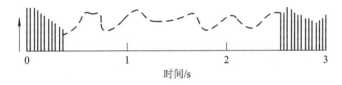

图 3.2.5　某喷气战斗机向雷达飞行时记录的脉冲

要正确地描述雷达截面积起伏,必须知道它的概率密度函数(它与目标的类型、典型的航路有关)和相关函数。概率密度函数给出目标截面积的数值在某范围内出现的概率，而相关函数则描述雷达截面积在回波脉冲序列间(随时间)的相关程度。这两个参数都影响雷达对目标的检测性能。

由于雷达需要探测的目标十分复杂而且多种多样，很难准确地得到各种目标 RCS 的概率分布和相关函数。通常是用一个接近而又合理的模型来估计目标起伏的影响并进行数学上的分析。最早提出而且目前仍然常用的 RCS 起伏模型是施威林(Swerling)模型。该模型把典型的目标起伏分为四种类型(RCS 不起伏的目标为第零类)，如图 3.2.6 所示。其中包括两种不同的概率密度函数，同时又有两种不同的相关情况。一种是在天线一次扫描期间回波起伏是完全相关的，而扫描至扫描间完全不相关，称为慢起伏目标；另一种是快起伏目标，它们的回波起伏在脉冲与脉冲之间是完全不相关的。

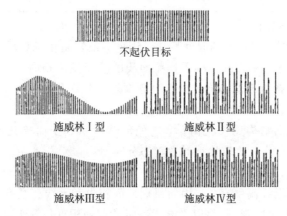

图 3.2.6　不同的施威林起伏目标模型在一次扫描期间接收到的回波示意图

(1)第一类称施威林Ⅰ型，即慢起伏。接收到的目标回波在任意一次扫描期间都是恒定的(完全相关)，但是从一次扫描到下一次扫描是独立的(不相关的)。

(2)第二类称施威林Ⅱ型，即快起伏。目标截面积的概率分布同施威林Ⅰ型，但脉冲与脉冲间的起伏是统计独立的。

(3)第三类称施威林Ⅲ型，即慢起伏。

(4)第四类称施威林Ⅳ型，即快起伏。目标截面积的概率分布同施威林Ⅲ型，但脉冲与脉冲间的起伏是统计独立的。

第一、二类情况 RCS 的概率分布适用于复杂目标是由大量近似相等单元散射体组成的情况，虽然理论上要求独立散射体的数量很大，实际上只需要四五个即可。许多复杂目标如飞机就属于这一类型。

第三、四类情况 RCS 的概率分布适用于目标具有一个较大反射体和许多小反射体组成，或者一个大的反射体在方位上有小变化的情况。

当发现概率比较大时，四种起伏目标比起不起伏目标(第零类)来讲，需要更大的信噪比。因此，若在估计雷达作用距离时不考虑目标起伏的影响，则预测的作用距离和实际能达到的相差甚远。

施威林的四种模型考虑了两类极端情况：扫描间独立和脉冲间独立。实际的目标起伏特性往往介于上述两种情况之间。已经证明，其检测性能也介于两者之间。为了得到检测起伏目标时的雷达作用距离，可在雷达方程上进行一定的修正，即通常所说加上目标起伏损失。为了估算在探测起伏目标时的作用距离，则要将检测起伏目标时的信噪比损失考虑进去。

　　实际上，很难精确地描述任意目标的统计特性，不同的数学模型只能是较好地估计而不能精确地预测系统的检测性能。

3.3　雷达电磁波传播特性

　　传播介质对雷达性能的影响有大气衰减、大气折射、地面或水面反射电磁绕射、电离层传播和对流层散射，这些往往会限制雷达的性能。图 3.3.1 所示为大气层分层情况。

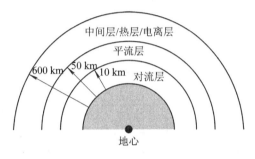

图 3.3.1　大气层分层情况

3.3.1　大气衰减

　　大气衰减会严重影响雷达的理想探测距离，因此需要了解其原理及影响。大气中的氧气和水蒸气是产生雷达电波衰减的主要原因。一部分照射到这些气体微粒上的电磁波能量被它们吸收后变成热能而损失，如图 3.3.2 所示。除了正常大气外，在恶劣气候条件下大气中的雨雾对电磁波也有衰减作用，如图 3.3.3 所示。当工作波长短于 10 cm(工作频率高于 3 GHz)时必须考虑大气衰减。图 3.3.4 给出了不同海拔条件下的大气衰减曲线。如图 3.3.4 所示，水蒸气的衰减谐振峰发生在 22.4 GHz($\lambda = 1.35$ cm)和大约 184 GHz，而氧的衰减谐振峰发生在 60 GHz($\lambda = 0.5$ cm)和 118 GHz，当工作频率低于 1 GHz(L 波段)时，大气衰减可忽略。而当工作频率高于 10 GHz 后，频率越高，大气衰减越严重。在毫米波段工作时，大气传播衰减十分严重，因此很少有远距离的地面雷达工作在频率高于 35 GHz (Ka 波段)的情况。

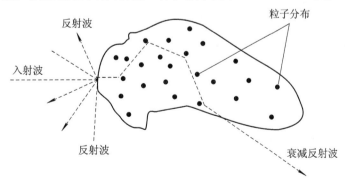

图 3.3.2　散射和吸收引起的大气衰减

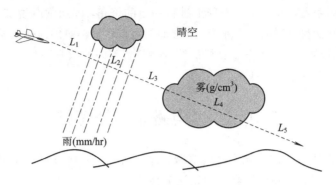

图 3.3.3　大气不均匀性引起的衰减

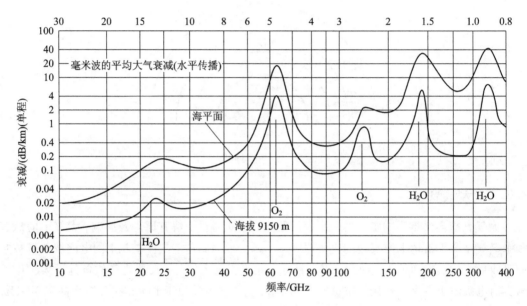

图 3.3.4　大气衰减曲线

如图 3.3.4 所示，随着高度的增加，大气衰减减小，因此，实际雷达工作时的传播衰减与雷达作用的距离以及目标高度有关。它们又与工作频率有关。工作频率升高，衰减增大；而探测时仰角越大，衰减越小。

当在作用距离全程上有均匀的传播衰减时，雷达作用距离的修正计算方法如下所述。

考虑衰减时雷达作用距离的计算方法为：若电波单程传播衰减为 $\delta(\mathrm{dB/km})$，则雷达接收机所收到的回波功率密度 S_2' 与没有衰减时功率密度 S_2 的关系为

$$10\lg\frac{S_2'}{S_2}=\delta 2R, \quad \lg\frac{S_2'}{S_2}=\frac{\delta 2R}{10} \tag{3.3.1}$$

$$\ln\frac{S_2'}{S_2}=2.3\frac{\delta 2R}{10}=0.46\delta R, \quad \frac{S_2'}{S_2}=\mathrm{e}^{0.46\delta R} \tag{3.3.2}$$

考虑传播衰减后雷达方程可写成

$$R_{\max}=\left[\frac{P_t\tau G_t G_r\lambda^2\sigma}{(4\pi)^3 k T_0 F_n D_0 C_B L}\right]^{1/4}\mathrm{e}^{0.115\delta R_{\max}} \tag{3.3.3}$$

式中，$\delta R_{\max}$ 为在最大作用距离情况下单程衰减的分贝数，由式（3.3.1）和式（3.3.2）可知

$\delta R_{\max}$是负分贝数(因为 S'_2 总是小于 S_2),所以考虑大气衰减的结果总是降低作用距离。由于 $\delta R_{\max}$ 和 $R_{\max}$ 直接有关,式(3.3.3)无法写成显函数关系式。可以采用试探法求 $R_{\max}$,人们常常事先画好曲线以供查用。

图 3.3.5 所示的曲线可供计算有传播衰减时的作用距离的情形使用。图中横坐标表示有衰减时的作用距离,而纵坐标表示无衰减时的作用距离,曲线是以单程衰减 δ(dB/km) 为参数画出的。

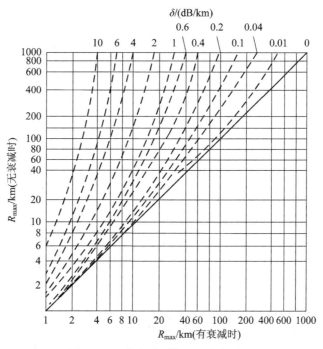

图 3.3.5　有衰减时作用距离衰减图

3.3.2　雷达直视距离和大气折射

雷达直视距离的问题是由于地球曲率半径引起的,如图 3.3.6 所示。设雷达天线架设的高度 $h_a = h_t$,目标的高度 $h_1 = h_2$,由于地球表面弯曲,使雷达看不到超过直视距离以外的目标(如图 3.3.6 所示阴影区内)。如果希望提高直视距离,则只有加大雷达天线的高度(往往受到限制,特别当雷达装在舰艇上时)。当然,目标的高度越高,直视距离也越大,

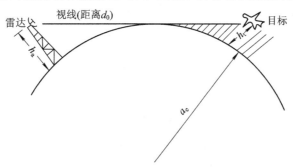

图 3.3.6　雷达直视距离图

但目标高度往往不受人们控制，敌方目标更要利用雷达的弱点，由超低空进入，而处于视线以下的目标地面雷达是不能发现的。

电波传播射线向下弯曲，等效于增加视线距离，如图 3.3.6(a)所示。处理折射对直视距离影响的常用方法是用等效地球曲率半径 ka 来代替实际地球曲率半径 a（$=3.270$ km），系数 k 和大气折射系数 n 随高度 h 的变化率 $\mathrm{d}n/\mathrm{d}h$ 有关：

$$k = \frac{1}{1 + a\dfrac{\mathrm{d}n}{\mathrm{d}h}} \tag{3.3.4}$$

通常气象条件下，$\mathrm{d}n/\mathrm{d}h$ 为负值。在温度 $+15^\circ\!\mathrm{C}$ 的海面以及温度随高度的变化梯度为 $0.0065(^\circ)/\mathrm{m}$，大气折射率梯度为 $0.039\times10^{-6}/\mathrm{m}$ 时，$k=4/3$，这样的大气条件下等效于半径为 $a_\mathrm{e}=ka$ 的球面对直视距离的影响：

$$a_\mathrm{e} = \frac{4}{3}a = 8490 \text{ km}$$

a_e 为考虑典型大气折射时的等效地球半径。

由图 3.3.9 可以计算出雷达的直视距离 d_o 为

$$
\begin{aligned}
d_\mathrm{o} &= \sqrt{(a_\mathrm{e}+h_1)^2 - a_\mathrm{e}^2} + \sqrt{(a_\mathrm{e}+h_2)^2 - a_\mathrm{e}^2} \\
&= \sqrt{2a_\mathrm{e}}\left(\sqrt{h_1} + \sqrt{h_2}\right) \\
&= 130\left(\sqrt{h_1} + \sqrt{h_2}\right) \ (h_1 \text{ 和 } h_2 \text{ 的单位为 km}) \\
&= 4.1\left(\sqrt{h_1} + \sqrt{h_2}\right) \ (h_1 \text{ 和 } h_2 \text{ 的单位为 m})
\end{aligned}
\tag{3.3.5}
$$

计算出的 d_o 的单位是 km。

雷达直视距离是由于地球表面弯曲所引起的，它由雷达天线架设高度 h_1 和目标高度 h_2 决定，而和雷达本身的性能无关。它和雷达最大作用距离 $R_{\max}$ 是两个不同的概念。如果计算结果为 $R_{\max} > d_\mathrm{o}$，则说明是由于天线高度 h_1 或目标高度 h_2 限制了检测目标的距离；相反，如果 $R_{\max} < d_\mathrm{o}$，则说明虽然目标处于视距以内，是可以"看到"的，但由于雷达性能达不到 d_o 这个距离而发现不了距离大于 $R_{\max}$ 的目标。电波在大气中传播时的折射情况与气候、季节、地区等因素有关。在特殊情况下，如果折射线的曲率和地球曲率相同，则称为超折射现象，这时等效地球半径为无限，雷达的观测距离不受视距限制，对低空目标的覆盖距离将有明显增加。

大气折射一定程度增加了雷达的直视距离，特定条件下还会形成大气波导现象，大大增加了微波雷达的探测距离。大气折射现象如图 3.3.7 所示。

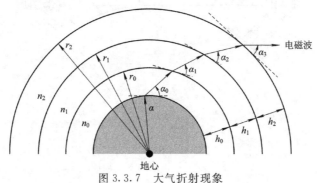

图 3.3.7　大气折射现象

大气的成分随着时间、地点而改变,而且不同高度的空气密度也不相同,离地面越高,空气越稀薄。因此电磁波在大气中传播时,是在非均匀介质中传播的,它的传播路径不是直线而将产生折射。大气折射对雷达的影响有两方面:一方面将改变雷达的测量距离,产生测距误差,另一方面将引起仰角测量误差,如图 3.3.8 所示。

在正常大气条件下的传播折射常常是电波射线向下弯曲,这是因为大气密度随高度变化的结果导致折射使系数随着高度增加而变小,从而使电波传播速度随着高度的增加而变大,电波射线向下弯曲的结果是增大了雷达的直视距离。比如大气波导现象,如图 3.3.9 所示。

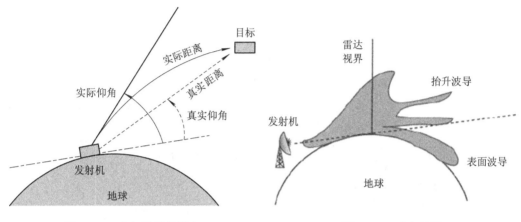

图 3.3.8 大气折射的影响　　　　　　图 3.3.9 大气波导

3.3.3 地面或水面反射

地面或者水面反射能够造成波瓣分裂现象,一定程度地增加雷达的作用距离。

地面或水面反射是雷达电波在非自由空间传播时的一个最主要的影响。在许多情况下,地面或水面可近似认为是镜反射的平面,架设在地面或水面的雷达,当它们的波束较宽时,除直射波以外,还有地面(或水面)的反射波存在,这样在目标处的电场就是直接波与反射波的干涉结果。由于直接波和反射波是天线不同方向所产生的辐射,而且它们的路程不同,因而两者之间存在振幅和相位差:

$$E_1 = \frac{245\sqrt{P_t \cdot G_1}}{R}\cos\omega t \tag{3.3.6}$$

$$E_2 = \frac{245\sqrt{P_t \cdot G_2}}{R + \Delta R}\rho\cos\left(\omega t - \theta - \frac{2\pi}{\lambda}\Delta R\right) \tag{3.3.7}$$

式中:E_1、E_2 分别为目标处入射波与反射波场强(mV/m);P_t 为辐射功率(kW);G_1、G_2 分别表示直射波与反射波对应的天线增益;ΔR 为直射波与反射波的波程差(km);R 为目标与雷达站之间的距离(km);ρ、θ 分别表示反射系数的模和相角。

在一般情况下应满足下列条件(参考图 3.3.10):

$$h_a \ll h_t \ll R \tag{3.3.8}$$

这里,h_a 为天线高度,h_t 为目标的高度,因此可以近似地认为 $\xi_1 = \xi_2$。当天线垂直波束最大值指向水平面时,$G_1 = G_2$,$\Delta R = 2h_a h_t / R$(这是因为 $h_a \ll h_t \ll R$,到达目标的入射波和反射波可近似看成是平行的)。目标所在处的合成场强是直射波和反射波的矢量和,可写成

$$|E_0| = |E_1 + E_2| = \sqrt{E_1^2 + E_2^2 + 2E_1 E_2 \cos\left(\theta + \frac{2\pi}{\lambda}\Delta R\right)}$$

$$= E_1 \sqrt{1 + \rho^2 + 2\rho\cos\left(\theta + \frac{2\pi}{\lambda}\Delta R\right)} \qquad (3.3.9)$$

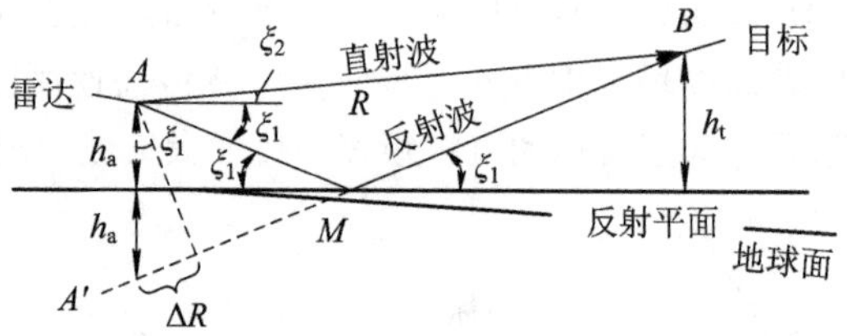

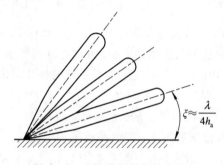

图 3.3.10　镜面反射影响的几何图形

反射系数的模值 ρ 和相角 θ 由反射面的性质、擦地角 ξ、工作频率以及电波极化等因素决定，目前已经提供了一些典型曲线供查用。当采用水平极化波且擦地角 ξ 较小时，$\rho \approx 1$，$\theta \approx 180°$，且 ρ、θ 值随 ξ 的增大变化较缓慢。此时

$$E_0 = E_1 \sqrt{2 - 2\cos\left(\frac{2\pi}{\lambda}\Delta R\right)} = 2E_1 \sin\frac{\pi}{\lambda}\Delta R = 2E_1 \sin\left(\frac{2\pi h_a h_t}{\lambda R}\right) \qquad (3.3.10)$$

上述干涉条件下的功率密度 E_0^2 为

$$E_0^2 = E_1^2 \left[1 + \rho^2 + 2\rho\cos\left(\theta + \frac{2\pi}{\lambda}\Delta R\right)\right] = 2D_1 \sin^2\left(\frac{2\pi h_a h_t}{\lambda R}\right) \qquad (3.3.11)$$

在擦地角很小时，直射波和反射波互相抵消，从而使接近水平目标（低空和超低空）的检测十分困难。

由式（3.3.11）可得到有地面（或水面）镜反射影响时的接收功率为

$$P_r = \frac{P_t G A_r \sigma}{(4\pi)^2 R^4} \left[4\sin\left(\frac{2\pi h_a h_t}{\lambda R}\right)\right]^2 e^{0.115\delta R_{max}} \qquad (3.3.12)$$

此时雷达最大作用距离为

$$R_{max} = \left\{\frac{P_t \tau G_t G_r \lambda^2 \sigma}{(4\pi)^3 k T_0 F_n D_0 C_B L}\left[4\sin^2\left(\frac{2\pi h_a h_t}{\lambda R}\right)\right]^2\right\}^{1/4} e^{0.115\delta R_{max}}$$

$$= \left[\frac{P_t \tau G_t G_r \lambda^2 \sigma}{(4\pi)^3 k T_0 F_n D_0 C_B L}\right]^{1/4} \left|2\sin^2\left(\frac{2\pi h_a h_t}{\lambda R}\right)\right| e^{0.115\delta R_{max}} \qquad (3.3.13)$$

由式（3.3.13）可看出，由于受地面反射的影响，雷达作用距离随目标的仰角呈周期性变化，地面反射的结果使天线方向图呈现花瓣状，如图 3.3.11 所示。

图 3.3.11　镜面反射的干涉效应

下面讨论式(3.3.13)：

(1) 当 $\dfrac{2\pi h_{a} h_{t}}{\lambda R} = \dfrac{\pi}{2}$，$\dfrac{3\pi}{2}$，$\dfrac{5\pi}{2}$，…时，$\sin\left(\dfrac{2\pi h_{a} h_{t}}{\lambda R}\right) = 1$，雷达作用距离比没有反射时提高 1 倍，这是有利的。

(2) 当 $\dfrac{2\pi h_{a} h_{t}}{\lambda R} = 0$，$\pi$，$2\pi$，…时，$\sin\left(\dfrac{2\pi h_{a} h_{t}}{\lambda R}\right) = 0$，雷达不能发现目标，对于这样的仰角方向称为"盲区"。

当 $\dfrac{2\pi h_{a} h_{t}}{\lambda R} = \dfrac{\pi}{2}$ 时，出现第一个波瓣的最大值，此时仰角为 $\sin\xi \approx \dfrac{h}{R} - \dfrac{\lambda}{4h_{a}} \approx \xi$。

出现盲区使我们不能连续观察目标。减少盲区影响的方法有以下两种：

① 采用垂直极化，垂直极化波的反射系数与占角有很大关系，仅在 $\xi < 2°$ 时满足 $\rho = 1$，$\theta = 180°$。由于这个原理使天线在垂直平面内的波瓣的盲区宽度变窄了一些，见图 3.4.12。

② 采用短的工作波长，λ 减小时波瓣数增多，当波长减小到厘米波时，地面反射接近于漫反射而不是镜反射，可忽略其反射波干涉的影响。

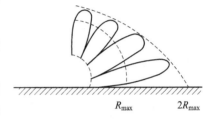

图 3.3.12　垂直极化波波瓣图

上面的分析均将地球面近似于反射平面，这种假设适用于天线高度较低以及目标仰角足够大的情况，否则应采用球面反射坐标来分析，以得到正确的结果。

镜反射是理想的光滑反射面(地面或水面)，实际的地面是凹凸不平的，而水面上会有浪潮，因而均是粗糙平面。粗糙的反射面将会使镜反射的分量减小，同时还会增加漫反射的成分。下面讨论对反射面粗糙度的衡量问题。

从图 3.3.13 中可以看出，若地面起伏为 Δh，则由于 Δh 引起的两路反射波的距离差为

$$\Delta r = AB\left[1 - \sin\left(\dfrac{\pi}{2} - 2\xi\right)\right] = 2\Delta h \sin\xi \qquad (3.3.14)$$

由此引起的相位差为

$$\Delta\varphi = \dfrac{2\pi}{\lambda} 2\Delta h \sin\xi \qquad (3.3.15)$$

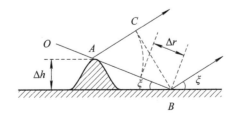

图 3.3.13　地面粗糙的影响

从类似光学的观点可知，只有当 $\Delta\varphi \leqslant \dfrac{\pi}{4} \sim \dfrac{\pi}{2}$ 时，才能把反射近似看成平面反射，即地面起伏 Δh 应满足以下条件：

$$\Delta h \leqslant \frac{\lambda}{(8\sim16)\sin\xi} \tag{3.3.16}$$

若 $\lambda=10$ cm，$\xi=10°$，则 $\Delta h=3.6\sim7.2$ cm，地面起伏超出这个范围时地面反射主要为漫反射，其反射系数的模 ρ 变得很小，以至可以忽略不计，即

$$\sin\frac{2\pi h_a h_t}{\lambda R} \approx \frac{2\pi h_a h_t}{\lambda R} \tag{3.3.17}$$

于是式（3.3.13）变成

$$R_{max}=\left[\frac{P_t\tau G_t G_r \lambda^2 \sigma}{(4\pi)^3 k T_0 F_n D_0 C_B L}\right]^{1/4} 4\frac{\pi h_a h_t}{\lambda R_{max}}e^{0.115\delta R_{max}} \tag{3.3.18}$$

即

$$R_{max}=\left[\frac{P_t\tau G_t G_r \lambda^2 \sigma}{(4\pi)^3 k T_0 F_n D_0 C_B L}\right]^{1/8}\left(4\frac{\pi h_a h_t}{\lambda R_{max}}\right)^{1/2}e^{0.115\delta R_{max}/2} \tag{3.3.19}$$

从式（3.3.19）中可以看出，随着目标高度的降低，R_{max} 迅速下降。满足式（3.3.17）条件的目标称为低仰角目标，在低仰角时，R_{max} 与 P_t 和 P_r 分别成 8 次方根正、反比关系，地面反射将使雷达观察低仰角目标十分困难。

还要指出，当采用垂直极化时，对于在仰角上的第一波瓣来说，地面反射系数不是 $\rho=1$，$\theta=180°$，而是 $\theta<180°$，将式（3.3.7）中的 θ 用 $\pi+(\theta-\pi)$ 代入，很容易推出，这时第一副瓣仰角将比 $\theta=180°$ 时增加一个量值：

$$\Delta\xi=\frac{\lambda}{4h_a}\frac{\pi-\theta}{\pi} \tag{3.3.20}$$

即仰角更高，所以架设在地面上观测低空或海面的雷达很少采用垂直极化波，而架设在飞机上观测低空和海面的搜索雷达有时采用垂直极化波。

3.3.4 电磁绕射原理

电磁绕射的理论基础是惠更斯—菲涅耳原理，物理现象是衍射。衍射是一种电磁波传播的机制，波可以绕过边缘弯曲传播并穿透不透明障碍物后面的阴影区域。这种效应可以用惠更斯原理来解释。该原理指出波前的每个基本区域都可以被认为是各向同性的辐射源。新的电磁波源将在阴影区域相互干涉，在观察点产生干涉图案，如图 3.3.14 所示。

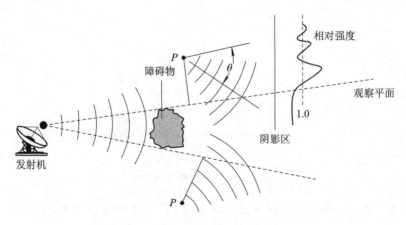

图 3.3.14 电磁绕射示意图

当入射波在障碍物周围衍射时，各波前将在观察平面内重新组合。产生的图案是源自 P 处的虚拟相位中心的两个新波。这些虚拟相位中心也称为虚拟源，是衍射发生后入射波结构的等效表示。

鉴于不同的入射波长，衍射物体的边缘可以表现为光滑的弯曲边缘或者作为锋利的刀刃或楔形。在干涉区和衍射区之间的边界处，可以实现一些信号增强。通常，随着观察角落入阴影区，衍射波衰减增加。衍射对阴影区域中或阴影区域附近的信号强度的影响可以使用单向功率传播因子来表示，称为衍射系数。通过考虑绕半径 b 的弯曲边缘的衍射来模拟衍射系数的行为，如图 3.3.15 所示。当 b 变为零时，形状变成刀刃。

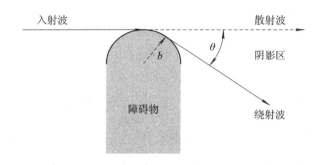

图 3.3.15　绕射几何示意图

电磁绕射主要应用于地波超视距雷达。下面对地波超视距雷达方程进行介绍。

根据 Bragg 谐振散射机理，由于地波超视距雷达发射的是垂直极化的调频间歇连续波（Frequency Modulated Intermittent Continuous Wave，FMICW），这种波在海面传播时会引起反射。当正弦形海浪相邻波峰反射的雷达波波长满足式（3.3.21）时，则会产生相干散射，即 Bragg 谐振散射。

$$l\cos\Delta=\frac{\lambda}{2} \tag{3.3.21}$$

式中：l 为海浪波长；λ 为雷达工作波长；Δ 为雷达波束与海面的夹角（或称擦地角）。

地波超视距雷达的测距方程不同于传统的微波雷达，它包含表面波衰减因子 W，是以目标多普勒频率 Ω_d 处的信噪比的形式表达的，其方程为

$$\frac{p_r(\Omega_d)}{N}=\frac{p_t G_t G_r \lambda^2 \tau t_c \sigma_t(\Omega_d)}{(4\pi)^3 d^4 p_{ri} T_0 K(F_a+F_r-1)L}W^4 \tag{3.3.22}$$

式中：p_t 为发射功率；G_t、G_r 分别为发射与接收天线增益；λ 是雷达波长；τ 为脉冲长度；t_c 为相关积累时间；σ_t 为雷达目标截面；d 为目标距离；p_{ri} 为脉冲重复间隔；T_0 为绝对温度；K 为波尔兹曼常数；F_a 为天线噪声温度系数；F_r 为接收机噪声系数；L 为附加损耗。

传播损耗随频率和因海况引起的附加损耗 L 的增加而增加，在 HF 的低端，这些损耗可以忽略。典型的情况是：当 $f_0<2$ MHz 时，L 可以忽略不计；当 10 MHz$<f_0\leqslant15$ MHz 时 L 最大；当 $f_0=15$ MHz 时在 185 km 处的单程损耗达 15 dB 。$f_0>15$ MHz 时损耗反而会减少。

3.3.5　电离层传播

电离层和对流层都对雷达电波传播有重要影响。电离层传播是天波超视距雷达的物理基础，导致地球高层大气电离的太阳活动会发生每日、季节性和长期的变化，同时有叠加

的随机分量，偶尔还有大太阳风暴和其他紊流。另外，由于有向上传播的电波和辐射活动，地球低层大气也是与电离层耦合的，不过在电离层之外的地球磁层内太阳风直接与地球磁场相互作用是电离层上方发生扰动的源头。电离层对这些外力的响应不仅受到惯性效应的控制，同时也受到化学反应，以及连接电离等离子层和地球及星际媒质中的时变电场和磁场的控制。结果，电离层的结构在不同空间尺度和时间尺度上会发生很大的变化，这将在很大程度上影响其作为无线电传播媒质的属性。

雷达系统设计的首要要求就是量化描述目标覆盖区域的传播特性。具体地说，雷达设计师需要一份统计的描述，使得发射信号、功率电平和天线增益图能够与频率跨度、噪声电平、传播损耗特性以及到达目标区域的射线路径相匹配。另外，雷达操作员需要一个具有足够复杂性的模型，以便为了工作参数选择、信号处理和数据分析，允许进行对实时探测数据的充分解读。对数据分析这一要求，单单统计描述是不够的，因为会丢失重要的特征。例如，在迅速变化的电离层条件下，雷达回波会经历时变的多普勒频移。通过在时间上进行平均，会导致多普勒频移趋向于零。很明显，这对于操作员补偿电离层运动并估计目标径向速度来说，毫无价值。再举一个例子，假设这样一种情况：在目标正在被跟踪时，一个大气重力波（AGW）在控制点（电离反射点）附近正在通过电离层进行传播。电离层在高频雷达感兴趣的高度仅有约 0.1% 的电离，但是在中性气体中的重力波，在重力的恢复力作用下，通过碰撞将重力波的运动转移给自由电子。由于电子的分布确定雷达信号的"反射面"，随着电离层"反射面"跟随 AGW 发生波动，目标的视在方位和距离也会发生波动。这种波动被称做行进性电离层扰动（TID）。TID 可能具有几百千米的波长，速度达到 1000 km/h。除非雷达对目标坐标进行适当的实时校正，否则跟踪精度会受到严重影响。

为了满足这些不同的需求，最好采用强调电离层各个方面及其对无线电传播，也就是对高频雷达的性能的影响的相应描述或模型。原本为高频通信而开发的电离层模型可以被引入到雷达应用上，主要的差别在于雷达对动态过程观测的灵敏度更高。这主要是由于在有强杂波和外部噪声存在的条件下，为了适应并保留目标回波，需要极高的动态范围。电离作用和复合过程的基本机理导致电离层本身自然地被分成多个区域，如图 3.3.16 所示。

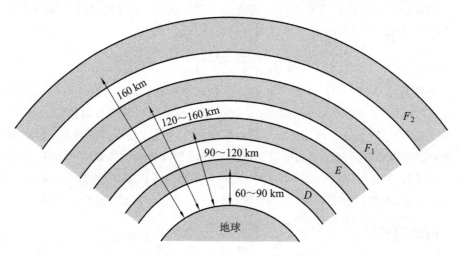

图 3.3.16 绕射几何示意图

在对 100 km 外的目标进行雷达探测时，必须考虑电离层的影响。这些影响均取决于雷达的工作频率，与 VHF 及更高频段频率的平方成反比。电离层折射率为

$$n=\sqrt{1-\left(\frac{f_{\mathrm{p}}}{f}\right)^{2}}\qquad(3.3.23)$$

式中，f 的单位为 Hz，f_{p} 为临界频率($f_{\mathrm{p}}=9\sqrt{N_{\mathrm{e}}}$，$N_{\mathrm{e}}$ 是每平方米的电子密度)。当 N_{e} 用每平方厘米电子数来表示时，同一表达式可适用于当 f 和 f_{p} 的单位为 kHz 的情况。图 3.3.17 示出了电离层散射角与入射角的关系。

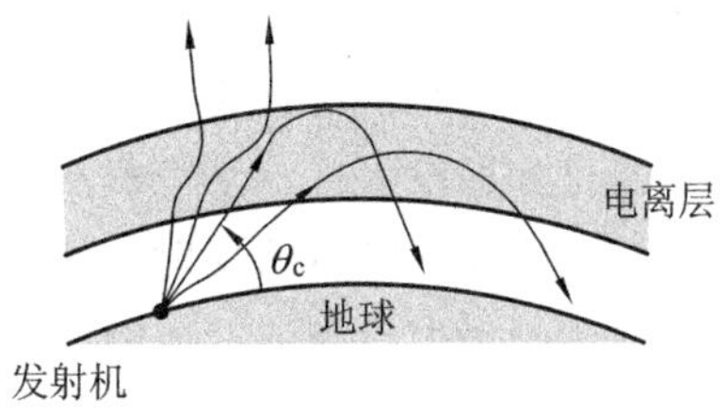

图 3.3.17　电离层散射情况

不同于一般微波雷达，天波超视距雷达利用高频频段(3～30 MHz)电磁波的天波传播模式工作。也就是说，天波超视距雷达所发射的高频电磁波将被电离层反射，以天波传播模式传播到超视距外并经后向散射被天波雷达接收机所接收，从而能够实现超视距探测(500～4000 km)。因此，天波超视距雷达克服了常规地面雷达受地球曲面影响导致无法探测地平线以下目标的缺陷。

天波超视距雷达的工作原理如图 3.3.18 所示。高频无线电波斜向入射到电离层，被电离层反射形成天波传播模式，天波传播模式的高频电波被超视距外的目标散射，其中一部分电波将沿着可能的路径再次经天波传播模式传播到接收机阵地被接收机接收。

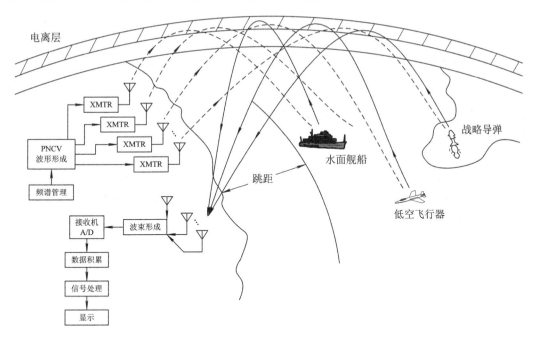

图 3.3.18　天波超视距雷达的工作原理

电离层对大功率高频电波的天波传播方式极大地增加了高频雷达的探测距离。工作在天波模式下的天波超视距雷达方程与常规雷达方程有所差异，通常可以表示为

$$P_{\mathrm{RT}}=\frac{P_{\mathrm{CW}}G_{\mathrm{T}}G_{\mathrm{R}}\lambda_{\mathrm{c}}^{2}\sigma L_{\mathrm{p2}}L_{\mathrm{s}}L_{\mathrm{F}}}{(4\pi)^{3}R_{\mathrm{T}}^{2}R_{\mathrm{R}}^{2}}\qquad(3.3.24)$$

式中：P_{CW} 和 P_{RT} 表示天波超视距雷达的发射功率和接收功率；G_{T}、G_{R} 分别表示发射天线

和接收天线增益；λ_c 为雷达发射波的载波波长；σ 表示目标雷达散射面积；L_{p2} 表示双向传输路径损耗，通常在 $-20\sim-10$ dB；L_s 表示包括发射系统损耗和接收系统损耗在内的雷达系统损耗，通常为 -15 dB；L_F 表示高频电波在电离层中传播时的 Faraday 极化损耗，通常为 -3 dB；R_T 表示雷达发射波束通过电离层反射到达目标的射线距离；R_R 表示目标回波通过电离层反射到达接收天线的射线距离。

天波超视距雷达接收机的最小信噪比依赖于接收机的灵敏度 δ_R。接收机能够接收和处理的目标回波水平不小于最小信噪比。用接收机灵敏度 δ_R 代替式(3.3.24)中的 P_{RT}，并假设天波超视距雷达的发射天线和接收天线位于同一阵地，即 $R_R=R_T$，可以得到天波超视距雷达的最大探测的射线距离为

$$R_{R\,\max}=\left(\frac{P_{CW}G_TG_R\lambda_c^2\sigma L_{P2}L_sL_F}{(4\pi)^3\delta_R}\right)^{1/4} \tag{3.3.25}$$

接收机灵敏度可以表示成接收机的最小信噪比与接收机输入带宽中噪声功率的乘积：

$$\delta_R=kT_0F_RB_{Ri}(\mathrm{SNR}_{Ri}) \tag{3.3.26}$$

式中：k 表示玻尔兹曼(Boltzmann)常数($k=1.3807\times10^{-23}$ J/K)；T_0 表示标准噪声温度($T_0=290$ K)；F_R 为接收机的噪声因子，通常比接收机的热噪声大 $20\sim50$ dB；B_{Ri} 表示接收机的输入带宽，单位为 Hz。

综合式(3.3.25)、式(3.3.26)，可以得到天波超视距雷达的最大探测距离：

$$R_{R\,\max}=\left(\frac{P_{CW}G_TG_R\lambda_c^2\sigma L_{p2}L_sL_F}{(4\pi)^3kT_0F_RB_{Ri}(\mathrm{SNR}_{Ri})}\right)^{1/4} \tag{3.3.27}$$

3.3.6　对流层散射

在实际中，从某些频段散射侦收的结果来看，只有当辐射源天线指向我侦收站方向时，侦收站才可能收到其信号。据此可以认为对流层散射符合前向散射模型，即主要散射能量具有向前的方向性，或者说散射信号保持了前向传播特性。

对流层散射传播原理如图 3.3.19 所示，A 为辐射源位置，B 为侦收站，当 A 发射的电磁波照射到对流层时，即图中所示的 DCC_1D_1 区域内，对于任意一个散射体积为 dV 的散射体将会对信号进行散射，假设辐射源的发射功率为 P_t，发射天线增益为 G，则散射体接收到的照射功率为

$$\mathrm{d}P_V=\frac{P_tG}{4\pi R_1^2}\mathrm{d}V \tag{3.3.28}$$

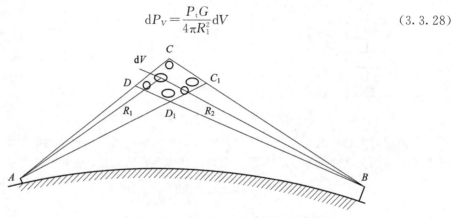

图 3.3.19　对流层散射传播原理

同时设散射体散射出的信号的功率以接收到的照射功率的比值为 η_{f}，此时，散射体的散射信号的功率为 $\eta_{\mathrm{f}} \mathrm{d}P$。

前向散射模型中，前向散射系数是一个关键的物理量。前向散射系数用于描述入射功率与前向散射功率的比值。由于对流层中含有较多的水蒸气和一定的氧气，对入射电磁波会造成一定的吸收衰减，此外还存在较大的透射功率和其他方向的散射功率。前向散射功率是指辐射到前方不同仰角方向功率之总和。

设侦收站 B 的接收天线有效孔径为 A_{r}，则侦收站 B 接收到的散射体 $\mathrm{d}V$ 散射信号的功率可以表示为

$$\mathrm{d}P_{\mathrm{B}} = \frac{\eta_{\mathrm{f}} P_{\mathrm{t}} G A_{\mathrm{r}}}{(4\pi)^2 R_1^2 R_2^2} \mathrm{d}V \tag{3.3.29}$$

所以侦收站侦收到的信号的功率应表示为

$$P_{\mathrm{B}} = \int \frac{\eta_{\mathrm{f}} P_{\mathrm{t}} G A_{\mathrm{r}}}{(4\pi)^2 R_1^2 R_2^2} \mathrm{d}V \tag{3.3.30}$$

式中的积分区域即为图 3.3.19 中的 $D_1 DCC_1$，可知该区域由天线波束宽度确定，当天线波束很窄时，可以认为该区域只有一个散射体。

从已经发生的超视距侦收结果来看，只有在辐射源天线方位指向对准侦察方向时才能达到接收机的灵敏度。此时，可以认为散射区域内只存在一个散射体，同时散射的体积可表示为

$$\mathrm{d}V = \frac{c\tau}{2} R_1 \theta_{\mathrm{a}} \tag{3.3.31}$$

式中，τ 表示脉冲宽度，θ_{a} 表示波束宽度。

将式(3.3.31)代入式(3.3.30)，得到侦收站侦收到的前向散射功率为

$$P_{\mathrm{rf}} = \frac{\eta_{\mathrm{f}} P_{\mathrm{t}} G c\tau\theta_{\mathrm{a}} A_{\mathrm{r}}}{2(4\pi)^2 R_1 R_2^2} \mathrm{d}V \tag{3.3.32}$$

式中，P 为辐射源功率，G 为发射天线增益，τ 为脉冲宽度，θ_{a} 为波束宽度，η_{f} 为前向散射系数，A_{r} 为接收天线有效孔径，R_1 为辐射源与对流层距离，R_2 为对流层与接收站距离。

3.4　噪声中的信号检测

在噪声中检测目标是雷达信号处理的一个经典问题。传统上雷达对目标的检测一般是把目标当成点目标，雷达除了检测目标回波的强度信息外，不给出任何与目标特性有关的其他信息。随着高分辨力雷达的出现，雷达不仅要探测目标存在与否，还要给出关于目标本身的特征信号。因此，目标检测问题的范畴也随之扩大。

目标检测问题是一个在噪声背景中的目标信号提取问题。一般情况下，雷达将接收到的信号回波与发射信号样本进行相关处理后，与门限相比较，只要信号幅度超过门限值则认为目标存在，否则认为目标不存在。在只存在热噪声的简单情况下，人们能够设定一个固定的门限，使得纯噪声通过系统时的检测统计量超过门限的概率(虚警概率)为一恒定的值，即所谓的恒虚警(Constant False Alarm Rate，CFAR)处理。在系统可以接受的虚警概率条件下，信噪比决定了系统对目标的检测概率。

然而，现代雷达工作环境越来越复杂，功能越来越强，所面临的常常是不仅仅存在热噪声的情形。相反，在杂波尤其是地、海杂波背景中对目标进行检测的需求越来越强烈。通过对杂波统计的深入研究发现，一般可以用复合 k 分布、韦伯（Weibull）分布、对数正态（Log-normal）分布、复合高斯分布等类型或各种分布类型的组合来拟合特定条件下背景杂波的统计特性。据此，不少学者提出了针对特定分布类型杂波的各种恒虚警处理算法。但是，如何实时估计杂波的统计特性，如何更加精确描述杂波的统计特性以提高目标检测概率，仍是杂波背景下雷达目标检测研究的难点之一。这些问题超出了本书的范围，此处仅对信号检测最基本的原理和方法作一简要介绍。

3.4.1 信号检测基本原理

1. 假设检验

信号检测问题相当于统计理论中的假设检验问题，由于考虑要么是目标，要么不是目标，因此符合雷达和二元通信系统中的双择一问题。

在双择一问题中，假设有两种状态：

$$\begin{cases} H_1: X=S+N \\ H_0: X=N \end{cases} \tag{3.4.1}$$

式中，X 是信号观测样本，S 为已知信号样本，N 为噪声样本，S 和 N 均为 n 维向量。

假设信号存在与否的概率是已知的，设 $P(H_0)$ 为信号不存在的概率，$P(H_1)$ 为信号存在的概率，由于所研究的问题只有两个假设，二者必居其一，而且互不兼容，它们组成一个完备事件，因此

$$P(H_0)+P(H_1)=1 \tag{3.4.2}$$

根据以下判决准则：观察的后验概率大，则该观察的存在概率也大，即如果 $P(H_1, y) > P(H_0, y)$ 则选择结果为 H_1，如果 $P(H_1, y) < P(H_0, y)$ 则选择结果为 H_0。

由贝叶斯（Bayes）定理得

$$P(H_1, y)=P(y)P(H_1/y) \tag{3.4.3}$$

$$P(H_0, y)=P(y)P(H_0/y) \tag{3.4.4}$$

因此，有以下的最大后验概率准则：

假设 H_1 正确，则

$$\frac{P(H_1/y)}{P(H_0/y)} > 1 \tag{3.4.5}$$

假设任 H_0 正确，则

$$\frac{P(H_1/y)}{P(H_0/y)} < 1 \tag{3.4.6}$$

2. 奈曼—皮尔逊准则

一般情况下，雷达信号检测过程可以用门限检测来描述，而门限的确定与所选择的最佳准则有关。

在信号检测中常采用的最佳准则有贝叶斯准则、最小错误概率准则、最大后验概率准则、极大极小准则以及奈曼—皮尔逊（Neyman - Pearson）准则等。对雷达信号检测而言，确定先验概率和各类错误的代价是比较困难的，在这种情况下，通常选择奈曼—皮尔逊准

则。下面介绍奈曼—皮尔逊准则。

给定虚警概率

$$P(D_1/H_0) = P_{fa} \tag{3.4.7}$$

使检测概率最大，即

$$P_D = \arg_p \max\{P(D_1/H_1)/P_{fa}\} \tag{3.4.8}$$

由于存在关系

$$P(D_1/H_1) = 1 - P(D_0/H_1) \tag{3.4.9}$$

使 $P(D_1/H_1)$ 最大等效于使 $P(D_0/H_1)$ 最小，因此奈曼—皮尔逊准则使下式最小，即

$$Q = \arg \min\{P(D_0/H_1) + \lambda_0 P(D_1/H_0)\} \tag{3.4.10}$$

与贝叶斯准则比较，奈曼—皮尔逊准则的最佳检测系统的门限值就是拉格朗日 (Lagrange)乘子 λ_0。判决准则为

$$l(y) = \frac{p_1(y)}{p_0(y)} \begin{cases} > \lambda_0 & \text{选择 } H_1 \\ \leqslant \lambda_0 & \text{选择 } H_0 \end{cases} \tag{3.4.11}$$

此准则是在保持某一规定的虚警概率条件下，使漏警概率达到最小，或者使正确检测概率达到最大。在雷达信号检测中所采用的最佳准则就是奈曼—皮尔逊准则。

3. 门限检测

雷达接收机检测微弱段标信号的能力，因无所不在的噪声而受到影响，噪声所占据的频谱宽度与信号所占据的频谱宽度相同。

雷达信号的复杂性迫使我们必须采用统计模型，在干扰信号中检测目标回波实际上是统计判决理论中的问题。由最优雷达检测相关理论可知，在大多数情况下，采用门限检测的技术可以获得最优的检测性能。门限检测示意图如图 3.4.1 所示，首先计算好一预设门限，经过脉冲压缩和干扰抑制后的雷达回波信号与此门限进行比较：如果信号幅度低于此门限，就认为在信号中只存在噪声和干扰；如果信号幅度高于门限，就认为在噪声和干扰背景上叠加了目标回波，从而造成了这样一个强信号，就报告检测到一个目标，才进行下一步处理。

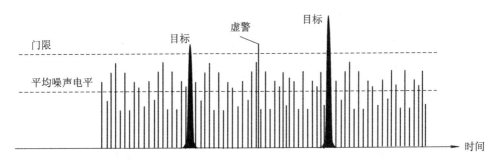

图 3.4.1 门限检测示意图

由于这种门限检测的判决是统计处理的结果，在作出有无目标的判决时可能出现以下四种情况：

（1）存在目标时，判为有目标，这是一种正确判断，称为发现，它发生的概率称为发现概率（或检测概率）P_d；

（2）存在目标时，判为无目标，这是错误判断，称为漏报，其概率称为漏报概率 P_{la}；

（3）不存在目标时判为无目标，称为正确不发现，它发生的概率称为正确不发现概率 P_{an}；

（4）不存在目标时判为有目标，称为虚警，这也是一种错误判断，其概率称为虚警概率 P_f。

显然四种概率存在以下关系：

$$P_d + P_{la} = 1 \tag{3.4.12}$$

$$P_{an} + P_f = 1 \tag{3.4.13}$$

每对概率只要知道其中一个就可以了，通常选用 P_d 和 P_f。

雷达信号的检测性能，可以由其发现概率 P_d 和虚警概率 P_f 来描述。P_d 越大，说明发现目标的可能性越大，与此同时希望 P_f 的值不能超过允许值，即通常所说的奈曼—皮尔逊准则：将虚警概率约束在一定常数范围内的情况下，使发现概率达到最大。

假定雷达的检测过程采用包络检波、门限、检测判决三个步骤，如图 3.4.2 所示。包络检波器从雷达信号中滤去载频信号，解调出包络信号。检波器可以是线性检波器或平方律检波器。经检波和放大后的视频信号与一个门限值相比，如果接收机信号超过该门限值，就判决为目标存在。

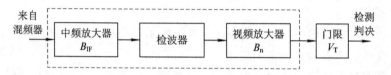

图 3.4.2　雷达检测过程示意图

噪声对信号检测的影响可以形象地示于图 3.4.3 中。A、B 和 C 是存在的三个目标，如果按门限电平 1 来判断目标存在与否，则会发生漏警（Missed Alarm）现象：目标 A 和 B 可以被正确检测出，而目标 C 由于其信号电平低于门限值，会被雷达误认为是噪声。如果按门限电平 2 来进行检测判决，则除了 A、B 和 C 三个真实目标可以被检出外，在 D 和 E 处的噪声电平因为超出门限值，因而也会被误认为是目标信号，出现虚警（False Alarm）现象。

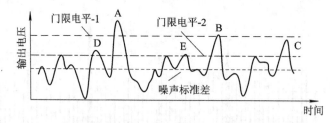

图 3.4.3　雷达接收机的输出（信号＋噪声）

在通信系统中，信噪比一般用能量来定义，即 SNR 是信号能量和噪声能量之间的比值。由于功率与能量之间只相差一个时间因子，因此这两种定义是完全等效的。

一个系统的热噪声（一般符合高斯分布）功率谱密度由下式给出：

$$\rho_{noise} = kT_s \tag{3.4.14}$$

式中：k 是玻尔兹曼常数，$k = 1.38 \times 10^{-23} \text{J/K}$；$T_s$ 是系统的等效噪声温度（K）。噪声功率谱密度的单位是 W/Hz。

系统的噪声功率为

$$N = \rho_{\text{noise}} B_n = k T_n B_n \tag{3.4.15}$$

式中，B_n 为系统的等效噪声带宽，简称噪声带宽。

在实际应用中，特别是对于外差式接收机，由于其中频放大器的滤波器带宽在整个雷达接收机链路中是最窄的，且滤波器的频响特性一般也比较接近理想矩形响应，通常可取噪声带宽近似等于其中频放大器的带宽，即 $B_n \approx B_{\text{IF}}$。因此

$$\text{SNR} = \frac{P_s}{k T_s B_{\text{IF}}} \tag{3.4.16}$$

如果按能量来定义 SNR，则信噪比 SNR 公式为

$$\text{SNR} = \frac{E_s}{k T_s C_B} \tag{3.4.17}$$

式中，C_B 是带宽校正因子或称滤波器匹配因子。对于高斯白噪声，匹配滤波接收机可得到最佳输出信噪比，这时可取 $C_B = 1$。

4. 虚警概率(虚警率)

雷达信号的接收和处理过程，自始至终都受噪声的影响。噪声是一种随机的过程，噪声中的信号检测也是一种随机现象，应该采用统计的方法来描述。

假定中频放大器的输入噪声为零均值高斯白噪声，其概率密度函数为

$$p(v) = \frac{1}{\sqrt{2\pi \Psi_0}} \exp\left(-\frac{v^2}{2\Psi_0}\right) \tag{3.4.18}$$

式中，$p(v)$ 是噪声电压值位于 v 和 $v + \mathrm{d}v$ 之间的概率，Ψ_0 为噪声电压均方差。莱斯(Rice)指出，此时包络检波器的输出具有瑞利(Rayleigh)密度函数，即

$$p(w) = \frac{w}{\Psi_0} \exp\left(-\frac{w^2}{2\Psi_0}\right) \tag{3.4.19}$$

噪声电压的包络 w 超过门限值 V_T 的概率为

$$P(V_T < w < \infty) = \int_{V_T}^{\infty} p(w)\,\mathrm{d}w = \int_{V_T}^{\infty} \frac{w}{\Psi_0} \exp\left(-\frac{w^2}{2\Psi_0}\right)\mathrm{d}w = \exp\left(-\frac{V_T}{2\Psi_0}\right)$$
$$\tag{3.4.20}$$

此即为噪声超过门限电平而被判决为目标信号的发生概率，也即雷达的虚警概率，有

$$p_{\text{fa}} = \exp\left(-\frac{V_T^2}{2\Psi_0}\right) \tag{3.4.21}$$

注意：式(3.4.20)本身并不能说明雷达是否会因为过多的虚警而在应用中造成问题。通常更多地采用发生虚警的间隔时间来衡量噪声对雷达性能的实际影响，如图3.4.4 所示。

虚警时间定义为当仅存在噪声时，接收机电平出现超过判决门限 V_T 情况的平均时间间隔，即

$$T_{\text{fa}} = \lim_{N \to \infty} \frac{1}{N} \sum_{k=1}^{N} T_k \tag{3.4.22}$$

式中，T_k 为相邻两次虚警的间隔时间。虚警概率可表示为

$$P_{\text{fa}} = \lim_{N \to \infty} \frac{\dfrac{1}{N} \sum_{k=1}^{N} t_k}{\dfrac{1}{N} \sum_{k=1}^{N} T_k} = \frac{\langle t_k \rangle_{\text{av}}}{\langle T_k \rangle_{\text{av}}} \approx \frac{1}{T_{\text{fa}} B_{\text{IF}}} \tag{3.4.23}$$

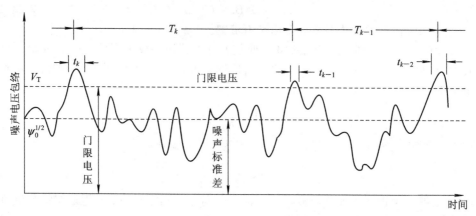

图 3.4.4　虚警持续时间和虚警间隔时间

式中：t_k 为噪声电平超过 V_T 的持续时间；$\langle\ \rangle_{av}$ 表示求统计平均；B_{IF} 为中频放大器的带宽，通常有 $\langle t_k\rangle_{av}\approx 1/B_{IF}$。因此，由式(3.3.22)可得

$$T_{fa}\approx\frac{1}{P_{fa}B_{IF}} \tag{3.4.24}$$

由式(3.4.23)和式(3.4.24)，有

$$T_{fa}=\frac{1}{B_{IF}}\exp\left(\frac{V_T^2}{2\Psi_0}\right) \tag{3.4.25}$$

从式(3.4.25)中可以看出，雷达的虚警概率通常很小，但由于 $1/B_{IF}$ 秒就要判决是否有目标出现，而带宽 B_{IF} 通常很大(MHz级)，因此，1秒内往往有很多次机会出现虚警。例如，若 $B_{IF}=1\ \mathrm{MHz}$，则有 $P_{fa}=10^{-6}$，即平均每秒就可能出现1次虚警。

从式(3.4.24)中还可以看出，虚警时间对门限的变化很敏感。如果设定门限稍高于所要求的门限值并保持稳定，则由于热噪声而出现虚警的概率很小，因为 T_{fa} 会随比值 $V_T^2/2\Psi_0$ 呈指数增长。

实际雷达系统中，虚警的发生更可能是由于环境杂散回波(地杂波、海杂波、气象杂波等)超过门限引起的，但在雷达虚警时间指标中，几乎从未将杂波包括在内，只考虑接收机的噪声，原因是后者远比热噪声的统计特性复杂，很难用一个简单的数学表达式来描述。

5. 检测概率

下面讨论当幅度为 A 的正弦信号与噪声 w 同时存在时对目标进行检测的情况，此时，包络的概率密度函数为

$$p_s(w)=\frac{w}{\Psi_0}\exp\left(-\frac{w^2+A^2}{2\Psi_0}\right)I_0\left(\frac{wA}{\Psi_0}\right) \tag{3.4.26}$$

式中，$I_0(z)$ 为参量为 z 的零阶修正 Bessel 函数。当 z 很大时，有

$$I_0(z)=\frac{\mathrm{e}^x}{\sqrt{2\pi z}}\left(1+\frac{1}{8z}+\cdots\right) \tag{3.4.27}$$

信号的检测概率是包络超过门限电平的概率，即

$$P_d=P_s(V_T<w<\infty)=\int_{V_T}^{\infty}p_s(w)\mathrm{d}w \tag{3.4.28}$$

式(3.4.28)积分结果没有简单的解析表达式，但可用级数展开方法求数值解。应注意

的是，P_d 同信号幅度 A、门限电平和噪声功率三者有关。

　　Albersheim 给出了信噪比 SNR、检测概率 P_d 和虚警概率 P_{fa} 之间的经验公式，即

$$SNR = A + 0.12AB + 1.7B \qquad (3.4.29)$$

式中：$A = \ln(0.62/P_{fa})$，$B = \ln[P_d(1-P_d)]$；信噪比的数值为线性值而不是 dB 数，ln 为自然对数。这个结论是对单个脉冲检测的结果。

　　图 3.4.5 对虚警概率 P_{fa} 和检测概率 P_d 的计算方法进行了总结。图中 $p(w)$ 曲线表示检波器输出的噪声电压概率密度，$p_s(w)$ 曲线表示检波器输出信号加噪声电压概率密度函数，V_T 为所设定的检测门限。图中右斜线大片阴影区域表示检测概率 P_d，左斜线小片阴影区域为虚警概率 P_{fa}。从图中可以清晰地看出虚警概率 P_{fa} 和检测概率 P_d 的物理意义。

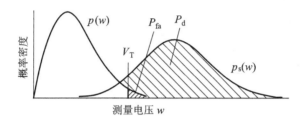

图 3.4.5　虚警概率和检测概率的计算示意图

3.4.2　恒虚警检测

　　不同的检测器设计准则采用不同的信号和门限比较，而门限是按照噪声和干扰的统计特性进行计算得到的，其目的是将虚警率控制在一个可接受的水平上。在实际雷达信号处理中，噪声和干扰的统计特性很少能够足够精确地预先得到，并且通常是变化的，从而很难预先计算一个固定的门限，实际上，往往从接收到回波数据本身可以估计干扰的统计特性，再由干扰的统计特性计算门限，这一过程称为自适应门限检测，即 CFAR 处理，保证当噪声、杂波和干扰功率或其他参数发生变化时，使输出的虚警率保持恒定，以便防止干扰增大时虚警率过高，造成数据处理计算机饱和等。自适应检测门限的设定如图 3.4.6 所示。

　　CFAR 处理按照不同的分类方法，会有不同的分类结果。CFAR 处理按背景类型可分为噪声环境中 CFAR 处理和杂波环境中 CFAR 处理两类；按背景起伏快慢可分为慢起伏的 CFAR 处理和快起伏的 CFAR 处理两类，实际上慢起伏对应噪声环境，快起伏对应杂波干扰环境。由于杂波干扰环境下的 CFAR 处理存在相对较大的恒虚警率损失，所以目前的雷达信号处理一般都有两种处理方式，根据干扰环境自动转换。下面重点介绍噪声环境中的 CFAR 处理和杂波环境中的 CFAR 处理。

　　自从 1968 年推出单元平均恒虚警算法（CA－CFAR）以来，至今已发展了许多恒虚警检测算法，这些算法之间的主要区别在于对杂波均值的估计方法上，按杂波类型是否已知可分为参量型恒虚警和非参量型恒虚警。

　　为了使读者对 CFAR 方法有一个基本的认识，下面以单元平均恒虚警（CA－CFAR）为例讨论高分辨力雷达目标检测器。CA－CFAR 检测方法由 Finn 和 Johnson 提出，对背景杂噪功率的估计是最大似然估计，检测性能是最优的。

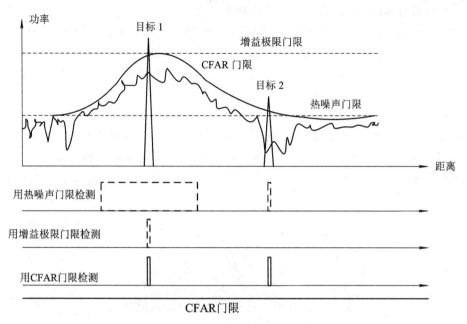

图 3.4.6　自适应门限检测示意图

CA - CFAR 的基本原理是：将参考单元的输出取平均，得到平均值的估计，再用它去归一化处理（相除或相减）检测单元的输出，这样可得到恒虚警率效果。CA - CFAR 的原理图如图 3.4.7 所示。

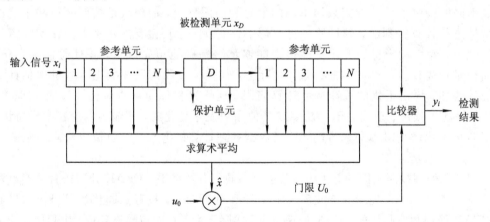

图 3.4.7　CA - CFAR 检测器结构示意图

图 3.4.7 中的参数说明：D 为被测单元变量，系统采集 $R=2n$ 个单元样本，n 为前沿和后沿参考滑窗的长度，$x_i(i=1, 2, \cdots, n)$ 和 $y_i(i=1, 2, \cdots, n)$ 是两侧参考单元（参考滑窗）采样；U_0 是自适应门限。

CA - CFAR 的自适应判决准则为

$$D \underset{H_0}{\overset{H_1}{\gtrless}} TZ \tag{3.4.30}$$

式中，H_1 表示有目标假设，H_0 表示无目标假设。

CFAR 处理的质量指标主要用于评价 CFAR 处理技术性能的优劣。该指标主要有两个，即恒虚警性能和恒虚警率损失。

1）恒虚警率性能

恒虚警率性能是对恒虚警率处理设备在相应的环境中实际所能达到的恒虚警率情况的度量，主要包括在均匀背景、多目标背景和杂波边缘背景三种情况下的检测性能，其中后两种背景也统称为非均匀背景。通常情况下，CFAR 检测性能包括两个方面的内容：首先由虚警概率 P_f 与归一化检测门限因子 u_0 的关系，在给定虚警概率时确定归一化检测门限因子 u_0 的具体值，然后利用归一化检测门限因子和由参考单元获得检测单元电平估计 $\hat{x}$ 共同得到给定虚警概率下的检测门限 $u_0\hat{x}$，最后利用检测门限得到不同信噪比/信杂比（SNR/SCR）与检测概率 P_d 的关系。此外，由于在非均匀背景（多目标背景和杂波边缘背景）下，不易得到检测性能的解析式，通常采用蒙特—卡罗（Monte-Carlo）的方法得到检测性能。

2）恒虚警率损失

恒虚警处理时，由于参考单元数目有限，噪声或杂波均值估计会有一定起伏。参考单元数越少，均值估计的起伏就越大。为了保持同样的虚警率，必须适当提高门限。但门限值的提高将降低发现概率，所以需要增加信噪比或信杂比以保持指定的发现概率。这种为了达到指定的恒虚警率要求而需要额外增加的信噪比或信杂比称为恒虚警率损失。恒虚警率损失不但与参考单元数有关，还与检测前的脉冲积累数有关。参考单元数值越大，恒虚警率损失就越小；脉冲积累数越多，恒虚警率损失也越小。脉冲积累数受限于雷达波束内可能接收到的回波脉冲数。参考单元数值也不能太大，因为杂波在空间分布是非同态的，即使同一种杂波在不同距离和方位上也有所不同，参考单元数值太大，会使均值估计难以适应杂波在空间的非同态分布的变化。

3.4.3　雷达脉冲积累

1. 脉冲积累释义

雷达回波信号的检测通常（存在某些例外）是这样完成的，首先将接收到的脉冲序列进行积累（如相加），然后建立基于合成积累信号电压的检测判决。积累器必然将噪声相加，就像将信号相加一样，但是可以证明，相加的信号电压与相加的噪声电压之比要大于积累前的信噪比。换言之，积累器之前计算出的可检测信噪比将小于采用单脉冲检测时的信噪比。

积累的方法很多。其中一种方法是使用延迟时间等于脉间周期的反馈回路延迟线，使得相隔一个脉冲周期的信号（和噪声）正好相加。如果阴极射线管雷达显示器（如 PPI）的余辉足够长，则雷达操纵员也能获得视频积累。近年来，基于数字电路的积累方法已得以实用。

积累的改善是脉冲积累数的函数。如果积累在接收机检波之前完成，那么在理论上，M 个幅度相等、相位相参的信号脉冲相加，输出的脉冲电压将 M 倍于单脉冲电压。但是，由于相加的噪声脉冲是非相位相参的（一般的接收机噪声和许多其他噪声均是如此），M 个噪声脉冲相加后，其均方根值仅是单个噪声脉冲均方根值的 $\sqrt{M}$ 倍。因此，在理想情况下，信噪电压比改善就等于 $M/\sqrt{M}=\sqrt{M}$，信噪功率比改善等于 M，单脉冲最小可检测信噪功率比下降 M 倍。

积累也可在检波后进行。实际上，检波后积累更常见，后面将解释其原因，但最终对改善情况的分析也更复杂。检波后，再也不能认为信号和噪声是完全独立的实体，这是由于检波的非线性处理使它们结合在一起，所以必须考虑信号加噪声与噪声的对比关系。在相同的脉冲积累数下，这种积累的改善通常不如在理想情况下的检波前积累改善。不过，检波后积累仍能产生有益的改善。此外，动目标回波的起伏大大降低了相邻接收回波间的相位相关性，因而"理想"的检波前积累实际上是不可实现的。事实上，对于快速起伏的目标而言，检波后积累对可检测性的改善要优于检波前积累。

2. 脉冲积累数

当雷达天线进行机械扫描时，可积累的脉冲数（收到的回波脉冲数）取决于天线波束的扫描速度以及扫描平面上天线波束的宽度。可以用下面的公式计算方位扫描雷达半功率波束宽度内接收到的脉冲数 N：

$$N=\frac{\theta_{a,0.5}f_r}{\Omega_a\cos\theta_e}=\frac{\theta_{a,0.5}f_r}{6w_m\cos\theta_e} \tag{3.3.31}$$

式中：$\theta_{a,0.5}$ 为半功率天线方位波束宽度（°）；Ω_a 为天线方位扫描速度（(°)/s）；w_m 为天线方位扫描速度（r/min）；f_r 为雷达的脉冲重复频率（Hz）；θ_e 为目标仰角（°）。

式（3.3.31）基于球面几何的特性，它适用于"有效"方位波束宽度 $\theta_{a,0.5}/\cos\theta_e$ 小于90°的范围，且波束最大值方向的倾斜角大体上等于 θ_e。当雷达天线波束在方位和仰角二维方向扫描时，也可以推导出相应的公式来计算接收到的脉冲数 N。

某些现代雷达，波束用电扫的方法而不用天线机械运动。电扫天线常采用步进扫描方式，此时天线波束指向某特定方向并在此方向上发射预置的脉冲数，然后波束指向新的方向进行辐射。用这种方法扫描时，接收到的脉冲数由预置的脉冲数决定而与波束宽度无关，且接收到的脉冲回波是等幅的（不考虑目标起伏时）。

3. 概率的计算

如果用门限装置来判断噪声背景中有无信号存在，则这种门限装置的性能可以用检测概率 P_d 和虚警概率 P_{fa} 两个概率来表示。门限装置的特性可以用接收机输出电压的门限 V_t 来衡量，如果超过这个门限，就可以判断有信号存在。如果在一定的时间内没有超过门限，则可判断"无信号"。用以上概念来估算雷达作用距离的方法可分为以下4步：

(1) 确定一个可接受的虚警概率（以后将说明这个典型过程）。

(2) 根据 P_{fa} 值，算出所需的门限电压 V_t 的值。

(3) 确定所期望的检测概率 P_d。

(4) 根据 P_d 值和第（2）步得出的 V_t 值，算出所需的信噪比。这一步要计算 $p_{sn}(v)$ 和考虑脉冲积累数，通过多次迭代求出与给定检测概率和脉冲积累数相关的 D_0 值。这里 D_0 是最小可检测信噪比，也就是检测因子。

以上计算过程，如果用 D_0 和脉冲积累数的关系曲线（P_d 和 P_{fa} 作为参数）来求解，则可大大简化。图3.4.8～图3.4.12给出了在单次脉冲检测和在线性检波情况下的精确关系，以及在信号积累情况下的近似关系。

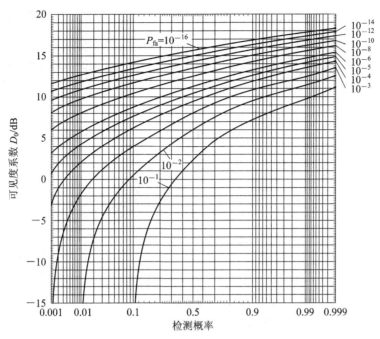

图 3.4.8　在单脉冲、线性检波和非起伏目标情况下所需信噪比
　　　与检测概率的关系(虚警概率为另一个参数)

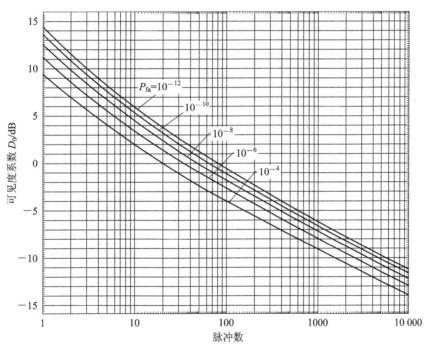

图 3.4.9　在线性检波、非起伏目标和 0.5 的检测概率情况下所需
　　　信噪比与非相参积累脉冲数的关系

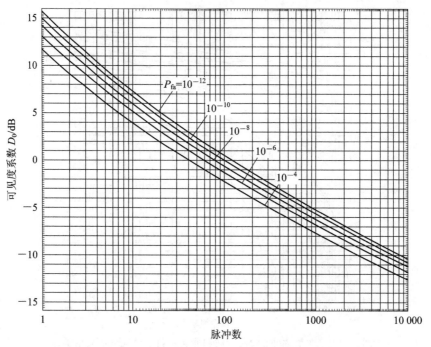

图 3.4.10 在线性检波、非起伏目标和 0.9 的检测概率情况下所需信噪比
与非相参积累脉冲数的关系

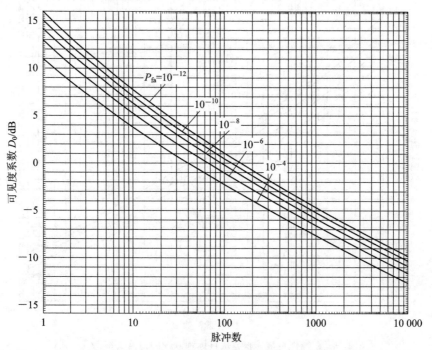

图 3.4.11 在平方律检波、施威林 I 类起伏目标和 0.5 的检测概率情况下所需
信噪比与非相参积累脉冲数的关系

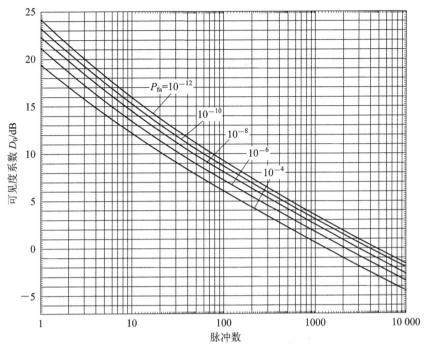

图 3.4.12　在平方律检波、施威林 I 类起伏目标和 0.9 的检测概率情况下所需
　　　　　信噪比与非相参积累脉冲数的关系

第 4 章 雷达目标参数测量

本章在雷达目标检测完成的基础上，实现对雷达目标空间位置(距离和角度)和运动速度的基本测量。同时在测速的基础上介绍了动目标显示(MTI)和动目标检测(MTD)基本原理，将其统一到脉冲多普勒技术(PD)，这也是杂波抑制处理的主要方法。最后分析了雷达目标参数测量的测量精度和分辨力问题。

4.1 距 离 测 量

测量目标的距离是雷达的基本任务之一。无线电波在均匀介质中以固定的速度直线传播(在自由空间传播速度约等于光速 $c=3\times10^5$ km/s)。图 4.1.1 中，雷达位于 A 点，而在 B 点有一目标，则目标至雷达站的距离(即斜距)R 可以通过测量电波往返一次所需的时间 t_R 得到，而时间 t_R 也就是回波相对于发射信号的延迟，因此，目标距离测量就是要精确测定延迟时间 t_R。根据雷达发射信号的不同，测定延迟时间通常可以采用脉冲法、频率法和相位法。本书只讨论脉冲法测距。

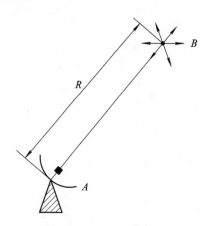

图 4.1.1 目标距离的测量

4.1.1 脉冲法测距

本小节主要介绍脉冲法测距的基本原理、影响距离测量精度的因素、距离分辨力和测距范围、判测距离模糊的方法等。

1. 基本原理

雷达是以脉冲方式工作的，以一定的重复频率发射脉冲，在天线的扫描过程中，如果天线的辐射区内存在目标，那么雷达就可以接收到目标的反射回波。反射回波是发射脉冲照射到目标上产生的，然后再返回到雷达处，因此，它滞后于发射脉冲一个时间 t_R，如图

4.1.2 所示。假设雷达到目标的距离为 R，那么在时间 t_R 内电磁波的传播距离就是 $2R$。电磁波在空间中以光速 c 沿直线路径传播，那么雷达到目标的距离为

$$R = \frac{1}{2} c t_R \tag{4.1.1}$$

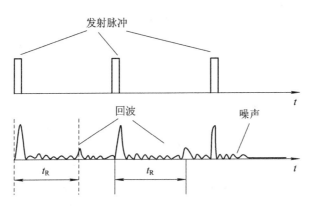

图 4.1.2　目标距离的测量

如果测量出反射回波和发射脉冲之间的延时 t_R，就可以根据上式计算出雷达到目标的距离。换句话说，雷达测斜距就是测回波时延。

在常用的脉冲雷达中，回波信号是滞后于发射脉冲 t_R 的回波脉冲，如图 4.1.3 所示。在雷达显示器上，由收发开关泄漏过来的能量，进入接收机，在显示器荧光屏上显示出来，并被称为主波。绝大部分发射能量经过天线辐射到空间，遇到目标后将产生散射。由目标反射回来的能量被天线接收后送到接收机，最后在显示器上显示出来。在荧光屏上目标回波出现的时刻滞后于主波，滞后的时间就是 t_R，测量距离就是要测出时间 t_R。

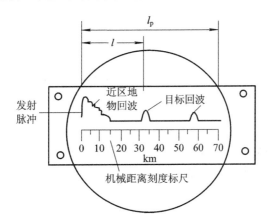

图 4.1.3　具有机械距离刻度标尺的显示器荧光屏画面

回波信号的延迟时间 t_R 通常是很小的，将光速 $c = 3 \times 10^8$ m/s 的值代入式（4.1.1）后得到

$$R = 150 \cdot t_R (\text{m}) \tag{4.1.2}$$

其中 t_R 的单位为 μs，测得的距离的单位为 m。测量这样量级的时间需要采用快速计时的方法。早期雷达均用显示器作为终端，在显示器画面上根据扫掠量程和回波位置直接测读延迟时间。

现代雷达常常采用电子设备自动地测读回波到达的迟延时间 t_R。有两种定义回波到达时间的方法，一种是以目标回波脉冲的前沿作为它的到达时刻，另一种是以回波脉冲的中心（或最大值）作为它的到达时刻。对于通常碰到的点目标来讲，两种定义所得的距离数据只相差一个固定值（约为 $\tau/2$，τ 为脉冲宽度），可以通过距离校零进行消除。如果要测定目标回波的前沿，由于实际的回波信号不是矩形脉冲而近似为钟形，此时可将回波信号与一比较电平相比较，把回波信号穿越比较电平的时刻作为其前沿。用电压比较器是不难实现上述要求的。用脉冲前沿作为到达时刻的缺点是容易受回波大小及噪声的影响，比较电平的不稳也会引起误差。

后面讨论的自动距离跟踪系统通常采用回波脉冲中心作为到达时刻，在搜索型雷达中，也可以测读回波中心到达的时刻，图 4.1.4 是采用这种方法的一个原理方框图。来自接收机的视频回波与门限电平在比较器里比较，输出宽度为 τ 的矩形脉冲，该脉冲作为和支路的输出。另一路由微分电路和过零点检测器组成，当微分器的输出经过零值时便产生一个窄脉冲，该脉冲出现的时刻正好是回波视频脉冲的最大值，通常也是回波脉冲的中心，这一支路如图 4.1.4 中所标的差支路 Δ。和支路 Σ 加到过零点检测器上，选择出回波峰值所对应的窄脉冲而防止由于距离副瓣和噪声所引起的过零脉冲输出。

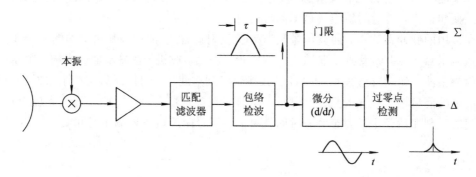

图 4.1.4　回波脉冲中心估计

回波中心的窄脉冲相对于等效发射脉冲的迟延时间，可以用高速计数器或其他设备测得，并可转换成距离数据输出。

2. 测距误差

雷达在测量目标距离时，不可避免地会产生误差，它从数量上说明了测距精度是雷达站的主要参数之一，也是影响测量精度的因素。测距误差由电波传播速度的变化 Δc 以及测时误差 Δt_R 两部分组成。

误差按其性质可分为系统误差和随机误差两类。系统误差是指在测距时，系统各部分对信号的固定延时所造成的误差。系统误差用多次测量的平均值与被测距离真实值之差来表示。从理论上讲，系统误差在校准雷达时可以补偿掉，实际工作中很难完全补偿，因此在雷达的技术参数中，常给出允许的系统误差范围。随机误差是指因某种偶然因素引起的测距误差，所以又称偶然误差。凡属设备本身工作不稳定性造成的随机误差称为设备误差，如接收时间滞后的不稳定性、各部分回路参数的偶然变化、晶体振荡器频率不稳定以及读数误差等。凡属系统以外的各种偶然因素引起的误差称为外界误差，如电波传播速度的偶然变化、电波在大气中传播时产生折射以及目标反射中心的随机变化等。

随机误差一般不能补偿掉，因为它在多次测量中所得的距离值不是固定的而是随机的。因此，随机误差是衡量测距精度的主要指标。

1) 电波传播速度变化产生的误差

如果大气是均匀的，则电磁波在大气中的传播是等速直线，此时测距公式(4.1.1)中的 c 值可认为是常数。但实际上大气层的分布是不均匀的且其参数随时间、地点而变化。大气密度、湿度、温度等参数的随机变化，导致大气传播介质的导磁系数和介电常数也发生相应的改变，因而电波传播速度 c 不是常量而是一个随机变量，由于电波传播速度的随机误差而引起的相对测距误差为

$$\frac{\Delta R}{R} = \frac{\Delta c}{c} \tag{4.1.3}$$

随着距离 R 的增大，由电波速度的随机变化所引起的测距误差 ΔR 也增大。在昼夜间大气中温度、气压及湿度的起伏变化所引起的传播速度变化为 $\Delta c/c \approx 10^{-5}$，若用平均值 c 作为测距计算的标准常数，则所得测距精度亦为同样量级。例如，$R = 60$ km 时，$\Delta R = 60 \times 10^3 \times 10^{-5} = 0.6$ m 的数量级，对常规雷达来讲可以忽略。

电波在大气中的平均传播速度和光速亦稍有差别，且随工作波长 λ 而异，因而在测距公式中的 c 值亦应根据实际情况校准，否则会引起系统误差。表 4.1.1 列出了几组实测的电波传播速度值。

表 4.1.1　在不同条件下电磁波传播速度

传播条件	$c/(\text{km/s})$	备　注
真空	299 776±4	根据 1941 年测得的材料
利用红外波段光在大气中的传播	299 773±10	根据 1944 年测得的材料
厘米波($\lambda = 10$ cm)在地面—飞机间传播，当飞机高度为		
$H_1 = 3.3$ km	299 713	皆为平均值，根据脉冲导航系统测得的材料
$H_2 = 6.5$ km	299 733	
$H_3 = 9.8$ km	299 750	

2) 因大气折射引起的误差

当电波在大气中传播时，由于大气介质分布不均匀将造成电波折射，因此电波传播的路径不是直线而是走过一个弯曲的轨迹。在正折射时电波传播途径为一向下弯曲的弧线。

由图 4.1.5 可看出，虽然目标的真实距离是 R_0，但因电波传播不是直线而是弯曲弧线，故所测得的回波延迟时间 $\Delta t_R = R/C$，这会产生一个测距误差(同时还有测仰角的误差 $\Delta \beta$)：

$$\Delta R = R - R_0 \tag{4.1.4}$$

ΔR 的大小和大气层对电波的折射率有直接关系。如果知道了折射率和高度的关系，就可以计算出不同高度和距离的目标由于大气

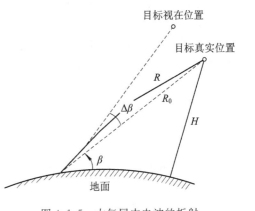

图 4.1.5　大气层中电波的折射

折射所产生的距离误差，从而给测量值以必要的修正。当目标越远、越高时，由折射所引起的测距误差 ΔR 也越大。例如，在一般大气条件下，当目标距离为 100 km，仰角为 0.1 rad时，距离误差为 16 m 的量级。

上述两种误差，都是由雷达外部因素造成的，故称之为外界误差。无论采用什么测距方法都无法避免这些误差，只能根据具体情况作一些可能的校准。

3）测读方法误差

测距所用具体方法不同，其测距误差亦有差别。早期的脉冲雷达直接从显示器上测量目标距离，这时显示器荧光屏亮点的直径大小、所用机械或电刻度的精度、人工测读时的惯性等都将引起测距误差。当采用电子自动测距的方法时，如果测读回波脉冲中心，则图 4.1.4 中回波中心的估计误差（正比于脉宽 τ 而反比于信噪比）以及计数器的量化误差等均将造成测距误差。

自动测距时的测量误差与测距系统的结构、系统传递函数、目标特性（包括其动态特性和回波起伏特性）、干扰（噪声）的强度等因素均有关系，详情可参考测距系统有关资料。

4）雷达显示器质量的影响

显示器聚焦良好（光点直径小、扫描线清晰）、加长距离扫描线（用大屏幕显像管）、点刻度清晰等，都会提高测量精度。

5）操作员素质的影响

操作员技术素质、心理素质、身体素质的高低直接影响到目视测距精度。

3. 距离分辨力和测距范围

1）距离分辨力

距离分辨力是指同一方向上两个大小相等点目标之间的最小可区分距离。在显示器上测距时，分辨力主要取决于回波的脉冲宽度，同时也和光点直径所代表的距离有关。用电子方法测距或自动测距时，距离分辨力由脉冲宽度或波门宽度决定，脉冲越窄，距离分辨力越好。对于复杂的脉冲压缩信号，决定距离分辨力的是雷达信号的有效带宽，有效带宽越宽，距离分辨力越好。

2）测距范围

测距范围包括最小可测距离和最大单值测距范围。

所谓最小可测距离，是指雷达能测量的最近目标的距离。脉冲雷达收发共用天线，在发射脉冲宽度 τ 时间内，接收机和天线馈线系统间是"断开"的，不能正常接收目标回波，发射脉冲过去后天线收发开关恢复到接收状态，也需要一段时间 t_0，在这段时间内，由于不能正常接收回波信号，雷达是很难进行测距的。因此，雷达的最小可测距离为

$$R_{\min} = \frac{1}{2}c(\tau + t_0) \tag{4.1.5}$$

雷达的单值测距是指雷达发射一个脉冲后，在同一个脉冲重复周期内所能测量的目标距离。因此，雷达的最大单值测量距离由其脉冲重复周期 T_r 决定，且雷达的最大单值测量距离为

$$R_{u\,\max} = \frac{1}{2}cT_r \tag{4.1.6}$$

式中，$R_{u\,\max}$ 又称为最大不模糊距离。为保证单值测距，应选取 $R_{\max}$ 为被测目标的最大作用

距离，即雷达的脉冲重复周期应满足：

$$T_r \geqslant \frac{2}{c} R_{max}$$

有时雷达重复频率的选择不能满足单值测距的要求，存在距离模糊的现象，这时目标回波对应的距离 R 为

$$R = \frac{c}{2}(mT_r + \Delta t_R)，m \text{ 为正整数} \tag{4.1.7}$$

式中，Δt_R 为测得的回波信号与发射脉冲间的时延。这时将产生测距模糊，为了得到目标的真实距离 R，必须判明式中的模糊值 m。

4. 解距离模糊的方法

1）多种重复频率法

重频参数（成组发射）：工作时交替收发，脉冲重合；分析时，成组考虑。

（1）双重频。

设重复频率分别为 f_{r1} 和 f_{r2}（T_{r1}、T_{r2} 为其周期，其中 $T_{r1} < T_{r2}$），它们都不能满足不模糊测距的要求。f_{r1} 和 f_{r2} 具有公约频率 f_r：

$$f_r = \frac{f_{r1}}{N} = \frac{f_{r2}}{N+a} \tag{4.1.8}$$

或

$$T_r = NT_{r1} = (N+a)T_{r2} \tag{4.1.9}$$

N 和 a 为正整数，一般通常选择 $a=1$，使 N 和 $N+a$ 为互质数。f_r 的选择应保证在距离测量中不发生模糊。

用双重高重复频率测距的具体工作原理如图 4.1.6 所示。

雷达以 f_{r1} 和 f_{r2} 的重复频率交替发射脉冲信号。通过记忆重合装置，将不同的 f_r 发射信号进行重合，重合后的输出是重复频率 f_r 的脉冲串。同样也可得到重合后的接收脉冲串，二者之间的时延代表目标的真实距离。

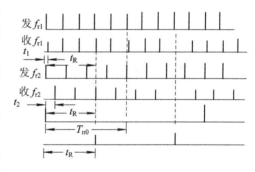

图 4.1.6　用双重高重复频率测距示意图

以二重复频率为例：

$$t_R = t_1 + \frac{n_1}{f_{r1}} = t_2 + \frac{n_2}{f_{r2}} \tag{4.1.10}$$

式中，n_1、n_2 分别为用 f_{r1} 和 f_{r2} 测距时的模糊数。当 $a=1$ 时，n_1、n_2 的关系可能有两种，即 $n_1 = n_2$ 或 $n_1 = n_2 + 1$，此时可算得

$$t_R = \frac{t_1 f_{r1} - t_2 f_{r2}}{f_{r1} - f_{r2}} \tag{4.1.11}$$

或

$$t_R = \frac{t_1 f_{r1} - t_2 f_{r2} + 1}{f_{r1} - f_{r2}} \tag{4.1.12}$$

如果按前式算出 t_R 为负值，则应用后式；对于图 4.1.7 所示的双重频发射信号而言具

有如下的关系：

$$T_r = 5T_{r1} = 4T_{r2} \tag{4.1.13}$$

$$t_R = t_1 + 3T_{r1} = t_2 + 2T_{r2} \tag{4.1.14}$$

进而利用式(4.1.2)、式(4.1.3)即可解算出正确的回波时延 t_R。

(2) 三重频。

如果采用多个高重复频率测距，就能给出更大的不模糊距离，同时也可兼顾跳开发射脉冲遮蚀的灵活性。

取 $f_{r1} : f_{r2} : f_{r3} = 7 : 8 : 9$，则不模糊距离是单独采用 f_{r2} 时的 63(7×9)倍。这时在测距系统中可以根据几个模糊的测量值来解出其真实距离。办法可以从我国的余数定理中找到。

【中国余数定理】 设 $n \geqslant 2$，m_1，m_2，$\cdots$，m_n 是两两互素的正整数，令 $M = m_1 m_2 \cdots m_n = m_1 M_1 = m_2 M_2 = \cdots = m_n M_n$，则同余式组

$$\begin{cases} X \equiv c_1 (\bmod\ m_1) \\ X \equiv c_2 (\bmod\ m_2) \\ \quad \vdots \\ X \equiv c_n (\bmod\ m_n) \end{cases} \tag{4.1.15}$$

有且仅有解：

$$x \equiv M_1 \alpha_1 c_1 + M_2 \alpha_2 c_2 + \cdots + M_n \alpha_n c_n (\bmod\ M)$$

式中 α_k 是满足 $M_k \alpha_k \equiv 1 (\bmod\ m_k) (k = 1, 2, \cdots, n)$ 的最小整数。mod 表示"模"。

以三种重复频率为例，真实距离 R_c 为

$$R_c \equiv (C_1 A_1 + C_2 A_2 + C_3 A_3) \bmod (m_1 m_2 m_3) \tag{4.1.16}$$

其中，A_1、A_2、A_3 分别为三种重复频率测量时的模糊距离，m_1、m_2、m_3 为三个重复频率的比值。常数 C_1、C_2、C_3 分别为

$$\begin{cases} C_1 = b_1 m_2 m_3 \bmod (m_1) \equiv 1 \\ C_2 = b_2 m_1 m_3 \bmod (m_2) \equiv 1 \\ C_3 = b_3 m_1 m_2 \bmod (m_3) \equiv 1 \end{cases} \tag{4.1.17}$$

式中，b_1 为一个最小的整数，它被 $m_2 m_3$ 乘后再被 m_1 除，所得余数为 1(b_2、b_3 与此类似)。当 m_1、m_2、m_3 选定后，便可确定 C 值，并利用探测到的模糊距离直接计算真实距离 R_c。

现假设 $m_1 = 7$，$m_2 = 8$，$m_3 = 9$，$A_1 = 3$，$A_2 = 5$，$A_3 = 7$，则 $m_1 m_2 m_3 = 504$。

$$b_3 = 5 \quad 5 \times 7 \times 8 = 280 \bmod 9 \equiv 1, C_3 = 280$$
$$b_2 = 7 \quad 7 \times 7 \times 9 = 441 \bmod 8 \equiv 1, C_2 = 441$$
$$b_1 = 4 \quad 4 \times 8 \times 9 = 288 \bmod 7 \equiv 1, C_1 = 288$$

则有 $C_1 A_1 + C_2 A_2 + C_3 A_3 = 5029$，$R_c \equiv 5029 \bmod 504 = 493$，即目标真实距离(或称不模糊距离)的单元数为 $R_c = 493$，不模糊距离 R 为

$$R = R_c \frac{c\tau}{2} = \frac{493}{2} c\tau$$

式中，τ 为距离分辨单元所对应的时宽。当脉冲重复频率选定(即 $m_1 m_2 m_3$ 值已定)，即可求得 C_1、C_2、C_3 的数值。只要实际测距时分别测到 A_1、A_2、A_3 的值，就可按式(4.1.16)算出目标真实距离。

2) "舍脉冲"法判模糊

当发射高重复频率的脉冲信号而产生测距模糊时,可采用"舍脉冲"法来判断 m 值。所谓"舍脉冲",就是每在发射 M 个脉冲中舍弃一个,作为发射脉冲串的附加标志。

如图 4.1.7 所示,发射脉冲从 A_1 到 A_M,其中 A_2 不发射。与发射脉冲相对应,接收到的回波脉冲串同样是每 M 个回波脉冲中缺少一个。

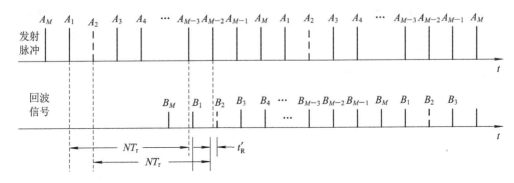

图 4.1.7　"舍脉冲"法判模糊示意图

只要从 A_2 以后,逐个累计发射脉冲数,直到某一发射脉冲(在图中是 A_{M-2})后没有回波脉冲(如图中缺 B_2)时停止计数,则累计的数值就是回波跨越的重复周期数 m。

采用"舍脉冲"法判模糊时,每组脉冲数 M 应满足以下关系:

$$MT_r > m_{\max} T_r + t'_R \tag{4.1.18}$$

式中,$m_{\max}$ 是雷达需测量的最远目标所对应的跨周期数,t'_R 的值在 0 至 T_r 之间。也就是说,MT_r 之值应保证全部距离上不模糊测距。而 M 和 $m_{\max}$ 之间的关系为:$M > m_{\max} + 1$。

4.1.2　距离跟踪原理

测距时需要对目标的距离作连续的测量,称为距离跟踪。实现距离跟踪的方法可以是人工的、半自动或自动的。无论哪种方法,都必须产生一个时间位置可调的时标(称为移动刻度或标门),调整移动时刻的位置使之在时间上与回波信号重合,然后精确地读出时标的时间位置作为目标的距离数据送出。

1. 人工距离跟踪

早期雷达多数只有人工距离跟踪。为了减小测量误差,采用移动的电刻度作为时间基准。操作员按照显示器上的画面,将电刻度对准目标回波。从控制器度盘或计数器上读出移动电刻度的准确时延,就可以代表目标的距离。因此关键是要产生移动的电刻度(电指标),且其延迟时间可准确读出。常用的产生电移动刻度的方法有锯齿电压波法和相位法。

2. 自动距离跟踪

自动距离跟踪系统应保证电移动指标自动地跟踪目标回波并连续地给出目标距离数据。

整个自动距离跟踪系统应包括对目标的搜索、捕获和跟踪三个互相联系的部分。一个完整的自动距离跟踪系统的工作过程包括:

（1）自动搜索，即搜索脉冲在显示器的扫描线上周而复始地等速移动，以搜索目标回波信号。

（2）自动捕获，即当搜索脉冲截获到目标时（一般应在连续几个周期内均有截获），系统自动地由搜索状态转入跟踪状态。

（3）自动跟踪，在此状态下数据录取装置自动录取或传递目标的距离数据。

图 4.1.8 是距离自动跟踪的简化方框图。目标距离自动跟踪系统主要包括时间鉴别器、控制器和跟踪脉冲产生器三部分。显示器在自动距离跟踪系统中仅仅起监视目标作用。假设空间一目标已被雷达捕获，目标回波经接收机处理后成为具有一定幅度的视频脉冲加到时间鉴别器上，同时加到时间鉴别器上的还有来自跟踪脉冲产生器的跟踪脉冲。自动距离跟踪时所用的跟踪脉冲和人工测距时的电移动指标本质一样，都是要求它们的延迟时间在测距范围内均匀可变，且其延迟时间能精确地读出。在自动距离跟踪时，跟踪脉冲的另一路和回波脉冲一起加到显示器上，以便观测和监视。时间鉴别器的作用是将跟踪脉冲与回波脉冲在时间上加以比较，鉴别出它们之间的差。当跟踪脉冲与回波脉冲在时间上重合时，输出误差电压为零。两者不重合时将输出误差电压，其大小正比于时间的差值，而其正负值由跟踪脉冲是超前还是滞后于回波脉冲而定。控制器的作用是将误差电压经过适当的变换，将其输出作为控制跟踪脉冲产生器工作的信号，其结果是使跟踪脉冲的延迟时间朝着减小误差的方向变化，直到误差为 0 或其他稳定的工作状态。上述自动距离跟踪系统是一个闭环随动系统，输入量是回波信号的延迟时间，输出量则是跟踪脉冲延迟时间，而后者随着前者的改变而自动地变化。

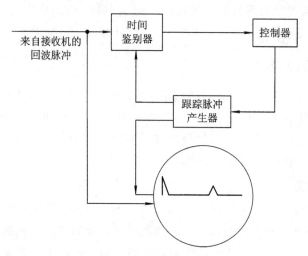

图 4.1.8　自动距离跟踪简化方框图

下面分别介绍自动距离跟踪系统的三个组成部分。

1）时间鉴别器

时间鉴别器用来比较回波信号与跟踪脉冲之间的延迟时间差 Δt，并将 Δt 转换为与它成比例的误差电压。图 4.1.9 是时间鉴别器的结构图和波形图。时间鉴别器主要采用了所谓"前后波门"技术，又称为"早晚波门"或"分裂波门"技术。在波形图中，几个符号的意义是：t_z 为前波门触发脉冲相对于发射脉冲的延迟时间；t' 为前波门后沿（后波门前沿）相对于发射脉冲的延迟时间；τ 为回波脉冲宽度，τ_c 为波门宽度，通常 $\tau = \tau_c$。

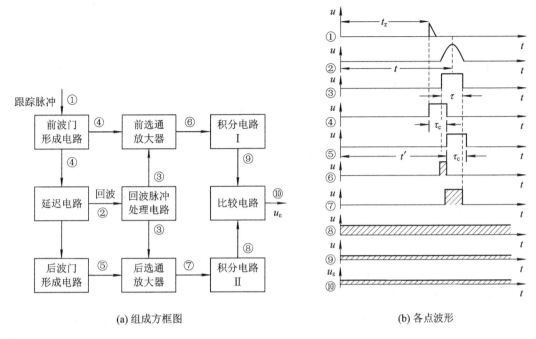

(a) 组成方框图　　　　　　　　　　　　(b) 各点波形

图 4.1.9　时间鉴别器的结构图和波形图

　　前波门触发脉冲实际上就是跟踪脉冲，其重复频率就是雷达的重复频率。加到显示器上的电移动指标亦由跟踪脉冲触发产生。为了使移动指标在画面上与被跟踪目标回波重合，可以产生间隔为 τ 的一对电指标，且在时间上有补偿的延迟跟踪脉冲触发前波门形成电路，使其产生宽度为 τ_c 的前波门并送到前选通放大器，同时经过延迟线延迟 τ_c 后，送到后波门形成电路，产生宽度为 τ_c 的后波门。后波门亦送到后选通放大器作为开关用。来自接收机的目标回波信号经过回波处理后变成一定幅度的方整脉冲，分别加至前、后选通放大器。选通放大器平时处于截止状态，只有当它的两个输入（波门和回波）在时间上相重合时才有输出。前后波门将回波信号分割为两部分，分别由前后选通放大器输出。经过积分电路平滑送到比较电路以鉴别其大小。如果回波中心延迟 t 和波门延迟 t' 相等，则前后波门与回波重叠部分相等，比较器输出误差电压等于 0。如果 $\Delta t \neq 0$，则根据回波超前或滞后波门产生不同极性的误差电压。在一定范围内，误差电压的数值正比于时间差 Δt。它可以表示时间鉴别器输出误差电压。

　　2）控制器

　　控制器的作用是把误差信号进行加工变换后，将其输出去控制跟踪波门移动，即改变时延，使其朝减小误差信号的方向运动，也就是使 t' 趋向于 t。控制器的主要问题包括两方面：一是移动跟踪波门的方向；二是移动跟踪波门的规则。这两个问题的解决还需要涉及雷达系统中的数据处理机，不再详述。

　　3）跟踪脉冲产生器

　　跟踪脉冲产生器根据控制器输出的控制信号（转角 θ 或控制电压 E），产生所需要延迟时间 t' 的跟踪脉冲。跟踪脉冲就是人工测距时的电移动指标，只是有时为了在显示器上获得所希望的电瞄形式（如缺口式电瞄标志），而把跟踪脉冲的波形加以适当变换而已。

4.2　角度测量

为了确定目标的空间位置，雷达在大多数应用情况下，不仅要测定目标的距离，而且还要测定目标的方向，即测定目标的角坐标，其中包括目标的方位角和俯仰角。

雷达测角的物理基础是电波在均匀介质中传播的直线性和雷达天线的方向性。由于电波沿直线传播，目标散射或反射电波波前到达的方向，即为目标所在方向。但在实际情况下，电波并不是在理想均匀的介质中传播，如大气密度、湿度随高度的不均匀性造成传播介质的不均匀，复杂的地形地物的影响等，因而使电波传播路径发生偏折，从而造成测角误差。通常在近距测角时，由于此误差不大，仍可近似认为电波是直线传播的。当远程测角时，应根据传播介质的情况，对测量数据（主要是仰角测量）作出必要的修正。

天线的方向性可用它的方向性函数或根据方向性函数画出的方向图表示。但方向性函数的准确表达式往往很复杂，为便于工程计算，常用一些简单函数来近似。方向图的主要技术指标是半功率波束宽度以及副瓣电平。在角度测量时，波束宽度表征了角度分辨能力并直接影响测角精度，副瓣电平则主要影响雷达的抗干扰能力。

雷达测角的性能可用测角范围、测角速度、测角准确度或精度、角分辨力来衡量。准确度用测角误差的大小来表示，它包括雷达系统本身调整不良引起的系统误差和由噪声及各种起伏因素引起的随机误差。而测量精度由随机误差决定。角分辨力指存在多目标的情况下，雷达能在角度上把它们分辨开的能力，通常用雷达在可分辨条件下同距离的两目标间的最小角坐标之差表示。

雷达测角的基本原理是利用雷达天线波束的定向性来完成的。显然，雷达天线方位波束宽度越窄，则测量方位角精度越高；俯仰波束宽度越窄，测量俯仰角精度越高。

对于两坐标雷达而言，雷达天线的方位波束宽度很窄，而俯仰波束较宽，因此它只能测方位角；对于三坐标雷达而言，雷达天线波束为针状波束，方位和俯仰波束宽度都很窄，能精确测量目标的方位和俯仰角。为了达到一定的俯仰空域覆盖，在俯仰方向上可进行一维波束扫描或多波束堆积，如图 4.2.1 所示。

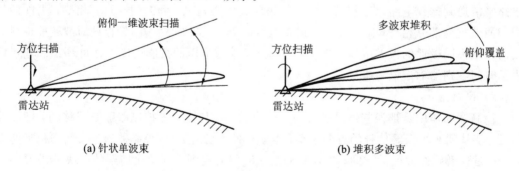

（a）针状单波束　　　　　　　　　　　（b）堆积多波束

图 4.2.1　三坐标雷达天线波束示意图

4.2.1　测角方法与比较

雷达测角的基本方法有振幅法和相位法两大类。振幅法测角有最大信号法、等信号法和最小信号法。对空情报雷达多采用最大信号法，等信号法则多用在精确跟踪雷达中，最小信号法已很少使用。相位法测角多在相控阵雷达中使用。

1. 相位法测角

相位法测角利用多个天线所接收回波信号之间的相位差进行测角，如图 4.2.2 所示。

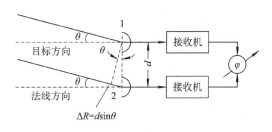

设在 θ 方向有一远区目标，则到达接收点的目标所反射的电波近似为平面波。由于两天线间距为 d，故它们所收到的信号由于存在波程差 ΔR 而产生一相位差 φ，由图 4.2.2 可知

图 4.2.2　相位法测角原理图

$$\varphi=2\pi\frac{\Delta R}{\lambda}=2\pi\frac{d\sin\theta}{\lambda},\ \hat{\theta}=\arcsin\left(\frac{\varphi\lambda}{2\pi d}\right) \tag{4.2.1}$$

用相位计进行比相，测出相位差 φ，就可以确定目标方向 θ。

由于在较低频率上容易实现比相，故通常将两天线收到的高频信号经与同一本振信号差频后，在中频进行比相。接收信号经过混频、放大后再加到相位比较器中进行比相，图 4.2.3 中的相位比较器可以采用相位检波器。自动增益控制电路用来保证中频信号幅度稳定，以免幅度变化引起测角误差。

相位差 φ 值测量不准，将产生测角误差。采用读数精度高（dφ 小）的相位计，或减小 λ/d 值（增大 d/λ 值），均可提高测角精度。当目标处在天线法线方向时，测角误差最小。当 θ 增大，dθ 也增大，为保证一定的测角精度，θ 的范围有一定的限制。

增大 d/λ 虽然可提高测角精度，但在感兴趣的 θ 范围（测角范围）内，当 d/λ 加大到一定程度时，φ 值可能超过 2π，此时 $\varphi=2\pi N+\psi$，其中 N 为整数，$\psi<2\pi$，则相位计实际读数为 ψ 值。由于 N 值未知，因而真实的 φ 值不能确定，就会出现多值性（模糊）问题。

只有判定 N 值才能确定目标方向。比较有效的办法是利用三天线测角设备，间距大的 1、3 天线用来得到高精度测量，而间距小的 1、2 天线用来解决多值性，如图 4.2.4 所示。

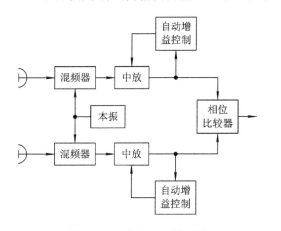

图 4.2.3　中频比相原理图

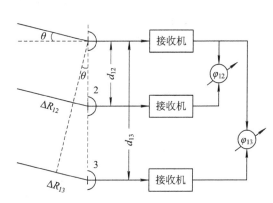

图 4.2.4　三天线法测角原理

2. 振幅法测角

振幅法测角是利用天线收到的回波信号的幅度来进行角度测量的，回波信号幅度的变

化规律取决于天线方向图和扫描方式。

振幅法测角分为最大信号法和等信号法两类。

1）最大信号法

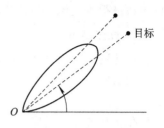

图 4.2.5　目标角坐标测量

对大多数两坐标雷达来说，雷达天线在方位上做机械旋转，天线波束在方位上扫描。当天线波束扫过目标时，雷达回波在时间顺序上从无到有，由小变大，再由大变小，然后消失，即天线波束形状对雷达回波幅度进行了调制（如图 4.2.5 所示）。

在波束扫描过程中，只有当波束的轴线对准目标，也就是天线法向对准目标时，回波强度才达到最大。当回波最大时，天线位置传感器（如光电轴角编码器、旋转变压器、同频电机和电容传感器等）所指示的方位角即为目标的方位角，这就是所谓最大回波法的测角原理。

在人工录取雷达中，操作员在显示器画面上看到回波最大值的同时，读出目标的角度数据。采用平面位置显示（PPI）二维空间显示器时，扫描线与波束同步转动，根据回波标志中心（相当于最大值）相应的扫描线位置，借助显示器上的机械角刻度或电子角刻度读出目标的角坐标。

在自动录取雷达中，可以采用以下办法读出回波信号最大值方向：一般情况下，天线方向图是对称的，因此回波脉冲串的中心位置就是其最大值的方向。测量时可先将回波脉冲串进行二进制量化，其振幅超过门限时取"1"，否则取"0"。如果测量时没有噪声和其他干扰，就可根据出现"1"和消失"1"的时刻，方便且精确地找出回波脉冲串"开始"和"结束"时的角度，两者的中间值就是目标的方向。

最大信号法测角的优点一是简单，二是用天线方向图的最大值方向测角，此时回波最强，故信噪比最大，对检测发现目标有利。

最大信号法测角的主要缺点是，直接测量时测量精度不高，大约为波束半功率宽度 $\theta_{0.5}$ 的 20%，这是因为方向图最大值附近比较平坦，最强点不易判别。其另一个缺点是不能判别目标偏离波束轴线的方向，故不能用于自动测角。

最大信号法测角广泛用于搜索和引导雷达中。

2）等信号法

等信号法测角采用两个相同且彼此部分重叠的波束，其方向图如图 4.2.6（a）所示。

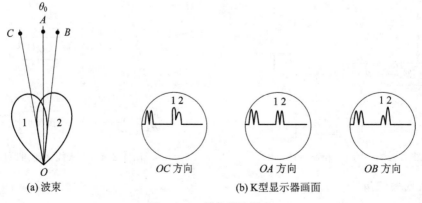

(a) 波束　　　OC 方向　　OA 方向　　OB 方向

(b) K 型显示器画面

图 4.2.6　等信号法测角

如果目标处在两波束的交叠轴 OA 方向，则由两波束收到的信号强度相等（如图 4.2.6 (b)所示），否则一个波束收到的信号强度高于另一个，故常常称 OA 为等信号轴。当两个波束收到的回波信号相等时，等信号轴所指方向即为目标方向。如果目标处在 OB 方向，波束 2 的回波比波束 1 的强；而处在 OC 方向时，波束 2 的回波较波束 1 的弱。因此，比较两个波束回波的强弱就可以判断目标偏离等信号轴的方向并可用查表的办法估计出偏离等信号轴的大小。

等信号法又可分为比幅法及和差法。等信号法测量时，波束 1 和 2 分别接收到回波信号。比幅法指求两信号幅度的比值，根据比值的大小可以判断目标偏离等信号轴的方向，查找预先制定的表格就可估计出目标偏离等信号轴的角度数值。和差法指根据波束 1 和 2 接收到的回波信号分别求出和值及差值，和值与差值的比值是正比于目标偏离等信号轴的角度，故可用它来判读角度的大小及方向，如图 4.2.7 所示。

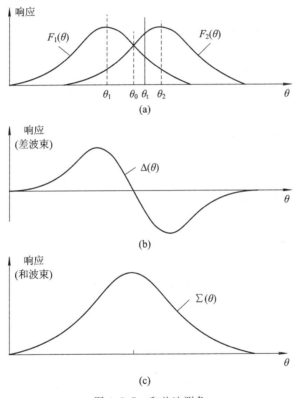

图 4.2.7　和差法测角

4.2.2　天线波束的形状和扫描方法

雷达波束通常以一定的方式依次照射给定空域，以进行目标探测和目标坐标测量，即天线波束需要扫描。本节讨论天线波束扫描方式和方法。

1. 波束形状和扫描方法

1）扇形波束

扇形波束的水平面和垂直面内的波束宽度有较大差别，主要扫描方式是圆周扫描和扇形扫描（扇扫）。

圆周扫描时，波束在水平面内作 360°圆周运动（见图 4.2.8），可观察雷达周围目标并测定其距离和方位角坐标。所用波束通常在水平面内很窄，故方位角有较高的测角精度和分辨力。垂直面内很宽，以保证同时监视较大的仰角空域。地面搜索型雷达垂直面内的波束形状通常做成余割平方形，这样功率利用比较合理，可使同一高度不同距离目标的回波强度基本相同。

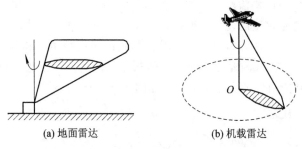

(a) 地面雷达　　　　　　　　(b) 机载雷达

图 4.2.8　扇形波束圆周扫描

当对某一区域需要特别仔细观察时，波束可在所需方位角范围内往返运动，即做扇形扫描。专门用于测高的雷达，采用波束宽度在垂直面内很窄而水平面内很宽的扇形波束，故仰角有较高的测角精度和分辨力。雷达工作时，波束可在水平面内作缓慢圆周运动，同时在一定的仰角范围内做快速扇扫（点头式）。

2) 针状波束

针状波束的水平面和垂直面波束宽度都很窄。采用针状波束可同时测量目标的距离、方位和仰角，且方位和仰角两者的分辨力和测角精度都较高。其主要缺点是因波束窄，扫完一定空域所需的时间较长，即雷达的搜索能力较差。

根据雷达的不同用途，针状波束的扫描方式很多，图 4.2.9 所示为其中几个例子。图(a)为螺旋扫描，在方位上圆周快扫描，同时仰角上缓慢上升，到顶点后迅速降到起点并重新开始扫描；图(b)为分行扫描，方位上快扫，仰角上慢扫；图(c)为锯齿扫描，仰角上快扫而方位上缓慢移动。

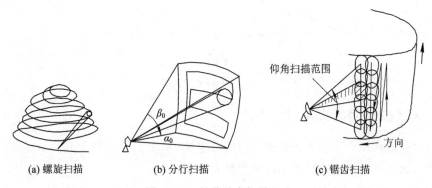

(a) 螺旋扫描　　　　　　(b) 分行扫描　　　　　　(c) 锯齿扫描

图 4.2.9　针状波束扫描方式

2. 天线波束的扫描方法

1) 机械性扫描

利用整个天线系统或其某一部分的机械运动来实现波束扫描的方法称为机械性扫描。

如环视雷达、跟踪雷达,通常采用整个天线系统转动的方法。而图 4.2.10 是馈源不动,反射体相对于馈源往复运动实现波束扇扫的一个例子。不难看出,波束偏转的角度为反射体旋转角度的两倍。图 4.2.11 为风琴管式馈源,由一个输入喇叭和一排等长波导组成,波导输出口按直线排列,作为抛物面反射体的一排辐射源。当输入喇叭转动依次激励各波导时,这排波导的输出口也依次以不同的角度照射反射体,形成波束扫描。这等效于反射体不动,馈源左右摆动实现波束扇扫。

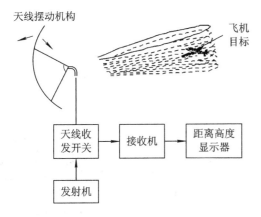

图 4.2.10　馈源不动反射体动的机械性扫描

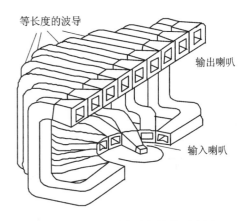

图 4.2.11　风琴管式扫描器示意图

机械性扫描的优点是简单。其主要缺点是机械运动惯性大,扫描速度不高。近年来随着快速目标、洲际导弹、人造卫星等的出现,要求雷达采用高增益极窄波束,因此天线口径面往往做得非常庞大,再加上常要求波束扫描的速度很高,用机械办法实现波束扫描无法满足要求,必须采用电扫描。

2)电扫描

电扫描时,天线反射体、馈源等不必作机械运动,因无机械惯性限制,扫描速度可大大提高,波束控制迅速灵便,故这种方法特别适用于要求波束快速扫描及巨型天线的雷达中。电扫描的主要缺点是扫描过程中波束宽度将展宽,因而天线增益也要减小,所以扫描的角度范围有一定限制。另外,天线系统一般比较复杂。根据实现时所用基本技术的差别,电扫描又可分为相位扫描法、频率扫描法、时间延迟法等,下面对前两种方法作一介绍。

(1)相位扫描法。

图 4.2.12 所示为由 N 个阵元组成的一维直线移相器天线阵,阵元间距为 d。为简化分析,先假定每个阵元为无方向性的点辐射源,所有阵元的馈线输入端为等幅同相馈电,各移相器的相移量分别为 $0, \varphi, \cdots, (N-1)\varphi$(如图 4.2.12 所示),即相邻阵元激励电流之间的相位差为 φ。

$\varphi=0$ 时,也就是各阵元等幅同相馈电时,方向图最大值在阵列法线方向。若 $\varphi \neq 0$,则方向图最大值方向(波束指向)就要偏移,偏移角 θ_0 由移相器的相移量 φ 决定,其关系式为:$\theta=\theta_0$ 时,应有 $F(\theta_0)=1$,应满足

$$\varphi=\frac{2\pi}{\lambda}d\sin\theta_0 \tag{4.2.2}$$

上式表明,在 θ_0 方向,各阵元的辐射场之间,由于波程差引起的相位差正好与移相器

引入的相位差相抵消，导致各分量同相相加获最大值。显然，改变 φ 值，就可改变波束指向角 θ_0，从而形成波束扫描。

也可以用图 4.2.13 来解释，可以看出，图中 MM' 线上各点电磁波的相位是相同的，称同相波前。方向图最大值方向与同相波前垂直（该方向上各辐射分量同相相加），故控制移相器的相移量，改变 φ 值，同相波前倾斜，从而改变波束指向，达到波束扫描的目的。

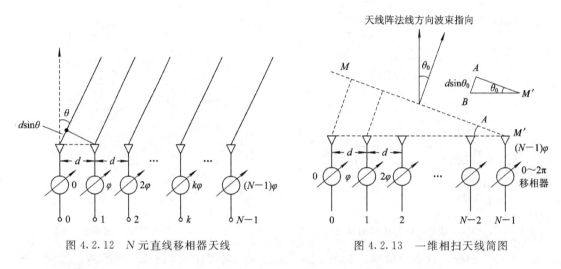

图 4.2.12　N 元直线移相器天线　　　　　　　图 4.2.13　一维相扫天线简图

根据天线收发互易原理，上述天线用作接收时，以上结论仍然成立。

该天线为多瓣状，$\theta=\theta_0$ 时的称为主瓣，其余称为栅瓣，如图 4.2.14 所示。

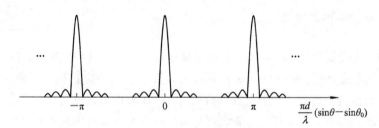

图 4.2.14　栅瓣示意图

出现栅瓣将会产生测角多值性。不出现栅瓣的条件可取为

$$\frac{d}{\lambda}<\frac{1}{1+|\sin\theta_0|} \tag{4.2.3}$$

当波长 λ 取定以后，只要调整阵元间距 d 以满足上式，便不会出现栅瓣。如要在 $-90°<\theta_0<+90°$ 范围内扫描，则 $d/\lambda<1/2$，但通过下面的讨论可看出，当 θ_0 增大时，波束宽度也要增大，故波束扫描范围不宜取得过大，一般取 $|\theta_0|\leqslant60°$ 或 $|\theta_0|\leqslant45°$，此时分别是 $d/\lambda<0.53$ 或 $d/\lambda<0.59$。为避免出现栅瓣，通常选 $d/\lambda<0.5$。

可以看出线阵的方向图函数为辛格函数的形式，根据辛格函数的特性可以得出线性相控阵天线的波束指向、波束宽度和天线增益等天线的指标参数。

① 波束指向。根据辛格函数取得最大值的条件 $\frac{\pi}{\lambda}Nd(\sin\theta-\sin\theta_B)=0$，也就是 $\sin\theta-\sin\theta_B=0$，即 $\theta=\theta_B$ 为相控阵天线的波束指向。可得此时

$$\theta_B = \arcsin\left(\frac{\lambda}{2\pi d}\Delta\varphi_B\right) \tag{4.2.4}$$

因此，通过移相器改变阵内相邻单元之间的相位差 $\Delta\varphi_B$，就可以控制相控阵天线波束的指向。如果相位差 $\Delta\varphi_B$ 由连续式移相器提供，则天线波束可以实现连续扫描；如果相位差 $\Delta\varphi_B$ 由数字式移相器提供，则天线波束可以实现离散式扫描。

② 波束宽度。天线的波束宽度对应着天线增益下降到 3 dB，即

$$\frac{\sin\dfrac{\pi}{\lambda}Nd(\sin\theta-\sin\theta_B)}{\dfrac{\pi}{\lambda}Nd(\sin\theta-\sin\theta_B)} = 0.707 \tag{4.2.5}$$

通过化简可以得出波束宽度 $\Delta\theta_{3dB}$ 为

$$\Delta\theta_{3dB} \approx \frac{0.88\lambda}{Nd\cos\theta_B}(\text{rad}) \tag{4.2.6}$$

由上式可以看出，当阵列天线参数一定时，波束宽度与天线的扫描角度 θ_B 有关。θ_B 越大，$\Delta\theta_{3dB}$ 也越大，即波束宽度随着天线扫描角的增大而增大。

通常波束很窄，方向函数近似为辛格函数，由此可求出波束半功率宽度为

$$\theta_{0.5} \approx \frac{0.886}{Nd}\lambda(\text{rad}) \approx \frac{50.8}{Nd}\lambda(°) \tag{4.2.7}$$

其中 Nd 为线阵长度。当 $d=\lambda/2$ 时

$$\theta_{0.5} \approx \frac{100}{N}(°) \tag{4.2.8}$$

顺便指出，在 $d=\lambda/2$ 的条件下，若要求 $\theta_{0.5}=1°$，则所需阵元数 $N=100$。如果要求水平和垂直面内的波束宽度都为 $1°$，则需 100×100 个阵元。波束扫描同时也会带来波束宽度的展宽以及天线增益的下降。

③ 天线增益。对于等幅度加权的阵列天线，天线增益的理论值为

$$G_0 = \frac{4\pi}{\lambda^2}A \tag{4.2.9}$$

其中，A 为天线的孔径面积，对于 N 个单元的线阵，当 $d=\lambda/2$ 时，$A=Nd^2=N\lambda^2/4$，由此可得

$$G_0 = N\pi \tag{4.2.10}$$

当天线波束指向偏离法线 θ_B 角度后，天线在 θ_B 方向上的有效孔径面积减小为 $A\cos\theta_B$，此时天线的增益降为

$$G_0 = \frac{4\pi}{\lambda^2}A \cdot \cos\theta_B \tag{4.2.11}$$

对于 $d=\lambda/2$ 的情况，

$$G_0 = N\pi\cos\theta_B \tag{4.2.12}$$

由此可以看出，相控阵天线增益也是与天线扫描角度有关的，扫描角越大，相控阵天线的增益越小。

进一步，如果要在方位角和俯仰角两个方向上同时实现天线波束的电扫描，那么就需要采用平面相控阵天线。图 4.2.15 所示为一个按矩形排列天线单元的平面相控阵天线示意图。

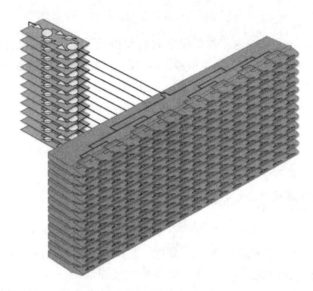

图 4.2.15　平面相控阵天线示意图

　　整个天线阵面在 yz 平面上，共有 $M \times N$ 个阵元，阵元间距分布为 d_1（沿 z 轴方向）和 d_2（沿 y 轴方向）。假设目标所在方向的方向余弦为 $(\cos\alpha_x, \cos\alpha_y, \cos\alpha_z)$，那么由此得到的相邻阵元之间的空间相位差是：

　　沿 z 轴方向（垂直方向）：

$$\Delta\varphi_1 = \frac{2\pi}{\lambda} d_1 \cos\alpha_z$$

　　沿 y 轴方向（水平方向）：

$$\Delta\varphi_2 = \frac{2\pi}{\lambda} d_2 \cos\alpha_y$$

　　平面阵列第 (m, n) 个天线阵元与第 $(0, 0)$ 号天线阵元（参考阵元）之间的空间相位差为

$$\Delta\varphi_{mn} = m\Delta\varphi_1 + n\Delta\varphi_2 \tag{4.2.13}$$

　　若天线阵内移相器在沿 z 轴方向上相邻阵元之间的相位差为 $\Delta\varphi_{B\beta}$，沿 y 轴方向上相邻阵元间的相位差为 $\Delta\varphi_{B\alpha}$，则第 (m, n) 号阵元移相器相对于参考阵元所提供的相移量 $\Delta\varphi_{Bmn}$ 为

$$\Delta\varphi_{Bmn} = m\Delta\varphi_{B\beta} + n\Delta\varphi_{B\alpha} \tag{4.2.14}$$

　　令第 (m, n) 号阵元的幅度加权系数为 α_{mn}，那么平面相控阵天线的方向图函数 $F(\alpha_z, \alpha_y)$ 为

$$F(\alpha_z, \alpha_y) = \sum_{m=0}^{M-1} \sum_{n=0}^{N-1} \alpha_{mn} e^{j[\Delta\varphi_{mn} - \Delta\varphi_{Bmn}]} = \sum_{m=0}^{M-1} \sum_{n=0}^{N-1} \alpha_{mn} e^{j[m(dr_1\cos\alpha_z - \Delta\varphi_{B\beta}) - n(dr_2\cos\alpha_y - \Delta\varphi_{B\alpha})]}$$

$$\tag{4.2.15}$$

其中 $dr_1 = 2\pi d_1/\lambda$，$dr_2 = 2\pi d_2/\lambda$。

　　根据坐标系中对应的角度关系有

$$\begin{cases} \cos\alpha_z = \sin\theta \\ \cos\alpha_y = \cos\theta\sin\varphi \end{cases} \tag{4.2.16}$$

于是相控阵天线的方向图可以表示为

$$F(\theta, \varphi) = \sum_{m=0}^{M-1} \sum_{n=0}^{N-1} \alpha_{mn} e^{j[m(dr_1\sin\theta - \Delta\varphi_{B\beta}) - n(dr_2\cos\theta\sin\varphi - \Delta\varphi_{B\alpha})]} \tag{4.2.17}$$

为使得天线波束指向(θ_B,φ_B)角度，则$\Delta\varphi_{B\beta}$和$\Delta\varphi_{B\alpha}$应为

$$\begin{cases}\Delta\varphi_{B\beta}=\dfrac{2\pi}{\lambda}d_1\sin\theta_B\\[2mm]\Delta\varphi_{B\alpha}=\dfrac{2\pi}{\lambda}d_2\cos\theta_B\sin\varphi_B\end{cases}\tag{4.2.18}$$

因此根据上式改变阵列内部各移相器的相位差$\Delta\varphi_{B\beta}$和$\Delta\varphi_{B\alpha}$，就可以实现天线波束的相控扫描。

进一步，当天线内各阵元均为等幅加权时，方向图函数$F(\theta,\varphi)$可简化为

$$F(\theta,\varphi)=\sum_{m=0}^{M-1}e^{jm(dr_1\sin\theta-\Delta\varphi_{B\beta})}\sum_{n=0}^{N-1}e^{jn(dr_2\cos\theta\sin\varphi-\Delta\varphi_{B\alpha})}\tag{4.2.19}$$

此时的方向图函数的幅度值可表示为

$$|F(\theta,\varphi)|=|F_z(\theta,\varphi)|\cdot|F_y(\theta,\varphi)|\tag{4.2.20}$$

其中

$$|F_z(\theta,\varphi)|=\frac{\sin M(dr_1\sin\theta-\Delta\varphi_{B\beta})/2}{\sin(dr_1\sin\theta-\Delta\varphi_{B\beta})/2}\approx M\,\frac{\sin M(dr_1\sin\theta-\Delta\varphi_{B\beta})/2}{M(dr_1\sin\theta-\Delta\varphi_{B\beta})/2}$$

$$|F_y(\theta,\varphi)|=\frac{\sin N(dr_2\cos\theta\sin\varphi-\Delta\varphi_{B\alpha})/2}{\sin(dr_2\cos\theta\sin\varphi-\Delta\varphi_{B\alpha})/2}\approx N\,\frac{\sin N(dr_2\cos\theta\sin\varphi-\Delta\varphi_{B\alpha})/2}{N(dr_2\cos\theta\sin\varphi-\Delta\varphi_{B\alpha})/2}$$

上式表明，在等幅均匀加权的情况下，平面相控阵天线方向图可以看成是两个线阵方向图的乘积。$|F_z(\theta,\varphi)|$为垂直方向线阵的方向图，$|F_y(\theta,\varphi)|$为水平线阵的方向图。

（2）频率扫描法。

如图4.2.16所示，如果相邻阵元间的传输线长度为l，传输线内波长为λ_g，则相邻阵元间存在一激励相位差：

$$\varphi=\frac{2\pi l}{\lambda_g}\tag{4.2.21}$$

改变输入信号频率f，则λ_g改变，φ也随之改变，故可实现波束扫描。这种方法称为频率扫描法。

这里用具有一定长度的传输线代替了相扫法串联馈电中插入主馈线内的移相器，因此插入损耗小，传输功率大，同时只要改变输入信号的频率就可以实现波束扫描，方法比较简便。

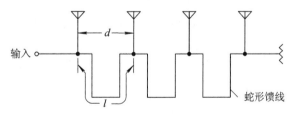

图 4.2.16　频扫直线阵列

通常l应取得足够长，这对提高波束指向的频率灵敏度有好处（下面说明），所以φ值一般大于2π，故可改写成

$$\varphi=\frac{2\pi l}{\lambda_g}=2\pi m+\varphi\tag{4.2.22}$$

式中，m为整数，$|\varphi|<2\pi$。

当 $\theta_0=0$，即波束指向法线方向时，设 $\lambda_g=\lambda_{g0}$（相应的输入信号频率为 f_0），此时所有阵元同相馈电，上式中 $\varphi=0$，由此可以确定

$$m=\frac{1}{\lambda_{g0}} \qquad (4.2.23)$$

若 $\theta_0\neq 0$，即波束偏离法线方向，则当 $\theta=\theta_0$ 时，相邻阵元之间由波程差引起的相位差正好与传输线引入的相位差相抵消，故有

$$\frac{2\pi d}{\lambda}\sin\theta_0=\varphi=\frac{2\pi l}{\lambda_{g0}}-m2\pi$$

得

$$\sin\theta_0=\frac{\lambda}{d}\left(\frac{l}{\lambda_g}-m\right) \qquad (4.2.24)$$

式中，d 为相邻阵元间距，λ 为自由空间波长（相应输入端信号频率为 f）。已知 λ（或 f），并算出 λ_g，由式(4.2.24)可确定波束指向角 θ_0，λ_g 根据传输线的特性及工作波长而定。

在频扫雷达中，所用脉冲宽度不能太窄，因为信号从图 4.2.16 所示的蛇形馈线的始端传输到末端需要一定时间，只有当脉冲宽度大于该传输时间时，才能保证所有阵元同时辐射。如果脉冲太窄，势必有一部分阵元因信号还未传输到或已通过而不能同时辐射能量，引起波束形状失真。

由于频扫雷达中波束指向角 θ_0 与信号源频率一一对应，也就是依据频率来确定目标的角坐标，因而雷达信号源的频率应具有很高的稳定度和准确度，以保证满足测角精度的要求。

温度变化导致波导热胀冷缩，使 l、d、α 发生变化，从而改变波束指向，引起测角误差。为了消除温度误差，可把频扫天线置于一恒温的天线罩内或采用线膨胀系数小的金属材料，或采用其他温度补偿方法。

4.2.3 自动测角原理

在火控系统中使用的雷达，必须快速连续地提供单个目标（飞机、导弹等）坐标的精确数值。此外，在靶场测量、卫星跟踪、宇宙航行等方面应用时，雷达必须精确地提供目标坐标的测量数据。

为了快速地提供目标的精确坐标值，要采用自动测角的方法。自动测角时，天线能自动跟踪目标，同时将目标的坐标数据经数据传递系统送到计算机数据处理系统。

和自动测距需要有一个时间鉴别器一样，自动测角也必须要有一个角误差鉴别器。当目标方向偏离天线轴线（即出现了误差角 ε）时，能产生一误差电压，误差电压的大小正比于误差角 ε，其极性随偏离方向不同而改变。此误差电压经跟踪系统变换、放大、处理后，控制天线向减小误差角的方向运动，使天线轴线对准目标。

用等信号法测角时，在一个角平面内需要两个波束。这两个波束可以交替出现（顺序波瓣法），也可以同时存在（同时波瓣法）。前一种方式以圆锥扫描雷达为典型，后一种是单脉冲雷达。下面分别介绍这两种雷达自动测角的原理和方法。

1. 圆锥扫描自动测角系统

圆锥扫描跟踪如图 4.2.17 所示。采用角误差检测电路产生跟踪误差电压输出，它的

大小与跟踪误差成正比，它的相位或极性取决于误差的方向。这个误差信号推动伺服系统把天线转向适当的方向以使误差减小到零为止。

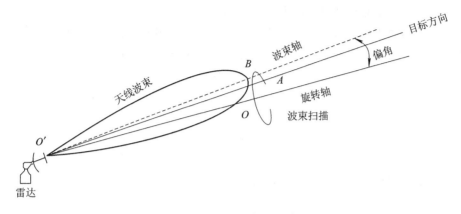

图 4.2.17　圆锥扫描跟踪

天线的馈源作机械运动，以获得连续的波束扫描，因为当馈源偏离焦点时天线波束也就偏离轴线。典型的情况是馈源环绕着焦点作圆周运动，使得天线波束环绕着目标作相应的圆周运动。圆锥扫描雷达的典型框图如图 4.2.18 所示。图中含有一个距离跟踪系统，采用距离波门使雷达接收机仅在预期会出现跟踪目标的时刻才接通，这样在距离上能自动跟住目标。距离波门排除了不需要的目标和噪声。系统中还含有自动增益控制（AGC）电路，它使角灵敏度（误差检波器对每度误差输出的电压伏数）同回波信号幅度无关而维持常数。因此角跟踪闭环的增益也是常数，这是稳定角跟踪所必需的条件。

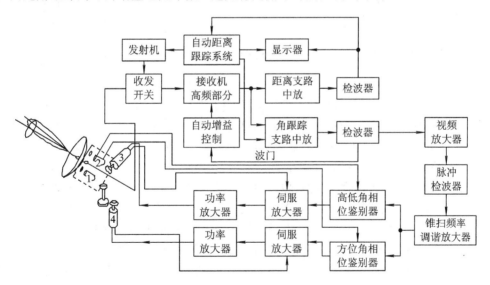

图 4.2.18　圆锥扫描雷达框图

馈源的扫描运动可以是旋动的，也可以是章动的。旋动馈源在作圆周运动时由于自转而导致极化的旋转。章动馈源在扫描时不使极化面旋转，它的运动就像人手作圆圈运动时一样。

2. 单脉冲自动测角系统

圆锥扫描自动跟踪雷达属于用顺序波瓣法测角。这种体制的雷达，当目标偏离等信号轴时,要获得误差信号,至少要经过一个完整的圆锥扫描周期。因此获取误差信号的时间长,对快速目标测角误差大,而且还存在着敏感于因目标有效反射面积随机变化等因素而引起的回波信号振幅起伏和易受敌方角度欺骗干扰等缺点。

单脉冲雷达属于用同时波瓣法测角。这种雷达只需要比较各波束接收的同一个回波脉冲,就可以获得目标位置的全部信息。这也就是"单脉冲"这一术语的来源。当然这里并不是指只发射一个脉冲,仍然是发射一串脉冲,但角误差信息只需要接收一个回波脉冲就能提取。因此单脉冲雷达获得误差信息的时间可以很短,与圆锥扫描雷达相比,它的测角精度高,抗干扰能力强。

单脉冲的定向原理是:用几个独立的接收支路来同时接收目标的回波信号,然后再将这些信号的参数加以比较(比幅或比相),从中获取角误差信息。因此,多路接收技术是单脉冲雷达必不可少的。下面介绍单脉冲雷达的测角过程。

1) 角误差信号

如图 4.2.19 所示,雷达天线在一个角平面内有两个部分重叠的波束。振幅和差单脉冲雷达取得角误差信号的基本方法是将这两个波束同时收到的信号进行和、差处理,分别得到和信号、差信号。图 4.2.19(b)、(c)所示为与和、差信号相对应的和、差波束,其中差信号就是该角平面内的角误差信号,是我们感兴趣的信号。

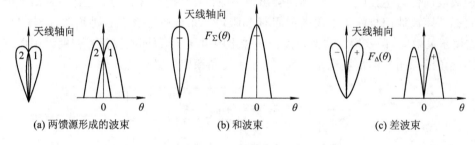

图 4.2.19　振幅和差式单脉冲雷达波束图

由图 4.2.19(a)可见,若目标位于天线轴线方向(等信号轴方向),即目标的误差角 $\varepsilon=0$,则两个波束各自接收到的回波信号振幅相同,两者的差信号振幅为 0。如果目标有一误差角 ε,例如偏在波束 1 方向,则波束 1 接收到的信号振幅大于波束 2 的信号振幅,且 ε 越大则两信号振幅的差值也越大,也就是说差信号的振幅与误差角 ε 成正比。如果目标偏离在天线轴线的另外一侧,则两波束接收信号振幅差值的符号将会改变,即差信号的相位将改变。所以差信号的振幅(两波束接收信号的振幅差)表示目标误差角 ε 的大小,而差信号的相位则与两波束接收信号之和(和信号)同相或反相,从而表示了目标在该平面内偏离天线轴线的方向。

和信号有两种用途,一是用来测定目标距离,二是用来作为角误差信号的相位比较基准。图 4.2.19(c)中"+"表示该方向上的差信号与和信号同相,"-"表示该方向上的差信号与和信号反相。

2) 和差比较器与和差波束

和差比较器(又称高频相位环或和差网络)是单脉冲雷达的重要关键部件,由它完成和、差处理,形成和、差波束。和差比较器用得较多的是双 T 接头,如图 4.2.20(a)所示。

双 T 接头有四个端口:Σ(和)端、Δ(差)端、1 端和 2 端。假定四个端口都是匹配的,则从 Σ 端输入信号时,1、2 端便输出等幅同相信号,Δ 端无输出;若从 1、2 端输入同相信号，则 Δ 端输出两者的差信号，Σ 端输出和信号。

和差比较器的示意图如图 4.2.20(b)所示。1 到 Σ 和 2 到 Σ 均经过 $\lambda/4$，因此在 Σ 端同相相加；而 1 端到 Δ 端经过 $\lambda/4$，2 端到 Δ 端经过 $3\lambda/4$，1 和 2 到 Δ 差 $\lambda/2$，因此在 Δ 端反相相加。和差比较器的 1、2 端与形成两个波束的两相邻馈源 1、2 相连。

发射时，从发射机来的信号加到和差比较器的 Σ 端。故 1、2 端输出等幅同相信号，两个馈源被同相激励，并辐射出相同的功率，结果两波束在空间各点产生的场强同相相加，形成发射和波束 $F_{\Sigma}(\theta)$，如图 4.2.20(b)所示。

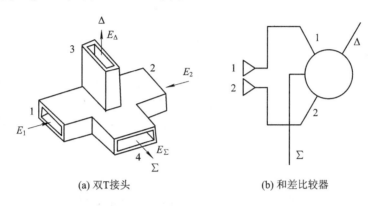

(a) 双T接头　　　　　　　　　(b) 和差比较器

图 4.2.20　双 T 接头及和差比较器示意图

接收时，回波脉冲同时被两个波束的馈源所接收。两波束接收到的信号振幅有差异(视目标偏离天线轴线的程度)，但相位相同(为了实现精密跟踪，波束通常做得很窄，对处在和波束照射范围内的目标，两馈源因靠得很近故接收到的回波的波程差可忽略不计)。这两个相位相同的信号分别加到和差比较器的 1/2 端。这时，在 Σ 端完成两信号同相相加，输出和信号。在和差比较器的 Δ 端，两信号反相相加，输出差信号。和信号用来作为相位基准，用它与差信号的相位进行比较，就可以鉴别出目标偏离天线轴线的方向。Δ 端输出差信号的振幅大小表明了目标误差角 ε 的大小，差信号的相位则表明了目标偏离天线轴线的方向。

可见，振幅和差单脉冲雷达是依靠和差比较器的作用来得到图 4.2.19 所示的和、差波束。差波束用于测角，和波束用于发射、观察和测距；和波束信号还用来作相位鉴别器的相位比较基准。

3) 相位检波器和角误差信号的变换

和差比较器 Δ 端输出的高频角误差信号还不能用来控制天线跟踪目标，必须把它转换成直流误差电压，其大小应与高频角误差信号的振幅成比例；其极性应由高频角误差信号的相位来决定，这一变换由相位检波器来完成。

相位检波器输出为正极性或负极性的视频脉冲，其幅度与差信号的振幅(即目标误差角 ε)成比例，脉冲的极性(正或负)则反映了目标偏离天线轴线的方向。把它变成相应的直流误差电压后，加到伺服系统控制天线向减小误差的方向运动就可实现角跟踪。

4) 单平面振幅和差单脉冲雷达及自动增益控制

图 4.2.21 是单平面振幅和差单脉冲雷达的组成框图，其工作过程为：发射信号加到和差比较器的 Σ 端，分别从 1、2 端输出同相信号激励两个馈源。接收时，两波束的馈源接收到的信号分别加到和差比较器的 1、2 端，Σ 端输出和信号，Δ 端输出差信号(高频角误差信号)。

和、差两路信号分别经过各自的接收系统(称为和、差支路)。中放后,差信号作为相位检波器的输入信号,和信号分为三路:一路经检波视放后作测距和显示用,另一路作相位检波器的基准信号,还有一路用作和、差两支路的自动增益控制。和、差两中频信号在相位检波器中进行相位检波,输出就是视频角误差信号,将其变成相应的直流误差电压后加到伺服系统,控制天线转动,使其跟踪目标。和圆锥扫描雷达一样,进入角跟踪之前,必须先进行距离跟踪,并由距离跟踪系统输出的距离波门加到差支路中放,使被选目标的角误差信号通过。

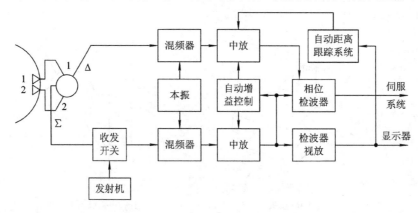

图 4.2.21　单平面振幅和差单脉冲雷达框图

为了消除目标回波信号振幅变化(因目标大小、距离、有效散射面积变化而造成的目标回波信号振幅变化)对自动跟踪系统的影响,需要采用自动增益控制,它是用和支路信号经自动增益控制电路,同时去控制和、差两支路的中放增益。因为单脉冲雷达是在同一瞬间把和、差两支路的信号作比较,所以要求和、差两信道的特性严格一致,这是单脉冲雷达的特点,它对接收机(多通道)的一致性要求特别高。自动增益控制是用和信号同时对和、差支路进行自动增益控制,又称归一化处理。自动增益控制电压与和信号的幅度成正比;而和、差支路的放大量则与自动增益控制电压成反比,即与和信号幅度成反比。

4.3　动目标检测与测速

区分运动目标和固定杂波的基础是它们在速度上的差别。由于运动速度不同而引起回波信号频率产生的多普勒频移不相等,这就可以从频率上区分不同速度目标的回波。在动目标显示(MTI)和动目标检测(MTD)雷达中使用了各种滤波器,滤去固定杂波而取出运动目标的回波,从而大大改善了在杂波背景下检测运动目标的能力,并且提高了雷达的抗干扰能力。一般在信号处理机中完成对杂波的抑制。

此外,在某些实际运用中,还需要准确地知道目标的运动速度,利用多普勒效应所产生的频率偏移,也能达到准确测速的目的。

4.3.1　多普勒效应在雷达中的应用

对运动目标速度的测量也是雷达目标测量的一项重要内容,运动目标的速度是通过多普勒频率来测量的。需要注意的是,在雷达系统中,对目标在直角坐标系下各个速度分量的测量不能直接完成,需要利用数据处理方法间接获得。此处所述的目标速度测量特指雷达对目标运动的径向速度测量，雷达能够直接测量的是目标的径向速度。

1. 多普勒原理

多普勒原理是指当发射源和接收者之间有相对径向运动时，接收到的信号频率将发生变化，根据信号频率的变化就能够测量出相对径向运动速度的大小。

设目标以匀速相对雷达运动，在径向速度 v_r 为常数时，产生的频率差为

$$f_d = \frac{2v_r}{\lambda} \tag{4.3.1}$$

这就是多普勒频率，正比于相对运动的速度而反比于工作波长。当目标接近雷达时，多普勒频率为正值，接收信号频率高于发射信号频率；当目标远离雷达时，多普勒频率为负值，接收信号频率低于发射信号频率。

多普勒频率可以直观地解释为：振荡源发射的电磁波以恒速传播，如果接收者相对于振荡源是不动的，则它在单位时间内收到的振荡数目与振荡源发出的相同，即两者频率相等；如果振荡源与接收者之间有相对接近的运动，则接收者在单位时间内接收到的振荡数目要比它不动时多一些，即接收频率增大；当两者做背向运动时，结果相反。

多普勒频率与雷达工作频率的相对比值非常小，因此需要采用差拍，即 f_0 与 f_r 的差值的方法求出多普勒频率。

2. 连续波雷达测速

为了求出收/发信号频率的差频，可以在接收机检波器输入端引入发射信号作为基准电压，在检波器输出端就可以得到收发频率的差频电压，即多普勒频率电压。这里的基准电压通常称为相参(干)电压，而完成差频比较的检波器称为相参检波器。相参检波器是一种相位检波器，在其输入端除了加基准电压外，还有需要鉴别其差频或相对相位的信号电压。

图 4.3.1 是连续波多普勒雷达原理图。发射机产生频率为 f_0 的等幅连续波高频振荡，其中绝大部分能量从发射天线辐射到空间，很少部分能量耦合到接收机输入端作为基准电压。混合的发射信号和接收信号经过放大后，在相位检波器的输出端取出其差拍电压，隔离其中的直流分量，得到多普勒信号送到终端指示器。

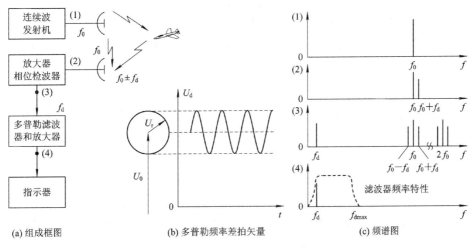

图 4.3.1　连续波多普勒雷达原理框图

对于固定目标，由于回波信号与基准信号的相位差 $\varphi=\omega_0 t_r$ 保持常数，故混合相加的合成电压幅度也不改变。当回波信号振幅 U_r 远小于基准信号振幅 U_0 时，从矢量图上可求得其合成电压为

$$U_\Sigma \approx U_0 + U_r \cos\varphi \tag{4.3.2}$$

包络检波器输出正比于合成信号振幅。对于固定目标，合成矢量不随时间变化，检波器输出经隔离直流后无输出。而运动目标回波与基准电压的相位差随时间按多普勒频率变化，即回波信号矢量围绕基准矢量端点以等角速度 ω_d 旋转，这时合成矢量的振幅为

$$U_\Sigma \approx U_0 + U_r \cos(\omega_d t - \varphi_0) \tag{4.3.3}$$

经相位检波器取出两电压的差拍，通过隔直流电容器得到输出的多普勒频率信号为 $U_r \cos(\omega_d t - \varphi_0)$。在检波器中，还可能产生多种和差组合频率，可用带通滤波器取出所需要的多普勒频率 f_d 送到终端显示器(例如频率计)，即可测得目标的径向速度。

带通滤波器的通频带应为 $\Delta f \sim f_{dmax}$，其低频截止端用来消除固定目标回波，同时应照顾到能通过最低多普勒频率信号，滤波器的高端 f_{dmax} 则应保证目标运动时的最高多普勒频率能够通过。连续波测量时，可以得到单值无模糊的多普勒频率值。

在实际使用中，这样宽的滤波器通频带是不合适的，因为每个运动目标回波只有一个谱线，其谱线宽度由信号有效长度(或信号观测时间)决定。滤波器的带宽应该和谱线宽度相匹配，带宽过宽只能增加噪声而降低测量精度。如果采用和谱线宽度相匹配的窄带滤波器，由于事先并不知道目标多普勒频率的位置，因而需要大量的窄带滤波器，依次排列并覆盖目标可能出现的多普勒范围，如图 4.3.2 所示。根据目

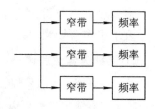

图 4.3.2 多普勒滤波器组

标回波出现的滤波器序号，就可以判定多普勒频率。如果目标回波出现在两个滤波器内，则可以采用内插法求出多普勒频率。

连续波多普勒雷达可发现运动目标并能单值地测定其径向速度。利用天线系统的方向性可以测定目标的角坐标，但是简单的连续波雷达不能测出目标的距离。这种系统的优点是：发射系统简单，接收信号频谱集中，因而滤波装置简单，从干扰背景中选择目标的性能好，可发现任一距离上的运动目标，故适用于强杂波背景条件(例如在灌木丛中行走的人或缓慢行驶的车辆)。由于最小探测距离不受限制，故可用来测量飞机、炮弹等运动体的速度。

3. 脉冲雷达测速

脉冲雷达是最常用的雷达工作方式。当雷达发射脉冲信号时，和连续发射时一样，运动目标回波信号中产生一个附加的多普勒频率分量。所不同的是目标回波仅在脉冲宽度时间内按重复周期出现。

图 4.3.3 为利用多普勒效应的脉冲雷达结构图及各主要点的波形图，图中所示为多普勒频率 f_d 小于脉冲宽度倒数的情况。

和连续波雷达的工作情况相比，脉冲雷达的发射信号按一定的脉冲宽度 τ 和重复周期 T_r 工作。由连续振荡器取出的电压作为接收机相位检波器的基准电压，基准电压在每个重复周期均和发射信号有相同的起始相位，因而是相参的。

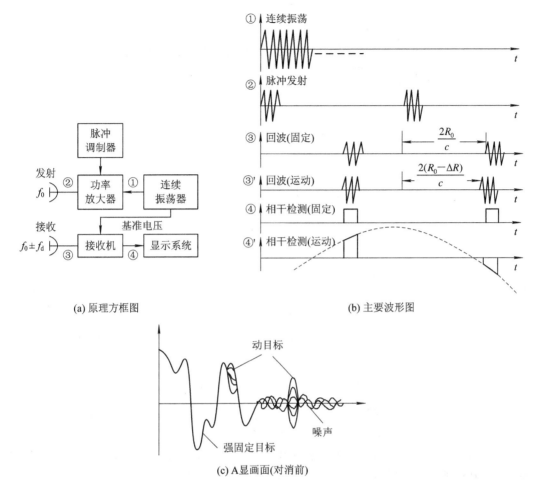

(a) 原理方框图　　　　　　　　　　　(b) 主要波形图

(c) A 显画面(对消前)

图 4.3.3　利用多普勒效应的脉冲雷达

相位检波器输入端所加的电压有两个：一个是连续的基准电压 U_k，其频率和起始相位均与发射信号相同；另一个是回波信号 U_r，当雷达为脉冲工作时，回波信号是脉冲电压，只有在信号来到期间，即 $t_r < t < (t_r + \tau)$ 时才存在，其他时间只有基准电压 U_k 加在相位检波器上。经过检波器的输出信号为

$$u = K_d U_k (1 + m\cos\varphi) = U_0 (1 + m\cos\varphi) \tag{4.3.4}$$

式中，U_0 为直流分量，为连续振荡的基准电压经检波后的输出，而 $U_0 m \cdot \cos\varphi$ 则代表检波后的信号分量。在脉冲雷达中，由于回波信号为按一定的重复周期出现的脉冲，因此，$U_0 m \cdot \cos\varphi$ 表示相位检波器输出回波信号的包络。

图 4.3.4 给出了相位检波器的波形图。对于固定目标来讲，相位差 φ 是常数：

$$\varphi = \omega_0 t_r = \omega_0 \frac{2R_0}{c} \tag{4.3.5}$$

合成矢量的幅度不变化，检波后隔去直流分量可得到一串等幅脉冲输出。对运动目标回波而言，相位差随时间 t 改变，其变化情况由目标径向运动速度 v_r 及雷达工作波长 λ 决定。

$$\varphi = \omega_0 t_r = \omega_0 \frac{2R(t)}{c} = \frac{2\pi}{\lambda} 2(R_0 + v_r t) \tag{4.3.6}$$

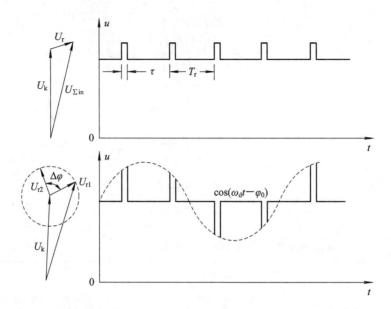

图 4.3.4　相位检波器输出波形

合成矢量为基准电压 U_k 及回波信号相加，经检波及隔离直流分量后得到脉冲信号的包络为

$$U_0 m\cos\varphi = U_0 m\cos\left(\frac{2\omega_0}{c}R_0 - \omega_d t\right) = U_0 m\cos(\omega_d t - \varphi_0) \qquad (4.3.7)$$

即回波脉冲的包络调制频率为多普勒频率。这相当于连续波工作时的取样状态，此时回波信号按脉冲重复周期依次出现，信号出现时对多普勒频率取样输出。

脉冲雷达测速原理和连续波雷达测速相同（参见图 4.3.1）。一般在相位检波器后（或在杂波抑制滤波器后）串接并联多个窄带滤波器，滤波器的带宽应和回波信号谱线宽度相匹配，滤波器组相互交叠排列并覆盖全部多普勒频率测量范围。有了多个相互交叠的窄带滤波器，就可以根据出现目标回波的滤波器序号位置，直接或用内插法决定其多普勒频移和相应的目标径向速度。

脉冲雷达测速和连续波雷达测速的不同之处在于，取样工作后，信号频谱和对应的窄带滤波器的频率响应均是按雷达脉冲重复频率 f_r 周期地重复出现的，因而可能引起测速模糊。为保证不模糊测速，原则上应满足：

$$|f_{d\max}| \leqslant \frac{1}{2}f_r \qquad (4.3.8)$$

式中，$f_{d\max}$ 为目标回波的最大多普勒频移。必须选择足够大的脉冲重复频率 f_r 才能保证不模糊测速。有时雷达脉冲重复频率的选择不能满足不模糊测速的要求，即由窄带滤波器输出的数据是模糊速度值。要得到真实的速度值，就应在数据处理机中有相应的解速度模糊措施。解速度模糊和解距离模糊的原理相同。

4.3.2　动目标显示技术

1. 基本原理

相对雷达不动的地面目标（即固定目标）在雷达发射相邻初相一致的射频脉冲时，其回波的相位是不变的；当目标相对雷达有径向运动分量时（即运动目标），在雷达发射相邻的两次射频脉冲时间间隔内，由于多普勒效应（$f_d = 2v_r/\lambda$），引起两次目标回波的射频初相不同。经相参处理后，固定目标回波的输出在相邻重复周期内是等幅脉冲串信号，而运动目标回波的输出在相邻重复周期内是受多普勒频率调制的脉冲串信号。若经包络检波器后输出幅度调制信号，用 A 型显示器观察到固定目标回波视频信号为稳定的形状，而运动目标的幅度和极性均是变化的，在 A 型显示器呈现为上下跳动的波形，这就是通常所说的运动目标产生的"蝶形效应"，如图 4.3.5 所示。

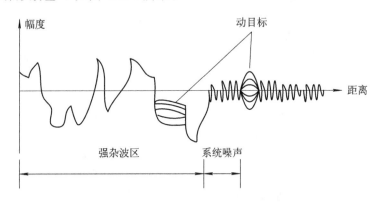

图 4.3.5　固定目标和运动目标回波视频波形

这样，一种很自然的想法就是将正交鉴相器输出的第一周期的回波相参视频信号延时一个周期，与第二周期的回波对应距离相参视频输出相减，即一次对消器（也称为两脉冲对消器），从而对消掉固定杂波而输出运动目标信号，其原理框图如图 4.3.6 所示。这种主要利用回波多普勒信息的不同而区分运动目标与固定目标的技术称为动目标显示。

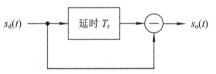

图 4.3.6　一次对消的动目标显示
原理框图

运动目标回波表达式见式（4.3.9），其经过下变频和正交鉴相处理后，I 通道输出采用归一化形式表示，有

$$s_d(t) = \cos(2\pi f_d t + \theta_0) \tag{4.3.9}$$

按图 4.3.6 进行的两脉冲对消处理，其输出为

$$\begin{aligned}
s_o(t) &= s_d(t) - s_d(t - T_r) \\
&= \cos(2\pi f_d t + \theta_0) - \cos[2\pi f_d(t - T_r) + \theta_0] \\
&= 2\sin(\pi f_d T_r) \cdot \sin\left[2\pi f_d\left(t - \frac{T_r}{2}\right) + \theta_0\right]
\end{aligned} \tag{4.3.10}$$

式中，T_r 为雷达的脉冲重复周期。由上式可见，对消器的输出为一频率为 f_d 的正弦信号，其振幅中含有 $\sin(\pi f_d T_r) = 0$ 因子。因此，若 $f_d = 0$，则对消器的输出为 0。

经过图 4.3.6 的脉冲延迟相减处理后，得到的 MTI 效果如图 4.3.7 所示。图中，固定目标回波经过对消处理以后还会有一定的剩余，通常称为杂波剩余，产生杂波剩余的主要原因是由多方面因素（如风速、雷达天线转动等）引起的杂波多普勒展宽；运动目标回波则一般不会被对消掉。

若从频率域上看，固定杂波主要集中在 Nf_r 附近（$N = 0, 1, 2, \cdots$，f_r 为脉冲重复频

率)，而运动目标的多普勒频率可能在频率轴任何地方出现，一次对消器就是一个滤波器，其频率响应 $|H(f)|$ 如图 4.3.8 所示，其频率响应的零点正好出现在 Nf_r 处，对杂波来说是凹口，得以对消；而动目标在对消器输出。

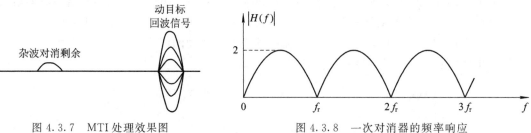

图 4.3.7　MTI 处理效果图　　　　　　图 4.3.8　一次对消器的频率响应

2. 盲速及其消除方法

当某些径向速度引起的多普勒频率是脉冲重复频率的整数倍时，也会被对消掉，对应此目标速度成为盲速(即速度模糊问题)。在式(4.3.10)中，当 $f_d T_r = n (n=0,1,2,\cdots)$ 时，对消滤波器输出为零。这就是说当 $f_d = n/T_r$ 时，运动目标在对消滤波器输出端没有信号输出。这里当 $n=0$ 也就是 $f_d=0$ 时，对应的固定目标没有输出，这是所希望的。与此同时径向速度为零的动目标(如与雷达站作切线飞行的飞机)回波也会被抑制，这是不可避免的，但在 $n=1,2,3,\cdots$ 时，具有这些多普勒频率($f_d = n/T_r$)的目标，在对消滤波器输出端输出也为零，因此称对应这些多普勒频率的目标径向运动速度为盲速，记为 v_{r0}。

根据 $f_d = n/T_r$ 和 $f_d = 2v_r/\lambda$，可得盲速为

$$v_{r0} = \frac{\lambda}{2} n f_r \tag{4.3.11}$$

可见盲速是目标在一个重复周期的位移恰好等于 $\lambda/2$(或其整数倍)的速度。这时相邻重复周期的回波的相位差是 2π(或其整数倍)，所以从雷达正交鉴相器输出的为等幅脉冲串，这时多普勒频率并不为零的运动目标在正交鉴相器的输出端呈现出与多普勒频率为零的目标相同的输出，即对消滤波后输出为零。

例如，某雷达 $\lambda = 0.1$ m，$f_r = 400$ Hz，则 $v_{r01} = \lambda f_r/2 = 20$ m/s，$v_{r02} = 40$ m/s，……，第二十盲速 $v_{r20} = 400$ m/s，等等。这样，现代超音速飞机或者导弹目标在其最大速度范围内包含几十个盲速点。另外，雷达工作波长越短，盲速点就越多。

盲速问题的解决可以通过提高第一盲速的数值来实现，使目标速度范围内无盲速。由式(4.3.11)可知，提高第一盲速意味着加大波长 λ 或提高 f_r，但 λ 和 f_r 通常还要受到一系列因素的限制，不能任意加大。例如，提高脉冲重复频率，将导致雷达的最大不模糊作用距离 R_u 降低($R_u = cT_r/2$)。对于 $\lambda = 10$ cm 的雷达，设定第一盲速为 700 m/s，则要求 $f_r \geqslant 14$ Hz，此时雷达的最大不模糊作用距离按 $R_u = cT_r/2$ 计算其值为 $R_u < 10.7$ km。显然，这对防空预警雷达来说是不允许的。因此，防空预警雷达常采用参差脉冲重复频率(参差变 T_r)的方法，提高第一盲速，使目标盲速不在雷达探测的速度范围内。

设雷达采用两种不同的重复频率 f_{r1} 和 f_{r2}，则一次对消的输出幅度分别为

$$u_1 = \left| 2\sin\left(\frac{\pi f_d}{f_{r1}}\right) \right| \tag{4.3.12}$$

和

$$u_2 = \left| 2\sin\left(\frac{\pi f_d}{f_{r2}}\right) \right| \tag{4.3.13}$$

经过多个重复周期平均以后，合成信号的包络振幅的均方值为

$$\overline{u} = 2\sqrt{\sin^2\left(\frac{\pi f_d}{f_{r1}}\right) + \sin^2\left(\frac{\pi f_d}{f_{r2}}\right)} \tag{4.3.14}$$

当合成输出为零时（必须根号内两项同时为零），相应的速度等效于参差后的"盲速"。假设 $f_{r1} = 300\ \text{Hz}$，$f_{r2} = 200\ \text{Hz}$，参差变周（参差变）前后的幅频响应曲线如图 4.3.9 所示。

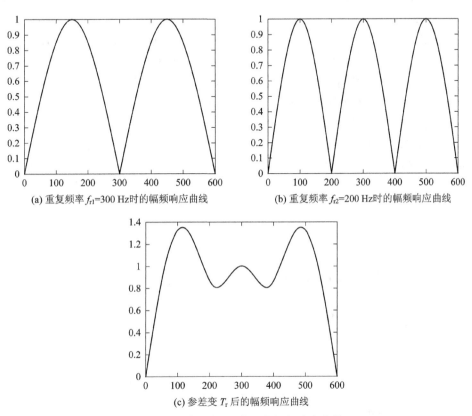

(a) 重复频率 f_{r1}=300 Hz 时的幅频响应曲线　　(b) 重复频率 f_{r2}=200 Hz 时的幅频响应曲线

(c) 参差变 T_r 后的幅频响应曲线

图 4.3.9　参差变 T_r 前后的幅频响应曲线

从图 4.3.9 中可以看出，当采用参差变 T_r 后，就把系统的盲速向后推迟了一个范围。所以说，当运动目标的速度为盲速时，可以改变发射信号的脉冲重复周期，即改变对消器"凹口"的位置，使运动目标回波信号处于滤波器的通带，来保证回波信号的输出。盲速向后推迟的具体大小取决于重复频率 f_{r1} 与 f_{r2} 的比值，这个比值称为参差比。目前大部分 MTI 雷达系统都采用参差变 T_r 的办法来克服盲速，如三变 T_r、五变 T_r 以及自适应变 T_r 等。

由于固定目标回波视频脉冲受到天线方向性调制，幅度是不相等的；又由于风吹草动，大部分固定目标回波会引起幅度和相位的微量变化，在零频附近呈现一定的谱宽。为了提高 MTI 性能，可以采用多次延迟对消处理，如三脉冲对消、四脉冲对消等，在零频附近有更宽的凹口，而且能使不同多普勒频率的响应更平滑。

3. 自适应动目标显示（AMTI）技术

由于空中的云雨和干扰箔条总是随风飘移，虽然其速度相比飞机等目标较小，但也会形

成多普勒频率,这时要利用帧间(天线扫描间)相关信息和其空域分布广泛的特点来鉴别杂波并估计其多普勒频率,而后将滤波器凹口自适应地移动到杂波的多普勒频率处,称为 AMTI。

　　前面讨论的 MTI 可以很好地对付固定杂波(即速度为 0),如水塔、电线杆、山地等回波。实际雷达工作时还会遇到云、雨等气象杂波,战时还会存在人为释放的箔条等,由于风速的影响,这些目标将会按一定的速度运动,其回波还会产生一定的多普勒频移。通常,云雨、箔条等目标的漂移速度远比高速飞行目标小,故将气象和箔条杂波称为慢动杂波。地杂波、慢动杂波和运动目标回波的频谱分布如图 4.3.10 所示。此外,对于机载和舰载雷达而言,地(海)杂波和雷达之间有相对运动,杂波谱的中心会产生多普勒频偏。若不采取措施,而仍用前面的对消器,这样对消滤波效果会很差,甚至有时会无效。因此需要通过对具体杂波的中心多普勒频率进行估计,将原 MTI 对消器的凹口移动到慢动杂波的多普勒中心处,再进行对消处理。此即 AMTI 技术,AMTI 的对消特性曲线如图 4.3.10 中点画线所示,这样便可像抑制固定杂波那样对消掉慢动杂波了。对于气象或箔条等慢动杂波,通常要利用帧间(即天线扫描间)相关信息和其空域分布广泛的特点来鉴别杂波并估计其多普勒频率,而对于机载或机载雷达,通常要利用平台运动速度等信息来估计地(海)杂波的多普勒频率。

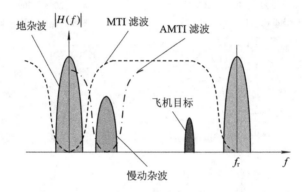

图 4.3.10　回波频谱分布与 MTI - AMTI 滤波示意图

4.3.3　动目标检测与测速

1. 基本原理

　　如前所述,MTI 实现比较简单,在现代防空预警雷达中获得了广泛应用。但它存在较大缺陷,如地物杂波背景下对动目标进行检测时,难以达到匹配滤波状态,目标谱的形状和滤波器的频率特性差异较大,在强杂波环境下限幅接收会使杂波谱展宽,从而影响对杂波的滤除,对消器的零频附近的抑制凹口,会使相对雷达做切向飞行的目标难以检测。在动目标显示技术的基础上,采用离散傅里叶变换(DFT)或有限冲激响应(FIR)的方法设置并行窄带多普勒滤波器组,使之更接近最佳滤波,并采用多种杂波图,控制中放增益以展宽动态范围,经处理区别开地物杂波、气象杂波和动目标,建立精细杂波图,实现超杂波检测,这就是动目标检测(MTD),其原理框图如图 4.3.11 所示。MTD 的核心是多普勒滤波器组,即图中的 FIR 滤波器,而杂波图是存储在存储器中的雷达威力范围内的杂波强度分布图。

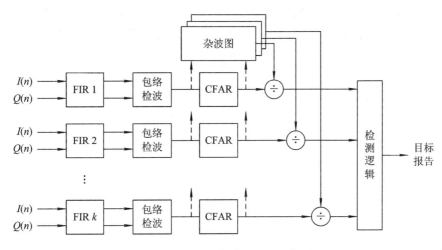

图 4.3.11　动目标检测器原理框图

在雷达探测区域按距离和方位分为若干精细的分辨单元,对应一组脉冲串(相干处理间隔),回波相参视频信号(I/Q)经存储,其数据存储结构如图 4.3.12 所示。将同一距离单元不同方位脉冲数据输入到多普勒滤波器组中进行相参处理,在不同的频率通道输出相参积累的视频信号,多普勒滤波器组幅频特性如图 4.3.13 所示。由图可见,多普勒滤波器

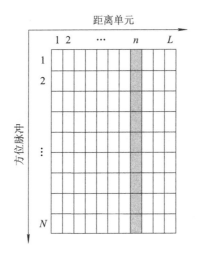

图 4.3.12　雷达回波数据存储结构

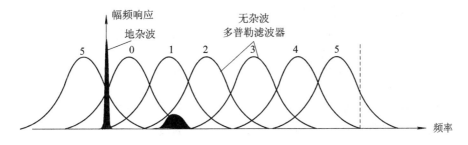

图 4.3.13　多普勒滤波器组幅频特性

组中每个滤波器的带宽与目标回波的谱扩展尽量相匹配,将目标信号从滤波器中提取出来,再进行分频道的恒虚警率处理(CFAR)并加以适当合并,来区分目标和杂波。对气象和箔条等慢动杂波而言,由于运动速度不同于目标,将落入不同的滤波器中,凭借不同的距离和多普勒分布,由自适应恒虚警率处理进行鉴别。对于一些不稳定分量和随机噪声,由于频谱均匀分布在各个滤波器中,大部分被抑制,从而明显改善了信号对杂波和噪声的比值。

2. 多普勒滤波器组的实现

MTD 的核心是多普勒滤波器组,其实现方法通常包括两种:一种是基于加权 DFT 实现多普勒滤波器组,一种是基于 FIR 滤波器实现多普勒滤波器组。

1) 加权 DFT 实现多普勒滤波器组

具有 N 个输出的横向滤波器(N 个重复周期和 $N-1$ 根延迟线),经过各重复周期的不同加权并求和后,即可实现 N 个相邻的窄带滤波器组。其原理框图如图 4.3.14 所示。

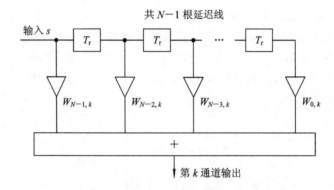

图 4.3.14　MTD 横向滤波器结构框图

由于 DFT 是一种特殊的横向滤波器,所以若将图 4.3.14 的加权因子按 DFT 定义选择,并采用 DFT 的快速算法 FFT,就可实现基于 FFT 的多普勒滤波。

根据 DFT 的定义,图 4.3.14 中的加权系数为

$$W_{ik} = e^{-j2\pi ik/N}, \quad i, k = 0, 1, 2, \cdots, N-1 \tag{4.3.15}$$

将信号序列 $s(i)(i=0, 1, 2, \cdots, N-1)$ 的能量分布到 N 个多普勒通道,第 k 个通道的输出 $S(k)$ 为

$$S(k) = \sum_{i=0}^{N-1} s(i) W_{ik} = \sum_{i=0}^{N-1} s(i) \cdot e^{-j2\pi ik/N} \tag{4.3.16}$$

可以求得第 k 个通道的幅频特性为

$$H_k(f) = \left| \frac{\sin[\pi N(f/f_r - k/N)]}{\sin[\pi(f/f_r - k/N)]} \right|, \quad k = 0, 1, \cdots, N-1 \tag{4.3.17}$$

式中,k 表示多普勒通道号,每个多普勒通道(相当于滤波器)均有形状相同、中心频率不同的幅频特性,其形状为一主瓣与两侧各个旁瓣的组合。

为了便于理解,图 4.3.15 给出了 $N=8$ 时多普勒滤波器组的通道特性与信号成分的分布情况。图中,剩余杂波是指经过 MTI 处理后剩下的杂波信号,由于地杂波的频谱分布在零频附近,它主要集中在 0 多普勒通道;慢动杂波的能量主要集中在第 1、第 2 多普勒通道;运动目标回波信号能量则集中在第 5 多普勒通道。

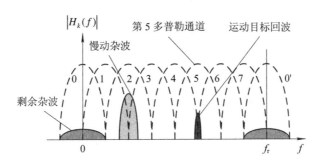

图 4.3.15　多普勒滤波器组输出示意图

从图 4.3.15 的图示效果可以看出，经过 MTD 处理后，地杂波、气象杂波以及运动目标信号分处在不同的多普勒通道里，从而可以实现目标与杂波的分离，有利于运动目标信号的检测。

2）FIR 滤波器实现多普勒滤波器组

由于一般预警雷达的重复频率不高，所以窄带滤波器的数目只需几个或十几个。因此在 MTD 的许多应用中，无须或者说无须刻意采用 FFT 算法，而直接采用相乘累加运算即可。这一横向滤波器实际上就是一典型的 FIR 滤波器。20 世纪 80 年代以后大规模集成电路技术的迅速发展促使高精度快速乘法累加器研制成功，使得 FIR 直接实现（而无须借助 FFT 等快速算法）多普勒滤波进入实用阶段。

3）两种实现方法的性能比较

加权 DFT 实现多普勒滤波器组的优点为：① 易于采用 DFT 的快速算法 FFT 实现，提高算法的实时性。② 从频谱上看，由于每个窄带滤波器只占延迟线对消器通频带大约 $1/N$ 的宽度，因而其输出端的信噪比可提高 N 倍。从时域来看，加权求和实现了脉冲串的相参积累，由于信号是同相叠加，使总的信噪比改善了 N 倍。③ 对杂波来说，各个滤波器的杂波输出功率只有各自通带内的杂波谱部分，而不是整个多普勒频带内的杂波功率。因此，每个滤波器输出端的改善因子均有提高。其缺点为：① 用 FFT 进行频谱分析的旁瓣值较高，限制了每个窄带滤波器改善因子的提高；② 各个窄带滤波器的增益完全一致，不能实现与目标及杂波速度分布相一致的分别设计和选择控制。

FIR 实现多普勒滤波器组的优点为：① 可根据特殊的要求，采用比加权 DFT 更有效和更灵活的设计方法得到较理想的滤波器特性（如更低的旁瓣）；② 不同频道（即组中的不同滤波器）更容易实现与目标及杂波速度分布相匹配的分别设计或选择控制。其缺点为：运算速度相对加权 DFT 要慢，适合脉冲重复频率不高的情况。

3. 零多普勒处理

对于切向飞行的目标，多普勒频率很小，将与固定杂波一起被零速滤波器滤除。为了检测这种目标，可专门设置一个与多普勒滤波器组并联的零多普勒通道。零多普勒处理主要由卡尔马斯（Kalmus）滤波器先对地物进行抑制，再对剩余地物杂波用不断更新的精细杂波单元的幅度杂波图（时间单元恒虚警率处理）存储结果做基准，当有目标信号叠加上时，利用幅度信息实现超杂波检测，其零多普勒处理原理框图如图 4.3.16 所示。从图中可以看出，零多普勒处理主要由两个部分组成：一是确保强地物杂波环境下低径向速度目标检测能力的卡尔马斯滤波；二是杂波图 CFAR 处理。

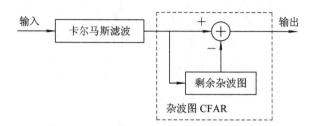

图 4.3.16 零多普勒频率处理组成框图

1）卡尔马斯滤波器

卡尔马斯滤波器的幅频特性如图 4.3.17 所示。其特点是在零多普勒频率处呈现深的止带凹口；而随着频率的增加呈现快速的上升增益，以保证低速目标的检测能力。通常卡尔马斯滤波器由多普勒滤波器组中的 0 号滤波器和 $N-1$ 号滤波器进行运算就可得到。具体方法为：将 0 号滤波器和 $N-1$ 号滤波器的输出幅度相减并取绝对值，可形成一新的等效"滤波器"幅频特性，它在 $f=-f_r/2N$ 处呈现零响应，而在此频率两侧呈现窄、深的凹口。若再将它频移 $f_r/2N$，便形成了在零频率处有窄、深凹口的所谓卡尔马斯滤波器。

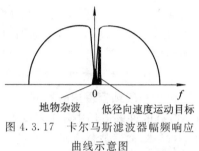

图 4.3.17 卡尔马斯滤波器幅频响应
曲线示意图

2）杂波图 CFAR 处理

虽然卡尔马斯滤波器能将速度为零的强地物回波大幅度衰减，但实际环境中的杂波总是存在具有一定谱宽的起伏杂波。尽管使用了卡尔马斯滤波，滤波剩余的起伏分量仍将严重干扰低速目标的检测并造成剧烈变化的虚警。因此有效的方法是杂波图 CFAR 处理（亦称杂波图平滑处理），即建立起伏杂波图（因杂波已是卡尔马斯对消的剩余，有时又称为剩余杂波图），并根据杂波图对输入作归一化平滑（即相减），以收到近似恒虚警率的效果。

由于地物杂波与气象杂波相比在邻近距离范围内变化剧烈，不满足平稳性，因此不能采用基于邻近单元平均的所谓空间单元 CFAR，否则会导致很大的信噪比损失，且难以维持虚警率的恒定。同一距离—方位单元之内的地物杂波（剩余）尽管仍有一定起伏，但其天线扫掠（帧）间采样已满足准平稳性，这样就可考虑基于同一单元的多次扫掠对杂波平均幅度进行估值，然后再用此估值对该单元的输入作归一化门限调整，这就是所谓的杂波图 CFAR 的基本过程。为与对付气象杂波的邻近单元平均 CFAR 相区别，它也叫做"时间单元" CFAR。

杂波图 CFAR 由剩余杂波图和相减电路组成，如图 4.3.18 所示。剩余杂波图采用单极点反馈积累法，其原理与一般的杂波图一样；不同的是其输入信号是经过卡尔马斯滤波器处理的剩余杂波。这里值得一提的是，由于剩余杂波和目标信号同时存在，只有当目标回波大于剩余杂波

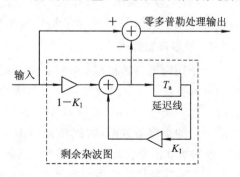

图 4.3.18 杂波图 CFAR 处理原理框图

时才可能被检测到。

4. 主要质量指标

杂波抑制质量指标主要用于评价各种杂波抑制技术性能的优劣。其主要指标有三个，即杂波衰减和对消比、改善因子及杂波可见度。

1) 杂波衰减和对消比

杂波衰减（CA）定义为：输入杂波功率 C_i 和对消后同一杂波的剩余功率 C_o 之比，即

$$CA = \frac{C_i}{C_o} \tag{4.3.18}$$

有时也用对消比来表示。对消比（CR）定义为：对消后的剩余杂波电压与同一杂波未经对消时的电压比值，即

$$CR = \sqrt{\frac{C_o}{C_i}} \tag{4.3.19}$$

CA 与 CR 间的关系是

$$CA = \frac{1}{(CR)^2} \tag{4.3.20}$$

对于某具体雷达而言，可能得到的对消比 CR 不仅与雷达本身的特性有关（如工作的稳定性、滤波器频率特性等），而且和杂波的性质有关，所以两部雷达只有在同一工作环境下比较它们的对消比才有意义。

2) 改善因子

改善因子定义为：输出信号－杂波功率比（S_o/C_o 或者 SCR_o）与输入信号－杂波功率比（S_i/C_i 或者 SCR_i）之比，即

$$I = \frac{S_o/C_o}{S_i/C_i} = \frac{S_o}{S_i} \cdot \frac{C_i}{C_o} = G \cdot CA \tag{4.3.21}$$

式中，$G = S_o/S_i$ 表示系统对信号的平均功率增益。之所以要取平均是因为系统对不同的多普勒频率响应不同，而目标的多普勒频率将在很大范围内分布。

如果系统的工作质量用改善因子来衡量，则影响系统工作质量的因素集中表现在它们对改善因子的限制上。除杂波本身起伏外，天线扫描也将引起杂波谱展宽，分别求出这两个因素对系统改善因子的限制并以 $I_{杂波}$、$I_{扫描}$ 表示。至于雷达本身各种不稳定因素对改善因子的限制，可用 $I_{不稳}$ 表示，则总的改善因子可表示为

$$\frac{1}{I_{总}} = \frac{1}{I_{不稳}} + \frac{1}{I_{扫描}} + \frac{1}{I_{杂波}} \tag{4.3.22}$$

因此，欲使雷达系统的改善因子大，必须使各个因素的改善因子都较大，且各部分的改善因子要合理分配，如果其中一个很小，则过分提高其他限制值，对系统的总体改善因子不会有多大好处，反而是一种浪费。

3) 杂波可见度

杂波可见度（SCV）定义为：雷达输出端的功率信杂比等于可见度系数 V_0 时，雷达信号处理系统输入端的功率杂信比。通常采用分贝数来表示，即

$$SCV(dB) = I(dB) - V_0(dB) \tag{4.3.23}$$

　　这里需要指出的是，SCV 和 I 都可用来说明雷达信号处理的杂波抑制能力，但是两部 SCV 相同的雷达在相同的杂波环境中，其工作性能可能有很大的差别。因为除了信号处理的能力外，雷达在杂波中检测目标的能力还和其分辨单元大小有关。通常，雷达的分辨力越低，雷达分辨单元就越大，对应的进入接收机的杂波功率就越强，则要求雷达的改善因子或者杂波可见度应进一步提高。

　　以上这些指标都可以衡量 MTI 和 MTD 的性能，它们之间有固定的关系，可以相互换算。实际工程上较多采用改善因子来衡量，主要是可以方便将各分系统（如发射机幅频特性、频综器稳定度、传输系统的色散等）指标对整机性能的影响集中表现于它们对改善因子的限制上。

4.3.4　脉冲多普勒技术

　　脉冲多普勒雷达是在动目标检测（MTD）雷达基础上发展起来的一种新型雷达。这种雷达具有脉冲雷达的距离鉴别力和连续波雷达的速度鉴别力，有更强的杂波抑制能力，因而能在较强的杂波背景中分辨出动目标回波。其主要特点是能够对回波信号进行多普勒分辨。脉冲多普勒（PD）一词主要适用于下列雷达：

　　（1）雷达采用相参发射和接收，即发射脉冲和接收机本振信号都与一个高稳定的自激振荡器信号同步。

　　（2）雷达的 PRF（Pulse Repetition Frequency，脉冲重复频率）足够高，距离是模糊的。

　　（3）雷达采用相参处理来抑制主瓣杂波，以提高目标的检测能力和辅助进行目标识别或分类。

　　PD 主要应用于那些需要在强杂波背景下检测动目标的雷达系统。表 4.3.1 列出了 PD 的典型应用和要求。虽然 PD 的基本原理也可应用于地面雷达，但本节主要讨论 PD 在机载雷达中的应用。

表 4.3.1　PD 的应用和要求

雷 达 应 用	要　　求
机载或空间监视	探测距离远；距离数据精确
机载截击或火控	中等探测距离；距离和速度数据精确
地面监视	中等探测距离；距离数据精确
战场监视（低速目标检测）	中等探测距离；距离和速度数据精确
导弹寻的头	可以不要真实的距离信息
地面武器控制	探测距离近；距离和速度数据精确
气象	距离和速度数据分辨力高
导弹告警	探测距离近；非常低的虚警率

　　PD 雷达通常可分为两大类：中 PRF 的 PD 雷达和高 PRF 的 PD 雷达。在中 PRF 的 PD 雷达中，人们所关心的目标距离、杂波距离和速度通常都是模糊的。但在高 PRF 的 PD 雷达中，只有距离是模糊的，而速度是不模糊的。在通常被称为动目标检测（MTD）的低 PRF 雷达中，人们所关心的距离是不模糊的，但速度通常是模糊的。MTD 雷达和 PD 雷达的工作原理是相同的。

PD 雷达的发射频谱由位于载频 f_0 和边带频率 $f_0 \pm i f_R$ 上的若干离散谱线组成, 其中 f_R 是 PRF, i 是整数。频谱的包络由脉冲的形状决定。对常用的矩形脉冲而言, 其频谱的包络是 $\sin x/x$, 如图 4.3.19 所示。

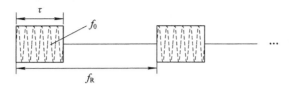

(a) PD雷达发射信号的时域形式

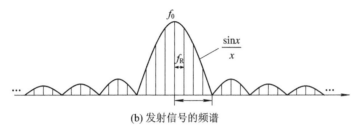

(b) 发射信号的频谱

图 4.3.19   PD 雷达的发射信号形式

图 4.3.20 所示为 PD 雷达的下视关系图。

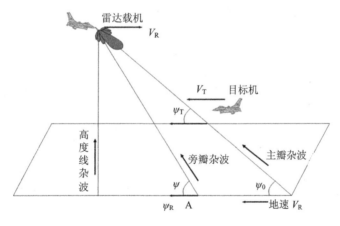

图 4.3.20   PD 雷达的下视关系图

由于天线方向图和下视 PD 雷达与地面之间的相对运动使地面杂波复杂了。

机载雷达共有三种杂波, 即主瓣杂波、旁瓣杂波和高度线杂波, 如图 4.3.21 和图 4.3.22 所示。

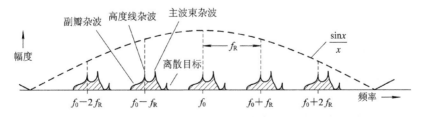

图 4.3.21   PD 雷达台的接收回波杂波频谱

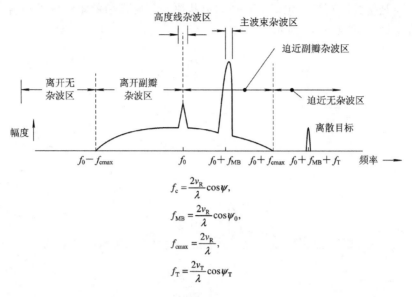

$$f_c = \frac{2v_R}{\lambda}\cos\psi,$$

$$f_{MB} = \frac{2v_R}{\lambda}\cos\psi_0,$$

$$f_{cmax} = \frac{2v_R}{\lambda},$$

$$f_T = \frac{2v_T}{\lambda}\cos\psi_T$$

图 4.3.22 PD 雷达频谱特征图

1）主瓣杂波

主波束中心与地平面有一个锐角 ψ_0，多普勒频移为

$$f_d = \frac{2v_R}{\lambda}\cos\psi_0 \tag{4.3.24}$$

主波束增益最高，杂波也最强。主波束有一定的立体角，在该立体角中不同方位回波的多普勒频移也是不同的。设主波束宽度为 θ_B，主瓣杂波的边沿位置间的最大多普勒频率差为

$$\Delta f_{MB} = f_d\left(\psi_0 - \frac{\theta_B}{2}\right) - f_d\left(\psi_0 + \frac{\theta_B}{2}\right) \approx \frac{2v_R}{\lambda}\theta_B\sin\psi_0 \tag{4.3.25}$$

机载 PD 雷达的主瓣杂波强度与下列因素有关：发射机功率、天线增益、地物反射特性、雷达距地面高度等。其具体强度可以比雷达接收机的噪声高 $70\sim90$ dB。

2）旁瓣杂波

$$f_{c,\max} = \frac{2v_R}{\lambda}\cos\psi \tag{4.3.26}$$

雷达天线总是存在若干副瓣（旁瓣），通过旁瓣产生旁瓣杂波。旁瓣与主瓣是由不同的地物产生的。旁瓣杂波的频率为：角度变化范围是 $0\sim360°$，所以旁瓣多普勒频率范围是 $\left(-\frac{2v_R}{\lambda}, \frac{2v_R}{\lambda}\right)$。

3）高度线杂波

雷达副瓣垂直照射地面，地面反射较强，回波中存在一个较强的"零频"杂波。发射机泄漏也会产生高度线杂波

4）无杂波区

适当选择雷达脉冲重复频率使地面杂波不连续、不重叠，形成无杂波区。在无杂波区域，只有接收机噪声，没有地面杂波，有利于发现该区域的运动目标。

4.4 信号分辨力与测量精度

4.4.1 雷达测量精度

1. 雷达测距精度

对于常规脉冲测距雷达,雷达测距精度取决于其对时延的测量精度。因此,测距的均方根误差为

$$\delta R = \frac{c}{2} \delta t_R \tag{4.4.1}$$

式中,δt_R 为时延测量的均方根误差。

在实际雷达系统中,时延一般是通过对接收信号视频脉冲的前沿进行定位而测得的。如图 4.4.1 所示,假设发射脉冲是一个具有一定上升和下降时间的梯形脉冲,且其上升时间为 t_{rise}。

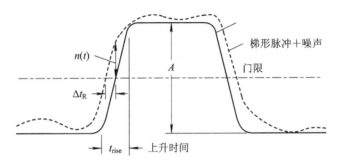

图 4.4.1　通过视频脉冲的上升沿测量时延

当存在噪声的影响时,回波视频脉冲如图 4.4.1 中虚线所示,叠加噪声产生的结果是:在给定门限值时,上升沿的位置在时间轴上将发生移动(即产生时延测量误差)。假设无噪声的理想脉冲的幅度为 A,其上升沿的斜率 S_{lo} 为

$$S_{lo} = \frac{A}{t_{rise}} \tag{4.4.2}$$

如图 4.4.1 所示,有噪声的脉冲斜率可表示为

$$S_{ln} = \frac{n(t)}{\Delta t_R} \tag{4.4.3}$$

式中,$n(t)$ 为门限与脉冲前沿相交处的噪声电压,Δt_R 为时延测量误差。当信噪比很高时可以假定无噪声的脉冲和有噪声的脉冲之间的上升斜率相等,这样有:

$$\frac{A}{t_{rise}} = \frac{n(t)}{\Delta t_R} \tag{4.4.4}$$

由此可得时延测量的均方根误差为

$$\delta t_R = \sqrt{\text{var}(\Delta t_R)} = \frac{t_{rise}}{\sqrt{A^2/\bar{n}^2}} \tag{4.4.5}$$

式中,$\text{var}(\cdot)$ 表示求方差,$\bar{n}^2$ 为噪声方差。如果梯形脉冲的上升沿足够陡,可以近似看成是矩形脉冲,由于当正弦调制的矩形脉冲(平均功率意义上的)信噪比为 S/N 时,矩形视频

脉冲信号与噪声功率之比的关系为 $2S/N$，因此又有

$$\delta t_R = \frac{t_{rise}}{\sqrt{2S/N}} \tag{4.4.6}$$

式(4.4.5)和式(4.4.6)表明，精确的时延测量要求发射脉冲具有陡峭的上升沿和高的脉冲峰值。

如果视频脉冲的上升沿受到矩形中频滤波器的带宽 B 的限制，近似有 $S=E/\tau$，$N=N_0B$。令 $t_{rise} \approx 1/B$，则有

$$\delta t_R = \sqrt{var(\Delta t_R)} = \frac{t_{rise}}{\sqrt{A^2/\bar{n}^2}} \tag{4.4.7}$$

若同时用脉冲前沿和后沿进行时延测量，且脉冲前后沿处的(高斯)噪声是不相关的，则通过求平均，式(4.4.7)中的噪声方差将减小 $1/2$，故上述均方根误差可以减小 $1/\sqrt{2}$ 倍，即

$$\delta t_R = \sqrt{\frac{\tau}{4BE/N_0}} \tag{4.4.8}$$

此外，从图 4.4.1 可见，当仅用脉冲前沿或后沿进行时延测量时，该时延测量值同门限的选取关系很大。但是，如果脉冲前后沿是对称的，则当同时用其前沿和后沿来进行时延测距时，理论上可以得到真实时延的无偏估计。

还应该指出，以上只讨论了脉冲雷达测距问题。现代雷达技术中，广泛采用宽带雷达波形。由于此时的测距原理不完全相同，其测距精度也不再能用式(4.4.1)来表示，而是同雷达波形的距离分辨力和信号处理技术有关。

基于似然比、逆概率等多种统计分析的方法均证明，时延测距的均方根误差满足如下关系式：

$$\delta t_R = \frac{1}{\beta} \frac{1}{\sqrt{2E/N_0}} \tag{4.4.9}$$

式中，E 为信号能量，N_0 为噪声功率谱密度，β 为系统的有效带宽，它定义为

$$\beta^2 = \frac{\int_{-\infty}^{\infty} (2\pi f)^2 |S(f)|^2 df}{\int_{-\infty}^{\infty} |S(f)|^2 df} = \frac{1}{E} \int_{-\infty}^{\infty} (2\pi f)^2 |S(f)|^2 df \tag{4.4.10}$$

注意到这里的有效带宽同我们熟悉的半功率点(3 dB)带宽或等效噪声带宽都不是一回事。在式(4.4.10)中，$S(f)$ 是中心频率为 0 的视频频谱(包含正频率和负频率分量)，因此 $(\beta/2\pi)^2$ 是 $|S(f)|^2$ 的归一化二阶中心矩。从式(4.4.10)可得到以下结论：在保持相同信噪比条件下，信号频谱 $S(f)$ 的能量越朝两端汇聚，则其有效带宽 β 就越大，时延(距离)的测量精度越高。

注意到单频连续波雷达的有效带宽 $\beta=0$，因此它没有距离测量能力。但是，根据式(4.4.9)，采用两个或多个点频的连续波时，系统就具有测距能力。

2. 雷达测速(测频)精度

雷达测速的精度取决于雷达测多普勒频率的精度，测速均方根误差 δV 可为

$$\delta V = \frac{\lambda}{2} \delta f \tag{4.4.11}$$

式中，δf 为雷达测频的均方根误差。R. Manasse 的研究结果证明，多普勒测频的均方根误

差 δf 为

$$\delta f = \frac{1}{\alpha} \frac{1}{\sqrt{2E/N_0}} \tag{4.4.12}$$

式中

$$\alpha^2 = \frac{\displaystyle\int_{-\infty}^{\infty} (2\pi t)^2 s^2(t)\mathrm{d}t}{\displaystyle\int_{-\infty}^{\infty} s^2(t)\mathrm{d}t} \tag{4.4.13}$$

式中，$s(t)$ 是作为时间函数的输入信号，参数 α 称为信号的有效持续时间。

易知，关于测频精度有以下结论：在保持相同信噪比的条件下，信号 $s(t)$ 在时间上能量越朝两端会聚，则其有效持续时间越长，频率（速度）的测量精度越高。

容易证明，对于脉宽为 τ 的理想矩形脉冲，有 $\alpha^2 = \pi^2\tau^2/3$，因此

$$\delta f = \frac{\sqrt{3}}{\pi\tau} \frac{1}{\sqrt{2E/N_0}} \tag{4.4.14}$$

式(4.4.14)表明，理想矩形脉冲持续时间 τ 越长，其测频（测速）精度就越高。

3. 雷达测角精度

雷达测角精度理论公式可以根据前面讨论测距精度时的类似思路来讨论，因为就数学上而言，空间域（角度）和谱域（频率）是相似的。为简便起见，以下只讨论一维测角的情况，对于二维测角，另外的一维可以作完全类似的处理，如图 4.4.2 所示。

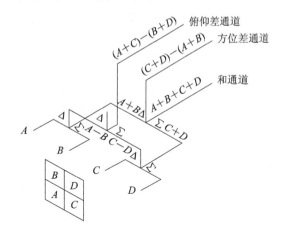

图 4.4.2　二维单脉冲雷达测角的原理

假定天线的一维电压方向图为

$$g(\theta) = \int_{-D/2}^{D/2} A(z) \mathrm{e}^{\mathrm{j}\frac{2\pi}{\lambda}z\sin\theta}\mathrm{d}z \tag{4.4.15}$$

式中，D 为天线的尺寸，$A(z)$ 为天线孔径照度函数，λ 为雷达波长，θ 为偏离天线视线垂线的角度（即 $\theta = 0°$ 时与天线视线垂直）。

式(4.4.15)为一逆傅里叶变换，它与时间信号同其频谱构成的傅里叶变换对相似，即

$$s(t) = \int_{-\infty}^{\infty} S(f) \mathrm{e}^{\mathrm{j}2\pi ft}\mathrm{d}f \tag{4.4.16}$$

所以，如果把天线方向图 $g(\theta)$ 与时间信号 $s(t)$ 对应起来、孔径照度函数 $A(z)$ 与 $S(f)$

对应起来，则这种对应关系为

$$\sin\theta \Leftrightarrow t, \quad \frac{z}{\lambda} \Leftrightarrow f \tag{4.4.17}$$

根据这种可比性，类似于式(4.4.9)和式(4.4.10)，对于测角均方根误差 $\delta\theta$ 有类似的公式，即

$$\delta\theta = \frac{1}{\gamma \sqrt{2E/N_0}} \tag{4.4.18}$$

式中，等效孔径宽度 γ 定义为

$$\gamma^2 = \frac{\int_{-\infty}^{\infty} (2\pi z/\lambda)^2 \mid A(z) \mid^2 dz}{\int_{-\infty}^{\infty} \mid A(z) \mid^2 dz} \tag{4.4.19}$$

当孔径照度函数为均匀(矩形函数)时，有 $\gamma = \dfrac{\pi D}{\sqrt{3}\lambda}$，故此时的理论测角误差为

$$\delta\theta = \frac{\sqrt{3}\lambda}{\pi D \sqrt{2E/N_0}} \tag{4.4.20}$$

若定义天线波束宽度 $\theta_B = \dfrac{\lambda}{D}$，则上式也可表示为天线波束宽度的函数，即

$$\delta\theta = \frac{\sqrt{3}\theta_B}{\pi \sqrt{2E/N_0}} \tag{4.4.21}$$

式(4.4.20)和式(4.4.21)表明：在给定信噪比条件下，雷达的测角精度取决于天线孔径的电尺寸，天线电尺寸越大，测角精度越高；或者说，雷达的测角精度取决于天线波束宽度，天线波束越窄，则其测角精度越高。

4. 雷达测距、测速和测角的共同点

根据前面几节的讨论，尽管雷达测距、测速和测角的手段是各不相同的，但是它们都使用了一个相同的概念，即发现一个输出波形的最大值，如图4.4.3所示。在雷达测距(时延)中，该波形代表目标的时间波形；在测角中，它可以代表扫描天线方向图的扫描输出；而在测径向速度(多普勒频率)中，它可以被看成是可调谐滤波器的多普勒频率输出信号波形。当信号达到最大值时，该位置就确定了目标的距离、角度或径向速度。

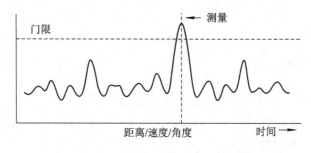

图4.4.3　雷达测距、测速和测角的共同点

4.4.2　雷达分辨力

分辨力是指能否将两个距离邻近目标区分开来的能力。

假设有两个距离邻近的目标将雷达信号先后反射回来，通过接收机输出了两个部分重叠的峰形波，只要这两个峰形波不完全重合，即使在距离上错开很小，在不考虑噪声影响的条件下，理论上还是有可能通过某种处理技术将这两个波形区分开的，但是很明显，这两个波形相距越近就越难区分，这时，只要有很小的噪声影响，就可能完全无法区分。而在实际雷达应用中，噪声又是不可避免的。

因此，两个波形之间能否分辨开主要取决于信噪比、信号形式和信号处理。信噪比越大，实际的可分辨能力就越好；而最佳的信号处理器是匹配滤波器，因为此时能获得最大输出信噪比，剩下的问题就是进行信号波形设计了。

不同的雷达信号波形具有不同的距离分辨力和多普勒分辨力，这可称为信号的固有分辨力，也即一般文献中泛指的信号分辨力。

1. 雷达波形与径向距离分辨力

两个邻近目标在距离上区分的难易，取决于这两个回波在时间轴上间隔的大小。为研究这一问题，下面先来看图 4.4.4 所示的两个理想点目标(即其散射强度均为 1)的回波信号。

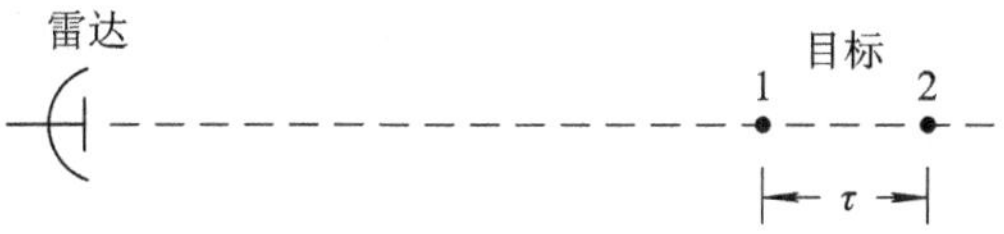

图 4.4.4　时间上相距 τ 的两个理想点目标

以目标 1 为时间(距离)参考点，忽略一个相位常数因子，则可记目标 1 的回波信号复包络为 $u(t)$，目标 2 滞后于目标 1 的时间为 τ，所以其回波信号记为 $u(t-\tau)$，这两个回波信号的可分辨性可以表示为

$$D^2(\tau) = \int_{-\infty}^{\infty} |u(t) - u(t-\tau)|^2 \mathrm{d}t \qquad (4.4.22)$$

$D^2(\tau)$ 的值越大，表示两者可分辨程度越高。

由于

$$|u(t) - u(t-\tau)|^2 = [u(t) - u(t-\tau)][u(t) - u(t-\tau)]^*$$

代入式(4.4.22)并可展开为

$$D^2(\tau) = \int_{-\infty}^{\infty} |u(t)|^2 \mathrm{d}t + \int_{-\infty}^{\infty} |u(t+\tau)|^2 \mathrm{d}t - 2\mathrm{Re}\left\{\int_{-\infty}^{\infty} u(t)u^*(t-\tau)\mathrm{d}t\right\}$$

$$(4.4.23)$$

注意在式(4.4.22)中，有

$$\int_{-\infty}^{\infty} |u(t)|^2 \mathrm{d}t = \int_{-\infty}^{\infty} |u(t+\tau)|^2 \mathrm{d}t = E(\text{常数}) \qquad (4.4.24)$$

故有

$$D^2(\tau) = 2E - 2\mathrm{Re}\left\{\int_{-\infty}^{\infty} u(t)u^*(t-\tau)\mathrm{d}t\right\} \qquad (4.2.25)$$

因此，两个波形之间的分辨能力取决于这个以目标间距离(时延) τ 为变量的函数，表示两个时间差为 τ 的目标之间的可能分辨程度。注意到 $A(\tau)$ 就是雷达波形复包络 $u(t)$ 的自相关函数，它在除 $\tau=0$ 以外的值越小，两个目标之间就越容易分辨。因此，雷达波形

$u(t)$的自相关函数的主瓣宽度越窄，则其分辨能力越强。

根据上述分析，可用归一化的自相关函数$|A(\tau)|^2/|A(0)|^2$来表示两目标波形在时间（距离）上的可分辨能力。在任何情况下，若$\tau=0$，表示两个目标完全重合，因此两个目标之间不可能分辨开，对于$\tau\neq0$的情况：当$|A(\tau)|^2/|A(0)|^2=1$时，无法分辨；当$|A(\tau)|^2/|A(0)|^2\approx1$时，很难分辨；当$|A(\tau)|^2/|A(0)|^2\ll1$时，容易分辨。

根据式（4.2.25），当两个目标的距离（与τ对应）一定时，对这两个目标的分辨完全取决于雷达波形。很明显，具有理想分辨力的信号波形，其自相关函数应该是狄拉克冲击函数$\delta(\tau)$。

由于自相关函数同功率谱构成一对傅里叶变换对，因此有

$$| A(\tau) | = \int_{-\infty}^{\infty} | U(f) |^2 e^{j2\pi f\tau} \mathrm{d}f \tag{4.2.26}$$

式中，$U(f)$为$u(t)$的傅里叶变换，且有$\delta(\tau)\Leftrightarrow U(f)=1$。

在频域，具有理想分辨力的信号有均匀的功率谱密度，所占据的频谱范围$f\in(-\infty,\infty)$。具有这种功率谱分布的信号有两个：一个是冲击脉冲，在实际系统中不可能实现；另一个是高斯白噪声，也不是真实存在的。

由以上分析结果可见，若要时间分辨力好，应该选择这样的信号，即它通过匹配滤波器后应该输出很窄的主瓣波峰。这样的信号要么是具有很短持续时间的脉冲，要么是具有很宽频谱的宽带波形。

下面再分析$|A(\tau)|^2/|A(0)|^2$同前一节中所讨论的雷达模糊度函数之间的关系。雷达模糊度函数的时延切片为

$$\chi(\tau,0) = \int_{-\infty}^{\infty} u(t)u(t-\tau)^* \mathrm{d}t = A(\tau) \tag{4.2.27}$$

因此

$$\frac{|A(\tau)|^2}{|A(0)|^2} = |\chi(\tau,0)|^2 \tag{4.2.28}$$

这是一个预料之中的结果，因为两者的推导都源于目标的匹配滤波器响应。

2. 信号带宽与距离分辨力

下面仍以图4.4.4进行分析。若两个点目标之间相距δ_r，考虑雷达同目标间的双程时延，则有

$$\tau=\frac{2\delta_r}{c} \tag{4.2.29}$$

式中，c为传播速度。

在前面关于两个点目标的可分辨能力的讨论中，可知自相关函数的主瓣宽度越窄，其距离分辨能力就越强。为进一步讨论距离分辨力同信号带宽之间的关系，下面来看图4.4.5所示带宽为B、频谱形状为矩形的信号。在频域，这个信号可表示为

$$H(f)=\mathrm{rect}\left(\frac{f-f_0}{B}\right)=\begin{cases}1 & f_0-B/2\leqslant f\leqslant f_0+B/2 \\ 0 & \text{其他}\end{cases} \tag{4.2.30}$$

对应地，其时域波形为

$$h(t)=\frac{\sin(\pi Bt)}{\pi Bt}e^{j2\pi f_0 t} \tag{4.2.31}$$

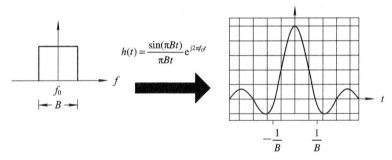

图 4.4.5　矩形频谱信号及其时域波形

这是一个受到载频 f_0 调制的 sinc 函数，它的时域将延拓到无穷远处，其主瓣的第一个零点出现在 $t=1/B$ 处。

图 4.4.6 为此种情况下两个相邻目标回波的时域响应波形可分辨程度的示意图。当这两个信号离得很近时，其叠加结果合并为单个峰形，直观上不能分辨开。如果这两个信号所相距的间隔正好等于其主瓣的 3 dB 宽度，则这两个信号叠加的结果处于可分辨的临界状态。当一个响应的波峰刚好落在另一个响应的第一个零点上时，则这两个信号可以容易地分辨开。根据瑞利准则，这就是这两个信号的可分辨点。

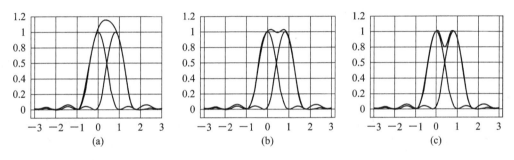

图 4.4.6　两个函数波形可分示意图

根据上述讨论并结合示意图 4.4.7，sinc 函数的时间响应波形的第一个零点出现在 $1/B$ 处。因此，可以定义瑞利时间分辨力为

$$\delta_t = \frac{1}{B} \qquad (4.2.32)$$

或等效地，瑞利距离分辨力为

$$\delta_r = \frac{c}{2B} \qquad (4.2.33)$$

式中，c 为传播速度，B 为雷达信号的带宽。

3. 多普勒频率分辨力

以上讨论的是目标的径向距离分辨力。根据时间域和频率域之间的傅里叶变换对偶关系，相关结论很容易推广到对目标多普勒频率（径向速度）的分辨力，因为区分两个距离相同、径向速度不同的回波信号谱的难易取决于

$$D^2(f_d) = \int_{-\infty}^{\infty} \left| U(f) - U(f-f_d) \right|^2 \mathrm{d}f \qquad (4.2.34)$$

式中，$U(f)$ 为 $u(t)$ 的频谱，f_d 为两个目标之间的多普勒频率差，$D^2(f_d)$ 值越大越容易分

辨。根据距离分辨率类似的推导过程，有信号频谱自相关函数

$$| A(f_\mathrm{d}) | = \int_{-\infty}^{\infty} | u(t) |^2 \mathrm{e}^{-\mathrm{j}2\pi ft}\,\mathrm{d}t \tag{4.2.35}$$

于是，两个距离相同、速度不同的目标，其区分的难易取决于 $|A(f_\mathrm{d})|$，且其与雷达模糊度函数的多普勒切片之间的关系为

$$\frac{\left| A(f_\mathrm{d}) \right|^2}{\left| A(0) \right|^2} = \left| \chi(0,\,f_\mathrm{d}) \right|^2 \tag{4.2.36}$$

由于信号的频率分辨力和信号的持续时间 T 是成反比的，因此多普勒频率的分辨力为

$$\delta_{f_\mathrm{d}} = \frac{1}{T} \tag{4.2.37}$$

或者说，对目标径向速度的分辨力为

$$\delta_v = \frac{\lambda \delta_{f_\mathrm{d}}}{2} = \frac{\lambda}{2T} \tag{4.2.38}$$

式中 λ 为雷达波长。

式(4.2.32)、式(4.2.33)和式(4.2.37)、式(4.2.38)具有如下普遍性意义：

(1) 雷达的距离/时间分辨力由雷达发射信号的带宽所决定。这种带宽可以是瞬时的（如极窄的脉冲），也可以是合成的（即通过时间换取来的，如脉冲持续时间长的线性调频波）。在实际应用中，这种宽带信号可以是窄脉冲波形、线性调频波形、频率步进波形、随机或伪随机噪声波形以及其他任何宽带调制信号。

(2) 雷达的速度/多普勒分辨力由信号的持续时间所决定。持续时间越长，分辨力越高，这种长时间的要求可以通过发射持续时间很长的脉冲（或连续波）或通过对多个脉冲的相参积累等来实现。

根据以上讨论，理想的雷达波形，模糊度函数应该具有图 4.4.7 所示的形状，即为一个二维冲击函数，此时，雷达既没有时延上的模糊，也不存在对多普勒频率的模糊。但实际上，没有任何现实的波形能得到这样的模糊度函数。大多数雷达信号具有的模糊函数大致可分为三类：刀刃型、钉板形和图钉形。

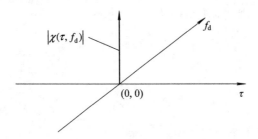

图 4.4.7　理想的雷达模糊度函数

第二篇 雷达进阶篇

第5章　雷达信号处理

本章属于雷达系统和技术的进阶学习。首先介绍雷达信号处理的功能和信号处理流程，然后分别介绍典型雷达信号流程中的常规方法，包括脉冲压缩处理、数字波束形成、杂波抑制处理(第4章已学习)、雷达目标检测(第3章已学习)以及合成孔径雷达成像的信号处理技术。

5.1　概　　述

在雷达系统中，信号处理扮演着十分重要的角色。雷达信号处理分系统是现代雷达的发展标志之一，也是各种新体制雷达的核心部件。

5.1.1　雷达信号处理功能

雷达探测目标是在十分复杂的电磁环境中进行的。雷达发射一个受控的确定信号，在接收机输出端测得目标对该信号的响应，即回波信号，它是我们所感兴趣目标的回波、杂波、噪声和干扰的混合叠加，可表示为

$$x(t) = S(t) + N(t) + C(t) + J(t) \tag{5.1.1}$$

式中：$S(t)$为感兴趣目标回波信号，常称为有用信号；$N(t)$为噪声，包括接收机内部噪声及其天线和外部环境噪声；$C(t)$和$J(t)$分别为杂波和干扰。

噪声包括外部噪声(天线周围介质微粒的热运动和太阳及银河系射线在接收机中产生的感应电压或电流)和内部噪声(如接收机热噪声)。雷达杂波是指自然环境中不需要的回波，即传播路径中客观存在的各种"不感兴趣"物体散射的回波信号。杂波包括来自地物、海洋、天气(特别是云雨)、鸟群及大气湍流等引起的回波。在较低的雷达频率，电离的流星尾迹和极光的回波也能产生杂波。干扰是指人类活动过程中所发出的电磁波对雷达的影响。它包括两种类型：一类是人为有意造成的，其目的是为了影响雷达的正常工作而实施的敌对活动所发出的电磁波信号；另一类是人类活动过程中所发出的电磁波无意识地对雷达工作造成的影响，例如，电台发出的电磁波将导致雷达在电台方向不能正常工作。人们通常说的干扰指第一种，即人为实施的。

雷达信号处理的首要目的就是通过对接收信号的加工，消除或降低各种杂波、干扰、噪声，以易于提取所需信息，提高信息的质量。雷达信号处理的基本功能包括滤波和检测两个方面。

(1) 滤波：主要目的是利用各类滤波器来最大限度地抑制噪声以及其他各种自然的或者人为的干扰(如匹配滤波器可获得最大输出信噪比，空域滤波器抑制干扰，频域滤波器抑制杂波)，以降低其对目标回波信号的影响。

(2) 检测：主要目的是将目标从背景(含剩余噪声、杂波、干扰等)中以最小的代价检

测出来，基本准则是奈曼—皮尔逊(Neyman-Pearson)准则，可以在给定虚警概率(这里虚警是指实际没有目标存在，而雷达将背景信号判为有目标存在)条件下，获得最大检测概率。

近年来，随着现代新体制雷达的迅速崛起，与之相适应的雷达信号处理方法也得到了全面的发展，信号处理的功能不断扩展，并已经渗透到雷达整机的各个部分。目前，就现代雷达的应用领域而言，其信号处理的典型功能主要包括以下几个方面。

(1) 波形设计与产生：主要实现复杂波形样式设计和波形产生。

(2) 波束形成与控制：属于现代雷达的新功能，主要完成相控阵天线的波束形成、方向图形状以及指向的控制。

(3) 信号增强与干扰抑制：主要实现回波信号的脉冲压缩与副瓣抑制以及对杂波和干扰的抑制。

(4) 目标检测：主要实现目标的自动检测和虚警率控制等。

(5) 目标成像与识别：是现代雷达的新功能，主要利用宽带雷达实现目标的高分辨成像或基于对目标回波特征(包括形状、材料、类型等参数)提取的识别。

5.1.2　雷达信号处理基本流程

现代防空预警雷达信号处理的一种可能流程如图 5.1.1 所示。并不是所有雷达的信号处理分系统都是如此，这里也并没有穷尽全部的信号处理操作，如成像、目标识别和空时联合处理等。雷达信号处理操作大致分为干扰抑制、目标检测和后续处理。干扰抑制的作用是使雷达数据变得尽可能干净，通常需要固定或自适应的波束形成、脉冲压缩、杂波抑制和多普勒处理结合起来完成这项任务。目标检测是确定和噪声、有意与无意干扰相竞争的雷达脉冲回波中是否有我方感兴趣的目标回波；如果有目标回波，则还要确定它的距离、方位角度和速度。

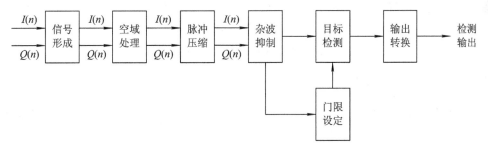

图 5.1.1　雷达信号处理操作流程的例子

雷达信号处理的基本操作流程为：对接收机输出的数字回波信号(包括 $I(n)$ 和 $Q(n)$)，按回波信号的先后次序依距离单元进行排列，首先进行空域信号处理，利用分布在不同位置的多个天线单元对回波信号到达角的不同信息，进行天线旁瓣对消、天线旁瓣匿影、数字波束形成和自适应天线方向图置零等处理，最大限度地阻止从天线旁瓣进入的有源射频干扰，并形成相应波束来确定回波的到达角。然后，利用匹配滤波技术，对回波信号进行脉冲压缩处理，实现波形捷变抗干扰和提高雷达的距离分辨力。再进行杂波抑制处理，即利用运动目标和杂波之间的频谱、幅度和空间分布等特性之间的差别，实现动目标显示或动目标检测、脉冲多普勒处理等，来抑制杂波而保留目标信息，并根据环境信息来自适应地设置检测门限，对多个脉冲信号的过门限信号进行非相参积累（滑窗检测），完成目标检测，最后经过信号重排输出目标检测信号。

5.2 脉冲压缩处理

在早期的防空预警雷达中，发射信号脉冲宽度的选择受到两个相互矛盾因素的制约。为了看得远，要求脉冲宽，峰值功率大；为了提高距离分辨力和改善测距精度，又要求脉冲窄。早期雷达采用高峰值功率、窄脉冲的折中方法，但峰值高功率受到雷达发射机和雷达天馈线耐功率的限制。现代防空预警雷达采用的解决方法就是脉冲压缩。脉冲压缩处理技术选择用频率或相位调制的足够宽的大时宽和大带宽脉冲作发射信号，解决看得远的问题，与此同时，降低了雷达发射机和雷达馈线耐高峰值功率的要求；接收时，通过与发射信号相匹配的解码（脉冲压缩）处理，把接收的回波信号压缩成窄脉冲（如图 5.2.1 所示），以满足距离分辨力和测距精度要求。

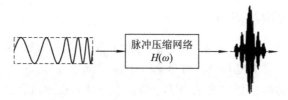

图 5.2.1 脉冲压缩处理原理图

例如，20 世纪 50 年代的一种米波雷达，其脉宽为 10 μs，发射峰值功率为 200 kW，作用距离为 190 km，接收处理后的回波脉宽也是 10 μs；20 世纪 80 年代的同类雷达则采用脉冲压缩技术，其发射脉宽为 430 μs，发射峰值功率为 20 kW，作用距离提高到 300 km，接收处理后的回波脉宽为 3 μs。可见，脉冲压缩雷达通过发射宽脉冲信号，而接收信号经处理后获得窄脉冲这一处理过程，较好地解决了脉冲峰值功率受限与距离分辨力之间的矛盾。由于脉冲压缩是对已知的发射信号做匹配处理，故其也具有抗干扰性能。

5.2.1 脉冲压缩基本原理

常用的脉冲压缩信号有线性调频脉冲信号、非线性调频脉冲信号和相位编码信号等。下面以线性调频信号（LFM）为例，介绍匹配滤波处理（即脉冲压缩处理）。

线性调频信号发射波形是一个幅度为 A、宽度为 τ 的矩形脉冲，在脉冲宽度内，信号的瞬时频率随时间线性变化，其实部如图 5.2.2 所示，它可以通过非线性相位调制、线性频率调制来获得。这种有别于单载频的大时宽带宽信号可表示为

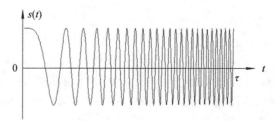

图 5.2.2 线性调频信号波形（实部）示意图

$$s_{\text{LFM}}(t) = A\,\text{rect}\left(\frac{t}{\tau}\right)\text{e}^{\text{j}2\pi(f_0 t + \frac{1}{2}ut^2)} \tag{5.2.1}$$

式中，τ 为脉冲宽度，f_0 为载频。

相应地，信号瞬时频率为

$$f_i = \frac{1}{2\pi} \frac{\mathrm{d}}{\mathrm{d}t} \left[2\pi \left(f_0 t + \frac{1}{2} u t^2 \right) \right] = f_0 + ut \qquad (5.2.2)$$

式中，u 为 f_i 的变化斜率，其与脉冲宽度 τ 和信号带宽 B 有如下关系：

$$u = \frac{B}{\tau} \qquad (5.2.3)$$

特别地，当 $\tau B \gg 1$ 时（即 τB 为大时宽带宽乘积时），线性调频信号的振幅谱和相位谱可分别表示为

$$\begin{cases} |s_{\mathrm{LFM}}(f)| \approx \dfrac{A}{\sqrt{u}} \mathrm{rect}\left(\dfrac{f - f_0}{B} \right) \\ \Phi_{\mathrm{LFM}}(f) \approx -\dfrac{\pi (f - f_0)^2}{u} + \dfrac{\pi}{4} \end{cases} \qquad (5.2.4)$$

由于经正交相位检波后，LFM 回波信号为零中频的复基带信号（I/Q 两路），暂忽略回波的多普勒频移和时延影响，LFM 回波信号可表示为

$$s_i(t) = \sigma \cdot A \mathrm{rect}\left(\frac{t}{\tau} \right) \mathrm{e}^{\mathrm{j}\pi u t^2} \qquad (5.2.5)$$

式中，σ 表示目标的后向散射系数。

根据匹配滤波理论，匹配滤波器的脉冲响应为

$$h(t) = \begin{cases} s_i^*(t_0 - t) & 0 \leqslant t < t_0 \\ 0 & \text{其他} \end{cases} \qquad (5.2.6)$$

脉冲压缩的输出为 $h(t)$ 和 $s_i(t)$ 的卷积，即

$$s_o(t) = s_i(t) * h(t) \qquad (5.2.7)$$

由于时域卷积与频域 FFT 具有对应关系，因此脉冲压缩的输出为

$$s_o(t) = s_i(t) * h(t) = \int_{-\infty}^{\infty} S_i(f) \cdot H(f) \mathrm{e}^{\mathrm{j}2\pi f t} \mathrm{d}f \qquad (5.2.8)$$

结合式(5.2.4)可知，当时宽带宽乘积 $D_0 = \tau B$ 较大时，$s_i(t)$ 与 $h(t)$ 的频谱分别为

$$s_i(f) = \sigma \frac{A}{\sqrt{u}} \mathrm{rect}\left(\frac{f}{B} \right) \mathrm{e}^{-\mathrm{j}\left(\frac{\pi f^2}{u} + \frac{\pi}{4} \right)} \qquad (5.2.9)$$

$$H(f) = K \cdot \mathrm{rect}\left(\frac{f}{B} \right) \mathrm{e}^{\mathrm{j}\left(\frac{\pi f^2}{u} + \frac{\pi}{4} \right)} \cdot \mathrm{e}^{-\mathrm{j}2\pi f t_0} \qquad (5.2.10)$$

式中，K 为匹配滤波器的增益系数。因此，式(5.2.2)可进一步写为

$$s_o(t) = \sigma K \frac{A}{\sqrt{u}} \int_{-\infty}^{\infty} \mathrm{rect}\left(\frac{f}{B} \right) \mathrm{e}^{\mathrm{j}2\pi f(t - t_0)} \mathrm{d}f \approx \sigma K \frac{A}{\sqrt{u}} B \frac{\sin[\pi B(t - t_0)]}{\pi B(t - t_0)} \qquad (5.2.11)$$

由于 $u = B/\tau$，所以

$$\frac{A}{\sqrt{u}} B = \frac{A}{\sqrt{B/\tau}} B = A\sqrt{\tau B} = A\sqrt{D_0}$$

因此式(5.2.11)可写为

$$s_o(t) = \sigma K A \sqrt{D_0} \frac{\sin[\pi B(t - t_0)]}{\pi B(t - t_0)} \qquad (5.2.12)$$

式中，t_0 是匹配滤波器的附加延时或者理解为其给出最大值（峰值）的时刻。

从式(5.2.5)和式(5.2.12)可得出如下结论：

（1）从脉冲宽度分析，脉冲压缩前的脉冲宽度为 τ，脉冲压缩后是具有辛格函数包络的窄脉冲，其脉冲宽度 $\tau_0 = 1/B$，因此脉冲宽度缩小为原来的 $1/D_0$（由 $\tau/\tau_0 = \tau B = D_0$ 得来，见式(5.2.14)），这与脉压比的定义完全吻合；从输出幅度分析，脉冲压缩前的信号幅度为 σA，脉冲压缩后的信号幅度为 $\sigma A K \sqrt{D_0}$，因此输出幅度增大到了原来的 $K\sqrt{D_0}$ 倍，若匹配滤波器的增益系数 $K=1$，则脉冲压缩输出幅度增大为原来的 $\sqrt{D_0}$ 倍，即输出脉冲峰值功率是输入脉冲峰值功率的 D_0 倍。

（2）实际上对于运动目标，回波会有多普勒频率 f_d，而滤波器只能匹配于零多普勒信号，这时的滤波器输出近似为

$$s_o(t) = \sigma K A \sqrt{D_0} \frac{\sin[\pi B(t-t_0) - \pi f_d t]}{\pi B(t-t_0) - \pi f_d t} \tag{5.2.13}$$

此式说明，由于对未知 f_d 的非匹配处理，使得峰值点偏移 f_d/u，且峰值幅度下降、主峰宽度加宽，距离分辨力有所下降。

线性调频信号脉冲压缩后的波形如图 5.2.3 所示。为了便于理解，图 5.2.3(a)和(b)分别给出了线性调频信号脉压后的归一化幅度曲线和幅度分贝(dB)曲线。二者的实质相同，只是纵坐标不同而已。工程上常用图 5.2.3(b)这种表示方法。

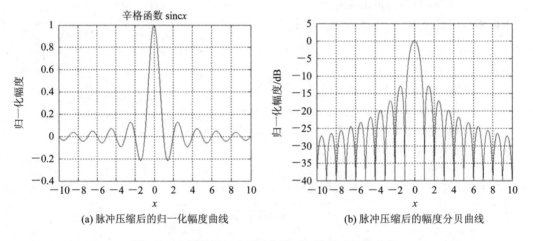

（a）脉冲压缩后的归一化幅度曲线　　　　　　　（b）脉冲压缩后的幅度分贝曲线

图 5.2.3　线性调频信号理想脉冲压缩处理输出信号

5.2.2　脉冲压缩的主要质量指标

脉冲压缩质量指标主要用于评价各种脉冲压缩技术性能的优劣，主要有三个指标，即脉压比、距离旁瓣比及多普勒容限。

1. 脉压比

脉压比即脉冲压缩比，是指脉冲压缩的程度，用 D_0 表示，定义为

$$D_0 = \frac{\tau}{\tau_0} = \tau B \tag{5.2.14}$$

即压缩后的脉冲宽度 τ_0 与发射脉冲宽度 τ 相比较，前者缩小至的倍数，故亦称脉冲压缩系数。它是衡量脉压处理的主要技术指标之一。脉压比在数值上正好等于压缩前的脉宽带宽

积。目前实际雷达中脉冲压缩系数通常为几十至几百，有的甚至可达几千甚至上万。例如：某雷达脉冲宽度 $\tau=430\ \mu s$，带宽 $B=500\ kHz$，其脉压系数 $D_0=215$；某雷达脉冲宽度 $\tau=300\ \mu s$，带宽 $B=3\ MHz$，其脉压比 $D_0=900$；某逆合成孔径雷达（ISAR）脉冲宽度 $\tau=20\ \mu s$，带宽 $B=120\ MHz$，其脉压比 $D_0=2400$。

2. 距离旁瓣比

距离旁瓣比是指压缩后信号的主瓣峰值与第一旁瓣峰值之比，常用分贝来表示，即

$$K_1=20\lg\frac{v}{v_1}(\text{dB}) \tag{5.2.15}$$

式中，v 是压缩后信号的主瓣峰值，v_1 是压缩后信号的第一旁瓣峰值。显然，K_1 值越大，距离旁瓣抑制能力越强，说明通过脉冲压缩后信号主瓣能量越为集中，信号对弱目标的区分能力越强或对邻近距离单元目标检测的干扰越小。因此，为了增强对多目标的检测能力，雷达脉冲压缩中总希望压缩后输出信号的 K_1 尽可能大。

3. 多普勒容限

相对于不含多普勒频移的信号，含多普勒频移的信号经脉冲压缩后，会发生主瓣变宽、主瓣峰值下降等变化，这会降低雷达的距离分辨力、测距精度等指标，多普勒频移越大，其影响也越严重。因此，多普勒频移必须在某个范围内，使其影响可被接受。多普勒容限就是指这个可被接受的多普勒频移范围。

5.2.3　数字脉冲压缩实现方法

早期雷达常用声表面波（SAW）色散线产生和处理线性调频信号。一般是利用一个窄脉冲去激励声表面波器件实现的色散延迟线，输出展宽的载频由低到高线性变化的脉冲信号，经过整形和上变频，从而得到线性调频信号。接收时，回波信号经射频放大并下变频，用一频率特性与脉冲扩展滤波器的延时—频率特性正相反的滤波器进行脉冲压缩。为了实现匹配滤波，一般用收发部分频率特性完全相同的同一个 SAW 滤波器，为此只要在接收通道中加一边带倒置电路，把从低到高变化的正斜率线性调频信号变成负斜率的线性调频信号，再经同一个 SAW 进行延时滤波，先到的射频输入信号先进入延时网络且延时时间长，低频分量的输入信号后进入延时网络且延时时间短，进而输入信号的高、低频分量到达输出端的时间间隔被压缩，从而输出压缩了的窄脉冲信号。

随着数字技术在雷达中普遍应用，A/D 转换器件和各种信号处理芯片的运算速度和集成度的显著提高，为雷达信号的实时处理提供了基础。数字信号处理的优点是工作稳定，可重复性好，具有较大的工作灵活性，可以方便地改变发射信号的时宽、带宽和信号形式，用软件和硬件相结合的方法来提高信号处理的精度、速度等。现在一般采用直接数字频率合成器（DDS）来产生基带信号。DDS 的基本方法是把计算好的数据存放在存储器中，然后按一定的时序节拍输出，经上变频后由发射机放大后送天线发射。接收到的回波信号经接收机处理后应用数字信号处理方法实现相关匹配滤波，实现脉冲压缩。目前，数字脉冲压缩处理主要有两种方法：时域卷积法和频域 FFT 法。

1. 时域卷积法

时域卷积法实现数字脉冲压缩处理的基本原理框图如图 5.2.4 所示。图中 T_s 为采样

时间间隔，其值等于雷达信号采样频率 f_s 的倒数（f_s 的大小取决于信号带宽，理论上要求 $f_s \geq 2B$），即 $T_s = 1/f_s$。接收信号数字序列 $s_i(n)$（$n = 0, 1, 2, \cdots, N-1$，N 通常近似等于雷达脉冲信号时宽除以采样时间间隔，这里 $s_i(n)$ 代表的是 nT_s 时刻的信号值）作为脉压滤波器的输入；$h(n)$（$n = 0, 1, 2, \cdots, N-1$）为滤波器的单位冲激响应。

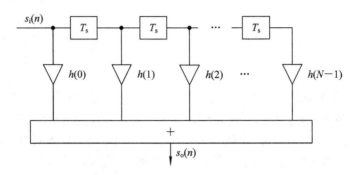

图 5.2.4　时域卷积法的原理框图

根据图 5.2.4，脉压处理的输出 $s_o(n)$ 为

$$s_o(n) = \sum_{k=0}^{N-1} s_i(n-k)h(k) \tag{5.2.16}$$

根据匹配滤波理论，$h(n)$ 应该是 $s_i(n)$ 的镜像复共轭序列。在不考虑时延和多普勒频移的情况下，$s_i(n)$ 与发射复样本信号的数字序列 $s_i(n)$（称为参考信号）相同。

这样，可以近似取 $h(n)$ 为

$$h(n) = s_r \times (N-1-n) \tag{5.2.17}$$

将式（5.2.17）代入式（5.2.16），有

$$s_o(n) = \sum_{k=0}^{N-1} s_i(n-k)s_r \times (N-1-k) \tag{5.2.18}$$

2. 频域 FFT 法

由卷积定理可知，时域中两信号卷积对应于频域中两信号乘积，因此数字脉冲压缩处理同样可以在频域实现。其原理是：用离散傅里叶变换（DFT）将离散输入时间序列变换成数字谱，然后乘以滤波器的数字频率响应函数，再用离散傅里叶逆变换（IDFT）还原成时间离散的输出信号序列即可。工程上，为了实时处理的需要，一般用快速傅里叶变换（FFT）及其对应的逆变换（IFFT）来实现这一处理过程，通常称为频域 FFT 法。

设两个以 N 为周期的序列 $s_i(n)$ 和 $h(n)$，其 DFT 分别为

$$s_i(k) = \sum_{n=0}^{N-1} s_i(n)e^{-j(2\pi/N)nk} = \text{DFT}[s_i(n)] \tag{5.2.19}$$

和

$$H(k) = \sum_{n=0}^{N-1} h(n)e^{-j(2\pi/N)nk} = \text{DFT}[h(n)] \tag{5.2.20}$$

则 $s_i(n)$ 和 $h(n)$ 的循环卷积为

$$s_o(n) = \sum_{m=0}^{N-1} s_i(m)h[(n-m)_N] \tag{5.2.21}$$

而 $s_o(n)$ 的 N 点 DFT 为

$$s_o(k) = H(k) \cdot s_i(k) = \text{DFT}[s_o(n)] \tag{5.2.22}$$

由上式可以得出

$$s_o(n) = \text{IDFT}\{\text{DFT}[s_i(n)] \cdot \text{DFT}[h(n)]\} \tag{5.2.23}$$

如果采用 FFT 算法，则上式可写成

$$s_o(n) = \text{FFT}^{-1}\{\text{FFT}[s_i(n)] \cdot \text{FFT}[h(n)]\} \tag{5.2.24}$$

式(5.2.24)便是用 FFT 法实现数字滤波的一般公式，因而也是数字脉冲压缩的一般公式。它告诉我们，脉冲压缩滤波器的输出 $s_o(n)$ 等于输入信号 $s_i(n)$ 的离散频谱乘上滤波器冲激响应 $h(n)$ 的频谱(即频率响应)的逆变换。利用式(5.2.11)，式(5.2.18)又可以改写成

$$s_o(n) = \text{FFT}^{-1}\{\text{FFT}[s_i(n)] \cdot \text{FFT}[s_r^*(N-1-n)]\} \tag{5.2.25}$$

这也就是用 FFT 法实现数字脉冲压缩的数学模型。实现式(5.2.19)运算的原理框图如图 5.2.5 所示。

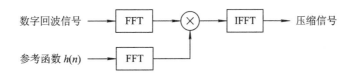

图 5.2.5　频域 FFT 实现数字脉冲压缩处理原理框图

时域卷积法实现数字脉冲压缩处理方法比较直观、简单，当 N 较小时，相对运算量也不大，所以时域卷积法实现数字脉冲压缩处理方法应用较普遍。但是，当 N 很大时，时域卷积的运算量也大，这时适宜采用频域 FFT 法实现脉冲压缩处理，以减少运算量。无论采用时域卷积法还是频域 FFT 法，LFM 信号脉冲压缩处理后的结果如图 5.2.6 所示，在雷达显示器中的显示结果如图 5.2.7 所示。

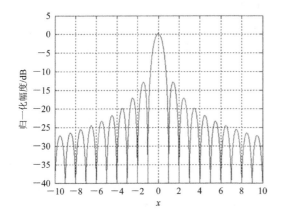

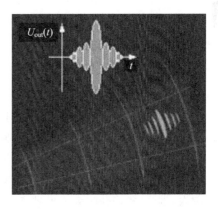

图 5.2.6　线性调频信号脉冲压缩处理后的输出波形　　图 5.2.7　脉冲压缩距离旁瓣显示效果示意图

由图 5.2.6 和图 5.2.7 可见，脉压输出信号在主瓣两侧会出现幅度低于窄脉冲的一系列距离旁瓣，最大旁瓣电平为 13.2 dB。实际上，不管是时域方法还是频域方法，距离旁瓣问题总是存在的。实际雷达中必须对距离旁瓣进行抑制，这是因为，一方面，大目标的旁瓣较高，雷达会错误地将其判为目标，造成虚警；另一方面，大目标的旁瓣还会"压制"或者"掩盖"邻近小目标的主瓣，从而降低了小信号的检测能力，造成漏警。

脉冲压缩距离旁瓣是由于线性调频信号的频谱近似为矩形，而对应的匹配滤波器的传输函数也近似为矩形，从而产生类似辛格函数状的距离响应。雷达中通常采用加权处理的方法来抑制雷达的压缩距离旁瓣。这里"加权"就是在时间域匹配滤波器的冲击响应加窗，或者频率域接收机频率响应乘以某些适当的窗函数（如汉宁窗、海明窗、布莱克曼窗等），使它们在前沿和后沿缓变，而使输出波形压低距离旁瓣。这种方法带来的问题是主瓣明显展宽（主瓣展宽会导致分辨力下降）、匹配滤波器输出信号峰值幅度和信噪比损失，这是压低旁瓣的代价。

5.2.4 相位编码信号脉冲压缩

相位编码波形与调频波形不同，它将脉冲分成许多子脉冲。每个子脉冲的宽度相等，但各自有特定的相位。每个子脉冲的相位根据一给定的编码序列来选择。应用最广泛的相位编码波形使用两个相位，即二进制编码或二相编码。二进制编码由 0、1 序列或 ＋1、－1 序列组成。发射信号的相位依照码元（0 和 1 或 ＋1 和 －1）的次序在 0° 和 180° 间交替变换，如图 5.2.8 所示。由于发射频率通常不是子脉冲宽度倒数的整倍数，因此编码信号在反相点上一般是不连续的。

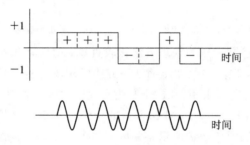

图 5.2.8 二进制相位编码信号

在接收端，通过匹配滤波或相关处理得到压缩脉冲。压缩脉冲半幅度点的宽度应等于子脉冲的宽度。因此，距离分辨力就正比于编码码元的时间宽度，压缩比等于波形中子脉冲的数目，即编码码元的数目。

1. 最佳二进制序列

最佳二进制序列具有以下性质：对于一给定的编码长度，它的非周期性自相关函数的峰值副瓣值最小。这些编码的具有低副瓣的自相关函数或零多普勒响应正是脉冲压缩雷达所需要的。动目标响应与零多普勒响应不同。但是，通过恰当的波形设计，多普勒与带宽的比值通常能做到最小，从而在感兴趣的速度范围内得到好的多普勒响应。那么，在该速度范围内，距离多普勒响应或模糊函数就近似等于序列的自相关函数。

2. 巴克(Barker)码

巴克码是一种特殊的二进制码。巴克码自相关函数的峰值为 N，最小副瓣峰值的幅度为 1，其中 N 为编码的长度或子脉冲数。只有少量巴克码存在。表 5.2.1 列出所有已知的巴克码，并且这些码的最小峰值副瓣等于 1。如果能得到更长的巴克码，那么它们将是脉冲压缩雷达的理想波形。但是还没有发现长度大于 13 的巴克码。应用巴克码的脉冲压缩雷达的最大压缩比被限定为 13。

表 5.2.1 最佳二进制编码

码的长度 N	最小峰值副瓣的幅度	码 数	码(当 N>13 采用八进制表示时)
2	1	2	11, 10
3	1	1	110
4	1	2	1101, 1110
5	1	1	11101
6	2	8	110100
7	1	1	1110010
8	2	16	10110001
9	2	20	110101100
10	2	10	1110011010
11	1	1	11100010010
12	2	32	110100100011
13	1	1	1111100110101
14	2	18	36324
15	2	26	74665
16	2	20	141335
17	2	8	265014
18	2	4	467412
19	2	2	1610445
20	2	6	3731261
21	2	6	5204154
22	3	756	11273014
23	3	1021	32511437
24	3	1716	44650367
25	2	2	163402511
26	3	484	262704136
27	3	774	624213647
28	2	4	1111240347
29	3	561	3061240333
30	3	172	6162500266
31	3	502	16665201630
32	3	844	37233244307
33	3	278	55524037163
34	3	102	144771604524
35	3	222	223352204341
36	3	322	526311337707
37	3	110	1232767305704
38	3	34	2251232160063
39	3	60	4516642774561
40	3	114	14727057244044

注:每个八进制数代表三位二进制码,即

0　000　　　　1　001　　　　2　010　　　　3　011

4　100　　　　5　101　　　　6　110　　　　7　111

3. 最大长度序列

最大长度序列非常重要。它们是线性反馈移位寄存器所能获得的最长序列，而且其结构与伪随机码相似，因而具有理想的自相关函数。这些序列通常被称为伪随机(PR)序列或伪噪声(PN)序列。图 5.2.9 为一典型的移位寄存序

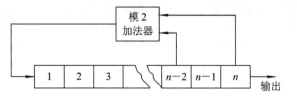

图 5.2.9　移位寄存器产生器

列产生器。在初始时，移位寄存器的 n 级被设置为全 1 或 1 和 0 的混合。但全 0 的特殊情况是不允许的，因为它将产生全 0 序列。由移位寄存器特定单级的输出按模 2 相加形成输入。模 2 加法只取决于被相加的 1 的数量。如果 1 的数量是奇数，其和为 1，否则为 0。移位寄存器由时钟频率或移位频率触发，任何一级的输出均是二进制序列。如果选择适当的反馈连接，则输出是最长序列。它就是在序列重复之前所能形成的最长的 0 和 1 序列。

最长序列的长度 $N=2^n-1$，式中 n 为移位寄存器产生器的级数。n 级移位寄存器产生器可获得的最长序列的总数 M 为

$$M=\frac{N}{n}\prod\left(1-\frac{1}{p_i}\right) \tag{5.2.26}$$

式中，p_i 为 N 的素数因子。对于一给定的 n 值存在许多不同的序列，这一点对那些需要长度相同序列不同的应用来说是很重要的。

通过研究原始多项式或不可约多项式，可以确定提供最长序列的反馈连接。

表 5.2.2 列出由不同级数移位寄存器产生器得到的最长序列的长度和数量，并给出一个产生最长序列的反馈连接。例如，一个七级移位寄存器的第 6 级和第 7 级输出的模 2 加被反馈至输入端，而八级移位寄存器的第 4、5、6 和 8 级输出的模 2 加被反馈至输入端。最长序列的长度 N 等于序列中子脉冲的数目，也等于雷达系统时宽和带宽的乘积。低级数寄存器能得到大的时宽带宽积。系统的带宽由时钟的速率决定。改变时钟速率和反馈连接方式可产生各种脉宽、各种带宽和各种时宽带宽积的脉冲。在最长序列中，0 到 1 或 1 到 0 的转变次数等于 2^{n-1}。

表 5.2.2　最大长度序列

级数 n	最长序列的长度 N	最长序列的数目 M	级间反馈连接	级数 n	最长序列的长度 N	最长序列的数目 M	级间反馈连接
2	3	1	2, 1	12	4095	144	12, 11, 8, 6
3	7	2	3, 2	13	8191	630	13, 12, 10, 9
4	15	2	4, 3	14	16383	756	14, 13, 8, 4
5	31	6	5, 3	15	32767	1800	15, 14
6	63	6	6, 5	16	65535	2048	16, 15, 13, 4
7	127	18	7, 6	17	131071	7710	17, 14
8	255	16	8, 6, 5, 4	18	262143	7776	18, 11
9	511	48	9, 5	19	524287	27594	19, 18, 17, 14
10	1023	60	10, 7	20	1048575	24000	20, 17
11	2047	176	11, 9				

若移位寄存器产生器处于连续工作状态，可得到周期波形。连续波（CW）雷达有时采用这些波形。当输出一完整的序列后，截断寄存器的输出则可获得非周期波形。这些波形经常应用于脉冲雷达。就副瓣结构而言，上述两种波形的自相关函数是不同的。图 5.2.10 画出了周期和非周期序列的自相关函数，其中序列是由 4 级移位寄存器产生的一个典型的 15 码元最长序列。周期波形的自相关函数副瓣电平是常量 -1，重复周期是 $N\tau$，峰值是 N，其中 N 是序列的子脉冲数目，τ 是每个子脉冲的宽度。主副瓣峰值电压比等于 N^{-1}。

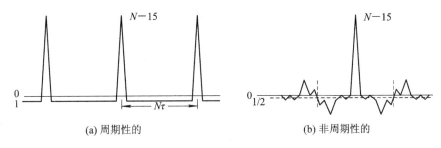

(a) 周期性的　　　　　　　　　　　　(b) 非周期性的

图 5.2.10　自相关函数

对于非周期的情况，自相关函数在时间轴上的平均副瓣电平为 $-1/2$。自相关函数两边的副瓣结构关于平均值奇对称。周期自相关函数可视为连续的非周期自相关函数叠加而成，但每个非周期自相关函数在时间轴上被依次移动了 $N\tau$。非周期自相关函数的奇对称性使得周期自相关函数的副瓣结构具有一恒定值 -1。当从周期性波形中截出一个完整序列时，这种恒定的副瓣特性就被破坏。对于 N 值较大的非周期性波形而言，主副瓣峰值电压比约等于 $N^{-1/2}$。

最长序列具有的特性接近于随机序列的三个随机特性：① 序列中，码元 1 的数目约等于码元 0 的数目；② 1 和 0 相邻的游程约为长度为 1 的游程的 $1/2$，约为长度为 2 的游程的 $1/4$，约为长度为 3 的游程的 $1/8$，等等；③ 自相关函数在本质上呈图钉状，即峰值位于中心，而其他位置接近为零。最长序列的长度为奇数。许多雷达系统需要最长序列的长度为 2 的幂，常用的方法是在最长序列中插入一个 0。但自相关函数的副瓣特性略有下降。通过对插入 0 的序列进行测试，可最终得到最佳自相关特性序列。

4. 平方余数序列

与最长序列相比，平方余数序列或勒让德序列在编码长度上具有更大的选择余地。平方余数序列满足两个随机特性：① 自相关函数如图 5.2.10(a) 所示，峰值为 N，副瓣电平均相等且为 -1；② 码元 1 的数目与码元 0 的数目近似相等。

如果 $N=4t-1$，则存在长度为 N 的平方余数序列，其中 N 为素数，t 为任意整数。若 i 是模 N 的平方余数，则码元 a_i 为 $1(i=0,1,2,\cdots,N-1)$，否则为 -1。x^2 模 N 化简的余项是平方余数，$x=1,2,\cdots,(N-1)/2$。例如，$N=11$ 的平方余数是 1，3，4，5，9。因此，$i=1,3,4,5,9$ 的码元 a_i 为 1，则该序列为 $-1,1,-1,1,1,1,-1,-1,-1,1$，-1 或 10100011101。该序列的周期自相关函数的峰值为 11，相等的副瓣电平为 -1；并且序列中的码元 1 和 0 的数目近似相等，码元 1 的数目比码元 0 多 1。

5. 互补序列

互补序列由长度 N 相等的两个序列组成，两序列非周期自相关函数的副瓣在幅度上相等但符号相反。两自相关函数之和的峰值为 $2N$，副瓣电平为 0。图 5.2.11 画出了

$N=26$的互补序列自相关函数以及两自相关函数之和。Golay 和 Hollis 讨论了产生互补码的一般方法。一般而言，N 须是偶数且为两个平方数之和。在实际应用中，两序列必须在时间、频率或极化方式上分开，使雷达回波去相关，因此副瓣不可能全部对消。所以，互补序列在脉冲压缩雷达中并没有得到广泛应用。

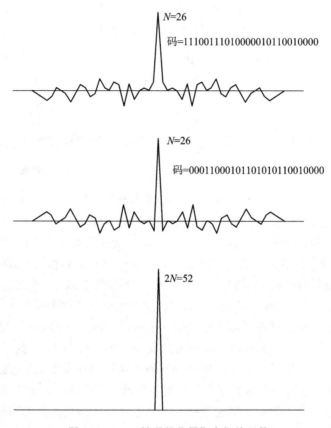

图 5.2.11　互补码的非周期自相关函数

6. 二相编码系统的实现

　　二相编码系统通常采用数字方法来实现脉冲压缩。数字脉冲压缩系统的方框图见图 5.2.12。码产生器输出二进制序列，然后送给射频调制器、发射机和相关器。接收的中频信号通过与子脉冲宽度匹配的带通滤波器后，被 I 和 Q 相位检波器检波。I 和 Q 相位检波器在同一频率上比较中频接收信号和同频本振（LO）信号的相位。射频调制器也使用本振信号来产生二相调制的发射信号。相对于本振信号，每个发射二进制码元的相位是 $0°$ 或 $180°$。然而，接收信号的相位和本振信号的相位相比有一相移，相移的大小取决于目标的距离和速度。数字脉冲压缩采用两个处理通道，一个用于恢复接收的同相分量，另一个则用于恢复正交分量。这些信号被模/数转换器转换为数字量，它们与存储的二进制序列相关，并将 I、Q 分量合成，如平方和再开方。这类处理系统包含同相通道、正交通道和两个匹配滤波器或相关器，被称为零差式或零中频系统。如果只用一个通道，而不用 I 和 Q 通道，将有平均 3 dB 的信噪比损失。实际上，每个相关器可由几个相关器组成，数字信号的每个量化比特位对应一个相关器。

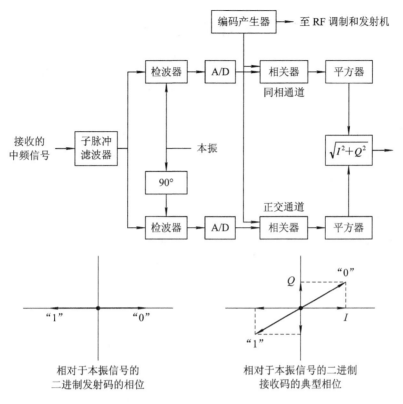

图 5.2.12　相位编码信号的数字脉冲压缩

7. 多相编码

脉冲压缩也可采用由多个相位组成的波形。其子脉冲的相位在多个值之间变化，而不像二进制相位编码仅在 0°和 180°间变化。使用矩阵技术可导出法兰克多相编码子脉冲的相位序列。相位序列可写为 $\phi_n = 2\pi i(n-1)/P^2$，其中 P 为相位数，$n=0,1,2,\cdots,P^2-1$，$i=n$ 对 P 求模。如三相码，当 $P=3$ 时，序列为 $0,0,0,0,2\pi/3,4\pi/3,0,4\pi/3,2\pi/3$。

周期序列自相关函数的时间副瓣为 0。而非周期序列的时间副瓣大于 0。随着 P 的增大，主副瓣峰值之比趋于 $(\pi P)^{-1}$。这和同长的伪随机序列相比提高了约 10 dB。它在整个距离—多普勒平面上的模糊响应类似于线性调频波形的脊状特性，这与伪随机序列图钉状的模糊函数特性不同。但是，如果多普勒频率与雷达带宽之比较小，则多相编码在合适的目标速度条件下能获得好的多普勒响应。

为降低脉冲压缩前由于接收机带宽限制所引起的性能降低，Lewis 和 Kretschmer 重新排列了相位序列。重新排列的相位序列为

$$\phi_n = \frac{n\pi}{P}\left[1-P+\frac{2(n-i)}{P}\right] \qquad P \text{ 为奇数} \tag{5.2.27}$$

$$\phi_n = \frac{\pi}{2P}(P-1-2i)\left[P-1-\frac{2(n-i)}{P}\right] \qquad P \text{ 为偶数} \tag{5.2.28}$$

式中，P、n 和 i 的定义与法兰克编码的定义相同。当 $P=3$ 时，相位序列为 $0,-2\pi/3$，$-4\pi/3,0,0,0,0,2\pi/3,4\pi/3$。多相波形的产生和处理技术与调频波技术的相似。

5.3　数字波束形成技术

随着高速、超高速信号采集、传输及处理技术的发展，数字阵列雷达已成为当代雷达技术发展的一个重要趋势。数字波束形成（DBF）技术采用先进的数字信号处理技术对阵列天线接收到的信号进行处理，能够极大地提高雷达系统的抗干扰能力，是新一代军用雷达提高目标检测性能的关键技术之一。数字波束形成技术被称为 20 世纪 90 年代的雷达技术，它是将多个阵列天线接收到的各路信号经下变频，再由 A/D 变换器变成数字信号进行灵活的数字技术处理，形成接收波束，并尽可能地保存各个天线阵元接收到的全部有用信息至数字处理器。将天线阵元收到的信号无失真地下变频到数字信号，通过相应的加权系数形成所需要的接收波束，如果加权系数为固定的复数，则与传统的相控阵天线加权系数相类似，称为数字波束形成（DBF）；如果加权系数根据阵元获取的空间信号源与干扰源数据按某种准则实时地调整权系数，则为自适应数字波束形成。其基本原理如图 5.3.1 所示。

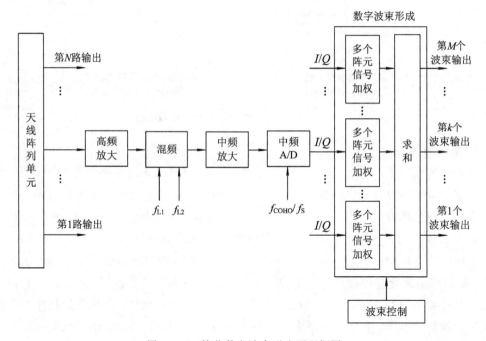

图 5.3.1　接收数字波束形成原理框图

数字波束形成技术较之射频和中频波束形成具有许多优点：可同时产生多个独立可控的波束而不损失信噪比；波束特性由权矢量控制，灵活可变；天线具有较好的自校正和低旁瓣能力等。更为重要的是：由于在基带上保留了天线阵单元信号的全部信息，因而可以采用先进的数字信号处理理论和方法对阵列信号进行处理，以获得波束的优良特性。例如，形成自适应波束以实现空域抗干扰；采用非线性处理技术以得到改善的角分辨力等。

5.3.1　窄带信号模型

目前，对于窄带、宽带与超宽带尚无完全统一的定义，不过普遍认可的定义是：当相对带宽(信号带宽与中心频率之比)小于 1% 时称为窄带(NB),在 1% 与 25% 之间时为宽带(WB),大于 25% 时则称为超宽带(UWB)。本书以下研究的均是窄带信号。

首先,考虑 N 个远场的窄带信号入射到空间某阵列上,其中阵列天线由 M 个阵元组成,这里假设阵元数等于通道数,即 M 个阵元接收到信号后经各自的传输信道送到处理器,也就是说处理器接收来自 M 个通道的数据,如图 5.3.2 所示。

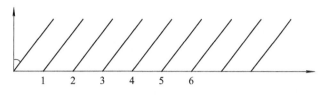

图 5.3.2　阵列天线结构

信号源是窄带信号时,假设参考阵元 1 接收到的远场来波信号可用如下的复包络形式表示:

$$s_i(t) = u_i(t) e^{j\omega t}$$
$$x_1(t) = \sum_{i=1}^{N} s_i(t) \tag{5.3.1}$$

其中,ω 为来波的角频率,$u_i(t)$ 为第 i 个来波信号的幅度,则在等距线阵中,第 m 个阵元接收信号为

$$x_m(t) = \sum_{i=0}^{N} s_i(t - \tau_{mi}) + n_m(t) \tag{5.3.2}$$

其中,$\tau_{mi} = d_m/c * \sin\theta_i$ 表示第 i 个信号到达第 m 个阵元时相对于参考阵元的时延,$d_m = d*(m-1)$,为线阵第 m 阵元相对于参考阵元的距离,c 为电磁波传输速率,θ_i 为第 i 个信号入射角度,$n_m(t)$ 为第 m 个阵元在 t 时刻的噪声。

由于信号在时间上变化慢,所以有

$$s_i(t - \tau) \approx s_i(t) \times e^{-j\omega\tau} \tag{5.3.3}$$

则式(5.3.2)可以表示为

$$x_m(t) = \sum_{i=1}^{N} s_i(t) \times e^{-j\omega\tau_{mi}} + n_m(t) \tag{5.3.4}$$

将 M 个阵元在特定时刻接收的信号排列成一个列矢量,得到

$$\begin{bmatrix} x_1(t) \\ x_2(t) \\ \vdots \\ x_M(t) \end{bmatrix} = \begin{bmatrix} e^{-j\omega\tau_{11}} & e^{-j\omega\tau_{12}} & \cdots & e^{-j\omega\tau_{1N}} \\ e^{-j\omega\tau_{21}} & e^{-j\omega\tau_{22}} & \cdots & e^{-j\omega\tau_{2N}} \\ \vdots & \vdots & \vdots & \vdots \\ e^{-j\omega\tau_{M1}} & e^{-j\omega\tau_{M2}} & \cdots & e^{-j\omega\tau_{MN}} \end{bmatrix} \times \begin{bmatrix} s_1(t) \\ s_2(t) \\ \vdots \\ s_N(t) \end{bmatrix} + \begin{bmatrix} n_1(t) \\ n_2(t) \\ \vdots \\ n_M(t) \end{bmatrix} \tag{5.3.5}$$

将式(5.3.5)写成矢量形式如下:

$$\boldsymbol{X}(t) = \boldsymbol{A}\boldsymbol{S}(t) + \boldsymbol{N}(t) \tag{5.3.6}$$

式中,$\boldsymbol{X}(t)$ 为阵列的 $M \times 1$ 维快拍数据矢量,$\boldsymbol{N}(t)$ 为阵列的 $M \times 1$ 维噪声数据矢量,$\boldsymbol{S}(t)$ 为空间信号的 $N \times 1$ 维矢量,$\boldsymbol{A}$ 为空间阵列的 $M \times N$ 维流型矩阵(导向矢量阵),且

$$\boldsymbol{A} = [a_1(\omega) \quad a_2(\omega) \quad \cdots \quad a_N(\omega)] \tag{5.3.7}$$

其中导向矢量

$$\boldsymbol{a}_i(\omega) = \begin{bmatrix} \mathrm{e}^{-\mathrm{j}\omega\tau_{1i}} \\ \mathrm{e}^{-\mathrm{j}\omega\tau_{2i}} \\ \vdots \\ \mathrm{e}^{-\mathrm{j}\omega\tau_{Mi}} \end{bmatrix} \tag{5.3.8}$$

5.3.2 空间匹配滤波器

波束形成(Beamforming)是指对空间传感器的采样加权求和以增强特定方向信号功率、抑制其他方向的干扰信号或提取波场特征参数等为目的的空域滤波。在阵列信号处理中,称其为常规波束形成(CBF),同时也称作空间匹配滤波器。假设阵列接收信号只含期望信号和噪声,且期望信号和噪声互不相关,各阵元噪声为功率相同的高斯白噪声,空间相互独立,给第 i 个阵元接收到的信号加上权重 w_i。若再将所有阵元接收到信号相加,则阵列接收的信号形式可写成

$$y(t) = \sum_{i=0}^{M} w_i \times x_i(t) + N(t) \tag{5.3.9}$$

写成矩阵形式就为

$$\boldsymbol{y}(t) = \boldsymbol{W}^{\mathrm{H}}\boldsymbol{X}(t) + \boldsymbol{N}(t) = s(t)\boldsymbol{W}^{\mathrm{H}}\boldsymbol{a}(\theta) + \boldsymbol{N}(t) = s(t)\boldsymbol{F}(\theta) + \boldsymbol{N}(t) \tag{5.3.10}$$

其中,$\boldsymbol{W} = \begin{bmatrix} w_1 & w_2 & \cdots & w_M \end{bmatrix}$ 表示权矢量,θ 表示期望信号方向,$\boldsymbol{a}(\theta)$ 为期望信号的导向矢量,$s(t)$ 为期望信号的复包络,$\boldsymbol{N}(t)$ 为噪声向量。

波束形成算法的关键是寻找最佳权矢量,使得接收到的信号通过 $\boldsymbol{W}$ 加权后,期望信号加强,其他干扰信号则被抑制,形成指向我们需要的方向的波束图。

5.3.3 阵列方向图

方向图一般用来形象地描绘天线辐射特性随着空间方向坐标的变化关系,是方向性函数的图形表示,定义为给定阵列的权矢量对不同方向信号的阵列响应。

式(5.3.10)中 $\boldsymbol{F}(\theta) = \boldsymbol{W}^{\mathrm{H}}\boldsymbol{a}(\theta)$ 为方向图,当 $\boldsymbol{W}$ 对某个方向 θ_0 的信号同相相加时使 $\boldsymbol{F}(\theta_0)$ 的模值最大。后面试验中,将通过方向图验证波束形成算法。

通常将阵列的左边第一个阵元定义为参考阵元。方向图一般用 dB 表示,所以将方向图式子取模平方后进行归一化,再取对数为

$$G(\theta) = \frac{\left| \boldsymbol{F}(\theta) \right|^2}{\max \left| \boldsymbol{F}(\theta) \right|^2} \tag{5.3.11}$$

$$G(\theta)(\mathrm{dB}) = 10\lg G(\theta) \tag{5.3.12}$$

为了使主瓣波束指向期望信号 θ_0 方向,则各阵元在 θ_0 方向必须同相相加,阵列加权矢量即是对各阵元进行相位补偿,因此合适的阵列权矢量就是期望信号的导向矢量,即

$$\boldsymbol{W} = \boldsymbol{a}(\theta_0) \tag{5.3.13}$$

此时

$$\boldsymbol{F}(\theta_0) = \boldsymbol{a}^{\mathrm{H}}(\theta_0)\boldsymbol{a}(\theta_0) = M$$

阵列输出在指向 θ_0 方向的增益最大值为 M。

因此将式(5.3.11)代入方向图表达式并归一化,可得到

$$G(\theta) = \left| \frac{\sin\left[\pi dM(\sin\theta - \sin\theta_0)/\lambda\right]}{M\sin\left[\pi d(\sin\theta - \sin\theta_0)/\lambda\right]} \right|^2 \tag{5.3.14}$$

当 $\theta_0 = 20°$ 时，均匀线阵的增益方向图具有以下特点：

（1）主瓣。在 $\theta = 20°$ 方位，阵列输出最大，而在其附近形成一个主瓣；也就是说在信号到来时，只有20°和周边的来波方向的信号会被放大接收，其他方向信号会得到抑制。主瓣的宽度常用峰值的半功率点的两个方位之间的夹角来度量，在后面将对波束宽度作出讲解。

（2）零点。使阵列输出为零的空间入射波的某些方位角 θ，在阵列增益方向图上便是零点。零点的方位角可从方程 $G(\theta) = 0$ 中解出。方向图中零点个数 K 取决于 Md 与波长 λ 之比，当 $d/\lambda = 1$ 时，阵列方向图中有 $M-1$ 个零点。零点也就是后面所说的使干扰信号零陷的点，这样可以不用接收到干扰方向的信号。

（3）副瓣。在阵列增益方向图中，每两个相邻的零点之间也会出现一个波瓣，并且也会有极大值，但这种波瓣的极大值均小于主瓣极大值，所以一般称为副瓣。随着阵元个数的增加，方向图主波束宽度变窄，分辨力提高。

5.3.4　阵列增益

阵列信号经过空间匹配滤波器后的输出为

$$y(t) = W^H X(t) = a^H(\theta_0)[a(\theta_0)s_0(t) + n(t)] = Ms_0(t) + n(t)' \tag{5.3.15}$$

其中，$n(t)' = a^H(\theta_0)n(t)$。

阵列输出的期望信号功率为

$$P_s = E[|Ms_0(t)|^2] = M^2\sigma_s^2 \tag{5.3.16}$$

输出噪声功率为

$$P_n = E[|n(t)'|^2] = M\sigma_n^2 \tag{5.3.17}$$

则输出信噪比为

$$\mathrm{SNR}_0 = \frac{P_s}{P_n} = M \cdot \mathrm{SNR}_e \tag{5.3.18}$$

其中，$\mathrm{SNR}_e = \sigma_s^2/\sigma_n^2$ 为单个阵元的输入信噪比。

阵列增益定义为阵列输出信噪比与单个阵元上的输入信噪比的比值，即

$$G = \frac{\mathrm{SNR}_0}{\mathrm{SNR}_e} \tag{5.3.19}$$

对于空间匹配滤波器，$G = M$。

5.3.5　波束宽度

半功率波束宽度（波束主瓣宽度，用 θ_{mb} 表示）可通过以下方式计算得到：

由式（5.3.14），令

$$G(\theta) = \left| \frac{\sin[\pi dM(\sin\theta - \sin\theta_0)/\lambda]}{M\sin[\pi d(\sin\theta - \sin\theta_0)/\lambda]} \right|^2 = 0.5 \tag{5.3.20}$$

根据 $\sin\theta - \sin\theta_0 = 2\cos[(\theta+\theta_0)/2]\sin[(\theta-\theta_0)/2] \approx \cos\theta_0 \cdot \theta_{0.5}$，得半功率波束宽度为

$$\theta_{mb} = 2\theta_{0.5} = \frac{50.7\lambda}{(Md\cos\theta_0)} \tag{5.3.21}$$

由式（5.3.21）可知，当阵列天线确定时，主瓣半功率波束宽度随着阵元个数 M 的增大而减小，随着扫描角度 θ_0 的增大而增大，θ_0 越大，波束展宽越厉害。当 $\theta_0 = 60°$ 时，$\theta_{mb} = 20°$，

因此一般将扫描角度限制在±60°以内。

5.3.6 相位扫描的带宽限制

即使对于窄带信号，也有一定的带宽，而阵列总是设计于某个固定的工作频率点 f_0（对应波长为 λ_0）上。假设阵元间距一定（设为半波长），如果相扫的移相量是在 f_0 处计算得到的，那么其他的频率分量 $f = f_0 + \Delta f$ 对应的主瓣指向角度将与指定的角度方向 θ_0 存在一定的误差。

波束指向偏差与频率的关系为

$$\Delta\theta = -\frac{\Delta f \sin\theta_0}{f_0 \cos\theta_0} = -\frac{\Delta f}{f_0}\tan\theta_0 \tag{5.3.22}$$

上式表明：当频率大于工作频率 f_0 时，主瓣指向向左偏（即主波束指向角度减小）；反之，当频率小于工作频率 f_0 时，主瓣指向向右偏（即主波束指向角度增大）。

5.4 合成孔径雷达技术

5.4.1 SAR 二维高分辨原理

合成孔径雷达是一种二维高分辨力成像雷达，这里的二维高分辨就是指足够高的方位向分辨力和距离向分辨力。其方位向是指雷达测绘带内与雷达平台运动方向平行的方向，距离向是指雷达测绘带内与雷达平台运动方向垂直的方向。合成孔径雷达具有许多种工作方式，按照其扫描方式的不同分为条带模式、扫描模式和聚束模式等。

在条带工作模式下，雷达天线的指向不随雷达平台的移动而改变，天线扫描区域均匀扫过地面形成条带状的成像带。此时图像的长度取决于雷达移动的距离而图像的方位向分辨率也仅由雷达天线的长度决定。在扫描工作模式下，雷达天线会沿着距离向进行多次扫描以得到较大的测绘宽度。在聚束工作模式下，则是通过控制雷达天线的指向对感兴趣的目标区域进行重点扫描。下面以条带工作模式为例简要说明合成孔径雷达的成像原理。

图 5.4.1 为条带工作模式下合成孔径雷达成像示意图，图中椭圆形阴影部分为雷达波束照射区域。假设 AB 为合成孔径雷达所能区分的最小距离单元，则该单元为距离分辨力。同理，假设 BC 为最小可区分方位单元，则该距离为方位分辨力。

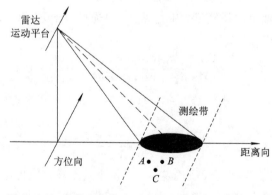

图 5.4.1 条带工作模式下合成孔径雷达成像示意图

　　传感器随着飞行平台的移动，地面上的某一目标被雷达天线在不同位置以一定的间隔时间发射电磁脉冲照射并反射回波，传感器记录这些回波信号数据，并通过合成孔径的方式进行信号处理，最终通过成像算法得到合成孔径雷达图像。孔径合成就是通过雷达系统的一个小孔径天线在运动过程中合成为大的虚拟孔径的过程。

　　如图 5.4.2 所示，随着平台的移动，雷达到目标的距离随时间变化。当距离最接近目标时间隔为 R_0，β 为雷达波束覆盖区宽度，则最大单孔径照射近似宽度为 $L_s = R_0\beta$，天线波束宽度 $\beta_s = \lambda/(2L_s)$。假设天线孔径的真实长度为 D，那么天线波束宽度 $\beta_s = \lambda/D$，可以得到合成孔径雷达方位向的分辨力为

$$\rho_a = \beta_s \cdot R_0 = \left(\frac{\lambda}{2L_s}\right)R_0 = \frac{D}{2} \tag{5.4.1}$$

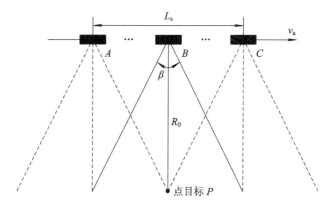

图 5.4.2　孔径合成天线示意图

　　从式(5.4.1)可以看出与真实孔径雷达不同，合成孔径雷达的方位分辨力等于真实天线孔径长度的一半，并且与雷达发射波长和目标距离远近无关。因此，采用合成孔径雷达，对照射区域内的不同目标能做到等分辨力成像，可以大大减小方位分辨力对目标环境的依赖性，这样，不管是机载 SAR 还是星载 SAR，在任何高度、任何照射角情况下都能获得一致的方位分辨力。

　　理论上，可以通过减小一定的雷达天线方位向孔径长度以获得足够高的方位向分辨力。在实际中，这种提高分辨力的方法相当于增大了方位向波束宽度，增加相干积累时间，将会在一定程度上导致成像效率和数据存储空间的损失，并且不能进行大测绘带成像。为了解决这种矛盾，这里做以下分析。如图 5.4.3 所示，雷达工作在条带工作模式，机载平台运动速度为 v，到目标的斜距为 $R(t)$，最小距离为 R_0，发射脉冲方位向波束宽度为 β，雷达运动位置与水平面投影位置坐标为 x_0。

　　雷达距点目标的瞬时斜距 $R(t)$ 为

$$R(t) = \sqrt{R_0^2 + (x - X_0)^2} = \sqrt{R_0^2 + x^2} \tag{5.4.2}$$

通常情况下，合成孔径雷达的斜距 $R_0 \gg x$，且 $x = vt$，由菲涅尔近似可得

$$R(t) = R_0\sqrt{1 + \frac{x^2}{R_0^2}} \approx R_0 + \frac{v^2 t^2}{2R_0} \tag{5.4.3}$$

接收到的雷达回波信号的瞬时相位为

$$\phi(t) = 2\pi \cdot \frac{2R(t)}{\lambda} = 2\pi\left(\frac{2R_0}{\lambda} + \frac{v^2 t^2}{\lambda R_0}\right) \tag{5.4.4}$$

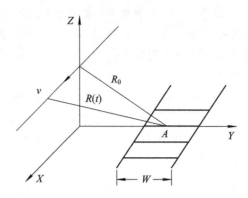

图 5.4.3 正侧视机载 SAR 几何关系示意图

回波信号的瞬时频率为

$$f(t) = \frac{1}{2\pi} \cdot \frac{\mathrm{d}\phi(t)}{\mathrm{d}t} = -\frac{2v^2}{\lambda R_0}t \tag{5.4.5}$$

从上式可以看出,方位向回波信号的频率是时间的线性函数,即方位向的回波信号是一个线性调频信号,这样就可以通过脉冲压缩技术实现方位向的高分辨力成像。

5.4.2 距离向脉冲压缩技术

脉冲压缩广泛应用于雷达、地震探测等领域,是一种频谱扩展方法,简单来说就是雷达发射宽脉冲,然后在接收端"压缩"为窄脉冲,从而达到同时提高雷达的作用距离和距离分辨力的目的。

线性调频信号(LFM)的数学表达式如下:

$$s(t) = A \cdot \mathrm{rect}\left(\frac{t}{T_{\mathrm{p}}}\right) \cdot \exp(\mathrm{j}2\pi f_{\mathrm{c}}t) \cdot \exp(\mathrm{j}\pi Kt^2) \tag{5.4.6}$$

其中

$$\mathrm{rect}\left(\frac{t}{T}\right) = \begin{cases} 1 & -\dfrac{T}{2} \leqslant t \leqslant \dfrac{T}{2} \\ 0 & \text{其他} \end{cases} \tag{5.4.7}$$

式(5.4.6)中,A 为发射脉冲信号幅度,f_{c} 为载频,K 为调频率,$B = |K| T_{\mathrm{p}}$。对式(5.4.6)做傅里叶变换,可得线性调频信号在频域的表达式为

$$s(\omega) = \int_{-\infty}^{\infty} s(t)\exp(-\mathrm{j}\omega t)\mathrm{d}t \tag{5.4.8}$$

运用驻定相位原理,式(5.4.8)可化简为

$$s(\omega) \approx \frac{1}{\sqrt{K}}\mathrm{rect}\left(\frac{\omega - \omega_0}{2\pi B}\right)\exp\left(-\mathrm{j}\frac{(\omega - \omega_0)^2}{4\pi K} + \mathrm{j}\frac{\pi}{4}\right) \tag{5.4.9}$$

式中,ω_0 为载波中心频率。匹配滤波器是脉冲压缩的关键步骤,其本质就是将信号频谱与频域滤波器相乘。通过获取与线性调频信号频率共轭互相关的时延信号,并将二者相乘就可以将目标信号突出出来。如输入信号为 $s(t)$,t_0 为滤波器附加时延,则匹配滤波器的脉冲响应为

$$h(t) = s_{\mathrm{i}}^{*}(t_0 - t) \tag{5.4.10}$$

根据式(5.4.9),可推导出匹配滤波器频谱表达式为

$$H(\omega) \approx \frac{1}{\sqrt{K}} \mathrm{rect}\left(\frac{\omega-\omega_0}{2\pi B}\right) \exp\left(\mathrm{j}\,\frac{(\omega-\omega_0)^2}{4\pi K} - \mathrm{j}\,\frac{\pi}{4} - \omega t_0\right) \tag{5.4.11}$$

将式(5.4.9)与式(5.4.11)相乘即可完成信号的脉冲压缩,其表达式为

$$s_o(\omega) \approx \frac{1}{K} \mathrm{rect}\left(\frac{\omega-\omega_0}{2\pi B}\right) \exp\left(-\omega t_0\right) \tag{5.4.12}$$

对式(5.4.12)做逆傅里叶变换,可得

$$s_o(t) = \frac{\tau}{2} \mathrm{sinc}\left[\pi B(t-t_0)\right] \cos\left[2\pi f_0(t-t_0)\right] \tag{5.4.13}$$

从 LFM 信号匹配滤波器后的输出波形表达式可以看出,输出信号的外包络近似为 sinc 函数,载频为 f_0 且其相位不再具备二次项。一般而言,将峰值降低到 3 dB 时信号的宽度定义为脉冲宽度 T_{p0},解调后 T_p 的值近似为发射信号带宽的倒数。经过压缩解调后,容易得出距离向的分辨力为 $\rho_r = c/2B$。这样在发射端发射时宽带宽积远远大于 1 的线性调频信号,在接收端压缩为"窄"脉冲,同时提高了雷达的作用距离和距离分辨力,解决了雷达作用距离和距离分辨力之间的矛盾,使得合成孔径雷达的距离高分辨力得以实现。

5.4.3　SAR 成像算法实现

本节重点介绍距离—多普勒(RD)算法。可以得知,SAR 成像问题就是根据已知系统的输出和系统的响应函数来求解系统输入的求逆问题。这种逆滤波处理的实现常常采用匹配滤波的方法。为了使复杂的距离向与方位向的二维处理变为两个简单的一维处理过程,通常需要解除距离向和方位向的耦合,而造成这种耦合存在的原因就是距离徙动(RCM)。

RCM 是由 SAR 平台与目标之间的相对运动形成的。如图 5.4.4 所示,图中实线表示点目标在 SAR 平台运动过程中与雷达距离的变化,图中虚线表示点目标相对雷达位置的变化,空心圆点表示雷达接收机里此点目标的对应位置。随着雷达平台的运动,目标与雷达间的距离变化超过一个距离单元时,目标的回波就分布于相邻的几个距离门。我们将 SAR 回波信号的这种特征称为距离徙动。

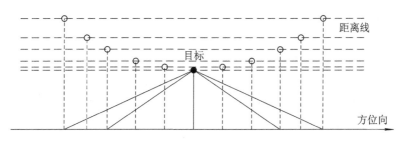

图 5.4.4　雷达与目标距离变化示意图

SAR 成像的基本思想是将二维处理分解为两个级联的一维处理,距离向直接将接收到的 LFM 信号进行脉冲压缩即可,而距离徙动的存在使得方位向处理成为一个二维处理,不能直接进行脉冲压缩,必须通过距离徙动校正。

下面对距离徙动的校正做理论推导。运用泰勒级数展开可将把雷达和目标的瞬时距离展开为和时间有关的多次项函数,保留到第三次项。此时函数中与时间有关的一次项函数叫做距离走动,二次项叫做距离弯曲。

雷达平台的运动使得目标的回波信号形成了线性的距离走动,距离走动存在于机载或

星载情况中，且偏离的程度主要受到雷达天线指向的影响。由于距离走动为时间的一次项函数，在时域满足严格的线性关系，故能在时域进行校正。而距离弯曲的产生是因发射脉冲信号为球面波引起的，并且由于距离弯曲为时间的二次项函数，并不满足在时域的线性关系，因而需要变换到其频域进行处理。

RD算法是最早提出的SAR成像处理算法。1978年该算法被应用且处理出了第一幅机载SAR图像，并且至今还作为SAR成像处理的经典算法。RD算法主要通过频域上的转换将数据的二维处理过程转换到距离域及频域的两个一维处理过程，处理过程符合现代工业模块化的要求且简单易行。也正是因为这两个一维处理过程的RCM校正是在方位频域(也称多普勒域)及距离频域上进行的，这也是该算法名称的由来。下面以场景中某点目标P的回波的处理过程为例，对RD算法的详细过程进行解析。

如图5.4.5所示为SAR系统工作于条带工作模式下SAR平台和点目标P的几何关系。平台以均匀速度沿X轴运动，且平台到目标的最短距离为R_B，系统发射脉冲斜视角为θ_0，以平台垂直于目标时的时间t_a为时间原点，以B点到与平台的垂直交点为平台运动起点，平台运动到B时的时间为t_c。在任何时刻t_a，SAR平台与点目标P的斜距为$R(t_a, R_0)$。

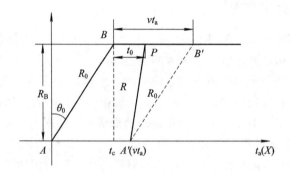

图5.4.5 条带工作模式下SAR平台和点目标P的几何关系

设A点为平台经过时间t_a的航行后所处的位置，运动距离为vt_a。t_0为载机从点B运动到点P需要的时间，采用余弦定理，可以得到斜距$R(t_a, R_0)$和方位慢时间t_a的关系为

$$R(t_a, R_0) = \sqrt{v^2(t_a - t_0)^2 + R_0 - 2R_0 \cdot v(t_a - t_0\sin\theta_0)} \tag{5.4.14}$$

假设雷达发射调频率为K的LFM信号的复包络为

$$s_t(t_r) = a_r(t_r)\exp(j\pi K t_r^2) \tag{5.4.15}$$

雷达接收的点目标回波信号转换到距离—方位时间域的表达式为

$$\begin{aligned} s(t_r, t_a, R_0) = &a_r\left(t_r - \frac{2R(t_a, R_0)}{c}\right) \cdot \exp\left(j\pi K\left(t_r - \frac{2R(t_a, R_0)}{c}\right)^2\right) \\ &\cdot a_a(t_a)\exp\left(-j\frac{4\pi R(t_a, R_0)}{\lambda}\right) \end{aligned} \tag{5.4.16}$$

其中，$a_a(\cdot)$表示雷达发射线性调频信号的方位向函数，$a_r(\cdot)$表示雷达发射线性调频信号的距离向函数。从式(5.4.16)中可以看出，$\exp((-j4\pi R(t_a, R_0)/\lambda))$为时间的一次项函数，表示接收信号中的距离走动项；$\exp(j\pi K(t_r - 2R(t_a, R_0)/c)^2)$为时间的二次项函数，其对应的时延引起了距离弯曲项。为了使成像处理的二维过程转换为两个一维过程，必须消除线性距离走动带来的二维耦合，因此，需要在距离方位时域乘以相反的线性距离走动项。将式(5.4.16)做傅里叶变换，并构造校正距离走动的线性相位函数H_1为

$$H_1(f_r, t_a, R_0) = \exp\left(-\mathrm{j}\frac{4\pi\Delta R(t_a, R_0)}{c}(f_r + f_c)\right) \tag{5.4.17}$$

频域相乘可得

$$s(f_r, t_a, R_0) = \mathrm{FFT}_{t_r}[s(t_r, t_a, R_0)] \cdot H_1(f_r, t_a, R_0) \tag{5.4.18}$$

其中，$\Delta R(t_a, R_0) = v \cdot \sin\theta_0 \cdot t_a$。信号 $s(t_r, t_a, R_0)$ 通过距离走动校正后，为了彻底消除距离和方位向耦合，需要对信号进行距离弯曲校正。在距离频域，同一距离门的所有点的距离弯曲曲线是重合的，而不同距离门的点目标的距离弯曲曲线的曲率相同，沿距离向呈平移关系。假设 SAR 平台同目标点处的斜距为 R_{s_0}，这里用场景中心点处距离弯曲的值近似代替场景中各处的距离弯曲值。因此对场景中心点完成距离弯曲校正，就等于校正了该距离上所有目标的距离弯曲。校正完成后将所得信号沿方位向进行 FFT，使得信号变换到方位时域变换到二维频域获得函数 $s(f_r, f_a, R_0)$。然后构造实现距离弯曲校正及距离向压缩的匹配函数 $H_2(f_r, f_a, R_{s_0})$，将信号 $s(f_r, f_a, R_0)$ 与 H_2 相乘并进行距离向 IFFT，从而完成 RCM 校正和距离向的脉冲压缩。

$$s(t_r, f_a, R_0) = \mathrm{IFFT}_{t_r}\{\mathrm{FFT}_{t_a}[s(f_r, t_a, R_0)] \cdot H_2(f_r, f_a, R_{s_0})\} \tag{5.4.19}$$

其中

$$\begin{aligned}
H_2(f_r, f_a, R_{s_0}) = {} & \exp\left(\mathrm{j}\frac{2\pi R_{s_0}}{c}\left(\frac{\lambda f_a}{2v\cos\theta_0}\right)^2 f_r\right) \\
& \cdot \exp\left[\mathrm{j}\pi f_r^2\left[\frac{1}{K} - \frac{2\lambda R_{s_0}\left(\frac{\lambda f_a}{2v\cos\theta_0}\right)^2}{c^2\left(\sqrt{1 - \left(\frac{\lambda f_a}{2v\cos\theta_0}\right)^2}\right)^3}\right]\right]
\end{aligned} \tag{5.4.20}$$

最终，达成方位向脉冲压缩处理，构造方位向匹配函数 H_3 为

$$H_3(t_r, f_a, R_0) = \exp\left(\mathrm{j}\frac{2\pi R_0}{v\cos\theta_0}\sqrt{f_{aM}^2 - f_a^2}\right) \tag{5.4.21}$$

式(5.4.21)与式(5.4.19)相乘后，对结果在方位向进行 IFFT 变换回时域得到压缩后的 SAR 图像

$$\begin{aligned}
s_{\mathrm{out}}(t_r, t_a, R_0) = {} & \mathrm{IFFT}_{t_a}[s(t_r, f_a, R_0)] \cdot H_3(t_r, f_a, R_0) \\
= {} & \mathrm{sinc}\left[\Delta f_r\left(t_r - \frac{2R_0}{c}\right)\right]\mathrm{sinc}(\Delta f(t_a - t_0))
\end{aligned} \tag{5.4.22}$$

图 5.4.6 为 RD 成像算法流程图。当不考虑距离徙动影响时，即距离向和方位向不存在耦合，那么仅需进行两个级联的一维脉压处理即可；若距离徙动影响较大，此时首先进行距离徙动的校正，通常在距离频域方位时域进行距离徙动校正，接着在距离多普勒域进行距离弯曲校正，然后进行方位向脉冲压缩，再将信号变换回到时域，即可得到二维 SAR 图像。

SAR 成像处理的过程实质上是一个构造相匹配的距离向和方位向参考函数的过程。只有这两个函数构造准确，才能在准确地完成数据的距离和方位向上的脉冲压缩以及 RCM 校正。距离参考函数是由 SAR 系统所固有的特性所决定的，其在传播过程中并不会随着这个过程发生太大的改变。所以只要已知已有信号的幅度、相位等信息就能够准确地构造函数，完成距离向的脉冲压缩。方位向参考函数不仅仅与发射信号的参数有关，而且还受到所在平台飞行速度、飞行姿态等的影响，成像过程中很容易因为函数的构造不准确

从而导致成像质量的降低。本书在这方面没有做过多的考虑，但若在实际中要求成像质量进一步提高，则应考虑上述诸细节。

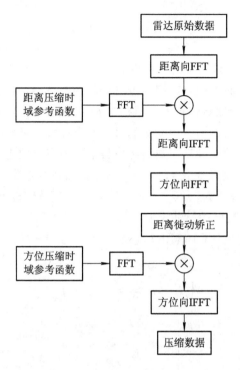

图 5.4.6 RD 成像算法流程图

第 6 章　雷达数据处理

本章是在雷达目标检测和参数测量的基础上，完成对雷达目标的数据处理和预处理，实现对雷达目标的跟踪处理以及雷达目标的识别，这是雷达情报收集的重要过程。

6.1　雷达数据录取

本小节主要学习雷达数据录取的方法以及不同方法的特点与适用范围。

1. 目标数据录取方式

根据检测的结果，对目标的有关参数进行估计，把估值结果按一定格式送数据处理计算机，并建立其航迹的过程称为雷达信息的录取（也称参数录取、数据录取或点迹录取）。录取方式主要有以下四种：

1）人工录取

早期的雷达终端设备以平面位置显示器（PPI）为主，全部录取工作由人工完成。操作人员通过观察显示画面发现目标，利用显示器上的距离和方位刻度或指示盘，测读目标的坐标。通常的警戒雷达只给出距离和方位这两个坐标，要对目标进行引导时，通过测高雷达和相应的显示器，读出高度数据，并且估算目标的速度和航向，熟练的操作员还可以从画面上判别出目标的类型及数目等特征信息，所有的信息都由记录员和报务员口头通过有线或无线通信设备上报指挥所。

随着雷达终端技术的发展，由小型计算机或微型计算机控制的数字式录取显示器代替了模拟式显示器。操作员观察显示画面，发现目标后利用跟踪球或鼠标等点迹获取装置，使内光点（光标）对准目标的中心位置，按录取控制键，显示计算机就把对应目标点的坐标数据作为目标的位置上报；操作员也可以通过键盘等输入装置，把目标的类型等特征数据作为干预命令通过显示计算机送数据处理计算机或通过通信接口直接上报。显示计算机还可以进行目标下一扫描时间的外推，使光标置于可能出现的位置，辅助操作员进行后续录取的工作。

这种完全由操作员进行目标发现、目标数据人工录取的过程也称手动录取。人工录取的优点是可以发挥人的主观能力，经验丰富、操作熟练的观测员可以在杂波干扰背景中发现目标，并能比较准确迅速地测定目标数据，而且可根据目标回波亮点的大小、亮度及起伏规律等判定目标的类型、尺寸、群目标的个数等等。但是，在现代战争中，雷达目标经常是多方向、多批次、高速度的。指挥机关希望对所有的目标位置实现实时录取，人工录取显然在速度、精度、容量等方面都不能满足要求，因此，目前雷达数据录取必须采用自动或半自动的录取方法。

2）半自动录取

半自动录取是由人工通过显示器发现目标之后，利用一套录取装置，由人工操作，录取荧光屏上目标位置的初始坐标数据，通过显示计算机送数据处理计算机，数据处理计算机根据目标初始的人工确认位置起始目标航迹，对目标进行跟踪，再控制录取设备对同一目标的后续检测进行自动录取，即由操作员人工发现目标并录取第一点，以后的检测和数据录取由录取设备自动完成。在半自动录取过程中，有时为了将目标的某些特征数据与坐标数据一起编码，可由操作员通过人工干预的方式送数据处理计算机。

半自动录取的优点是：可按危险程度作出最优录取方案，对后续目标回波无须连续观测，可减轻操作员负担；可避免录取杂波形成假航迹；易于在干扰背景中识别和录取目标。其缺点是：录取速度慢，在多目标的复杂情况中会措手不及；操作员如果疏忽，可能漏掉危险目标；目标运动情况及危险程度随时变化，人工操作繁杂、负担过重。

3）全自动录取

全自动录取是指从发现目标到坐标数据录取，全部过程由录取设备自动完成，只有某些特征参数，如目标分类需要人工干预。其过程为：由自动检测电路检测出目标存在之后，发出"目标发现"信号，录取电路利用此信号录取目标的距离、方位等坐标数据。距离数据是在雷达同步信号（显示触发或称零距离信号）和"目标发现"信号的控制下，对距离时钟脉冲计数并编码，输出目标距离数码。方位数据是在雷达天线参考基准信号（正北，零方位信号）和"目标发现"信号的控制下，对方位计数脉冲（方位增量脉冲）计数并编码，输出目标方位数码。为了实现多目标录取，按照目标发现先后，进行时间编码，经过排队控制，使之有秩序地经缓冲存储器送入计算机，以便随方位与距离的扫描，依次对各个目标进行连续的自动检测与跟踪。

全自动录取的优点是：录取速度快，能应付多目标情况；无须连续观察荧光屏，只需监视设备的工作情况，可减轻操作员的负担。其缺点是：会造成虚假录取，把干扰、陆地和岛屿也可能作为目标录取；可能漏掉杂波干扰区内甚至干扰区外弱小目标；优先录取准则比较简单，难以适应密集目标且运动态势复杂多变的场合，可能造成危险程度大的目标没能优先录取而酿成危险的局面。

4）区域全自动录取

用跟踪球或鼠标在PPI显示屏上对雷达的威力范围内的局部区域进行设置，在这些区域内用全自动录取方式，其他位置用手动或半自动录取，如在清洁区或目标密度稀疏的区域用全自动录取。这样，可以充分发挥各种录取方式的优势，在人工能够正常工作的情况下，一般先由人工发现目标并录取目标头两个点的坐标，然后交由计算机控制。当计算机对这个目标实现跟踪以后，给录取显示器画面一个跟踪标志，以便了解设备工作是否正常，必要时给予人工干预，此时操作员的主要注意力可以转向显示器画面的其他部分，去发现新的目标，录取新目标头两个点的坐标。这样既可发挥人工的作用，又可利用机器弥补人工录取的某些不足。如果许多目标同时出现人工来不及录取的情况，设备可转入全自动工作状态，操作员这时的主要任务是监视显示器的画面，了解计算机的自动跟踪情况，并且在必要时实施人工干预。这样的录取设备，一般还可以用人工辅助，对少批数的目标实施引导。

2. 目标数据的录取

1）目标距离数据的录取

录取目标的距离数据是录取设备的主要任务之一。录取设备应读出距离数据（相应为目标迟延时间），并把所测量的目标的时延变换成对应的数码，这就是距离编码器的任务。

（1）单目标距离编码器。

将时间的长短转换成二进制数码的基本方法是用计数器，由目标迟后于发射脉冲的迟延时间 t_R 来决定计数时间的长短，使计数器中所计的数码正比于 t_R，读出计数器中的数，就可以得到目标的距离数据。

图 6.1.1 就是根据这一方法所组成的单个目标的距离编码器。雷达发射信号时，启动脉冲使触发器置"1"，来自计数脉冲产生器的计数脉冲经"与"门进入距离计数器，计数开始。经时延 t_R，目标回波脉冲到达时，触发器置"0"，"与"门封闭，计数器停止计数并保留所计数码。在需要读取目标距离数码时，将读数控制信号加到控制门而读出距离数据。

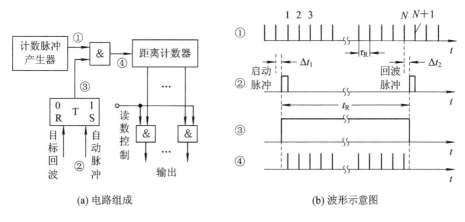

(a) 电路组成　　　　　　　　　　　(b) 波形示意图

图 6.1.1　单目标距离编码器

（2）多目标距离编码器。

当同一方向有多个不同距离的目标时，就需要在一次距离扫掠的时间内，读出多个目标的距离数据，这种多个目标的距离编码器如图 6.1.2 所示，其工作原理是：雷达发射信号时刻，启动脉冲使触发器置"1"，计数脉冲就经"与"门使距离计数器不断计数，直到距离计数器产生溢出脉冲使触发器置"0"，封闭"与"门。在计数过程中，每当目标回波到来时，通过读数脉冲产生器读出当时计数器的数码；读数是通过输出端的控制门进行的，不影响计数器的工作。因此，使用一个计数器便可得到不同距离的多个目标数据。图中把计数脉冲经过一段小的延迟线后加到读数脉冲产生器，是为了保证读数在计数器稳定以后进行，

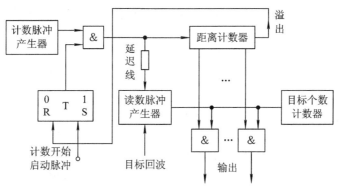

图 6.1.2　多目标距离编码器

以避免输出的距离数据发生错乱。

2）目标角度数据的录取

角坐标数据的录取是录取设备的另一个重要任务。对两坐标雷达，角坐标数据只包括方位角的数据。对三坐标雷达，角坐标数据包括方位角和仰角的数据。测角的原理和方法是一样的，本节主要介绍方位角数据录取。

我们知道，雷达测角的物理基础是电磁波在均匀介质中传播的直线性和雷达天线的方向性。雷达目标角度的测量就是利用天线的方向图，通过测量到达天线信号的波前到达角，作为目标的角坐标。对于天线在方位上作机械扫描的监视雷达，由于天线波瓣有一定宽度，因而在波束扫过目标的一段时间里，都能收到目标的回波，即收到一串脉冲串，这就有一个在什么时刻录取波束轴向数据作为目标方位的问题。一个简单直观的方法就是在单个波束扫描经过目标时，观察接收信号的幅度，它升到最大值和从最大值下降，如果返回的信号强度比内部的噪声强，那么信号到达最大幅度时的角度就可以作为波前的到达角度。

准确地测定目标的方位中心是提高方位测量精度的关键。方位录取精度直接受到所采用的测量方法的影响。目前主要有两种方位中心估计方法，一种是等信号法，另一种是加权法，如图 6.1.3 所示。在角度录取精度方面，加权法一般要高于等信号法。

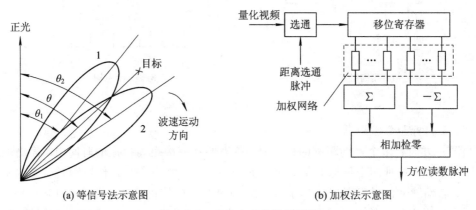

(a) 等信号法示意图　　　　　　　(b) 加权法示意图

图 6.1.3　方位中心估计原理图

对于等信号法，在某些自动检测器中，检测器在检测过程中一般要发出三个信号，即回波串的"起始"、回波串的"终止"和"发现目标"三个判决信号。前两个信号反映了目标方位的边际，可用来估计目标方位。设目标"起始"时的方位为 θ_1，目标"终止"时读出的方位为 θ_2，则目标的方位中心估计值 θ_0 为 θ_1 与 θ_2 和值的一半。在实际应用中，阶梯检测器、滑窗检测器、程序检测器等都可以采用这种方法来估计方位中心。

加权法是利用目标开始出现到目标终止时的回波幅度的加权求和，加权法估计方位的原理如图 6.1.3(b)所示。量化信息经过距离选通后进入移位寄存器。移位寄存器的移位时钟周期等于雷达的重复周期。雷达发射一个脉冲，移位寄存器就移位一次。这样，移位寄存器中寄存的是同一距离量化间隔中不同重复周期的信息。对移位寄存器的输出进行加权求和，将左半部加权和加"正"号，右半部加权和加"负"号，然后由相加检零电路检测。当相加结果为零时，便输出一个方位读数脉冲送到录取装置，读出所录取的方位信息。合理地选择加权网络是这种方法的核心问题。通常在波束中心权值为"0"，而两侧权值逐渐增大，达到最大值后再逐渐下降为"0"。因为在波束中心，目标稍微偏移天线电轴不会影响信号的平均强度，即信号幅度不因为目标方位的微小偏移而发生明显变化，这就难以根据信号幅度的变化判明方位中心，所以在波束中心点赋予零权值。在波束两侧，天线方向图具有较大的斜率，目标的微小偏移将影响信号的幅度和出现的概率，所以应赋予较大的权值。当目标再远离中心时，由于天线增益下降，过门限的信号概率已接近于过门限的噪声概率，用它估计方位已不可靠，所以应赋以较低的权值，直至零权值。

对于录取设备来说，主要的任务是如何准确地取得目标"开始"与"结束"时天线波束轴向的方位角，至于计算目标的方位角数据，则由计算机软件来完成。对于天线为机械扫描的雷达，则需把天线机械旋转时的轴向角度变换为数字化数据。目前雷达系统常用的角度传感器有两种：一种叫方位码盘，把天线的机械旋转带动一个与之机械交链的码盘，借助光电及附属电子电路，直接转换为方位数码或方位增量脉冲；另一种用旋转变压器或自整角机(同步机)来把天线的机械运动产生的角度转变为电信号，经过处理来获得方位码或方位增量脉冲。

6.2　雷达目标跟踪

雷达的基本任务是检测目标并测量出目标的参数(如位置坐标、速度等)。现代雷达还逐步从回波中提取诸如目标形状、运动状态等信息。当雷达连续观测目标一段时间(通常取 3 个扫描周期)后，雷达还可以提供目标的运动轨迹(航迹)，并预测其未来的位置。人们常常把这种对目标的连续观测叫做"跟踪"。

目前，雷达至少有扫描跟踪和连续跟踪两类对目标进行跟踪的方式。扫描跟踪是指雷达天线波束在搜索扫描情况下，对目标进行跟踪。在扫描跟踪系统中，其角误差输出直接送至数据处理，而不去控制天线对目标的随动，即天线位置不受处理过的跟踪数据的控制，跟踪处理是开环的。连续跟踪是指雷达天线波束连续跟随目标。在连续跟踪系统中，为了实现对目标的连续随动跟踪，通常都采用闭环跟踪方式，即将天线指向与目标位置之差形成角误差信号，送入闭环的角伺服系统，驱动天线波束指向随目标运动而运动。

扫描跟踪与连续跟踪的区别主要有以下几方面：

(1) 扫描跟踪对目标实施"开环"跟踪，而连续跟踪采用"闭环"跟踪方式，这是两者的最大区别；

(2) 连续地闭环跟踪通常只能跟踪一批目标，而扫描跟踪可同时跟踪多批目标；

(3) 连续跟踪的数据率比扫描跟踪要高得多；

(4) 连续跟踪的雷达，其能量集中于一批目标的方向，而扫描跟踪将雷达能量分散在整个扫描空域内；

(5) 连续跟踪雷达对目标的测量精度远高于扫描跟踪。

采用连续闭环跟踪的雷达通常称为跟踪雷达，其主要任务是实现对目标高精度的连续测量。采用扫描开环跟踪的雷达通常称为搜索雷达，它的主要任务是目标搜索探测和精度要求不高的测量。本节主要讨论搜索雷达对多目标实施的扫描跟踪。

6.2.1　搜索雷达多目标扫描跟踪的基本内容

搜索雷达的雷达数据处理部分通过对录取的目标点迹数据(也称目标的量测数据，包括目标的斜距、径向速度、方位角、俯仰角等)进行互联、跟踪、滤波、平滑、预测等处理，以进一步减小雷达测量过程中引入的随机误差，提高目标位置和运动参量的估计精度，更准确地预测目标下一时刻的位置，并形成目标运动轨迹，实现对目标的稳定跟踪。

概括来讲，雷达数据处理过程中的功能模块包括点迹预处理、航迹起始和终结、数据互联、跟踪等内容，而在数据互联和跟踪的过程中又必须建立波门，它们之间的相互关系可用图 6.2.1 所示的框图来表示。下面将简要讨论雷达数据处理各个功能模块所包含的主要内容和相关概念。

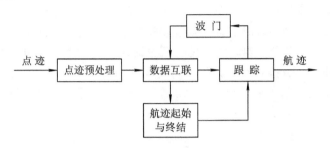

图 6.2.1　雷达数据处理示意框图

1. 点迹预处理

雷达数据处理单元的输入是前端送来的目标点迹。点迹又称观测值或量测，是指从信号处理器输出的满足一定检测准则且与目标状态有关的一组观测值数据，包括目标的斜距、方位角、俯仰角、径向速度等。

尽管现代雷达采用了许多信号处理技术，但总会有一小部分杂波或干扰信号漏过去，为了减轻后续数据处理计算机的负担、防止计算机饱和以及提高系统性能等，还要对一次处理所给出的点迹进行预处理。点迹预处理是对雷达信息二次处理的预处理，它是对雷达数据进行正确处理的前提条件，有效的点迹预处理方法可以起到事半功倍的作用，即在降低目标跟踪计算量的同时可提高目标的跟踪精度。

2. 数据互联

在单目标无杂波环境下，目标的相关波门内只有一个点迹，此时只涉及跟踪问题。在多目标情况下，有可能出现单个点迹落入多个波门的相交区域内，或者出现多个点迹落入单个目标的相关波门内，此时就会涉及数据互联问题。

所谓数据互联问题，即建立某时刻雷达量测数据和其他时刻量测数据（或航迹）的关系，以确定这些量测数据是否来自同一个目标的处理过程（或确定正确的点迹和航迹配对的处理过程）。数据互联通常又称作数据关联，有时也被称做点迹航迹相关，它是雷达数据处理的关键问题之一。如果数据互联不正确，那么错误的数据互联就会给目标配上一个错误的速度。对于空中交通管制雷达来说，错误的目标速度可能会导致飞机碰撞；对于军用雷达来说，可能会导致错过目标拦截。数据互联是通过相关波门来实现的，即通过波门排除其他目标形成的真点迹和噪声、干扰形成的假点迹。

概括来讲，按照互联的对象的不同，数据互联问题可分为以下三类：

（1）量测与量测的互联或点迹与点迹的互联（航迹起始）；

（2）量测与航迹的互联或点迹与航迹的互联（航迹保持或航迹更新）；

（3）航迹与航迹的互联或称做航迹关联（航迹融合）。

3. 波门

波门又称相关波门、跟踪门或相关域，是指以初始点迹或航迹外推位置为中心、符合一定约束的区域。在对目标进行航迹起始和跟踪的过程中通常要利用波门解决数据互联问题。波门主要分为初始波门和相关波门两种类型。

初始波门是指在航迹起始阶段，以自由点迹为中心，用来确定该目标的观测值可能出现范围的一块区域。为了更好地对目标进行捕获，初始波门一般要稍大一些。

相关波门是指以被跟踪目标的预测位置为中心，用来确定该目标的观测值可能出现范围的一块区域，该区域的大小和形状一般根据目标的运动状态(速度、加速度、运动方向、扰动的大小)等因素来确定。波门大小与雷达测量误差大小、正确接收回波的概率等有关，也就是在确定波门的形状和大小时，应使真实量测以很高的概率落入波门内，同时又要使相关波门内的无关点迹的数量不是很多。落入相关波门内的回波称为候选回波。相关波门的大小反映了预测的目标位置和速度的误差，该误差与跟踪方法、雷达测量误差以及要保证的正确互联概率有关。

4. 航迹起始与终结

航迹起始是指从目标进入雷达威力区(并被检测到)到建立该目标航迹的过程。航迹起始是雷达数据处理中的重要问题，如果航迹起始不正确，则根本无法实现对目标的跟踪。航迹起始方法应该在快速起始航迹的能力与防止产生假航迹的能力之间达到最佳的折中。

由于在对目标进行跟踪的过程中，被跟踪的目标随时都有逃离监视区域的可能性，一旦目标超出了雷达的探测范围，跟踪器就必须做出相应的决策以消除多余的航迹档案，进行航迹终结。

5. 跟踪

跟踪问题和数据互联问题是雷达数据处理中的两大基本问题。

跟踪是指对来自目标的量测值进行处理，以便保持对目标现时状态的估计。跟踪方法包括 Kalman 滤波方法、常增益滤波等，这些滤波方法针对的是匀速和匀加速目标，这时采用 Kalman 滤波技术或常增益滤波可获得最佳估计，而且随着滤波时间的增长，滤波值和目标真实值之间的差值会越来越小。但由于雷达数据处理过程中存在两种不确定性，即模型参数具有不确定性(目标运动可能存在不可预测的机动)和用于滤波的观测值具有不确定性(由于存在多目标和虚警，雷达环境会产生很多点迹)，因此，一旦目标的真实运动与滤波所采用的目标运动模型不一致(目标出现了机动)，或者出现了错误的数据互联，就很可能会导致滤波发散，即滤波值和目标真实值之间的差值随着时间的增加而无限增大。一旦出现发散现象，滤波就失去了意义。

6.2.2　系统模型

雷达数据处理中的基础是估计理论，它要求建立系统模型来描述目标动态特性和雷达测量过程。状态变量法是描述系统模型的一种很有价值的方法，其所定义的状态变量应是能够全面反映系统动态特性的一组维数最少的变量，该方法把某一时刻的状态变量表示为前一时刻状态变量的函数，系统的输入/输出关系是用状态转移模型和输出观测模型在时域内加以描述的。状态反映了系统的"内部条件"，输入可以由确定的时间函数和代表不可预测的变量或噪声的随机过程组成的状态方程来描述，输出是状态向量的函数，通常受到随机观测误差的扰动，可由量测方程描述。状态方程和量测方程之间的关系如图 6.2.2 所示。

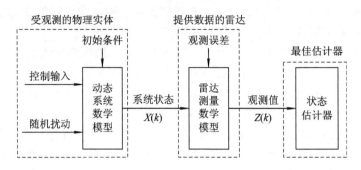

图 6.2.2 滤波问题的图解说明

由图 6.2.2 可以看出，决定时间演变的扰动变量代表了动态系统的能控输入或扰动情况。观测得到的数据即代表系统的输出。

概括来说，系统模型的特征表现为如下三个方面：

（1）系统状态变量是动态演变的；

（2）能在规定的扰动和输入情况下实施最佳控制；

（3）能用随机过程来模拟受噪声干扰的数据和系统参数的不确定性。

1. 状态方程

状态方程是目标运动规律的假设，例如假设目标在平面内做匀速直线运动，则离散时间系统下 t_k 时刻目标的状态 (x_k, y_k) 可表示为

$$x_k = x_0 + v_x t_k = x_0 + v_x kT \tag{6.2.1}$$

$$y_k = y_0 + v_y t_k = y_0 + v_y kT \tag{6.2.2}$$

式中，(x_0, y_0) 为初始时刻目标的位置，v_x 和 v_y 分别为目标在 x 轴和 y 轴的速度，T 为采样间隔。

式（6.2.1）和式（6.2.2）用递推形式可表示为

$$x_{k+1} = x_k + v_x T = x_k + \dot{x}_k T \tag{6.2.3}$$

$$y_{k+1} = y_k + v_y T = y_k + \dot{y}_k T \tag{6.2.4}$$

目标状态方程用矩阵形式可表示为

$$\boldsymbol{X}(k+1) = \boldsymbol{\Phi}(k)\boldsymbol{X}(k) \tag{6.2.5}$$

式中，状态向量 $\boldsymbol{X}(k)$ 和系统状态转移矩阵 $\boldsymbol{\Phi}(k)$ 分别为

$$\boldsymbol{X}(k) = \begin{bmatrix} x_k & \dot{x}_k & y_k & \dot{y}_k \end{bmatrix}' \tag{6.2.6}$$

$$\boldsymbol{\Phi}(k) = \begin{bmatrix} 1 & T & 0 & 0 \\ 0 & 1 & 0 & 0 \\ 0 & 0 & 1 & T \\ 0 & 0 & 0 & 1 \end{bmatrix} \tag{6.2.7}$$

若假设目标在平面内做匀加速直线运动，则目标的状态 (x_k, y_k) 用递推形式可表示为

$$x_{k+1} = x_k + \left(v_x + \frac{aT}{2}\right)T = x_k + \dot{x}_k T + \ddot{x}_k \frac{T^2}{2} \tag{6.2.8}$$

$$y_{k+1} = y_k + \left(v_y + \frac{aT}{2}\right)T = y_k + \dot{y}_k T + \ddot{y}_k \frac{T^2}{2} \tag{6.2.9}$$

目标状态方程用矩阵形式仍可表示为

$$\boldsymbol{X}(k+1)=\boldsymbol{\Phi}(k)\boldsymbol{X}(k) \tag{6.2.10}$$

式中

$$\boldsymbol{X}(k)=\begin{bmatrix} x_k & \dot{x}_k & \ddot{x}_k & y_k & \dot{y}_k & \ddot{y}_k \end{bmatrix}' \tag{6.2.11}$$

$$\boldsymbol{\Phi}(k)=\begin{bmatrix} 1 & T & \frac{1}{2}T^2 & 0 & 0 & 0 \\ 0 & 1 & T & 0 & 0 & 0 \\ 0 & 0 & 1 & 0 & 0 & 0 \\ 0 & 0 & 0 & 1 & T & \frac{1}{2}T^2 \\ 0 & 0 & 0 & 0 & 1 & T \\ 0 & 0 & 0 & 0 & 0 & 1 \end{bmatrix} \tag{6.2.12}$$

同理，当目标在三维空间中做匀速和匀加速运动时，其对应的状态向量和系统状态转移矩阵分别为

$$\boldsymbol{X}(k)=\begin{bmatrix} x_k & \dot{x}_k & y_k & \dot{y}_k & z_k & \dot{z}_k \end{bmatrix}' \tag{6.2.13}$$

$$\boldsymbol{\Phi}(k)=\begin{bmatrix} 1 & T & 0 & 0 & 0 & 0 \\ 0 & 1 & 0 & 0 & 0 & 0 \\ 0 & 0 & 1 & T & 0 & 0 \\ 0 & 0 & 0 & 0 & 1 & 0 \\ 0 & 0 & 0 & 0 & 1 & T \\ 0 & 0 & 0 & 0 & 0 & 1 \end{bmatrix} \tag{6.2.14}$$

和

$$\boldsymbol{X}(k)=\begin{bmatrix} x_k & \dot{x}_k & \ddot{x}_k & y_k & \dot{y}_k & \ddot{y}_k & z_k & \dot{z}_k & \ddot{z}_k \end{bmatrix}' \tag{6.2.15}$$

$$\boldsymbol{\Phi}(k)=\begin{bmatrix} 1 & T & \frac{1}{2}T^2 & 0 & 0 & 0 & 0 & 0 & 0 \\ 0 & 1 & T & 0 & 0 & 0 & 0 & 0 & 0 \\ 0 & 0 & 1 & 0 & 0 & 0 & 0 & 0 & 0 \\ 0 & 0 & 0 & 1 & T & \frac{1}{2}T^2 & 0 & 0 & 0 \\ 0 & 0 & 0 & 0 & 1 & T & 0 & 0 & 0 \\ 0 & 0 & 0 & 0 & 0 & 1 & 0 & 0 & 0 \\ 0 & 0 & 0 & 0 & 0 & 0 & 1 & T & \frac{1}{2}T^2 \\ 0 & 0 & 0 & 0 & 0 & 0 & 0 & 1 & T \\ 0 & 0 & 0 & 0 & 0 & 0 & 0 & 0 & 1 \end{bmatrix} \tag{6.2.16}$$

状态向量维数增加估计会更准确，但估计的计算量也会相应地增加，因此在满足模型的精度和跟踪性能的条件下，尽可能地采用简单的数学模型。考虑不可能获得目标精确模型以及许多不可预测的现象，所以这里要引入过程噪声。例如，在匀速运动模型中，驾驶员或环境扰动等都可造成速度出现不可预测的变化，如飞机飞行过程中云层和阵风对飞机飞行速度的影响等，这些都看作过程噪声来建模。

考虑到目标运动过程中有可能有控制信号，所以目标状态方程的一般形式可表示为

$$X(k+1)=\boldsymbol{\Phi}(k)X(k)+\boldsymbol{B}(k)u(k)+\boldsymbol{V}(k) \qquad (6.2.17)$$

式中：$\boldsymbol{B}(k)$为输入控制项矩阵；$u(k)$为已知输入或控制信号；$\boldsymbol{V}(k)$为过程噪声序列，通常假定为零均值的附加高斯白噪声序列，且假定过程噪声序列与量测噪声序列及目标初始状态是相互独立的。

2. 量测方程

量测方程是雷达测量过程的假设，对于线性系统而言量测方程可表示为

$$Z(k)=H(k)X(k)+W(k) \qquad (6.2.18)$$

式中：$Z(k)$为量测向量；$H(k)$为量测矩阵；$X(k)$为状态向量；$W(k)$为量测噪声序列，一般假定其为零均值的附加高斯白噪声序列。

当在二维平面中以匀速或匀加速运动对目标进行建模时，对应的状态向量$X(k)$可分别用式(6.2.6)和式(6.2.11)表示，此时这两种情况下的量测向量$Z(k)$均为

$$Z(k)=\begin{bmatrix} x_k & y_k \end{bmatrix}' \qquad (6.2.19)$$

量测矩阵$H(k)$分别为

$$H(k)=\begin{bmatrix} 1 & 0 & 0 & 0 \\ 0 & 0 & 1 & 0 \end{bmatrix} \qquad (6.2.20)$$

$$H(k)=\begin{bmatrix} 1 & 0 & 0 & 0 & 0 & 0 \\ 0 & 0 & 0 & 1 & 0 & 0 \end{bmatrix} \qquad (6.2.21)$$

当在三维空间中以匀速或匀加速运动对目标进行建模时，对应的状态向量$X(k)$可分别用式(6.2.13)和式(6.2.15)表示，此时这两种情况下量测向量$Z(k)$均为

$$Z(k)=\begin{bmatrix} x_k & y_k & z_k \end{bmatrix}' \qquad (6.2.22)$$

而量测矩阵$H(k)$分别为

$$H(k)=\begin{bmatrix} 1 & 0 & 0 & 0 & 0 & 0 \\ 0 & 0 & 1 & 0 & 0 & 0 \\ 0 & 0 & 0 & 0 & 1 & 0 \end{bmatrix} \qquad (6.2.23)$$

$$H(k)=\begin{bmatrix} 1 & 0 & 0 & 0 & 0 & 0 & 0 & 0 & 0 \\ 0 & 0 & 0 & 1 & 0 & 0 & 0 & 0 & 0 \\ 0 & 0 & 0 & 0 & 0 & 0 & 1 & 0 & 0 \end{bmatrix} \qquad (6.2.24)$$

6.2.3 常用跟踪滤波器

跟踪滤波器利用有效观测时间内的观测值，通过选择适当的估计方法，得到线性离散时间系统的状态估计值，并且随着观测值的不断获取，不断得到系统的状态估计值，形成对系统状态的连续跟踪，获得目标的连续航迹。雷达数据处理常用跟踪滤波器有 Kalman 滤波器和常增益滤波器。

1. Kalman 滤波器

Kalman 滤波是以最小均方误差为估计的最佳准则，来寻求一套递推估计的算法，其基本思想是：采用信号与噪声的状态空间模型，利用前一时刻的估计值和现时刻的观测值来更新对状态变量的估计，求出现时刻的估计值。

在雷达数据处理过程中，要求利用有限观测时间内收集到的观测值 $Z^k=$

$\{\pmb{Z}_0, \pmb{Z}_1, \cdots, \pmb{Z}_k\}$ 来估计线性离散时间动态系统的状态 $\pmb{X}$。系统模型假设为状态方程，满足

$$\pmb{X}_{k+1} = \pmb{\Phi}_k \pmb{X}_k + \pmb{B}_k \pmb{u}_k + \pmb{G}_k \pmb{v}_k \tag{6.2.25}$$

式中：$\pmb{X}_k$ 表示 k 时刻系统状态的 n 维矢量；$\pmb{\Phi}_k$ 为 k 时刻 $n \times n$ 阶状态转移矩阵；$\pmb{u}_k$ 为 p 维输入向量；$\pmb{B}_k$ 为 $n \times p$ 阶输入矩阵；$\pmb{v}_k$ 为 q 维随机矢量，满足 Gauss 白噪声分布；$\pmb{G}_k$ 为 $n \times q$ 维实值矩阵，且

$$\begin{cases} E\{\pmb{v}_k\} = 0 \\ E\{\pmb{G}_k \pmb{v}_k \pmb{v}_j^{\mathrm{T}} \pmb{G}_j^{\mathrm{T}}\} = \pmb{Q}_k \pmb{\delta}_{kj} \end{cases} \tag{6.2.26}$$

观测方程也是线性函数，即

$$\pmb{Z}_k = \pmb{H}_k \pmb{X}_k + \pmb{L}_k \pmb{w}_k \tag{6.2.27}$$

式中：$\pmb{Z}_k$ 为 k 时刻 m 维观测向量；$\pmb{H}_k$ 为 $m \times n$ 阶观测矩阵；$\pmb{w}_k$ 为 m 维测量噪声，满足 Gauss 白噪声分布，有

$$\begin{cases} E\{\pmb{w}_k\} = 0 \\ E\{\pmb{L}_k \pmb{w}_k \pmb{w}_j^{\mathrm{T}} \pmb{L}_j^{\mathrm{T}}\} = \pmb{R}_k \pmb{\delta}_{kj} \end{cases} \tag{6.2.28}$$

另外，假设 $\pmb{v}_k$ 与 $\pmb{w}_k$ 是相互独立的，即满足

$$E\{\pmb{v}_k \pmb{w}_k\} = 0 \tag{6.2.29}$$

利用最小均方误差估计方法，分别导出系统状态预测方程、状态滤波方程、滤波增益方程、残差协方差矩阵等，通常称为 Kalman 滤波方程。Kalman 滤波方程的导出可以根据线性模型和高斯分布的假设，应用最佳估计准则求得最佳滤波器；也可以对过程的分布函数不作任何假设而采用线性均方估计。这里不作仔细推导，但给出推导过程的一些主要结果，并作必要解释，以便于后面的应用。

设 $\hat{\pmb{X}}_{k/k}$ 是已知 k 时刻和 k 时刻以前的观测值对 $\pmb{X}_k$ 的最小均方估计，即

$$\hat{\pmb{X}}_{k/k} = E\left\{\frac{\pmb{X}_k}{\pmb{Z}^k}\right\} \tag{6.2.30}$$

式中，$\pmb{Z}^k = \{\pmb{Z}_0, \pmb{Z}_1, \cdots, \pmb{Z}_k\}$。

此时相应的协方差矩阵为

$$\hat{\pmb{P}}_{k/k} = E\left\{(\pmb{X}_k - \hat{\pmb{X}}_{k/k}) \cdot \frac{(\pmb{X}_k - \hat{\pmb{X}}_{k/k})^{\mathrm{T}}}{\pmb{Z}^k}\right\} = E\left\{\Delta \pmb{X}_k \cdot \frac{\Delta \pmb{X}_k^{\mathrm{T}}}{\pmb{Z}^k}\right\} \tag{6.2.31}$$

式中

$$\Delta \pmb{X}_k = \pmb{X}_k - \hat{\pmb{X}}_{k/k} \tag{6.2.32}$$

已知 $\hat{\pmb{P}}_{k/k}$ 为 k 时刻滤波协方差矩阵，下面导出第 $k+1$ 时刻状态预测值、协方差矩阵与第 k 时刻滤波值及协方差矩阵的递推关系式。

结合式(6.2.25)和式(6.2.32)，可导出第 $k+1$ 时刻状态预测值 $\hat{\pmb{X}}_{k+1/k}$ 为

$$\hat{\pmb{X}}_{k+1/k} = \pmb{\Phi}_k \pmb{X}_{k/k} + \pmb{B}_k \pmb{u}_k \tag{6.2.33}$$

其相应误差为

$$\Delta \pmb{X}_{k+1/k} = \pmb{X}_{k+1/k} - \hat{\pmb{X}}_{k+1/k} = \pmb{\Phi}_k \Delta \pmb{X}_{k/k} + \pmb{G}_k \pmb{v}_k \tag{6.2.34}$$

则 $k+1$ 时刻的预测协方差矩阵为

$$\hat{\pmb{P}}_{k+1/k} = E\left\{\Delta \pmb{X}_{k+1/k} \cdot \frac{\Delta \pmb{X}_{k+1/k}^{\mathrm{T}}}{\pmb{Z}^k}\right\} = \pmb{\Phi}_k \pmb{P}_{k/k} \pmb{\Phi}_k^{\mathrm{T}} + \pmb{Q}_k \tag{6.2.35}$$

下面导出残差序列及其协方差矩阵。

设 $\hat{\boldsymbol{Z}}_{k+1/k}$ 是已有观测值集合 $\boldsymbol{Z}^k$ 对观测值 $\boldsymbol{Z}_{k+1}$ 作的最小均方误差估计，即

$$\hat{\boldsymbol{Z}}_{k+1/k} = E\left\{\frac{\boldsymbol{Z}_{k+1}}{\boldsymbol{Z}^k}\right\} \tag{6.2.36}$$

由式(6.2.34)和式(6.2.35)可得到观测的预测公式为

$$\hat{\boldsymbol{Z}}_{k+1/k} = \boldsymbol{H}_{k+1}\boldsymbol{X}_{k+1/k} \tag{6.2.37}$$

根据残差的定义有

$$\boldsymbol{v}_{k+1} = \boldsymbol{Z}_{k+1} - \hat{\boldsymbol{Z}}_{k+1/k} = \boldsymbol{H}_{k+1}\Delta\boldsymbol{X}_{k+1/k} + \boldsymbol{L}_k\boldsymbol{w}_{k+1} \tag{6.2.38}$$

可得残差协方差矩阵为

$$\boldsymbol{\theta}_{k+1} = E\left\{\boldsymbol{v}_{k+1} \cdot \frac{\boldsymbol{v}_{k+1}^{\mathrm{T}}}{\boldsymbol{Z}_k}\right\} = \boldsymbol{H}_{k+1}\hat{\boldsymbol{P}}_{k+1/k}\boldsymbol{H}_{k+1}^{\mathrm{T}} + \boldsymbol{R}_{k+1} \tag{6.2.39}$$

现已知 $k+1$ 时刻及以前观测值 $\boldsymbol{Z}^{k+1}$，要导出相应的滤波值 $\hat{\boldsymbol{X}}_{k+1/k+1}$ 及协方差矩阵 $\boldsymbol{P}_{k+1/k+1}$。由 $\hat{\boldsymbol{X}}_{k+1/k+1}$ 的最小均方估计定义可知

$$\hat{\boldsymbol{X}}_{k+1/k+1} = E\left\{\frac{\boldsymbol{X}_{k+1}}{\boldsymbol{Z}^{k+1}}\right\} = E\left\{\frac{\boldsymbol{X}_{k+1}}{(\boldsymbol{Z}^k, \boldsymbol{Z}_{k+1})}\right\} \tag{6.2.40}$$

利用最小均方估计，有

$$\hat{\boldsymbol{x}} = \bar{\boldsymbol{x}} + \boldsymbol{P}_{xz}\boldsymbol{P}_{zz}^{-1}(\boldsymbol{z} - \bar{\boldsymbol{z}}) \tag{6.2.41}$$

$$\boldsymbol{P} = \boldsymbol{P}_{xx} - \boldsymbol{P}_{xz}\boldsymbol{P}_{zz}^{-1}\boldsymbol{P}_{xz}^{\mathrm{T}} \tag{6.2.42}$$

只需把 $\hat{\boldsymbol{X}}_{k+1/k+1}$ 看成 $\hat{x}$，$\hat{\boldsymbol{X}}_{k+1/k}$ 看成 $\bar{x}$，$\hat{\boldsymbol{Z}}_{k+1/k}$ 看成 $\hat{z}$，做类似的处理就可以得到相应的协方差矩阵为

$$\boldsymbol{P}_{xx} = E\left\{\Delta\boldsymbol{X}_{k+1/k} \cdot \frac{\Delta\boldsymbol{X}_{k+1/k}^{\mathrm{T}}}{\boldsymbol{Z}^k}\right\} = \hat{\boldsymbol{P}}_{k+1/k} \tag{6.2.43}$$

$$\boldsymbol{P}_{xz} = E\left\{\Delta\boldsymbol{X}_{k+1/k} \cdot \frac{\boldsymbol{v}_{k+1/k}^{\mathrm{T}}}{\boldsymbol{Z}^k}\right\} = \hat{\boldsymbol{P}}_{k+1/k}\boldsymbol{H}_{k+1}^{\mathrm{T}} \tag{6.2.44}$$

$$\boldsymbol{P}_{zz} = E\left\{\boldsymbol{v}_{k+1} \cdot \frac{\boldsymbol{v}_{k+1/k}^{\mathrm{T}}}{\boldsymbol{Z}^k}\right\} = \boldsymbol{\theta}_{k+1} \tag{6.2.45}$$

将式(6.2.43)、式(6.2.44)和式(6.2.45)代入式(6.2.41)，得到 $k+1$ 时刻的滤波递推公式为

$$\begin{aligned}\hat{\boldsymbol{X}}_{k+1/k+1} &= \hat{\boldsymbol{X}}_{k+1/k} + \boldsymbol{P}_{k+1/k}\boldsymbol{H}_{k+1}^{\mathrm{T}}\boldsymbol{\theta}_{k+1}^{-1}\left[\boldsymbol{Z}_{k+1} - \hat{\boldsymbol{Z}}_{k+1/k}\right] \\ &= \hat{\boldsymbol{X}}_{k+1/k} + \boldsymbol{K}_{k+1}(\boldsymbol{Z}_{k+1} - \hat{\boldsymbol{Z}}_{k+1/k})\end{aligned} \tag{6.2.46}$$

定义滤波增益矩阵 $\boldsymbol{K}_{k+1}$ 为 Kalman 增益，则有

$$\boldsymbol{K}_{k+1} = \hat{\boldsymbol{P}}_{k+1/k}\boldsymbol{H}_{k+1}^{\mathrm{T}}\boldsymbol{\theta}_{k+1}^{-1} = \hat{\boldsymbol{P}}_{k+1/k}\boldsymbol{H}_{k+1}^{\mathrm{T}}(\boldsymbol{H}_{k+1}\hat{\boldsymbol{P}}_{k+1/k}\boldsymbol{H}_{k+1}^{\mathrm{T}} + \boldsymbol{R}_{k+1})^{-1} \tag{6.2.47}$$

综合式(6.2.46)和式(6.2.47)可看出，$k+1$ 时刻的滤波值是 $k+1$ 时刻的预测值加 $k+1$ 时刻的观测修正值，而 $\boldsymbol{K}_{k+1}$ 起权重作用，可得 $k+1$ 时刻滤波的协方差矩阵为

$$\hat{\boldsymbol{P}}_{k+1/k+1} = \hat{\boldsymbol{P}}_{k+1/k} - \hat{\boldsymbol{P}}_{k+1/k}\boldsymbol{H}_{k+1}^{\mathrm{T}}\boldsymbol{\theta}_{k+1}^{-1}\boldsymbol{H}_{k+1}\hat{\boldsymbol{P}}_{k+1} = (\boldsymbol{I} - \boldsymbol{K}_{k+1}\boldsymbol{H}_{k+1})\hat{\boldsymbol{P}}_{k+1/k} \tag{6.2.48}$$

至此，监视雷达数据处理中需要应用的 Kalman 滤波器的基本公式已介绍。这些公式的应用将在稍后的 Kalman 滤波算法步骤里简单叙述。

　　Kalman 滤波方程完整而严密，方程的每一部分都从不同侧面反映着滤波器的性能，分析设计时应用这些特点，可有效发挥滤波器的性能。

　　Kalman 滤波器的基本特点如下：

　　(1) Kalman 滤波值 $\hat{X}_k$ 是过程 X_k 的最小方差估计，而当过程本身和观测误差都是高斯分布时，则 $\hat{X}_k$ 达到最大似然估计意义上的最佳估计，也是有效无偏估计。当噪声不满足高斯分布时，$\hat{X}_k$ 是 $Z^k = \{Z_0, Z_1, \cdots, Z_k\}$ 的最佳线性均方估计。

　　(2) 滤波估计值 $\hat{s}_{k+1/k+1}$ 是预测值和残差的线性组合，Kalman 增益 K_{k+1} 是残差的权系数矩阵。K_{k+1} 可由式(6.2.47)计算得出，其中 $\hat{P}_{k+1/k}$ 为预测协方差矩阵，H_{k+1} 为状态空间到观测空间的运算符，θ_k 是残差序列的协方差矩阵，所以 K_{k+1} 可以看作两个协方差矩阵 $\hat{P}_{k+1/k}$ 和 θ_{k+1} 之比。前一个矩阵用于衡量预测的不确定性，后一个矩阵则衡量残差的不确定性。当 K_{k+1} 很大时，有 $\hat{P}_{k+1/k}$ "大于" θ_{k+1}，说明预测误差大，置信度应放在观测值 Z_k 上，依赖于 $\hat{X}_{k+1/k}$ 的程度很小；反之，当 $\hat{P}_{k+1/k}$ "小于" θ_{k+1} 时，残差很大，说明观测中可能有较大误差，所以应以预测值为主。

　　(3) 残差协方差矩阵 θ_k 为零均值的"白色"过程，当 X_0 和过程 v_k、w_k 都是高斯分布时，残差过程也是高斯分布。

　　(4) Kalman 滤波方程表明：预测是滤波的基础，并暗示滤波估计值的精度优于预测估计值的精度。可以证明：预测估计值误差大于滤波估计值的误差。

　　在雷达数据处理中 Kalman 滤波的算法步骤如下：

　　(1) 根据雷达获得的前两次位置观测值 Z_1 和 Z_2 求得 Kalman 滤波器的状态初始值，即有

$$\hat{X}_{2/2}^{\mathrm{T}} = \left[Z_2, \frac{Z_2 - Z_1}{T} \right] \tag{6.2.49}$$

　　(2) 假设观测噪声 w 是一个具有平稳方差 σ_w^2 的零均值高斯分布随机变量，且与过程噪声和初始条件无关，则可以导出相应的协方差矩阵 $P_{2/2}$ 为

$$P_{2/2} = \begin{bmatrix} \sigma_w^2 & \dfrac{\sigma_w^2}{T} \\ \dfrac{\sigma_w^2}{T} & \dfrac{2\sigma_w^2}{T^2} \end{bmatrix} \tag{6.2.50}$$

　　(3) 下面按计算顺序依次给出 Kalman 滤波估计值的计算公式，并进行循环。

　　首先按滤波协方差矩阵初始值，计算预测协方差矩阵，如已知 $P_{2/2}$，可计算 $\hat{P}_{3/2}$：

$$\hat{P}_{k+1/k} = \boldsymbol{\Phi} \hat{P}_{k/k} \boldsymbol{\Phi}^{\mathrm{T}} + Q_k \tag{6.2.51}$$

计算出预测协方差矩阵，就可以计算 Kalman 增益：

$$K_{k+1} = \hat{P}_{k+1/k} H^{\mathrm{T}} (H \hat{P}_{k+1/k} H^{\mathrm{T}} + R_{k+1})^{-1} \tag{6.2.52}$$

　　若已知 Kalman 增益 K_{k+1}、预测协方差 $\hat{P}_{k+1/k}$，则可按下式计算滤波协方差，即

$$\hat{P}_{k+1/k+1} = (I - K_{k+1} H) \hat{P}_{k+1/k} \tag{6.2.53}$$

由状态滤波值（起始时为初值）和状态转移矩阵，按下列公式可计算状态预测值为

$$\hat{X}_{k+1/k} = \boldsymbol{\Phi}_k \hat{X}_{k/k} + B_k u_k \tag{6.2.54}$$

由状态预测值、观测值和 Kalman 增益，就可以计算 Kalman 滤波值：

$$\hat{X}_{k+1/k+1} = \hat{X}_{k+1/k} + K_{k+1}(Z_{k+1} - H_{k+1}\hat{X}_{k+1/k}) \tag{6.2.55}$$

至此，可以按上述步骤进行分析计算，通过调整参数，实现对不同种类目标的连续跟踪。图 6.2.3 为 Kalman 滤波流程图。

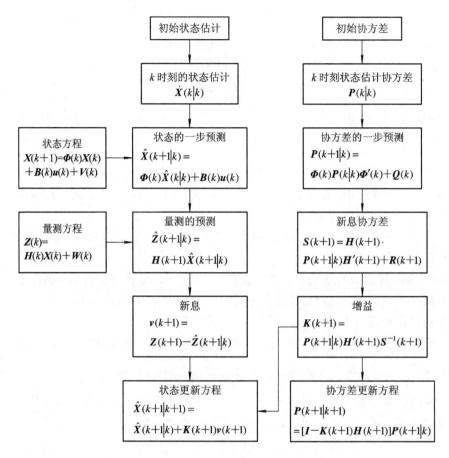

图 6.2.3 Kalman 滤波流程图

著名的 Kalman 滤波器和它的推广形式，给多目标跟踪系统的跟踪滤波器提供了有效的理论基础。但是，对于在很短的天线扫描周期内，要搜索、跟踪数十甚至数百批机动目标的边跟踪边扫描系统来说，由于它计量大、结构复杂和对模型敏感等缺点，限制了它的应用，这是经典 α-β 滤波器至今仍然十分活跃的原因。α-β 滤波器是单雷达站边跟踪边扫描系统中的一种适用的滤波器形式。如果参数选择合适，其精度可以和 Kalman 滤波器相比，而且对目标的机动运动可能有较好的适应能力。

2. 常增益滤波器

在目标做匀加速直线运动时，可以采用 α-β 或 α-β-γ 滤波算法，它们实质上是 Kalman 滤波在一定条件下的稳态解形式，即是一种常增益的滤波方法。其最大的优点是增益矩阵可以离线计算，且在每次滤波循环中大约可节约计算量 70%，因而在工程上得到了广泛的应用。

1) $\alpha-\beta$ 滤波器

$\alpha-\beta$ 滤波器是针对匀速运动目标模型的一种常增益滤波器，此时目标的状态向量中只包含位置和速度两项，即针对直角坐标系中某一坐标轴的解耦滤波。$\alpha-\beta$ 滤波器与 Kalman 滤波器最大的不同点就在于增益的计算不同，此时增益可表示为 $\boldsymbol{K}=[\alpha \quad \beta/T]^{\mathrm{T}}$，故称为 $\alpha-\beta$ 滤波器。其中，系数 α 和 β 是无量纲的量，分别为目标状态的位置和速度分量的常滤波增益，这两个系数一旦确定，增益就是个确定的量。所以此时协方差和目标状态估计的计算不再通过增益使它们交织在一起，它们是两个独立的分支，在单目标情况下不再需要计算协方差的一步预测、新息协方差和更新协方差。但是在多目标情况下由于波门大小与新息协方差有关，而新息协方差又与一步预测协方差和更新协方差有关，所以此时协方差的计算不能忽略。

根据给定的过程噪声（方差为 σ_a^2）、观测噪声（方差为 σ_w^2），可以按 Kalman 滤波方程求出 α、β 与各已知参数之间的关系式。

由常速度模型式，其状态转移矩阵为

$$\boldsymbol{\Phi}=\begin{bmatrix} 1 & T \\ 0 & 1 \end{bmatrix} \tag{6.2.56}$$

其过程噪声的协方差矩阵为

$$\boldsymbol{Q}_k=\begin{bmatrix} \dfrac{1}{4}T^4 & \dfrac{1}{2}T^3 \\ \dfrac{1}{2}T^3 & T^2 \end{bmatrix}\sigma_\mathrm{a}^2 \tag{6.2.57}$$

观测噪声的方差为

$$\boldsymbol{R}_k=E\{\boldsymbol{w}_k^2\}=\sigma_\mathrm{w}^2 \tag{6.2.58}$$

此模型下的观测矩阵为

$$\boldsymbol{H}=[1 \quad 0] \tag{6.2.59}$$

当 Kalman 增益为常数时，预测协方差矩阵为 $\hat{\boldsymbol{P}}_{k+1/k}=\hat{\boldsymbol{P}}_{k/k-1}=\hat{\boldsymbol{P}}_\mathrm{p}$，且滤波协方差矩阵为 $\hat{\boldsymbol{P}}_{k+1/k}=\hat{\boldsymbol{P}}_{k/k-1}=\hat{\boldsymbol{P}}_\mathrm{p}$，则 Kalman 方程为

$$\hat{\boldsymbol{P}}_\mathrm{p}=\boldsymbol{\Phi}\hat{\boldsymbol{P}}_\mathrm{p}\boldsymbol{\Phi}^{\mathrm{T}}+\boldsymbol{Q} \tag{6.2.60}$$

$$\boldsymbol{K}=\boldsymbol{P}_\mathrm{p}\boldsymbol{H}^{\mathrm{T}}(\boldsymbol{H}\boldsymbol{P}_\mathrm{p}\boldsymbol{H}^{\mathrm{T}}+\boldsymbol{R})^{-1} \tag{6.2.61}$$

$$\hat{\boldsymbol{P}}_\mathrm{f}=(\boldsymbol{I}-\boldsymbol{K}\boldsymbol{H})\boldsymbol{P}_\mathrm{p} \tag{6.2.62}$$

解上述方程组，可得到 α 与 β 的关系式为

$$\alpha=\sqrt{2\beta}-\frac{\beta}{2}$$

还可得到 α、β 与过程噪声、观测噪声的关系式为

$$\beta=\frac{\lambda^2+4\lambda-\lambda\sqrt{\lambda^2+8\lambda}}{4} \tag{6.2.63}$$

$$\alpha=\frac{\lambda^2+8\lambda-(\lambda+4)\sqrt{\lambda^2+8\lambda}}{8} \tag{6.2.64}$$

式中

$$\lambda = \frac{\sigma_a T^2}{\sigma_w} \tag{6.2.65}$$

一般称 λ 为目标机动指数，它包含了信(过程噪声 σ_a)噪(观测噪声 σ_w)之比 σ_a/σ_w。

在实际应用过程中，根据过程噪声 σ_a、观测噪声 σ_w 的取值不同，可以计算出 α 和 β 的值。在完整航迹跟踪过程中，根据不同飞行状态 σ_a 的取值不同，也可以分段计算 α 和 β 的值。因此，有效地确定 σ_a 和 σ_w，是实现 α 和 β 滤波器的关键。

对目标模型作进一步理想化假设，可得到使用更方便的关系式。假设：

(1) 目标航线为直线，且无加速度，即 $\sigma_a = 0$；

(2) 观测噪声平稳不变，即在任意第 n 次雷达扫描中，$\sigma_w(k)$ 为常数；

(3) 雷达采样周期 T 不变。

由 Kalman 滤波方程导出雷达扫描次数 n 与 α 和 β 的关系式为

$$\alpha = \frac{2(2n-1)}{n(n+1)} \tag{6.2.66}$$

$$\beta = \frac{6}{n(n+1)} \tag{6.2.67}$$

对上式的物理解释为：当 n 较小时，对目标的跟踪刚开始，其位置和速度的估计值是不可靠的，因此必须取较大的 α 和 β 值，以强调所测目标点迹位置的重要性；当 n 逐渐增大时，估计值的可靠性便大大增加，故 α 和 β 趋于零。

在工程应用中，目标模型并不符合上述假设，即便目标做匀速直线运动，也存在下列因素需要考虑：

(1) 由于雷达天线与目标之间的相对运动，造成录取同一目标点迹数据间隔并不均等；

(2) 因空中气流的扰动和人为因素的影响，导致速度并不均匀；

(3) 目标点迹数据中时间的准确性及点迹凝聚引起的时间误差。

这些因素综合表现为目标模型中的 $\sigma_a \neq 0$，因而要求实际 α-β 滤波器具有一定的瞬态响应性能。故一般把 n 截断，当 $n \geq N$(如 $N = 7$)时，就取到 N 为止。

2) α-β-γ 滤波器

α-β-γ 滤波器用于对匀加速运动目标进行跟踪，目标的状态向量中包含位置、速度和加速度三项分量。对某一坐标轴来说，若取状态向量为 $\boldsymbol{X}(k) = \begin{bmatrix} x & \dot{x} & \ddot{x} \end{bmatrix}'$，则相应的状态转移矩阵和量测矩阵分别为

$$\boldsymbol{\Phi}(k) = \begin{bmatrix} 1 & T & \frac{1}{2}T^2 \\ 0 & 1 & T \\ 0 & 0 & 1 \end{bmatrix} \tag{6.2.68}$$

$$\boldsymbol{H} = \begin{bmatrix} 1 & 0 & 0 \end{bmatrix} \tag{6.2.69}$$

此时滤波增益 $\boldsymbol{K}(k+1)$ 为

$$\boldsymbol{K}(k+1) = \begin{bmatrix} \alpha & \dfrac{\beta}{T} & \dfrac{\gamma}{T^2} \end{bmatrix}' \tag{6.2.70}$$

式中，T 为采样间隔，系数 α、β 和 γ 是无量纲的量，分别为状态的位置、速度和加速度分量的常滤波增益。可以证明 α、β、γ 和目标机动指标 λ 之间的关系为

$$\frac{\gamma^2}{4(1-\alpha)} = \lambda^2 \tag{6.2.71}$$

$$\beta = 2(2-\alpha) - 4\sqrt{1-\alpha} \left(\text{或 } \alpha = \sqrt{2\beta} - \frac{\beta}{2} \right) \tag{6.2.72}$$

$$\gamma = \frac{\beta^2}{\alpha} \tag{6.2.73}$$

由以上三个式子就可获得增益中的分量 α、β 和 γ，α-β-γ 滤波器的公式形式同 α-β 滤波器，不过此时滤波的维数增加了。

与 α-β 滤波器类似，如果过程噪声标准偏差较难获得，那么目标机动指标 λ 就无法确定，因而 α、β 和 γ 无法确定，换句话说也就无法获得增益。此时，工程上经常采用如下的方法来确定 α、β、γ 值，即把它们简化为采样时刻 k 的函数：

$$\alpha = \frac{3(3k^2 - 3k + 2)}{k(k+1)(k+2)} \tag{6.2.74}$$

$$\beta = \frac{8(2k-1)}{k(k+1)(k+2)} \tag{6.2.75}$$

$$\gamma = \frac{60}{k(k+1)(k+2)} \tag{6.2.76}$$

对 α 来说，从 $k=1$ 开始取值；对 β 来说，从 $k=2$ 时开始取值；对 γ 来说，从 $k=3$ 时开始取值。α、β、γ 值与 k 的关系如表 6.2.1 所示。

表 6.2.1 α、β、γ 值与 k 的关系

k	1	2	3	4	5	6	7	8	9	10	⋯
α	1	1	1	19/20	31/35	23/28	16/21	17/24	109/165	34/55	⋯
β	—	1	2/3	7/15	12/35	11/42	13/63	1/6	68/495	19/165	⋯
γ	—	—	1	1/2	2/7	5/28	5/42	1/12	2/33	1/22	⋯

6.3 检测前跟踪

6.3.1 TBD 和 DBT 的概念与比较

由于目标的多样性和环境的复杂性，现代雷达的检测能力面临着巨大的挑战，其中弱目标的检测问题就是其中之一。隐身技术的发展使飞机的 RCS 削减了一到两个数量级，目标回波大大减弱，雷达探测能力显著降低，对国家安全构成严重威胁。另一方面，目标的飞行速度大大提高，雷达的告警时间急剧减少，这就需要雷达有足够的能力去探测回波更微弱的远距离目标。此外，在强杂波环境(如山区、城市、海洋等)中，目标信噪比显著降低，这就要求雷达具有较强的弱目标检测能力。

传统检测跟踪算法的流程如图 6.3.1 所示，可以从图中看出传统检测算法由检测和跟踪两个环节构成。其中检测环节是先对每一帧回波数据进行门限判决，然后形成点迹数据；跟踪环节是对过门限的点迹数据进行关联、滤波、航迹管理等处理，最终估计出目标航迹，实现对目标的跟踪。因此，传统检测算法也被称为先检测后跟踪(DBT)算法。常见

的 DBT 算法主要有四种，分别是纹理分析法、形态学法、阈值分割法和小波变换法。但是由于传统检测算法是对单帧门限检测处理，因此在保证一定的虚警率条件下，会造成低信噪比目标的漏检情况。

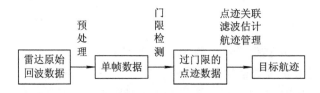

图 6.3.1 跟踪前检测算法

为了解决上述问题，提高雷达对弱目标检测的跟踪性能，除了增加天线孔径、增加雷达发射功率、提高空间分辨力等方法外，还可以从信号处理的角度考虑，检测前跟踪 (TBD) 就是一种有效的解决方案。检测前跟踪算法的思想是对单帧数据不进行门限检测处理，而是对帧数据的积累和联合处理，利用更高维信号空间中目标回波与噪声杂波的差异性，从中提取出目标回波信息，从而有效地改善弱目标检测的性能。

图 6.3.2 检测前跟踪算法

传统的检测和跟踪算法容易造成信息的丢失，因此需要一种新的方法来解决这一问题，而检测前的跟踪算法最初也并不是用于雷达目标的处理，它主要用于处理光学图像序列和红外图像序列中的弱运动目标。与传统方法不同，这种方法不为帧图像设置检测门限。它以数字的形势存储每一帧雷达目标信息，然后在帧与帧之间的可能路径点中进行相关处理，这样几乎没有目标信息丢失。因此，目标的长时间积累有助于有效的检测，而检测前跟踪技术的重点就是充分利用了时间进行处理。

由于 TBD 技术没有检测门限，从而最大限度地保留了目标信息。此外，TBD 通过联合处理多帧回波数据，利用目标与噪声的帧间位置相关性的差异，实现目标回波能量有效积累和抑制干扰。图 6.3.3 体现了目标和背景回波的帧间空间位置关联的差异性：目标量

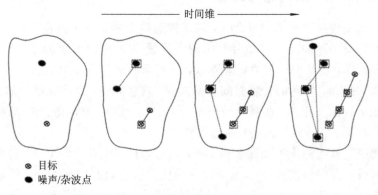

图 6.3.3 目标和背景杂波的帧间关联差异示意图

测在时间维符合物体的物理运动特性，但是杂波点的帧间位置则具有明显的随机性。多帧处理的本质是增加"时间维"，在更高维空间中，目标回波与噪声、杂波的差异性比在低维空间中更加显著。

在当今这种复杂的高科技信息化战斗中，使用检测后跟踪技术已经很难及时并准确地发现隐身飞机、反辐射导弹这样的弱目标了。如果这种弱目标没能被发现，那么也就无法有效地发挥防空系统的功能进行拦截，更无法摧毁入侵的目标。因此，为了国家安全的需要，就要求雷达能探测出更微弱的目标以适应未来的战争需求。而 TBD 算法具有目标检测性能高、航迹估计精度高、不需要改变雷达外部硬件结构等一系列的优点而受到了越来越多的关注。DBT 和 TBD 技术的思想都是利用目标回波与噪声的差异性，但是不同之处是 DBT 技术利用的是单帧数据间的差异性，而 TBD 技术利用的是多帧数据间的差异性。因此，DBT 与 TBD 在算法中最大的不同在于量测模型的不同。下面详细讨论这两种技术并分析它们的优缺点。

1. 先检测后跟踪技术（DBT）

在常见的跟踪问题中，跟踪系统得到的量测数据为门限处理之后的点迹数据。图 6.3.4 给出了一个基本的雷达系统 DBT 处理流程图。流程图中的前四个步骤通常被称为雷达信号处理阶段，而跟踪问题则是检测之后进行的点迹关联操作、贝叶斯滤波和航迹估计等步骤，所以目标的跟踪也常常被称为数据处理阶段。

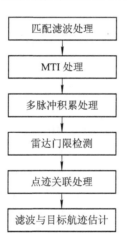

图 6.3.4 传统的 DBT 处理流程示意图

传统的 DBT 处理结构也是贝叶斯跟踪器的一种实现方式，其目的是计算目标状态变量后验概率密度函数 $p(X_K | Z_{1:K})$。虽然目的相同，但是由于处理结构不同，目标模型和量测模型的形式会有区别。传统的先检测后跟踪处理结构的量测值 Z_K 一般为过门限点迹的位置信息，并不包括信号的幅度信息。因此，K 时刻的量测模型为下面的线性形式：

$$Z_K = \boldsymbol{H}_K x + n_K \qquad (6.3.1)$$

式中：$\boldsymbol{H}_K$ 为量测矩阵，$\boldsymbol{H}_K = [1, 0, 1, 0]$；$n_K$ 表示量测噪声。

传统的 DBT 处理结构的一大优势是其计算量相对较少。因为在门限检测处理之后，保留下的点迹的个数要比原始数据的数据量大大减小。另外，跟踪系统只需要利用过门限点迹的位置信息进行滤波，量测的幅度信息不再被保留，这样进一步降低了数据量。这种低数据量的处理结构大大地降低了跟踪系统消耗的计算资源和存储资源。但是传统的DBT处理结构也面临着两大难题，即目标信息的丢失问题和点迹关联问题。

图 6.3.5 给出了一个 DBT 处理结构导致目标信号丢失的情况。图中画出了雷达信号门限检测前在一维距离向的强度图，其中横坐标表示雷达的距离维，纵坐标表示信号强度，圆点表示目标位置，黑色实线表示门限。可以看出，在门限处理之后，较强的目标被发现，但是右边幅度较弱的目标则被漏检。所以，门限处理导致目标信号的丢失，不利于弱小目标的检测。另外，在强杂波环境中如果过门限的点迹过多，那么点迹关联的难度将会非常大，并且将消耗大量的系统资源。为了解决上面的两大难题，近年来提出了一种新的检测跟踪处理结构，即检测前跟踪技术，下面将具体讨论这种技术。

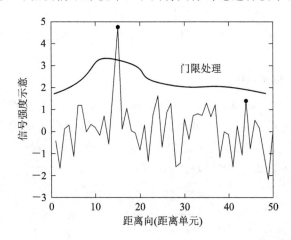

图 6.3.5　传统的先检测后跟踪处理弱小目标信号丢失示意图

2. 先跟踪后检测技术(TBD)

和先检测后跟踪处理结构不同，检测前跟踪技术即先跟踪后检测技术采用了不同的处理思路。图 6.3.6 给出了检测前跟踪算法的处理流程。检测前跟踪技术与先检测后跟踪技术的不同在于：

（1）它对单帧数据不进行门限处理(或者设置远远低于先检测后跟踪技术所采用的门限的门限)，这样在进行贝叶斯估计的过程中它所用的量测数据是保留了位置信息和幅度强度信息的原始信号。

（2）它不利用单帧的处理结果做目标检测判决或者航迹汇报，而是通过对量测进行多帧处理，对目标的信息进行不断积累，在多帧处理之后才宣布检测结果并同时估计出目标航迹。

这种处理结构也是一种贝叶斯跟踪器的实现方式，其目的也是通过计算目标状态变量后验概率密度函数 $p(X_K | Z_{1:K})$ 来对目标航迹进行估计。虽然目的相同，但是由于处理结构不同于上节提到的 DBT 结构，那么其量测模型的形式就会有区别。TBD 结构的量测值 Z_K 一般为原始的雷达数据，包括信号的位置信息、幅度信息等。

由于检测前跟踪技术对单帧数据没有设置门限或只设置很低的门限，因此它能够最大限度地保留目标的信息，不会出现传统先检测后跟踪技术的目标信号丢失的问题。这样的处理方式对微弱目标的检测跟踪十分有利。同时，由于检测前跟踪技术利用了多帧数据进行目标信号积累，可以有效地利用目标在帧间的运动相关性来进行杂波抑制。

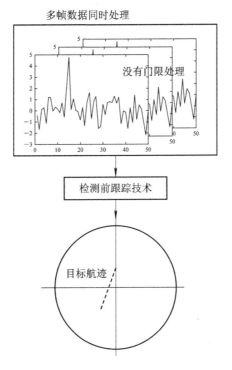

图 6.3.6　检测前跟踪处理流程示意图

因此，相对于传统的先检测后跟踪技术，检测前跟踪技术的杂波抑制能力更强，能更大限度地减少虚假航迹，改善弱小目标检测跟踪性能。

但是检测前跟踪技术也有自身的问题。由于它保留了全部的原始数据（包括信号的强度信息），这样就导致它的计算量、数据存储量远远大于传统的先检测后跟踪技术。这个缺点使得检测前跟踪技术很难在高数据率的跟踪系统、对处理实时性要求高的系统（如雷达系统）中进行推广应用。特别是在进行多目标跟踪的时候，多目标变量的高维特性使得检测前跟踪的信号处理变得更加复杂、所消耗的计算资源更多。

虽然检测前跟踪算法有着计算量大、存储量大等代价，但是随着现代计算机技术的发展，计算机运算速度得以不断提高，检测前跟踪技术越来越受到重视。实现检测前跟踪技术的算法有很多，如基于动态规划的检测前跟踪算法、最大似然概率数据融合算法、霍夫变换检测前跟踪算法、基于粒子滤波的检测前跟踪算法、基于随机集理论的检测前跟踪算法等。其中，DP-TBD 算法和 PF-TBD 算法是当今该领域的研究热点。DP-TBD 算法属于基于格子滤波的贝叶斯估计器近似实现方法，它通过把目标状态空间离散化来实现对最优贝叶斯滤波的近似实现。而 PF-TBD 算法则是通过粒子滤波来近似实现贝叶斯估计处理。它用有限个粒子以及粒子对应的权值来近似估计目标状态的后验概率密度函数。

3. TBD 与 DBT 技术的比较

检测前跟踪技术是检测与跟踪一体化的技术，它对单帧数据不进行门限处理，所处理的量测数据是雷达原始回波数据，因此量测数据不仅包含目标的坐标信息，还包含目标的幅度信息和相位信息。检测前跟踪技术的思想是对多帧回波数据进行联合处理，最后对多帧积累值进行检测判决宣布检测结果，同时给出目标航迹。由于检测前跟踪技术是利用目标在帧间的运动相关性来抑制噪声积累目标能量的，其帧与帧之间就没有复杂的点迹关联问题。

TBD 技术在信号处理的后半部分对积累函数进行检测判决，一旦报告有目标存在，将同时给出目标的航迹。因此，TBD 技术实际上完成的是对目标航迹的检测，相比于 DBT 技术，它能更大程度地减少虚假航迹。由于 TBD 技术存在上述优点，因此它是实现弱目标检测跟踪的一种有效的方法。DBT 与 TBD 的检测性能比较如表 6.3.1 所示。

表 6.3.1　DBT 与 TBD 检测性能比较表

	DBT	TBD
优点	① 单帧检测； ② 简单； ③ 易实现	① 虚警概率低，检测概率高； ② 抗干扰力强； ③ 适用于低信噪比的目标
缺点	① 抗干扰力差； ② 虚警概率高，检测概率低； ③ 仅适用于高信噪比的目标	① 多帧检测； ② 计算量、存储量大； ③ 实现较难

6.3.2　检测前跟踪算法分类与比较

低慢小目标的检测是雷达检测跟踪的一大难题，这些目标的雷达截面积较小，回波信号较弱，信噪比低，这就导致很难在噪声中将目标检测出来。检测前跟踪算法就可以解决这一问题。下面对常见的四种检测前跟踪算法作一比较。

1. 基于三维匹配滤波的 TBD 算法

三维匹配滤波的主要思想是：增加滤波器的数量，先估计出目标可能的运动轨迹个数，根据估计出来的个数设置滤波器的数量。对这些滤波器的输出信噪比进行比较，以最大值对应的滤波器为依据，采用穷举法求得目标所有可能的目标航迹，检测出微弱目标并恢复其航迹。

2. 基于投影变换的 TBD 算法

基于投影变换的思想是：空间维度的转变，将三维空间问题转化到二维平面。具体方法就是在二维平面上对每一帧经过门限处理的图像进行检测，直到检测出投影到同一平面上的所有点。对这些点利用投影原理进行处理，恢复目标的航迹。因为处理后得到的是二维平面上的航迹，所以还要进行空间维度的逆转变，将恢复出的目标航迹从二维还原到三维，最后进行匹配滤波处理。

3. 基于粒子滤波的 TBD 算法

基于粒子滤波的 TBD 算法是将 TBD 问题转化为估计当前时刻目标状态和目标是否出现的联合后验概率密度。该方法与传统方法最大的区别是增加了一个离散变量，这个变量代表目标是否存在。如果判断后表示目标出现，则求与之对应的状态的后验概率密度分布。最后计算目标检测概率的估计值。

4. 基于动态规划的 TBD 算法

动态规划算法是分级决策方法和最佳原理的综合应用，为避免穷举式搜索，它采用分级优化的思想解决问题。该方法主要依赖于传感器量测序列，根据一定的准则构造一个值函数。在经过一定阶段的积累后，找到值函数积累值超过门限的所有点，把这个点作为目标的终点。最后经过逆向推理，检测并得到可能的目标运动轨迹。

通过上述的简单介绍可以发现基于三维匹配滤波的 TBD 算法最大的问题是速度失配问题。它需要大量的匹配滤波器来满足所有的目标状态，这种穷尽式搜索是很难实现的。所以它的适用面比较窄，只适用于做匀速直线运动的目标。基于投影变换的 TBD 算法以性能换来的计算量的减小也无法满足弱目标检测的需求。当在目标的帧间位移较大或噪声与目标相比较强时，它造成的性能下降更是令人难以接受。基于粒子滤波的 TBD 算法能有效检测的前提是粒子足够多。所以它巨大的计算量，使它很难满足实际应用。而基于动态规划的 TBD 算法由于是分级处理，这种处理是基于像素级的操作运算，便于硬件实现；且由于应用了状态转移原理，它的计算量与上述方法相比较小。因此，基于动态规划的检测前跟踪算法具有更加广泛的应用前景，值得深入研究。

基于动态规划（DP）的检测前跟踪算法（DP-TBD）是一种有效的弱小目标跟踪方法，并且已经在多个领域有着广泛的应用，如红外探测、光学检测、海下声呐探测、雷达弱小目标跟踪领域。然而，基于 DP-TBD 的弱小目标跟踪算法的研究主要还是针对单目标场景。基于 DP-TBD 的多目标跟踪算法研究还很不成熟，面对着很多困难，如随着搜索维度增加的计算量爆炸问题、临近目标之间的相互干扰问题等。

6.4　雷达目标识别

赋予雷达智能化，使其能够易于检测和识别目标是当今雷达技术发展的一个方向。雷达目标识别（Radar Target Recognition，RTR）是指利用雷达对单个目标或目标群进行探测，对所获取的信息进行分析，从而确定目标的种类、型号等属性的技术。

1958 年，D. K. Barton（美国）通过精密跟踪雷达的回波信号分析出苏联人造卫星的外形和简单结构，如果将它作为 RTR 研究的起点，RTR 至今已走过了六十多年的历程。目前，经过国内外同行的不懈努力，RTR 已经在目标特征信号的分析和测量、雷达目标成像与特征抽取、特征空间变换、目标模式分类、目标识别算法的实现技术等众多领域都取得了不同程度的突破，这些成果的取得使人们有理由相信 RTR 是未来新体制雷达的一项必备功能。

目前，RTR 技术已成功应用于星载或机载合成孔径雷达（Synthetic Aperture Radar，SAR）、地面侦察、毫米波雷达精确制导等方面。但是，RTR 还远未形成完整的理论体系，现有的 RTR 系统在功能上都存在一定的局限性，其主要原因是由于目标类型和雷达体制的多样化以及所处环境的极端复杂性。

雷达目标识别研究的主体有三个，即雷达、目标及其所处的电磁环境。其中任何一个主体发生改变都会影响 RTR 系统的性能，甚至可能使系统完全失效，即 RTR 研究实际上是要找到一种无穷维空间与有限类目标属性之间的映射。一个成功的 RTR 系统必定是考虑到了目标、雷达及其所处电磁环境的主要可变因素。在研制 RTR 系统时必须综合考虑这些因素，抽取与目标属性有关的特征，努力消除与目标属性无关的各种不确定因素的影响。

目标属性：目标的物理结构、目标相对于雷达的姿态及运动参数、目标内部的运动（如螺旋桨等）、目标的编队形式、战术使用特点，等等。

雷达及其所处电磁环境：工作频率、带宽、脉冲重复频率（PRF）、天线方向图、天线的扫描周期，等等；环境因素主要有各种噪声（如内部噪声和环境噪声）、杂波（如地杂波、海杂波和气象杂波）和人为干扰等。

6.4.1　雷达目标识别原理

1. 雷达目标识别的基本概念

目标识别系统由目标识别预处理、特征信号提取、特征空间变换、模式分类器、样本学习等模块组成，如图 6.4.1 所示。图中虚线部分存在与否，决定 RTR 系统是否具备自学习功能。

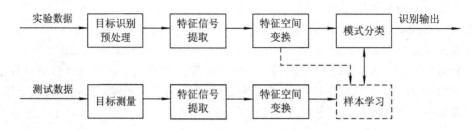

图 6.4.1　目标识别系统的基本结构

1）雷达目标特征信号

雷达目标特征信号（Radar Target Signature，RTS）是雷达发射的电磁波与目标相互作用所产生的各种信息，它载于目标散射回波之上，是雷达识别目标的主要信息来源。

雷达目标特征信号包括雷达散射截面积（RCS）及其统计参数、角闪烁误差（Angular Glint Error，AGE）及其统计参数、极化散射矩阵、散射中心分布、极点等。

波长归一化的目标特征尺寸大小的参数 k_a 值为

$$k_a = \frac{2\pi\alpha}{\lambda} \tag{6.4.1}$$

式中：$k=2\pi/\lambda=2\pi f/c$ 为波数；α 为目标的特征尺寸，通常取目标垂直于雷达视线的横截面的最大尺寸的一半。通常，对目标的 RCS 而言，将雷达工作频率分成三个区：瑞利区（低频区）、谐振区和光学区（高频区）。

（1）瑞利区：一般取 $k_a < 0.5$，此时工作波长大于目标特征尺寸，目标的 RCS 值一般与波长的 4 次方成反比。

（2）谐振区：取 $0.5 \leqslant k_a \leqslant 10$。

（3）光学区：$k_a > 10$。

图 6.4.2 为某金属球在不同波长雷达波照射下的 RCS 曲线，其横坐标 r 为目标有效散射尺寸与雷达发射信号波长 λ 的比值。根据这一曲线可以将目标的雷达特性粗略划分为瑞利区、谐振区和光学区。在瑞利区，目标的尺寸远小于雷达的工作波长 λ，目标的 RCS 与 r

近似成线性关系，目标的散射特性可以用一个点目标模型来模拟；在谐振区，目标的有效尺寸与雷达的工作波长 λ 处于同一个数量级，此时目标产生谐振，其 RCS 随 λ 的变化起伏较大；在光学区，目标的有效尺寸远大于 λ，其 RCS 随 λ 的减小而趋于恒定值。

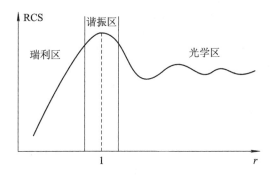

图 6.4.2　金属球的 RCS 与雷达工作波长的关系

不是任何雷达都能获得所有目标特征信号。早期的雷达由于分辨力不够，只能将探测对象看作点目标，得到目标的距离、方位、速度等简单信息，难以满足目标识别的要求。随着高分辨力雷达的问世，才有条件将探测对象当作扩展目标，以获得更多的雷达目标特征信息，使复杂电磁环境中的雷达目标识别成为可能。

雷达目标特征信号的研究手段有仿真实验、暗室测量和外场试验三种，它们各有其优缺点，应根据具体情况进行取舍。仿真实验主要是将目标分解或利用某种近似理论，用计算机对目标的雷达回波进行模拟。其优点是花费少，能产生任意姿态角的目标回波数据，但数据可信度不高。暗室测量主要是在微波（毫米波）暗室中对目标的缩比模型进行测量，花费较大，且由于有近场推远场等近似手段，数据可信度居中。一般目标的方位角可以 $360°$ 准确控制，但俯仰角受暗室空间的限制，转动范围不大；外场试验就是在简单的电磁环境中对目标实物进行测量，其数据可信度最高，但花费最大，且目标的姿态难以准确控制。

2）雷达目标识别预处理

雷达目标识别预处理的主要任务是尽量减小各种不确定因素对目标识别性能的影响，包括抑制噪声、杂波及其他有源和无源干扰，虚警鉴别与多目标分辨，成像识别时的目标（载体）运动补偿、斑点效应的抑制和目标分割，等等。有人认为预处理还包括目标类型的粗分类。总之，预处理是雷达目标识别过程中的一个重要环节，其具体过程随雷达体制和应用背景而异。

3）雷达目标特征抽取

雷达目标特征抽取的任务就是从目标的雷达回波中抽取与目标属性直接相关的一个或多个特征，作为目标识别的信息来源。

雷达目标特征抽取的客观依据是目标与环境的雷达特性。目标的雷达特性除了雷达目标特征信号以外，还包括雷达常规测量得到的目标的位置、运动参数等。环境的雷达特性一般是指地（海）面背景杂波的电磁散射特性。

雷达目标特征抽取所用的方法与目标和雷达体制二者密切相关。特征抽取时必须分析所有感兴趣目标的雷达特性，比较它们之间的异同，提取区分某种目标与其他目标的最显著特征，用于目标识别。

带宽是雷达本身所具有的一个物理量，与目标的尺寸无关。带宽直接决定了雷达所能获取的目标信息量的大小。通常所说的窄带、宽带和超宽带的概念可用雷达的百分比带宽来定义，即

$$B(\%) = \frac{f_H - f_L}{(f_H + f_L)/2} \times 100 \tag{6.4.2}$$

式中：f_H、f_L 分别表示雷达发射信号的最高频率和最低频率。三种带宽的划分是：窄带为百分比带宽小于 1；宽带为百分比带宽在 1 到 25 之间；超宽带为百分比带宽大于 25。

一般来说，频率高端有利于激励出目标的精细结构信息，频率低端则能携带目标的总体粗结构信息。就 RTR 本身而言，要求雷达发射信号最好能跨越目标的三个区，此时目标回波携带的信息量最为丰富，对目标识别最有利，这就是超宽带雷达用于目标识别的优势。我军现役雷达装备，除少数米波雷达的波长与军事目标的尺寸可以比拟外，大多数雷达都工作在目标的光学区。因此，下面重点就光学区雷达目标识别常用的特征抽取方法加以说明。

光学区雷达目标识别的重要理论基础是多散射中心理论，即光学区目标的雷达回波可以近似等效为目标物体上少数几个强散射中心回波的矢量和。散射中心是客观存在的，它主要指目标的边缘（棱线）、曲率不连续点、尖端、镜面、腔体、行波及蠕动波等强散射点，它反映了目标的精密结构特征。光学区的雷达目标识别方法可分为宽带高分辨和窄带低分辨两类。宽带高分辨雷达目标识别方法主要有成像识别（即估计散射中心在目标物体上的分布）和散射中心历程识别（即散射中心随目标姿态的变化过程）两种。宽带高分辨成像识别的大体情况和窄带低分辨目标识别的具体思路将在后面进行介绍。

RTR 中的特征抽取至今仍未形成完整的理论体系，个别特征对于目标识别的作用难以量化。因此，现阶段的 RTR 研究都是在现有目标识别理论的指导下，不断尝试各种特征抽取手段，最后根据所掌握数据的分类效果对目标特征抽取方法进行取舍。但是，经过大量的研究可以肯定的一点是，用于目标识别的特征数目并非越多越好。因为从同一目标回波中抽取的特征难免存在一定的相关性，而这种相关性往往是不易觉察的。冗余特征不仅会使运算量增大，而且还可能引入不必要的噪声。避免冗余特征的唯一途径是从目标电磁散射的机理出发，抽取与目标属性直接相关的特征，使每个特征都能得到合理的解释，但实际上很难做到这一点。此外，在光学区，由于目标特征对姿态角比较敏感，为了使特征抽取能够得到目标所有姿态下的完整信息，训练数据应来自目标所有的姿态，理论上相邻姿态角之间的间隔应越小越好。

4）特征空间变换

特征空间变换是 RTR 中的另一个重要环节，其目的是应用各种优化的变换技术改善特征空间中原始特征的分布结构，压缩特征维数，去除冗余特征。常用的特征空间变换技术有四种，即卡南洛伊夫（KL）变换、沃尔什（Walsh）变换、梅林（Mellin）变换和基于离散度（Fisher）准则的维数压缩方法。前三种特征空间变换方法的主要思想是通过正交变换消除特征之间的相关性，达到去除冗余特征、减小计算量的目的。其中梅林变换还具有尺度不变性的特点，在 RTR 识别中有助于部分消除特征矢量对目标姿态的敏感性。基于离散度准则的维数压缩方法则是通过正交投影提高同类目标特征之间的聚合性和异类目标特征之间的可分离性，同时达到大幅度压缩特征矢量维数的目的。

5）目标模式分类

目标各种姿态的训练数据，经过特征抽取和特征空间变换后就形成了目标识别时使用的若干个模板。实测数据经过同样的处理过程也会成为一个与模板矢量维数相同的矢量，将该矢量与所有目标类型的所有模板进行比较，最终确定目标属性，就是模式分类算法需要解决的问题。常用的模式分类算法有统计模式识别算法、人工神经元网络（ANN）模式分类算法、基于专家系统的人工智能识别算法、模糊模式分类算法及其他复合分类算法。其中统计模式识别算法最为稳定可靠；模糊模式识别算法智能化程度高，容错性较强，但隶属度函数的得到和修正往往需要人的经验，不便于 RTR 系统的自学习；基于专家系统的人工智能识别算法容错性不强；人工神经元网络模式分类算法有较强的容错性、较高的智能化水平、高度的并行处理和较强的自学习能力，可能是 RTR 系统设计模式分类器的最佳选择；模糊推理与神经网络复合等类似的复杂分类器还有待进一步研究。

2. 雷达目标识别研究领域的基本结论

1）雷达目标识别研究的主要难点

（1）目标特征信号对姿态角的敏感性。

采用特征空间变换可以在很小的姿态角范围内消除或降低目标特征对姿态的敏感性，但最终的解决方法还在于利用目标全姿态角的训练数据进行建模，由此引起的模板数目过多，存储和实时检索困难等问题是目标识别的难点之一。

（2）强杂波以及各种干扰的存在。

像其他雷达系统一样，目标识别系统也必须考虑到杂波和干扰对其性能的影响。虽然采用空域和时域滤波可以一定程度地抑制杂波和各种干扰，但空域和时域都难以区分的杂波和各种干扰不仅会大幅提高雷达检测的虚警率，而且会破坏目标回波所携带的特征，使目标识别系统的性能下降。

（3）成像识别时的目标分割问题。

利用高分辨雷达对目标进行成像识别是 RTR 的发展趋势之一。由于雷达接收机的带宽有限，目标的雷达图像不像可见光图像那样具有连续的边界。目标的二维合成孔径雷达图像往往表现为目标物体上散射强度的等高线图，此时沿用光学图像处理中的目标分割算法往往是失效的，必须研究专用的雷达图像理解算法。

（4）目标被遮蔽时残缺特征的联想。

当雷达从空中识别地面目标时，地面目标可能被树林、建筑物等物体部分遮蔽，此时雷达图像出现了残缺现象，目标识别算法必须对残缺特征进行联想，这是非常困难的。

（5）目标识别系统缺乏统一的评估标准。

RTR 系统的最终性能受到目标类型、目标姿态、电磁环境、雷达体制、天气变化等诸多因素的影响，要使两套 RTR 系统处于相同的工作状态是困难的。一个可行的方法是建立测试 RTR 系统的标准数据库，但它要耗费大量的人力物力，且由于环境的千差万别，RTR 系统的最终测试结果与实际性能仍会有一定差距。

2）RTR 研究的基本结论

（1）不存在具有姿态角不变性的特征参量。

由于目标姿态改变时目标的反射面结构发生了变化，因此，一般认为具有姿态角不变性的特征参量是不存在的。但是学术界少数人也存在另一种观点，认为具有姿态角不变性的特征参量不是不存在，只是目前还没有找到。

（2）不存在对所有目标类型和复杂环境普遍使用的 RTR 系统。

从目标识别的机理看，对不同目标在不同的电磁环境中必须采用不同的特征抽取手段，不可能用一组特征解决所有的目标识别问题。现有的 RTR 系统都只能对有限个特定目标在比较单纯的电磁环境中发挥预期的作用。

3）RTR 研究领域的错误认识

（1）盲目进行特征抽取。

出现这类错误的根本原因是缺乏对目标识别机理的足够认识，表现为将目标回波的能量等不稳定的量作为目标识别的特征，或在光学区雷达目标识别中试图抽取目标的极点，或抽取一组明显相关性很强的特征进行目标识别，等等。

（2）将 RTR 等同于信号处理。

出现这类错误的主要原因也同样是缺乏对目标识别机理的足够认识，不去分析目标回波中包含哪些有用信息，把目标对雷达发射信号的散射看作一个黑箱，将改善 RTR 系统性能的希望寄托在神经网络、小波变换、遗传算法、分形几何等所谓的"先进"信息处理算法和"智能"模式分类算法上。

（3）利用少量样本或训练样本进行性能测试。

RTR 系统受目标姿态改变、环境变迁、雷达性能不稳定等多种不确定因素的影响，目标属性的判决过程实际上是一个随机事件，在性能测试实验中必须用到大量的不同时间、不同背景、不同姿态的样本，少量的样本得到的测试结果是没有说服力的。测试样本与训练样本相同时，也无法验证系统对多种目标姿态和环境等的适应能力。

4）RTR 研究的发展趋势

（1）一维或多维成像识别。

传统的窄带低分辨雷达不能分辨目标物体上不同的散射部位，只能得到目标的位置和运动参数等少量信息，利用这些信息在复杂的战场环境中可靠地自动识别大量的军事目标是不可能的。为了得到目标的精细结构信息，必须提高雷达的分辨力，对目标进行成像识别，同时提高计算机对雷达图像的理解能力。可以这样说，未来的自动目标识别系统，一定是由具有高质量的成像算法和高智能的计算机图像理解算法的高分辨力雷达组成的。现有的雷达成像识别算法可以按维数分为以下三类：

① 一维成像识别。雷达一维成像一般是指雷达发射宽带信号，在径向距离上对目标进行高分辨成像。一维成像识别的优点是径向分辨力与目标和雷达之间的距离无关，而且不受目标相对雷达的转角的限制，相对多维成像识别具有运算量小、实时性好的优点。目前，多数比较成熟的自动目标识别系统都采用的是这种体制。其主要缺陷是：其一，一维距离像敏感于目标的姿态，目标识别时必须采取全方位的建模方式，且不同类型目标之间的特征差别不够明显，识别率不会很高；其二，目标识别系统易受强杂波和各种干扰的影响，对环境的适应能力有限；其三，由于角度分辨力没有提高，当多个目标在距离上不可分时会对目标识别系统的性能产生严重影响。

② 二维成像识别。雷达二维成像一般是指雷达在发射宽带信号，改善径向距离分辨力的同时，采取合成孔径或实孔径改善横向分辨力。二维成像识别方式由于在横向上改善

了分辨力，克服了一维成像识别的不足，同时大量增加了信息处理的复杂性，至今二维成像仍不能做到实时处理，而且基于雷达图像的计算机视觉理论还远未完善。

③ 三维成像识别。三维成像识别方式有两种：一种是在合成孔径雷达的基础上增加一维实孔径改善第三维的分辨力，该成像识别方式已经在美国的卫星侦察雷达中得到成功应用；另一种是在宽带高距离分辨的基础上，在距离较近（如导弹末制导）时，结合单脉冲高角分辨改善两维横向分辨力。该成像方式尚有很多难点需要攻关。

➤ 多传感器融合识别。多传感器融合识别是为了弥补单一传感器在信息获取能力上的不足，综合两种或更多种传感器获取的信息进行判决，达到大幅度改善目标识别性能的目的。RTR 中常见的融合方式有不同波段的雷达融合、有源雷达与无源雷达的融合、单基地雷达与双多基地雷达的融合、主动雷达与被动雷达的融合等四种。融合算法有数据层融合、特征层融合和决策层融合三种。

➤ 人机交互识别。在 RTR 系统中，依靠机器算法的智能化系统，要完全适应战场复杂的电磁环境是不可能的，在一些实时性要求不高的场合，如星载或机载雷达侦察、防空警戒雷达目标识别等，完全可以利用人脑对图像和声音强大的理解能力，来提高系统的识别率和适应环境的能力。苏联曾研制出一种专门用于探测和识别直升机的雷达系统，其主要原理是将直升机的主旋翼调制谱转换成音频信号，输出到专用耳机中，借助人脑实现了几种已知型号直升机的准确识别。

➤ 极化信息用于雷达目标识别。如果雷达的发射和接收极化都是可变的，则可以通过测量目标的极化散射矩阵，获取目标的极化信息用于目标识别。其优势在于：一是增加了信息来源，极化信息与其他途径得到的目标信息一般是不相关的；二是目标的极化信息具有改变极化基或目标绕雷达视线旋转不变性的特点，因此，利用极化信息进行目标识别可以消除三位姿态变化中的一维。极化理论证明，与目标视线旋转和雷达极化基无关的一组极化不变量是存在的，它们是行列式的值、功率矩阵迹、去极化系数、本征方向角和最大极化方向角。利用极化信息进行目标识别的缺陷是极化特征对雷达的工作频率和其他两维姿态的变化仍然十分敏感。

6.4.2　雷达目标识别方法

1. 低分辨雷达目标识别

与高分辨雷达相比，低分辨雷达具有原理和结构简单等优点。在今后相当长一段时间内，低分辨雷达仍是警戒雷达的主体。我军现役的警戒雷达都是采用低分辨体制。因此，对低分辨雷达目标识别进行研究对于改善我军警戒雷达的信息获取能力，圆满完成预警任务具有十分重要的意义。近半个世纪，国外对低分辨雷达目标识别进行了大量的研究，取得了很多成功的经验和失败的教训，总的结论是：低分辨雷达的目标特征信号的测量能力不够，无法在复杂战场环境中有效完成对目标进行稳定识别的任务。目前国外绝大部分的精力都已转向高分辨雷达及其目标识别的研究。国内对低分辨雷达目标识别进行过一些理论研究，基本上同意国际主流看法，但同时也认为低分辨雷达在目标识别方面有潜力可挖，对该领域的研究一直没有中断，总体而言低分辨警戒雷达目标识别的优势与劣势见表 6.4.1。

表 6.4.1 低分辨警戒雷达目标识别特点

低分辨 RTR 的不利因素	分辨力不够,目标回波中包含的目标特征信息量少
	警戒雷达的任务要求必须识别目标的型号
	雷达作用距离远,识别信噪比(未积累前)较低
	天线波束宽,主瓣干扰往往很强
	雷达全天候工作,气候变化大
低分辨 RTR 的有利因素	目标识别系统的实时性要求不高,允许秒级的处理时间,这就为人机交互识别和多扫描周期融合识别提供了可能
	目标类型较少,有一定的先验信息可以利用
	在警戒阶段,目标的运动状态比较平稳,可近似为匀速直线运动

1) 低分辨 RTR 的具体思路

(1) 目标。低分辨 RTR 的主要目的是压缩目标空间的维数,可以采用三种手段:一是将所有感兴趣目标类型按威胁程度排队,将威胁程度高的目标作为识别的重点,将威胁程度相近、结构和战术性能相似的目标归为一类;二是对目标参数进行压缩,远程警戒时,目标的航迹可近似为匀速直线运动,其战术使用特点也可以事先部分了解到;三是将实在无法识别的几种目标归为一类。

(2) 雷达。就雷达而言,就是要认真分析雷达的信号处理特点,充分挖掘雷达能够提供的目标信息,并分析雷达性能不稳定对目标识别系统可能造成的影响。理论上应尽可能避免目标识别效果受雷达性能变化的影响,保证只要雷达能够正常发挥警戒功能就能识别目标。当然,实际上很难做到这一点。必须指出,雷达发射功率的变化是正常的,其对目标识别的影响也必须消除,而且是完全可以消除的。雷达发射功率的变化与目标距离的变化、天气的变化等因素最终都会改变目标回波信号的能量。消除其影响的方法是避免使用与回波信号的绝对能量值有关的特征进行目标识别,换之以回波不同部位的能量的比值。

(3) 目标特征抽取。低分辨对空警戒雷达目标识别可资利用的特征有七类:① RCS 及其起伏特征,如均值、方差、极大值、极小值、极差等;② 波形特征,如波形宽度、凹陷度等,必要时可以向有经验的雷达操纵员请教;③ 运动特征,如飞行速度、高度、编队形式、螺旋桨调制等;④ 瞬时频响特征,如傅里叶系数、小波系数等;⑤ 多周期关联特征,即将不同扫描周期得到的目标信息进行关联,以增加目标识别的信息来源;⑥ 极化特征,前提是雷达的发射和接收极化是可变的;⑦ 其他情报信息,如二次雷达情报、敌方飞机转场情报等其他侦察手段获取的情报,可以通过人机交互的方式被目标识别系统有效利用。

(4) 目标模式分类算法。将统计分类器和人工神经网络分类器二者进行比较后选定一种。

(5) 人机交互的运用。人在目标识别系统中的作用可能在三个方面体现:一是可以用于鉴别直升机目标的旋翼调制谱;二是数据采集和处理时辅助鉴别杂波和各种干扰;三是综合利用其他情报信息。

2) 低分辨雷达舰船目标识别特点

雷达目标识别系统与一般的模式识别系统类似,其设计过程的重点也是寻求三要素的解决方案。本书研究的是基于低分辨雷达目标回波实现分类识别问题,而赖以分类的雷达回波由于分辨力低而难以反映目标的结构特征。另外，受到试验条件和经费等因素的影响，数据采集工作有时是在非合作的情况下进行的，各目标模式类采集到的样本量依赖于对应目标在采集时间段内的出现频度。以上多种因素的影响决定了基于低分辨雷达目标回波的识别具有以下特点。

（1）样本数据是一个大容量、非充分并且存在冗余的数据集。样本集的大容量特性主要来源于目标回波表现的多样性。由于低分辨雷达目标回波对目标特性的反应并不十分明显，目标回波的表现受外界环境的影响很大。为了使采集的样本数据遍历目标可能出现的各种状态，在数据采集时有必要尽可能多地采集目标回波数据，这会导致一个大容量样本数据集的产生。样本集的非充分性主要是受到实验条件和试验经费的限制，目标样本的积累量依赖于目标在试验阶段的出现频度，不同目标的出现频度是不同的，因此它们的回波样本采集的比例也会出现一定程度的失调，其中一部分目标样本不能完全反映其真正的活动规律，从信息的角度讲，该样本集并非是一个充分的样本集。样本集的冗余性主要是由于样本积累阶段为了尽可能多地采集样本，但是又缺乏相应的样本评价机制，导致采样具有一定的盲目性，使某些目标的样本在相同环境下采集过多，致使该类样本出现冗余。

（2）模式原始特征维数很高，并存在冗余。低分辨雷达回波中所包含的目标信息量很少，单一体系的特征对目标很难有较好的分辨能力，在特征提取时有必要尽可能多地提取目标回波的各种信息，从不同的角度来刻画雷达目标回波，以保证目标在特征空间中具有一定的可分性，因此，原始特征的维数会很高，本书提到的雷达目标识别系统原始特征组的维数就高达47维。另外，对于一个陌生的研究领域，特征的提取通常是根据研究人员的直觉来进行的，特征提取过程中存在着一定的主观因素，这些主观因素使得所提取的特征之间存在较大的相关性，其中有一部分特征表述的目标性质已被别的特征所包含，导致这些特征冗余。冗余特征增加了数据存储、分析计算等方面的压力，并且会在一定程度上降低识别系统的整体性能。

雷达目标识别系统中的以上特点对其三要素的解决提出了特殊的要求。第一，尽可能消除训练样本集中的冗余样本，以此来消除冗余样本给分类器学习、训练带来的负面影响。第二，特征的维数很高以及存在冗余，要求按照一定法则选择有效的特征组参与学习、训练和分类识别。第三，样本集的大容量、非充分特性，以及高的特征维数，要求有一个结构自适应的大容量分类器与之相适应。综合来讲，雷达目标识别系统要求设计与之相适应的样本选择、特征选择和结构自适应分类识别算法。

3）低分辨雷达目标波形特征

低分辨雷达目标波形特征是从雷达回波中提取的与目标属性有关的信息，识别特征可以分为很多种，这里以比较常用的五个特征为例进行详细说明，它们分别反映了回波宽度（展宽和肩宽）、波形能量（能量方差）、波形跳动以及回波凹口等方面的信息。

（1）波形展宽和肩宽特征。采集得到的雷达视频回波经过上述预处理后，仍然包括反映实际目标的有效回波和各种噪声两部分，其中代表目标的回波称为有效波形。我们将有效波形根据其各点处幅值及梯度划分为波峰、上升段和下降段三个部分，如图6.4.3所示。

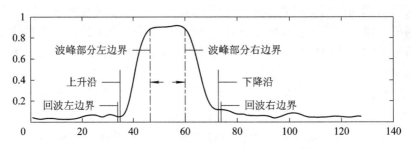

图 6.4.3　回波有效波形及其各部分图示

图 6.4.3 中，回波左右边界之间的距离定义为回波展宽，左右波峰之间的距离定义为回波肩宽。上述回波展宽和肩宽特征采用若干个连续雷达回波展宽和肩宽的均值来表示，它们直观地反映了目标在雷达波束入射方向上的宽度。在同一距离上，回波展宽越大，目标尺寸越大。

（2）波形能量方差特征。实际的雷达回波因受到多种外界因素（如海面风浪、气象环境以及其他目标的遮挡等）的影响，目标回波形状并不是稳定不变的，而是表现出一定程度的起伏变化，它们反映了目标某个方面的信息。为此，对回波可提取其能量方差和回波跳动特征，用来反映回波的稳定性。

提取能量方差特征的过程分以下三个步骤：

① 单个回波的能量计算如图 6.4.4 所示，分别求取若干个回波的能量。

② 计算每个回波左右边界内部的回波包络面积 S_i（对应回波主体部分的能量）。

③ 计算这些面积的方差 $\sigma_S^2 = \dfrac{1}{N} \sum\limits_{i=1}^{N} (\bar{S} - S_i)^2$，其中 N 为回波个数，$\bar{S}$ 为能量均值。

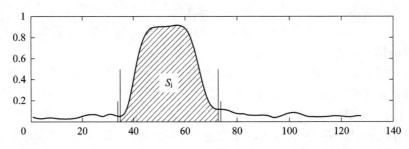

图 6.4.4　单个回波能量图示

（3）波形跳动特征。波形跳动特征主要是指跳动次数。其基本思想是在相应的门限下对每个波形顶点进行"过零检测"，统计整组回波的跳动次数，如图 6.4.5 所示。

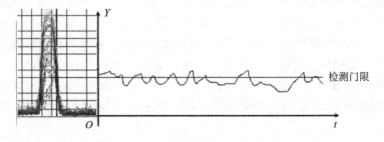

图 6.4.5　回波顶点"过零检测"图示

提取回波跳动特征分为以下两个步骤：

① 计算整组回波在 Y 方向上的重心，假设其 Y 坐标为 h_0，将 h_0 作为"过零检测"的门限。

② 逐个检测回波，统计"过零"的次数，记为该组回波的跳动次数。

（4）波形凹口特征。凹口是指目标回波顶部出现的深 V 形缺口（如图 6.4.6 所示），它是判断大型目标的主要特征。当大型目标上有两个或者两个以上强散射中心时，目标回波就会有深 V 形缺口出现。描述凹口的特征主要有凹口数量和凹口深度。凹口数量是指一组回波中出现凹口的次数。凹口深度表示深 V 形缺口的能量。计算这两个特征的前提是如何检测凹口，本节主要介绍凹口数量的提取方法。

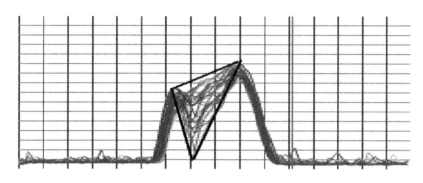

图 6.4.6　回波凹口表现

工程应用中可利用极大值定位法在回波中搜索凹口，其基本思想是：首先遍历回波中各点，搜索出所有的局部极大值点 $M_i(i=1, 2, \cdots, n)$。如果 $n=1$，则表示没有凹口；如果 $n>1$，表示有可能存在凹口。对于有多个极大值的情况，则首先按照下面的极大值筛选条件对各个 M_i 进行检测，再根据约束条件对入选的极大值点检查每两点之间的情况，确定其中是否存在凹口。

① 极大值筛选条件。从第一个最大值点 M_1 开始，以第一点 M_1 为起点，第三点 M_3 为终点连线 L。

• 如果第二个极大值点 M_2 高于 L，则在 M_1 与 M_2、M_2 与 M_3 之间分别都可能存在一个凹口，故 M_2 有效。再将 M_2 与 M_4 连线，比较点 M_3 与该线之间的关系，依次类推。

• 如果 M_2 低于 L，则认为 M_2 无效，将 M_2 清除，M_3 改为 M_2 点，其余依次类推。这时再将当前的 M_1 与 M_3（原 M_4 点）连线，比较 M_2（原 M_3 点）与该连线的关系，依次类推。

② 凹口约束条件。直观地讲，一个 V 形缺口要有一定的宽度才能被认定为凹口，凹口约束条件也即是认为指定的两个有效极大值点之间的最小距离 ΔL_0。

下面以大型和小型目标为例，说明波形特征所反映的目标信息。

• 凹口：凹口是指目标回波顶部出现的深 V 形缺口，它是判断大型目标的主要特征，判性时只需计算一段时间内目标回波中出现的凹口数量，如果这个数量超过一定的门限，就可以肯定该目标是大目标或者否定该目标是小目标。

• 跳动：跳动是指目标相邻两帧回波顶部跳动的平均步长，它是判断小型目标的主要特征，判性时只需计算一段时间内目标回波的跳动步长，如果这个数量超过一定的门限，就可以肯定该目标是小目标或者否定该目标是大目标。

- 展宽：跳动是指目标回波底部宽度的均值，判性时如果目标回波的展宽超过一定的门限，就可以肯定该目标是大目标或者否定该目标是小目标，如果目标回波的展宽低于一定的门限，就可以肯定该目标是小目标或者否定该目标是大目标。
- 扭动：扭动是指目标回波重心的水平移动量，它是判断大型目标的主要特征，判性时如果目标回波的扭动量超过一定的门限，就可以肯定该目标是大目标或者否定该目标是小目标。
- 能量方差：能量方差是目标回波能量变化量的均值，判性时如果目标回波的能量方差超过一定的门限，就可以肯定该目标是小目标或者否定该目标是大目标；如果目标回波的展宽低于一定的门限，就可以肯定该目标是大目标或者否定该目标是小目标。

通常在雷达舰船目标识别中由情报和经验所构成的事实知识主要包括以下五部分内容：

- 舰船运动规律：军用目标一般都可以根据手册查到其最高航速、经济航速、吃水深度等精确的先验信息，这些信息一般在舰艇的整个服役期内是稳定的，虽然有时可能因为改装会有一定的变化，但是也可以通过情报收集而得到。民用目标的航速虽然参差不齐，但是对于每一个小类又都有其自身的特点，例如渔船的航速一般不会超过 15 节，集装箱船在航道上正常行驶时航速在 15 节以上。这些信息在雷达操作员看来都已经是非常浅显的事实。
- 情报信息：在海军雷达站的判性实践中，雷达操作员经常可以从上级和友邻部队的通报中获取关于目标动向的信息，例如通报中会提及：某舰某时起航，经某某水道，于某时到达某地。这些通报通常都是要严格执行和密切关注的，具有相当高的可靠性。
- 气象条件对舰船活动的影响：气象条件对中小型舰船活动具有很大影响，在海面出现大风、大雾的情况下，远海通常不会出现中小吨位的目标。
- 海区水文情况：水文条件主要指水深和潮汐的影响，不同吃水深度的船只在海面上的活动区域都是有限的，万吨巨轮是不会在渔港中航行的。潮汐对近海活动的小型目标的回波会有一定的影响，这主要与海流的方向有关。
- 海区、航道信息：这些信息主要包括水面舰艇的训练海区、商船的航道和渔船作业区，它们有的严格是制度规定的，有的是约定俗成的，这部分信息通常都可以由资料很容易地查到。

这部分的知识由于所阐述的内容各有特点，所以表示的方式也各不相同，例如航速知识就可以采用类似于统计门限的方法，而情报信息就适于表示成某种句法规则的形式。而最重要的海区、航道等信息则通常使用图表法的方法来表示。

4）低分辨雷达目标识别分类树

在人的思维中，对目标进行分类时，层次化的分类是一种常用的方法。根据目标的某些显著特征，粗略地得到目标所属的大致类别；然后，根据另一些特性，来判定目标的确切类型属性。将这一判别过程用算法表现出来，就构成了分类树。

分类树中的节点包含分支节点和叶节点两类。每一个分支节点都表示一定的分类算法，既可以是针对某个特征值的判断规则，也可以是概率统计中的假设检验等方法。分支节点根据特定的条件判定一个目标更符合该节点下哪一个分支所具有的特性，然后目标落入该分支中，由该分支内的节点进行处理。而分类树的叶节点则代表了特定的目标类型，当一个目标经过分支节点的层层判定落入一个叶节点时，可以认为该叶节点所代表的类型就是该目标的类型。当分类树的每一层分支节点都将目标划分为特定的类型集合，并且该类型集合具有一定的含义时，则构成了一个层次化的识别算法。通过分类树每一层的判别，目标的属性由粗到细逐渐明确。图 6.4.7 就是一棵最简单的舰船目标分类树。第一层的分支节点将舰船目标划分为大、中、小三类，第二层中的分类器识别出各类水面目标的具体类型。

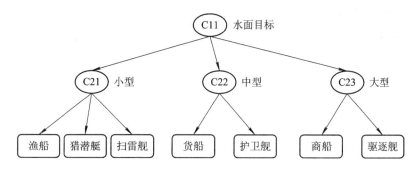

图 6.4.7　舰船目标分类树

2. 空中目标识别

通常定义离地 100 km 以下的空间为"空中"，对于空中目标，例如固定翼飞机、直升机等，由于结构形状的复杂性、飞行运动的高机动性，加之现在还在发展中的目标识别理论和技术还远不成熟，因而空中目标识别尚处于发展阶段。下面给出一些可能的识别技术和方法。

1) 窄带雷达动态目标回波起伏和调制谱特性

(1) 目标回波起伏特征。由于组成飞机、舰艇等复杂目标的诸散射体的回波信号相互干涉，目标回波的幅度和相位将随目标对雷达的相对姿态的不同而变化，而且运动目标相对于雷达的姿态必然会变化，在光学区(目标尺寸远大于雷达波长)，目标回波对姿态的变化极为敏感。因此，回波幅度的时间经历将出现强弱起伏，回波相位的时间经历将表现为剧烈抖动，上述起伏特性随目标的形状、尺寸而异；若为群目标，则将随目标的性质、数量与分布而不同。

对于高频雷达，目标的散射表现为多中心的散射，若目标由 N 个散射中心组成，第 i 个散射中心的幅度为 a_i，位置为 r_i，固有相位为 φ_i，则散射回波可以用下列离散求和式来表示：

$$E(k) = \sum_{i=1}^{N} a_i \exp\{\mathrm{j}(\boldsymbol{k} \cdot r_i + \varphi_i)\} = A(\boldsymbol{k}) \mathrm{e}^{\mathrm{j}\varphi(k)} \tag{6.4.3}$$

式中，$\boldsymbol{k}$ 为波数矢量，$\boldsymbol{k} = 2\pi/\lambda$ 为第 i 散射点的距离。运动目标的幅度 $A(\boldsymbol{k})$ 起伏是目标姿态的随机变量，从而构成随机过程，可求取其统计特性，如均值、方差、各阶中心矩和概率密度分布，作为目标识别的特征。

尽管窄带雷达目标回波幅度和相位信息可作为目标识别的特征信号，但是由于其对目标信息的获取量不足，一般只适用于识别起伏特性差别显著的目标，而识别尺寸和运动特性相近的目标时，容易产生混淆，其识别结果一般并不十分可靠。

（2）动态目标的调制谱特性。动态飞行器目标的起伏频谱可由三部分组成：① 飞行器运动产生的多普勒频移，与飞行器的飞行速度有关；② 飞行器机身各部件本身的固有振动及各散射中心之间的相对运动形成的机身（Air-frame）谱，其谱宽正比于发射频率；③ 飞机的螺旋桨或喷气发动机旋转叶片、直升机的旋翼等目标结构的周期运动，产生对雷达回波的周期性调制，使回波起伏谱呈现取决于翼片角速度和翼片数等参数的基本调制频率和其谐波尖峰，尖峰出现的位置由目标的周期性运动决定，而与雷达频率无关。通常，这类频谱调制属于相位调制，与单边带调制的频谱很相似，即其谱线能量主要分布在机身谱的某一侧。一般认为，前两种谱对目标识别贡献不大，但不同目标的周期性调制谱差异很大，因而可用于目标识别。图 6.4.8 示出了某防空导弹跟踪雷达获取的歼击机、直升机和导弹三类目标的调制谱（脉冲重复频率 1 kHz），从中可以看到不同类型目标调制谱之间的差异。

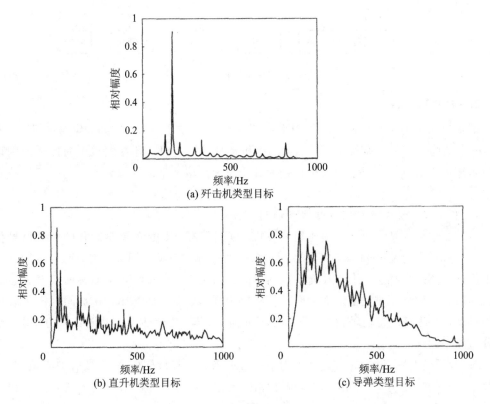

图 6.4.8 不同类型目标的调制频谱

现有的大多数防空雷达均为窄带相干体制，其所能获取的目标特征信号非常有限，因此利用目标的频谱调制和回波起伏特征，并结合雷达所能获取的目标空间坐标及运动参数（如目标高度、速度、航迹等）进行目标识别，是比较现实的方法。例如，"爱国者"雷达的有限目标识别能力主要利用了目标飞行轨迹来识别出真实弹头并确定其攻击点；苏联的多型防空雷达也采用目标调制谱、目标 RCS 起伏以及目标运动特性作为目标识别的主要判据。有关专家介绍，上述特征的综合应用，在普通脉冲雷达中，有可能对螺旋桨式飞机、喷气式飞机、直升机或假目标进行不同类别目标间的辨识；当雷达工作在高重复频率脉冲串波形条件下时，更有可能对不同机型的目标进行分类识别。

2）宽带雷达目标识别

如果雷达能够得到目标的一维、二维或三维电磁散射图像，那么就可以设计出简单的分类器来完成目标识别。高分辨力雷达及其相关技术的出现和发展，使得上述设想成为可能。

（1）宽带距离高分辨力雷达识别。如图 6.4.9 所示，当雷达发射并接收窄脉冲或宽带信号时，其径向距离分辨力远小于目标尺寸，那么就可以在雷达的径向距离上测出目标上的若干个强散射中心随距离的分布，称之为目标距离像。由于高分辨力雷达发射信号的脉冲空间体积比常规雷达的要小得多，在雷达分辨单元内，各目标之间、目标上各散射体之间信号引起的响应、相互干涉和合成的机会较少，各分辨单元内回波信号中目标信息的含量比较单纯，故可供识别目标的特征明显。

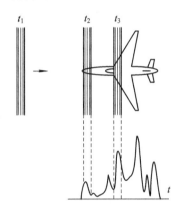

图 6.4.9　目标距离与目标的关系

当然，对于飞行中的目标进行高分辨识别还必须考虑以下因素：

第一，当目标飞行过程中相对于雷达的方位发生变化时，各散射中心的相对距离也将产生变化，即产生所谓的距离游移。不会产生距离游移的条件为

$$\Delta\theta < \frac{\Delta r}{L} \tag{6.4.4}$$

式中，$\Delta\theta$ 为目标方位变换，Δr 为雷达距离分辨力，L 为目标的横向尺寸。例如，当 $\Delta r = 0.5\ \mathrm{m}$，$L = 10\ \mathrm{m}$ 时，$\Delta\theta < 3°$。

第二，即使目标方位的变化小到不足以产生距离游移，各散射中心相对距离变化所产生的干涉效应也将造成目标距离像的起伏。为避免这种起伏要求，有

$$\Delta\theta < \frac{\lambda}{4L} \tag{6.4.5}$$

式中，λ 为雷达波长。

此外，目标上的运动部分也会造成距离像的起伏。图 6.4.10 给出了利用 S 频段雷达对某飞行中飞机目标录取的 2.5 ms 内的 8 幅距离像。从中可见，尽管时间间隔只有 2.5 ms，但各距离像的起伏是十分明显的。

上述幅度起伏为将距离像用于目标识别带来了一定的困难。所幸的是，从图 6.4.10 中也可同时看到，在特定方位范围内，尽管存在起伏现象，但目标散射中心的距离分布仍然是十分相似的，这一特点为利用目标距离进行识别提供了可能。

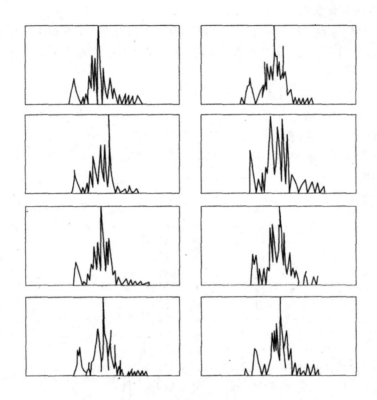

图 6.4.10　某飞行中的飞机 2.5 ms 内获取的 8 幅距离像

利用目标散射中心历程图特征进行识别的方法可以较好地解决单幅目标距离像难于识别的矛盾。所谓目标散射中心历程图，就是目标距离像随目标方位角的变化轨迹图。研究表明，对于分布稀疏的点状目标而言，两幅散射中心历程图之间的海明距离总是大于与此对应的两幅目标二维图像之间的海明距离，因为目标上每个散射中心在散射中心历程图中生成的是一条正弦轨迹，而在二维图像中只占据一个图像分辨单元。因此，二维图像为高分辨力雷达和空间相干处理技术用于目标识别提供了另一条途径。

据报道，利用一台 S 频段、距离分辨力 0.5 m 的雷达，对 24 种不同的飞行目标，获取了 11 968 组目标距离像，通过相关滤波器匹配处理后的总正确识别概率可达 86%。

（2）逆合成孔径雷达（ISAR）成像。利用宽带信号可以得到对目标的径向距离高分辨力，利用空间相干多普勒处理可以获得对目标的横向距离高分辨力，这一距离—多普勒二维分辨原理成为合成孔径雷达（SAR）和逆合成孔径雷达（ISAR）的基础。

然而，ISAR 成像技术用于目标识别也有其固有的缺陷：第一，处理一幅目标二维图像需要较长的相干积累时间，还需要对目标作精确的运动补偿，在许多实际应用中，上述要求也许是不能容忍的；第二，由于在光学散射区，雷达图像则通常表现为目标上稀疏的散射中心分布，如用普通图像处理方法来识别目标的这种二维散射图像，存在一定的困难；第三，在导弹防御系统中，来袭目标的航路捷径很小，此时难于得到 ISAR 成像所必需的目标姿态角的变化量。

（3）高距离分辨力与单脉冲处理相结合的三维成像。距离高分辨力与单脉冲处理相结合可实现对目标的三维成像，距离上的高分辨力是通过雷达发射宽带信号来实现的，它可将目标上的各散射体分离为一个个单独回波并求得其距离坐标。在角度（方位、俯仰）维，用高精度单脉冲技术可以测出已分成一个个单独回波的各散射体角坐标，从而确定出它们与雷达视线间的横向距离。与 ISAR 技术相比，它既可以用简单得多的技术来实现目标三维成像，同时又没有 ISAR 成像中横向分辨力取决于目标相对于雷达运动的旋转分量的缺点。此外，这种成像技术还具有与 ISAR 成像处理及单脉冲跟踪功能相兼容的优点。

单脉冲三维成像的主要不足之处：一是由于角分辨力没提高，因此如果在同一距离单元内有两个以上位于不同横向距离上的散射体，雷达便不能正确地测出各散射体的角坐标；二是由于受单脉冲技术测角精度的限制，对远距离目标无横向分辨能力，因而只适用于对短距离的目标成像。

应该指出，现代飞行器空袭中往往采用隐身技术、有源和无源干扰、机动躲避等多种综合突防技术，这对传统的以窄带低分辨力雷达探测为主的防空系统提出了严峻的挑战。相反，宽带高分辨力成像雷达具有可以增加探测灵敏度、提高作用距离、增强目标识别能力和抗各种干扰的能力等优点。可以预见，宽带成像雷达将成为未来防空雷达的重要体制。

宽带雷达目标识别方法同样适用于海面目标，这里以一维宽带成像来说明。由于高分辨一维距离像是用宽带雷达信号获取的目标散射点子回波在雷达射线上投影的矢量和，它提供了目标散射点沿距离方向的分布情况，是目标重点的结构特征，对目标分类与识别具有十分重要的价值。舰船的一维距离像反映出了舰船主体结构的分布图，即高峰一般出现在船楼、桅杆、较高天线、烟囱等处，峰堆之间的凹谷也在一定程度上反映出舰船主体结构之间的相对位置。

利用一维距离像并结合目标航迹信息可以实现对舰船姿态角的估计、舰船航向航速的估计以及舰船长度的估计，可以对舰船目标进行粗分类，如将军舰粗分为常规航母、轻型航母/巡洋舰、驱逐舰、护卫舰、小型舰艇、潜艇/交通艇等，从而提高雷达对目标的判性能力，上述粗分类是在不需要舰船目标一维距离像数据库的情况下就可实现的。

在建立了目标一维距离像数据库的基础上，还可以通过对目标一维距离像提取中心距、重心、熵、离散性、对称性等多种识别特征，自动对舰船目标进行类型识别，使得雷达对目标具有较为完善的判性识别能力。

3）目标极化特性识别

雷达目标回波信号是入射到目标上电磁波极化状态的函数，入射波和回波之间的这种关系可用极化散射矩阵 $[S]$ 来描述。将散射场各分量和入射场各分量联系起来，可表示为

$$[E^s] = [S][E^i] \quad \text{或} \quad \begin{bmatrix} E_1^s \\ E_2^s \end{bmatrix} = \begin{bmatrix} S_{11} & S_{12} \\ S_{21} & S_{22} \end{bmatrix} \begin{bmatrix} E_1^i \\ E_2^i \end{bmatrix} \tag{6.4.6}$$

式中，下标"1"和"2"表示一组正交极化分量。$[S]$ 的元素一般是复数。目标的复散射矩阵 $[S]$ 随目标姿态角变化而变化，即使在给定取向上，它还与所选的收、发天线极化基有关，因此它本身对目标识别的应用意义很有限，需要寻找具有一定不变性的特征参量。

（1）极化散射矩阵不变量。对雷达观察者来说，雷达极化基改变或者目标绕雷达视线旋转，都不增加任何新的目标极化信息，因此人们企图消除目标三维姿态变化中的一维，寻找与目标绕视线旋转和雷达极化基无关的一组极化不变量作为目标特征信号。这组不变量是存在的，共有 5 个，即行列式值、功率矩阵迹、去极化系数、本振极化方向角和本征极

化椭圆率。5个极化不变量完整地确定了在给定取向下目标的后向散射特性，表明雷达从视线方向观察目标所能获得的最大目标信息，不随目标绕视线旋转或雷达极化基改变而改变。具体地说，无须考虑雷达天线的极化就可以确定这5个极化不变量。

应该注意的是，上述5个极化不变量实际上只消除了一个姿态角的影响，因此它们仍然与目标的姿态有关，用于目标识别仍然受到较大的限制。

（2）目标的特征极化态。特定的雷达目标存在一组特征极化态，在特征极化态下，或是某一极化通道的接收功率为零，或为最大值，这样就组成了交叉零功率极化、交叉最大功率极化、同极化零功率和同极化最大功率点共四种极化态。可以证明，同极化最大功率点与交叉零功率极化态两个点中的一个重合。这组特征极化态表示在 Poincare 球上很有规律：两个交叉极化零点 X_1 和 X_2 连接起来构成球的一条直径，两个交叉极化最大点 S_1 和 S_2 的连线构成球的另一条直径，且与 X_1X_2 垂直，两个同极化零点 C_1 和 C_2 位于 X_1 和 X_2 连线的两侧，且平分 $\angle C_1OC_2$。同极化最大点与 X_1 重合，它们在形状上构成一个叉状，称之为极化叉。

由于极化叉是针对目标特定姿态角而得到的，它随目标姿态的变化而变化，因此这组极化态对于目标识别也不是很有利。

（3）高分辨力雷达与极化特征的结合。尽管极化不变量和极化态反映了目标极化域的固有特征，但极化矩阵本身对雷达频率、目标姿态十分敏感，上述特征作为识别参量时，仍需采用轨迹追踪等处理技术。据此，除非某些特定情况，否则极化信息在低分辨力情况下对目标识别的用途不大。因此，近几十年来，极化特征用于目标识别的研究主要集中在极化信息与高分辨力雷达技术相结合上。其基本依据是：复杂目标上各单个散射中心的极化特征具有在一定姿态角范围内的稳定性，而高分辨力雷达技术可将复杂目标上各单个散射中心分辨出来，高分辨力和极化两者的结合正好可取长补短。

最后指出，极化信息拓宽了雷达目标特征空间的维数。因此，在窄带低分辨力雷达目标识别中，作为低分辨力雷达中的一种分集技术，极化信息的利用对于提高目标识别概率还是有效的。

4）目标谐振响应与超宽带雷达目标识别

普通宽带成像雷达一般工作在目标的光学区频段上，然而电磁散射理论表明，就表征目标的形状、尺寸和表面组成材料而言，存在着所谓"占优势"的频率范围。具体地说，瑞利区（目标尺寸远小于雷达波长）散射场反映目标的体积，光学区（目标尺寸远大于雷达波长）散射场反映目标的形状、尺寸等信息，表现出可供目标识别最有效的电磁谱特性。为了利用目标的谐振响应进行目标识别，一般需要采用超宽带（UWB）雷达或冲击脉冲雷达。由于目标的谐振区范围取决于目标的总有效尺寸，因此对于常规目标而言，工作在谐振区的雷达一般选在较低的频段上（如 VHF 和 UHF 频段）。此外，这类雷达还具有一种附加的能力，即穿透植被和地面进行目标探测的能力。

（1）目标谐振响应。根据瞬态电磁散射理论，任意目标的冲击响应可以由不同的两部分波形组成，即目标上不连续边界产生的冲击分量（早期响应分量）和目标上感应电流在自然谐振频率点上形成的辐射能量（后期响应分量）。

目标的冲击响应分量不但与目标自身结构有关，还取决于目标姿态和发射波形及其激励频率。而目标的自然谐振分量与激励波形的频率无关，而且自然谐振频率与目标姿态也无关。因此，对于目标识别来说，目标的自然谐振频率是理想的目标特征。

目标的自然谐振频率又称为目标极点。为了利用目标极点进行目标识别，可以采用目标极点提取和波形综合两种技术。

① 目标极点提取。它从目标响应中直接提取目标的复自然谐振频率也即极点。为了直接利用极点来识别目标，必须将每个感兴趣的目标，对位于信号波形频谱范围内的谐振点建立预先的数据库。识别过程中，将被测目标极点与数据库中各种目标的极点进行比较，然后作出判决。

尽管从目标的瞬态响应可以提取出目标极点，它与目标姿态无关，而且也已发展了多种求解极点的方法，但是这一技术在实用上还存在一些问题：一方面，很难从含有噪声的回波响应中精确提取出目标极点；另一方面，如果瞬态响应中的模式阶数不足，也会造成大的误差。因此，20 世纪 80 年代以来，人们在不断地发展抗噪声能力强和精度高的极点提取算法的同时，开始寻找一种新的技术，希望这种技术既可保持目标复自然谐振频率不随目标姿态变化的优点，同时又可克服其缺点，这就是目标识别的波形综合技术。

② 波形综合。波形综合技术的基本思路是，根据特定目标的响应波形，综合出特定的雷达发射波形，当用该特定发射波形激励所设定的目标时，目标的响应波形持续时间最短（K 脉冲），或者后期响应全等于零（E 脉冲）或只含有某一单个谐振模（S 脉冲）。当某一特定目标的 E 脉冲或 S 脉冲激励另一个不同的目标时，输出响应将明显不同于期望的零输出或单模响应，因而据此可以识别出原设定的目标，E 脉冲波形的合成有时域合成和频域合成两种方法。

（2）超宽带雷达目标特征信号处理。超宽带雷达可为目标识别提供更多的目标特征信息，同时它也对目标特征信号处理提出了更高要求。近年来，大量文献对各种处理技术进行了报道，典型的技术包括时—频联合处理、高阶谱分析和核函数分析等。

超宽带雷达具有许多常规雷达所不具备的优点，例如优异的目标识别能力、抗杂波干扰性能、反目标隐身能力以及抗电子与非电子干扰能力等，都是常规雷达所无可比拟的。但是，现阶段的技术水平离实用还有一定距离，影响超宽带雷达应用的主要问题有两个，一是尚无能同时满足大功率和大带宽要求的雷达发射源和天线馈电系统，二是有关超宽带雷达的电磁兼容性也需要认真解决。

3. 空间目标识别

就雷达目标识别原理和技术而言，空中目标、空间目标以及其他目标的识别应该都是相通的，但空间目标的识别技术由于自身的一些特点，有必要作单独的讨论。

1）空间目标轨迹与动力学特性

按照"国际宇航联合会"规定的标准，将 100 km 高度作为"空间"的下限。其主要依据是，该高度以上飞行体运动的理论基础主要是开普勒定律和万有引力。这种飞行体称为"航天器"，也可称为"空间目标"，包括卫星、洲际弹道导弹、潜射弹道导弹和战略战术导弹。我们在下面的分析中，以地球卫星和弹道导弹作为"空间目标"的代表。

航天器围绕地球作轨道运动时，在它上面作用有多种力：地球引力，大气阻力，太阳、月亮及其他行星的引力，与电磁场相互作用的力以及太阳及宇宙射线的压力。在近地球宇宙空间，地球引力是影响航天器轨道运动的主要决定性力。

轨道在空间的位置与大小和形状，以及航天器在轨道上任一时刻的位置，由以下 6 个要素(亦称为根数)决定：倾角、升交点经度、近地点辐角、长半轴、偏心率和真近点角。根据这 6 个参数可以判别是轨道目标还是非轨道目标，判别轨道目标是地球卫星还是地地弹道导弹。

空间目标在轨道上的运动姿态，可区分为自旋和非自旋两种不同类型。轨道中空间目标的姿态控制，可以采用被动和主动两种稳定平衡方法来实现。广泛用于近地空间科学试验的卫星和大多数新型卫星，都装有主动调姿控制系统。正常工作的卫星都有姿态和轨道控制能力，轨道控制是对卫星施以外力，有目的地改变其质心运动轨迹(轨道)的过程；姿态控制是获取并保持卫星在空间定向的过程。例如，卫星对地进行通信或观测，天线或遥感器要指向地目标，卫星进行轨道控制时，发动机要对准所要求的推力方向。

实际空间目标不仅受到中心万有引力支配，而且不可避免地受到其他外力的扰动，诸如地球万有引力场偏离中心引力场、残余大气阻尼、太阳和月球的万有引力、电磁场作用力、太阳光压、流星的撞击等。在上述各种扰动因素中，哪种是主要因素则视不同条件而定：空间目标轨道接近地球时，地球引力场偏差和大气阻尼为主要扰动因素，对于远离地球的轨道，则其他天体引力和太阳光压的影响更为严重。

对低轨道空间目标，影响其姿态运动的主要有万有引力和大气阻力以及太阳光压引起的摄动。轨道上的空间目标是接近于无外力矩作用的自由体，所以任何微小力矩的持续作用，对空间目标的姿态运动将会产生明显的影响。

2) 基于窄带雷达的空间目标识别

雷达目标识别中，信息量决定处理方式，而特定的频率和特定的目标姿态角信息量有限，不足以实现目标的识别，为此可通过空间积累来取得目标随姿态角的变化信息，也可通过宽带信号来得到目标随频率的变化信息或两种方法兼顾，以获取足够可用以识别的信息。

窄带雷达信息量有限，但造价相对低廉，目前仍然是一种主要的空间探测传感器，因而我们应尽力挖掘窄带雷达目标识别的潜力。研究发现，尽管窄带信号雷达横向和纵向分辨能力一般远大于目标尺寸，但可利用目标固有特性与反射信号随时间变化规律之间的对应关系来推演有关目标的特征信息，如通过回波信号的幅度、相位、极化及其变换特征来估计目标的尺寸、形状、质量、飞行姿态、结构、质心的运动(如自旋、进动、章动)及航天活动中的特征事件(关机、分离、消旋、释放)，以区分工作卫星、失效卫星、空间碎片等。

(1) 根据空间目标轨道运动特征进行识别。以地心为原点在目标轨道面上建立极坐标系，目标位于近地点时矢径最短。最小矢径与地球半径相比，可确定目标是卫星还是弹道导弹。如果最小矢径小于地球半径，可知目标再返回地球，从而可排除返回式卫星。在弹道导弹的再入段，如果弹头的外形和质量与诱饵不同，则所承受的大气阻力会不同，再入轨迹就会有差别，这是所谓的大气过滤效应，拦截系统据此可以对目标性质作出一定的判别。人造地球卫星的运动轨道主要有近似圆形、椭圆形，地心是它们的一个焦点，通过雷达跟踪、数据平滑处理，可以对卫星定轨；根据卫星轨道特征可大致推测其任务和类型。由轨道动力学可知，在外力矩作用下，失效卫星的轨道参数和星下点轨迹将发生显著变化，因而利用雷达跟踪测量的数据可判断卫星是否正常工作。

(2) 根据空间轨道目标有效散射截面(RCS)的变化规律进行识别。雷达波长远小于目标尺寸时，目标处于高频区。目标的雷达散射特性与目标参数(尺寸、形状、材料的电磁特性)、观测条件、雷达参数(探测信号和极化形式等)有关。根据姿态动力学,低轨空间目标形体一般具有简单、对称的特点;同时,由于空间背景环境相对稳定,所以没有机动和气流扰动等随机现象。因此,充分利用空间轨道动力学和姿态动力学知识,结合目标电磁散射特性分析的基本方法,对接收的空间目标 RCS 时间序列进行预处理和特征提取,可以对低轨非合作简单形体目标完成下列分类、识别工作:确定稳定目标的姿态;确定目标围绕自身质心旋转的角速度和目标横向尺寸;确定"翻滚"状态目标的进动角速度矢量方向;通过各姿态角位置的 RCS 测量,确定目标的形状和尺寸;完成雷达特征数据的统计分析,根据判别准则对目标进行分类;用几何光学方法对凸金属旋转体的径向剖面函数实现重构。

(3) 根据空间轨道目标相参回波信息进行识别。物理学中指出,刚体的运动可分解为平移运动和相对重心的转动,平移运动为目标整体(或重心)的运动。从目标运动分辨(TMR)原理出发,通过 TMR 处理,可以得到目标横向尺寸、飞行姿态、质心的运动(自旋、进动、章动),以及事件定时(关机、分离、消旋、释放)等信息。如对空间目标进行横向一维成像,则横向距离像代表了目标上对测量回波有贡献的多散射中心散射强度的一维分布,根据目标的横向一维像,可以较准确地估计出目标的横向尺寸。德国 FGAN 高频物理研究所用于空间目标观测的跟踪和成像雷达系统是由一个 34 m 抛物面天线、一个 L 频段目标跟踪雷达和一个 Ku 频段目标成像雷达组成的系统,其跟踪雷达可以实现对地静止的旋转卫星横向一维成像,从而得到卫星横向尺寸等信息。

(4) 空间弹道目标的识别。弹道导弹在助推段从零速度开始逐渐加速,飞行中弹体与尾流具有强烈的红外辐射和巨大的雷达反射面积,空基或地基的战略远程警戒雷达据此可发现、跟踪、识别目标。弹道中段位于大气层外,此时弹头与末级弹体分离,沿固定弹道惯性飞行;弹头中间飞行段突防方法很多,如采用隐身、投放干扰丝和充气假目标,或末级弹体炸成碎片形成干扰碎片云等。再入段具有大气过渡作用,另外,战略弹道导弹的高速弹头与大气摩擦会产生等离子尾流,这有利于雷达的跟踪、识别;突防弹头可以是集束式、分导式或机动式多弹头,以使拦截系统难度加大,雷达系统的识别任务就是从密集环境中准实时地识别出一个或几个真弹头,识别工作最重要的是得到代表真假两类目标的特征信号。窄带雷达可提取的特征信号有 RCS 时间随机序列、正交极化比随机序列分布函数的数字特征值和质阻比值。另外,利用相参信号进行 TMR 处理,可对导弹分离、导弹消旋、子弹头释放等特征事件进行观测,并可实现重诱饵、再入弹头等的鉴别。

以上是基于窄带低分辨体制雷达进行空间目标识别的常用方法,由于信息量有限,一般要通过长时间积累才能达到准确识别的要求。同时,由于横向、径向分辨力有限,难以适应复杂、多目标环境的要求,可见基于窄带低分辨体制雷达进行空间目标识别是有局限的。现代雷达的研制以增加信息能力为标志,这也是便于研制更好识别算法,对复杂多变环境下的目标实现可靠识别的前提。另外,当代航天活动也对新一代的空间测量雷达提出了新的要求,即应能对各种空间目标进行主动实时的探测、捕获、跟踪、识别,并提供空间目标活动态势,所以开展高分辨体制雷达的空间目标识别技术研究是一个必然的发展趋势。

3) 基于宽带信号体制雷达的空间目标识别

从高频区目标电磁散射的局部性原理出发,可知目标上的局部散射源可等效为多散射中心。目标多散射中心可作为目标识别的明显特征，是宽带高分辨成像雷达目标特征测量、分类和识别的基础。

（1）宽带雷达的空间轨道目标识别。宽带雷达具有高的距离分辨力，可以实现复杂目标多散射中心的孤立，雷达径向一维距离像是目标多散射中心在径向的一维投影，具有二维成像功能的 ISAR 所形成的图像是目标多散射中心在径向、横向二维平面上的投影。可见，如能对空间轨道目标实现一维、二维雷达成像，经预处理获得失真较小的目标散射中心结构图，就可以完成目标分类、识别工作。美国曾经利用罗姆航空发展中心研制的弗洛伊德（Floyd）高分辨雷达，从翼展很长的太阳板形成的散射中心中提取目标结构信息，从而正确地判断出太阳板的张合状态，两次发现了阿波罗飞船和空间实验室太阳板的故障。

受多种因素的影响，轨道目标的位置测量精度有限，要实现目标 ISAR 成像，首先要解决运动补偿问题；由于空间目标速度、加速度很大（速度最大可达 10 km/s 以上），目标回波变化剧烈，对于运动补偿和基于散射点模型的常规 ISAR 成像技术不利。此外，三轴稳定目标、自旋稳定目标、失效目标的姿态运动也不同，这些都决定了空间目标 ISAR 成像技术有特殊规律。

轨道类目标每天在观测空域内多次出现，由于成像实时性要求不高，所以通过积累可以得到多个时间序列及不同视角的图像。美国从 20 世纪 60 年代开始研制空间轨道目标成像雷达，20 世纪 70 年代初，麻省理工学院（MIT）林肯实验室首先获得近地空间目标高质量的雷达图像。对目标 ISAR 图像的识别既可以采用人工方法，也可以用自动识别方法。ISAR 图像的自动目标识别主要采用图像增强边缘检测、图像分割等预处理来获得失真较小的目标散射中心结构图，在此基础上进行旋转变换及模板匹配，得到最终的识别结果。对于运动规律和姿态变化特殊的轨道目标，结合许多特有的先验信息，利用目标的雷达图像可以收到异乎寻常的识别效果：如获得被测目标的特征形体、尺寸，判定卫星、飞船入轨的姿态和状态，完成航天活动中特征事件的监视和异常情况的分析等，如德国 FGAN 高频物理研究所的空间跟踪和成像雷达系统。该系统于 1990 年成功地对苏联"礼炮"-7 空间站的再入过程和物理特征进行了观测，从空间站 ISAR 图像中得到了空间站的尺寸、形状、运动姿态等信息。

（2）宽带雷达的空间弹道目标识别。未来弹道导弹防御面临的环境日益复杂，如何实现在导弹中间飞行段，即大气层外的预警、识别和拦截是防御能力的关键所在。导弹预警雷达迫切需要具有实时、准确地对多目标分类和识别的能力。末级火箭炸成碎片的重诱饵，再入时的阻/重比和弹头差不多，对碎片和夹在其中的真弹头难以从速度上分辨，但空气动力学特性、姿态控制和对地面目标的寻的要求，决定了弹头类目标具有形体简单等特点，如采用一维高距离分辨成像的宽带相控阵雷达对分布区域广的碎片和弹头同时跟踪，利用碎片在空中"翻滚"坠落而弹头高速自旋的特点，根据它们的测量尺寸、回波波形变化，结合合适的分类方法可识别真假弹头。目前有代表性的成像雷达是美国为高空防御拦截研制的 GBR 固态相控阵雷达，它作为战区导弹防御的探测、识别、监视、跟踪、火控和杀伤评估的主要手段，能对来袭目标进行成像识别。

第三篇 雷达对抗篇

第7章　雷达的电子威胁

　　雷达自诞生之日起，就与雷达对抗之间存在着螺旋式的抗争。随着高新技术的不断涌现，雷达与目标之间的对抗也变得愈发激烈。对方竭尽所能地削弱雷达的效能致使其最大程度丧失战斗力，这是雷达电子战中电子干扰的根本目的。对雷达采取的各类干扰技术手段和战术措施，统称为电子对抗措施(ECM)。对于雷达方来说，为了有效地抑制或者消除各种电子干扰，就必须考虑相应的抗干扰措施。雷达与雷达对抗之间的斗争直接关系到雷达的生存及效能发挥。传统上雷达面临的"四大威胁"分别是综合电子侦察和电子干扰、低空/超低空突防、高速反辐射导弹和隐身目标。"四大威胁"已成为雷达的克星，在未来战争中雷达应该如何应对才能在"四大威胁"中生存下来并保持住战斗力，是当今信息化战争中重要的制胜环节。世界上没有攻不破的盾，也没有无坚不摧的矛，只要找到对方的弱点，采取积极对策，就能够掌握雷达对抗的主动权。

　　本章着重阐述雷达电子战的基本原理，主要学习电子战相关概念、雷达对抗侦察的基本原理、雷达干扰手段及其理论基础，最后针对几种新体制雷达探讨了各自的对抗方法。

7.1　雷达电子战的基本概念

　　信息化武器普遍应用无线电探测、控制和通信等电子信息技术，必然导致电子战技术的快速发展。电子战已经成为现代信息化战争必不可少的重要组成部分。从本质上看，电子战是指敌对双方在电磁频谱领域中进行的一种对抗性军事行动。

　　雷达电子战是通过采用专门的电子设备和器材对敌方雷达进行侦察、干扰、摧毁以及保护己方雷达能够正常进行侦察、干扰和摧毁的电子对抗技术。雷达电子战的基本内容包括雷达电子支援、对雷达的电子攻击和雷达电子防护，如图7.1.1所示。

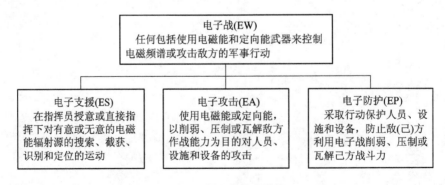

图 7.1.1　电子战的内涵

　　现代战争中，电磁频谱的应用深入到战争的各个环节，频谱范围从声波开始一直延伸到无线电波、红外、可见光波，直到紫外和更短波长的全部频域；作战范围从陆、海、空、天直到赛博空间,应用于各军兵种武器的各种运载平台。因此,在电磁频谱战中,敌我双方综合电子对抗实力已成为影响战争全局的关键因素。在现代高科技信息化战争中,处于电子战弱势的一方,将失去制电磁谱权,失去制电磁谱权即意味着失去对整个战争的指挥权,丧失制空权和制海权。此时性能先进的兵器也难以发挥自身优势,难以在整体上组织起有效的军事行动,必将处于被动挨打的地位。因此,大力开展电子战的研究和电子战装备的研制具有重要的军事价值。

7.1.1　雷达电子支援

1. 雷达电子支援的内容

雷达电子支援是在雷达领域内为电子攻击、电子防护、武器规避、目标瞄准或其他兵力部署提供实时威胁识别而采取的行动。其主要行动包括对敌方雷达辐射源的截获、识别、分析和定位。对电磁辐射的截获通常由覆盖重要威胁频段的高灵敏度接收机(即电子支援接收机)完成,该灵敏接收机要能覆盖整个敌方威胁频段。识别就是将截获的数据同威胁库中存储的特征数据进行比较,从而辨识敌辐射源信号。定位就是通过把得到的敌辐射源空间上的各种分散数据进行综合分析和计算,从而确定敌辐射源的准确位置。

2. 雷达电子支援的任务

雷达电子支援的任务有两个。一是对即将到来的雷达威胁发出警报。在对抗现代武器攻击时,从告警到采取对抗措施的时间仅几秒到十几秒。这就客观上要求在应对已经指向平台的大多数导弹时,必须采用智能化的指挥控制系统对此做出反应。这是因为一般情况下,人类的反应速度有限,根本没有足够的时间采用人工干预,必然需要雷达告警系统的支援。二是为实施有效的对抗措施提供必要的雷达信息。为确保己方采取有效的对抗措施,必须要能提供有关威胁的所有必需的多种信息,如雷达辐射源的位置参数、工作体制、信号形式、工作频率、调制样式和调制参数等。

7.1.2　对雷达的电子攻击

电子攻击是指主动地使用电磁频谱或定向能直接瓦解敌方的战斗力。对雷达的电子攻击包括非摧毁性的行动("软"杀伤)和摧毁性的行动("硬"杀伤)。雷达干扰是目前主要的软杀伤手段。雷达干扰的物理基础有三点:一是旁瓣的存在;二是雷达 $360°$ 范围内都能发射和接收信号,不分敌我;三是只要干扰信号功率比值达到一定阈值,雷达就难以提取有效信息。有效实施干扰的条件是五域(时域、空域、频域、能量域和极化域)对准。

1. 非摧毁性行动

非摧毁性行动是指使用压制干扰和欺骗干扰手段来降低或抵消敌方雷达的作战效能。

1) 压制干扰

压制干扰是电子攻击的主要手段。通过使用电磁干扰设备或器材,发射强烈的干扰信号,达到扰乱或破坏对方雷达设备正常工作的目的,从而削弱和降低其作战效能。通信、雷达、导航、制导等电子设备和系统都是信息传输系统,它们在接收有用信号时,不可能完全抑制外部干扰和设备内部产生的噪声,这就使接收系统检测有用信号时存在不确定性。如果外来的干扰信号足够强,就会将有用的信号"淹没"在噪声干扰信号之中,使得接收设备无法检测出有用信号。

2）欺骗干扰

欺骗干扰就是改变、吸收、抑制、反射敌电磁信号，传递虚假信息，使敌人所依赖的雷达得不到正确有效的信息。欺骗干扰的特点是使敌接收设备因收到虚假信号而真伪难辨，同时，大量的虚假信号还增大了接收设备的信息量，从而影响信号处理的速度甚至使信号处理系统饱和。

电子干扰的实施，通常是按统一的电子对抗计划，同部队战斗行动协调地进行的。由于陆、海、空军的作战特点不同，它们对电子干扰的战术应用也不完全相同。在航空兵突防作战中，一般有远距支援电子干扰、近距支援电子干扰、随行电子干扰和自卫电子干扰四种基本战术。

（1）远距支援电子干扰：用电子干扰飞机（电子对抗飞机）在作战地域（敌地面防空武器有效射程）以外，对目标附近的主要电子设备和系统施放大功率综合电子干扰，掩护攻击机群的战斗行动。

（2）近距支援电子干扰：电子干扰飞机作为攻击机编队的先导机随编队一起突防，并在距目标的一定距离上盘旋飞行，施放电子干扰，掩护攻击飞机遂行作战任务。

（3）随行电子干扰：电子干扰飞机在突防和作战过程中，在编队中施放电子干扰，掩护攻击机群作战。

（4）自卫电子干扰：作战飞机自身携带电子干扰设备和器材，在执行任务中施放电子干扰，保护自身安全。水面舰艇、潜艇作战，偏重于自卫电子干扰。地面部队作战，不论是进攻还是防御，都强调合理配置电子干扰群，干扰压制敌方通信指挥系统。

图 7.1.2 所示为自卫干扰和支援干扰。

2. 摧毁性行动

摧毁性行动就是使用反辐射摧毁武器和定向能武器直接摧毁敌雷达设备。

1）反辐射摧毁武器

反辐射摧毁武器目前主要有反辐射导弹和反辐射无人机等。这几种武器都是近期发展起来的电子进攻"硬"杀伤手段。它利用敌方辐射源辐射的电磁信号进行引导，并用火力摧毁敌方雷达系统。美国在反辐射导弹研制方面处于领先地位，20 世纪 60 年代研制了"百舌鸟"、70 年代研制了"标准"、80 年代研制了"哈姆"等类型反辐射导弹。反辐射导弹均采用无源被动制导方式，在现代战场发挥了巨大的威力。反辐射导弹除了具有攻击精度高的特点之外，还具有记忆功能：一旦接收到敌方雷达的辐射信号，即使雷达关闭，它也能记住雷达的位置。攻击型无人机"默虹"和"哈比"是自主式空地反辐射武器，它具有发射后巡航时间长的重要特点，在战场上具有一定的威慑力。攻击型无人机在检测到雷达信号之前，按预编程序航线飞行，只要对方雷达一旦开机，它就能立即对其实施攻击，使敌雷达在较长时间内不敢开机探测目标。

2）定向能武器

定向能武器（DEW）是摧毁性电子攻击的另一种形式，它包括高能激光（HEL）、带电粒子束（CPB）和高能微波（HPB）。这些武器能以光速进行攻击，所以在军事界备受重视。目前，在战术使用上，这些武器所产生的威力仅限于对雷达设备的损坏或烧毁。对激光和粒子束定向能武器来说，它们在大气中传播的损耗是很大的。对于微波定向能武器来说，需要考虑的问题是如何才能在目标区聚集到充分的能量。运用定向能武器进行攻击有两种方式：一是直接对所攻击雷达接收装置进行攻击；二是通过雷达的电源线、设备附件、连接电缆或其他通道来进行攻击。

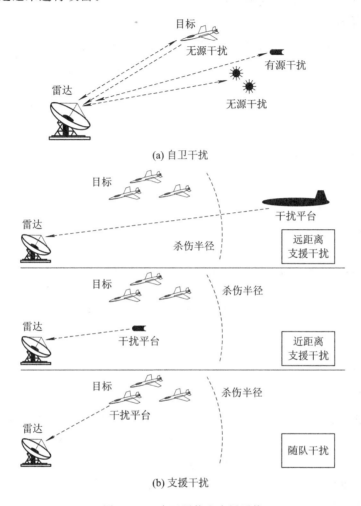

图 7.1.2　自卫干扰和支援干扰

　　无论是采用压制干扰、欺骗干扰，还是使用定向能武器或反辐射导弹方法进行摧毁，主动的电子攻击在整个战斗中起着最为关键的作用。

7.1.3　对雷达的电子防护

　　雷达电子防护是指保护己方雷达免受敌方使用的电子攻击手段造成的危害，同时消除己方无意的电磁辐射所采取的防御性电子战行动。电子屏蔽、辐射源控制、战时备用模式、电子加固和电磁频谱管理等都属于电子防护范畴。雷达电子防护的主要任务有：雷达反侦察、雷达抗干扰和反火力摧毁。

1. 雷达反侦察

　　雷达反侦察的主要手段有：在不影响完成己方雷达系统所承担任务的前提下，严格控制辐射源的电磁辐射功率，尽量减少开机的数量、次数和时间，必要时实施无线电静默；

设置隐蔽频率，控制辐射方向，使雷达设备在低功率状态下正常工作；采用低截获概率的电子设备；采用信号保密措施；辐射欺骗，无规律地改变波形；适时转移雷达阵地；及时掌握敌方电子侦察活动的情况，并采取相应的反侦察措施等。

2. 雷达抗干扰

雷达抗干扰可分为技术抗干扰和战术抗干扰两种基本方法。技术抗干扰的方法通常有：加载抗干扰电路或者采用新的雷达体制，以提高雷达设备自身的抗干扰能力；采用新的工作频段，频率分集或者频率捷变；增大雷达的辐射功率；使用低副瓣的天线；采用复杂信号形式和最佳接收技术等。战术抗干扰的方法通常有：将不同频段、各种类型的雷达配置成网，以发挥网络整体抗干扰能力；综合应用多种技术体制的雷达；设置隐蔽台站（网）和备用设备，并适时启用。

3. 反火力摧毁

随着反辐射摧毁武器和其他常规火力摧毁武器的威力越来越强，雷达电子防护的难度也越来越大。主要的防摧毁手段有：发射诱饵信号进行欺骗；远置发射天线，将雷达设备天线异地配置；控制电磁波的辐射功率；多站交替工作和采用双（多）基地技术；采用光电探测和跟踪技术；快速转移雷达阵地；对雷达阵地进行伪装等。

7.2　雷达对抗侦察原理

7.2.1　雷达对抗侦察内涵

雷达对抗侦察的目的就是从敌方雷达发射的信号中检测有用的信息，并与其他手段获取的信息综合在一起，为我方指挥机关提供及时、准确、有效的情报和战场信息。

雷达对抗侦察是雷达电子战的一个重要组成部分，也是雷达电子战的基础。其主要作用是情报侦察，获取数据，实时截获敌雷达信号，分析识别对我方造成威胁的雷达类型、数量、威胁性质和威胁等级等有关情报，为作战指挥、实施雷达告警、战术机动、引导干扰机、引导杀伤武器对敌雷达进行打击等战术行动提供依据。

1. 雷达对抗侦察的内容

具体地说，雷达对抗侦察的内容主要有以下几点。

1）截获雷达信号

截获雷达信号是雷达对抗侦察的首要任务。雷达信号的类型包括目标搜索雷达、跟踪照射雷达以及弹上制导设备和无线电引信等辐射的信号。

侦察设备要能截获到雷达信号，必须同时满足五域（时域、频域、空域、能量域、极化域）对准。由于雷达辐射电磁波是有方向的、断续的，只有当侦察天线指向雷达，同时雷达天线也指向侦察接收机方向时（旁瓣侦察除外），也就是在两个波束相遇的情况下，才有可能截获到雷达信号。侦察天线与雷达天线互相对准的同时，频率上还必须对准。雷达的频率是未知的，分布在 30 MHz～140 GHz 的极其广阔的范围内。可以设想在方向上对准的瞬间（几毫秒至几千毫秒）内，侦察接收机的频率要在宽达数万兆赫的频段里瞄准雷达频率，是很不容易的。除方向、频率对准之外，同时还要求侦察设备有足够高的灵敏度，以保证侦察接收机能正常工作。

2）确定雷达参数

对截获的信号进行分选、测量，确定信号的载波频率（RF）、到达角（AOA）、到达时间（TOA）、脉冲宽度（PW）、脉冲重复频率（PRF）和信号幅度（PA）等。

3）进行威胁判断

根据截获的信号参数和方向数据，进行威胁判断，确定威胁性质，形成各种信号环境文件，存储在数据库和记录设备中，或直接传送到上级指挥机关。

2. 雷达对抗侦察的分类

根据雷达对抗侦察的具体任务，雷达对抗侦察可相应分为以下五种类型。

1）电子情报侦察（ELINT）

电子情报侦察属于战略情报侦察，要求能获得广泛、全面、准确的技术和军事情报，为高级决策指挥机关和中心数据库提供各种翔实的数据。雷达情报侦察是信息的重要来源，在平时和战时都要进行，主要由侦察卫星、侦察飞机、侦察舰船、地面侦察站等来完成。为了减轻侦察平台的有效载荷，许多 ELINT 设备的信号截获、记录与信号处理是在异地进行的，通过数据通信链联系在一起。为了保证情报的可靠性和准确性，电子情报侦察允许有比较长的信号处理时间。

2）电子支援侦察（ESM）

电子支援侦察属于战术情报侦察，其任务是为战术指挥员和有关的作战系统提供当前战场上敌方电子装备的准确位置、工作参数及其转移变化等，以便指战员和有关的作战系统采取及时、有效的战斗方案。电子支援侦察一般由作战飞机、舰船和地面机动侦察站担任，对它的特殊要求是能够快速、及时地对威胁程度高的特定雷达信号优先进行处理。

3）雷达寻的和告警（RHAW）

雷达寻的和告警用于作战平台（如飞机、舰艇和地面机动部队等）的自身防护，其主要作战对象是对本平台有一定威胁程度的敌方雷达和来袭导弹。RHAW 能连续、实时、可靠地检测出它们的存在方向和威胁程度，并且通过声音或显示等手段向作战人员告警。

4）引导干扰

所有雷达干扰设备都需要由侦察设备提供威胁雷达的方向、频率、威胁程度等有关参数，以便根据所辖干扰资源的配置和能力，选择合理的干扰对象、最有效的干扰样式和干扰时机。在干扰实施的过程中，也需要由侦察设备不断地监视威胁雷达环境和信号参数的变化，动态地调控干扰样式和干扰参数以及分配和管理干扰资源。

5）引导杀伤武器

通过对威胁雷达信号环境的侦察和识别，引导反辐射导弹跟踪某一选定的威胁雷达，直接进行攻击。

3. 电子对抗侦察的特点

（1）侦察作用距离远。雷达接收的信号是经过目标反射的极微弱的回波，而侦察设备接收的信号是雷达发射的直射波，可在雷达作用距离之外发现带雷达的目标。

（2）获取目标的信息多而准。雷达对抗侦察可以测量雷达的很多参数，并根据这些参数准确判定目标的性能和用途，甚至利用雷达参数的微小区别，对带有相同型号雷达的不同目标也能区分、识别，直至指出平台的名称。

（3）预警时间长。一是因为是侦察机比雷达发现目标早；二是敌方有重要行动前，雷达通常要提前频繁地进行工作，据此可提前几十分钟甚至几小时获知敌方重大行动。

（4）隐蔽性好。雷抗侦察系统在进行侦察时，只接收雷达信号，而不发射电磁波，因而具有高度的隐蔽性，这在战斗中是非常有利的。

（5）雷达对抗侦察存在一定的局限性。获取情报完全依赖于雷达的发射，单台侦察设备不能直接测距，因而单站定位难度较大。

4. 雷达对抗侦察设备的基本组成

雷达对抗侦察机包括前端与终端两个部分，其中前端由天线和接收机两部分组成，前端完成对雷达信号的截获，以及对载频、方位等脉冲参数的测量。侦察机的终端由信号处理机和显示、记录、控制器等输入/输出设备组成，完成对前端送来的雷达信号与参数的处理和显示，给出敌方雷达的技术参数和进一步分析提取战术情报。现代雷达对抗侦察设备为了适应密集、复杂、交错、多变的信号环境，在结构上与老式侦察设备已有很大改进，图7.2.1是现代雷达对抗侦察设备的基本组成。

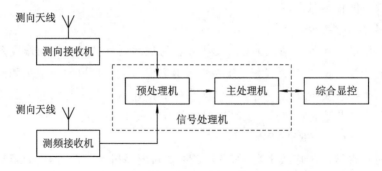

图 7.2.1　现代雷达侦察系统基本组成图

图中，天线的主要作用是将空间的电磁波转换为高频的电信号，接收机包括测向接收机和测频接收机，主要作用是放大测向天线送来的微弱高频信号，并将高频信号转换为信号处理部分所需的视频信号；信号处理系统（信号处理机）完成对信号的分选、分析和识别；综合显控包括人机接口、显示器和记录器等，主要作用是控制雷达对抗侦察机的各部分工作状态。

概括而言，现代雷达对抗侦察机为了实现100%的截获概率和对各种雷达信号的分选及分析识别，在天线、接收电路和信号处理三个方面都有着更高的要求。接收天线在频域上要求宽频带、瞬时、精确，在方位上要求全向、瞬时；接收电路要求能够不失真地传输、放大密集信号；信号处理系统必须具有信号分选能力和复杂信号处理能力。

7.2.2　侦察接收机的灵敏度及侦察作用距离

雷达侦察主要是通过无源侦收的方法来检测所在环境中的敌方雷达辐射源信息。实现侦收的基本条件之一就是必须满足足够强的敌方雷达辐射信号能量进入侦察接收机。其中，足够强的含义是指侦收信号能量高于侦察接收机灵敏度 P_{rmin}。侦察作用距离表现了侦察接收机对雷达辐射源能量的检测能力；侦察截获概率则表现为在满足能量的条件下，侦察接收机在多维信号空间中检测雷达辐射源信号的统计特性。

雷达侦察系统的灵敏度 P_{rmin} 是指满足侦察接收机对接收信号能量正常检测的条件下，在侦察接收机输入端的最小输入信号功率，也称最小功率门限。此时接收机输出信号功率通常是输出噪声的若干倍。增加输出信号功率相对于输出噪声功率的比值才能够提高侦察接收机的灵敏度。

1. 侦察接收机的灵敏度

雷达信号有连续波和脉冲信号，应采用不同的灵敏度定义方式。同时定义灵敏度的准则可采用信噪比准则，也可采用概率准则。虽然下述四种定义的接收机灵敏度都可以认为是接收机的内部特性参数，但最小可辨信号灵敏度适用于连续波，切线信号灵敏度更适应于脉冲信号，工作灵敏度更适用于能提供"干净"信号给信号处理机情况，检测灵敏度更便于满足虚警和发现概率的检测。由于被侦收的信号大多数为脉冲信号，因此应重点掌握针对脉冲信号的灵敏度定义 P_{TSS} 和 P_{OPS}。

1）工作灵敏度的定义

（1）最小可辨信号灵敏度：将连续波输入到接收机，当输出端总信号功率等于无信号时噪声功率的两倍时，接收机输入端的信号功率称为最小可辨信号 P_{MDS}。

（2）切线灵敏度：在某一输入脉冲功率电平作用下，接收机输出端脉冲与噪声叠加后信号的底部与基线噪声（只有接收机内噪声时）的顶部在一条直线上（相切），则称此输入脉冲信号功率为切线信号灵敏度 P_{TSS}，如图 7.2.2 所示。容易证明，当输入信号处于切线电平时，接收机输出端视频信号与噪声的功率比约为 8 dB。

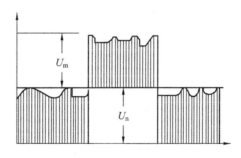

图 7.2.2　切线灵敏度示意图

（3）工作灵敏度：接收机输入脉冲信号时，若输出的视频信号与噪声的功率比为 14 dB，则输入脉冲功率称为工作灵敏度 P_{OPS}。在已知切线信号 P_{TSS} 灵敏度时，输出信噪比为 8 dB 的条件下，工作灵敏度 P_{OPS} 的分析可由切线灵敏度 P_{TSS} 换算得来。

（4）检测灵敏度：在给定的虚警概率（接收机的内部噪声超过检测门限的概率）条件下，获得一定的单个脉冲发现概率而需要的输入脉冲功率称为接收机检测灵敏度。

最小可辨信号和切线信号灵敏度常用来比较各种接收机检测信号能力，在对接收机进行性能测试时运用起来很方便。但由于侦察机正常发现信号时，所要求的信号功率要比上述两种灵敏度对应的输入功率要高许多，因此在侦察方程中应采用工作灵敏度 P_{OPS} 作为接收机的灵敏度 P_{rmin}。然而噪声的存在和观察者的差别，使得对信号的检测成为一个随机事件，从统计的观点看，在一定的虚警概率下，任何侦察机都必须选用检测灵敏度来确定发现概率。总之，工作灵敏度和检测灵敏度是实际工作中要采用的灵敏度。

2）工作灵敏度的换算

由于切线信号灵敏度的输出信噪比近似为 8 dB，工作灵敏度 P_{OPS} 时的输出信噪比为 14 dB，所以 P_{OPS} 可以由 P_{TSS} 直接换算得到：

$$P_{OPS} = P_{TSS} + 3 \text{ dB} \qquad 平方律检波 \qquad (7.2.1)$$

$$P_{OPS} = P_{TSS} + 6 \text{ dB} \qquad 线性检波 \qquad (7.2.2)$$

2. 侦察作用距离

侦察作用距离是衡量雷达侦察系统侦测雷达信号能力的一个重要参数。在现代战争中，谁能先发现对方，谁就掌握了战场的主动权。从原理上分析，侦察接收机接收的是辐射源（雷达）的直射波，而雷达探测目标接收的是由目标散射形成的回波信号，所以在接收信号能量上，雷达对抗侦察占有优势。但雷达是一个合作系统，具有较多的先验知识，所以在信号处理方面具有明显的优势。因此，对普通雷达来说，保持侦察作用距离大于雷达作用距离是可能的，但对于低截获信号的雷达却不一定。

1）简化侦察方程

所谓简化侦察方程，是指不考虑传输损耗、大气衰减以及地面或海面反射等因素的影响而导出的侦察作用距离方程。假设侦察机和雷达的空间位置如图 7.2.3 所示，雷达的发射功率为 P_t，天线的增益为 G_t，雷达与侦察机之间的距离为 R，当雷达与侦察天线都以最大增益方向互指时，侦察接收天线收到的雷达信号功率为

$$P_r = \frac{P_t G_t A_r}{4\pi R^2} \qquad (7.2.3)$$

式中，侦察天线有效面积 A_r 与天线增益 G_r、波长 λ 的关系为

$$A_r = \frac{G_r \lambda^2}{4\pi} \qquad (7.2.4)$$

将其代入式（7.2.3），可得

$$P_r = \frac{P_t G_t G_r \lambda^2}{(4\pi R)^2} \qquad (7.2.5)$$

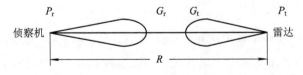

图 7.2.3　侦察机和雷达的空间位置

若侦察接收机的灵敏度为 P_{rmin}，则可求得侦察作用距离 R_r 为

$$R_r = \left[\frac{P_t G_t G_r \lambda^2}{(4\pi)^2 P_{rmin}} \right]^{\frac{1}{2}} \qquad (7.2.6)$$

2）修正侦察方程

修正侦察方程是指在考虑有关馈线和装置损耗条件下的侦察方程。其主要损耗如下：

（1）从雷达发射机到雷达发射天线之间的馈线损耗 $L_1 \approx 3.5$ dB；

（2）雷达发射天线波束非矩形损失 $L_2 \approx (1.6 \sim 2)$ dB；

（3）侦察天线波束非矩形损失 $L_3 \approx (1.6 \sim 2)$ dB；

（4）侦察天线增益在宽频带内变化所引起的损失 $L_4 \approx (2 \sim 3)$ dB；

（5）侦察天线与雷达信号极化失配损失 $L_5 \approx 3$ dB；

（6）从侦察天线到接收机输入端的馈线损耗 $L_5 \approx 3$ dB。

总损耗或损失：

$$L = \sum_{i=1}^{6} L_i \approx (14.7 \sim 16.5) \text{dB} \tag{7.2.7}$$

于是侦察方程修正为

$$R_r = \left[\frac{P_t G_t G_r \lambda^2}{(4\pi)^2 P_{r\min} 10^{0.1L}} \right]^{\frac{1}{2}} \tag{7.2.8}$$

3）侦察的直视距离

雷达发射的微波频段信号是近似直线传播的，而地球表面是弯曲的，故侦察机与雷达之间的直视距离受到限制。

直视距离为

$$R_s = \overline{AB} + \overline{BC} \approx \sqrt{2R} \left(\sqrt{H_1} + \sqrt{H_2} \right) \tag{7.2.9}$$

由于大气层的介电常数随高度增加而下降，因而电磁波在大气层中将产生折射而向地面倾斜，折射的作用是增加了直视距离。如果雷达信号的频率适当时的天气情况，最极端的情况是电磁波传播的曲率和地球的曲率相同，此时雷达信号将平行于地面传播。但通常情况下折射的作用可用等效的、增大的地球半径 R_e 来表示，地球半径 R 为 6370 km，而典型参数下地球等效半径 $R_e = 8500$ km，显然 $R_e > R$。

因此在考虑大气折射的影响下，侦察直视距离：

$$R_s \approx 4.1 \cdot \left(\sqrt{H_1} + \sqrt{H_2} \right) \tag{7.2.10}$$

式中，R_s 以 km 为单位，H_1、H_2 以 m 为单位。

由于雷达的高度 H_2 不是由侦察机决定的，只有通过提高侦察机的高度，才能保证有较远的直视侦察作用距离。

4）地面反射对侦察方程的影响

当雷达或侦察设备附近有反射面（地面或水面）且雷达波束能投射到反射面上时，侦察接收机接收到的信号将是雷达辐射的直射波与反射波的合成。由于信号的极化方式和反射点反射系数的不同，使得反射波相位在 0°～180° 范围内变化，反射波幅度在零到直射波幅度之间变化，结果导致接收合成信号的场强的最小值为零，最大值为不考虑反射（自由空间）时信号场强的 2 倍。

当雷达为水平极化时，若地面反射为镜面反射（如图 7.2.4 所示），则侦察天线所接收的雷达信号功率密度为

$$S' \approx 4 \sin^2 \left(2\pi \frac{h_1 h_2}{\lambda R} \right) S \tag{7.2.11}$$

式中：S 为只考虑直射波时侦察天线处的功率密度；h_1、h_2 分别为雷达天线和侦察天线的高度；R 为雷达与侦察设备之间的距离。

显然，侦察接收机输入端的信号功率为

$$P'_r = 4\sin^2\left(2\pi\frac{h_1 h_2}{\lambda R}\right)P_r = \frac{P_t G_t G_r \lambda^2}{(4\pi R)^2 10^{0.1L}}4\sin^2\left(2\pi\frac{h_1 h_2}{\lambda R}\right) \tag{7.2.12}$$

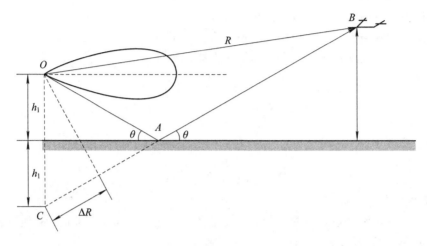

图 7.2.4　地面镜面反射时的电磁波传输

侦察作用距离为

$$R_{\max} = \sqrt{\frac{P_t G_t G_r \lambda^2}{(4\pi)^2 P_{r\min}10^{0.1L}}4\sin^2\left(2\pi\frac{h_1 h_2}{\lambda R_{\max}}\right)} = 2\sin\left(2\pi\frac{h_1 h_2}{\lambda R_{\max}}\right)\sqrt{\frac{P_t G_t G_r \lambda^2}{(4\pi)^2 P_{r\min}10^{0.1L}}}$$

$$\tag{7.2.13}$$

比较式(7.2.13)与式(7.2.6)可以看出，当考虑地面反射时，侦察方程乘以一个修正因子项 $2\sin\left(2\pi\dfrac{h_1 h_2}{\lambda R_{\max}}\right)$，此时的侦察作用距离 $R_{\max}$ 除了与雷达和侦察接收机参数有关外，还与 h_1、h_2 有关。

当 $2\pi\dfrac{h_1 h_2}{\lambda R_{\max}} = n\pi(n = 0,1,2,3,\cdots)$ 时，$\sin\left(2\pi\dfrac{h_1 h_2}{\lambda R_{\max}}\right) = 0$，$R_{\max} = 0$。

当 $2\pi\dfrac{h_1 h_2}{\lambda R_{\max}} = n\pi + \dfrac{\pi}{2}$ 时，$\sin\left(2\pi\dfrac{h_1 h_2}{\lambda R_{\max}}\right) = 1$，代入式(7.2.13)，可以看出，此时侦察作用距离比不考虑地面反射时的侦察作用距离增大 1 倍。

当 h_1、h_2 较小时，

$$2\pi\frac{h_1 h_2}{\lambda R_{\max}} \ll 1, \quad \sin\left(2\pi\frac{h_1 h_2}{\lambda R_{\max}}\right) \approx 2\pi\frac{h_1 h_2}{\lambda R_{\max}}$$

代入式(7.2.13)可得此时的侦察方程为

$$R_{\max} = \sqrt[4]{h_1^2 h_2^2 \frac{P_t G_t G_r}{P_{r\min}10^{0.1L}}} \tag{7.2.14}$$

由此方程可以看出，当 h_1、h_2 较小时，侦察作用距离将迅速减小。综上所述，地面反射将引起侦察作用距离的变化。由于地面反射系数与地形、频率、入射角和电磁波的极化形式等参数有关，所以同样的地面对于不同类型的雷达的影响也不相同。米波、分米波雷达，由于工作频率低且天线的波束宽度较宽，所以受地面反射影响较大；而厘米波及其更短波长的雷达，由于工作频率高且天线的波束宽度较窄，所以受地面镜面反射的影响较小，一般可以不予考虑。

5) 大气衰减对侦察作用距离的影响

造成电磁波衰减的主要原因是大气中存在着氧气和水蒸气，使得一部分照射到这些气体微粒上的电磁波能量被吸收变成热能消耗掉。一般来说，如果电磁波的波长超过 30 cm，则电磁波在大气中传播时的能量损耗很小，在计算时可以忽略不计。而当电磁波的波长较短，特别是在 10 cm 以下时，大气对电磁波会产生明显的衰减现象，而且波长越短，大气衰减就越严重。大气衰减可以采用衰减因子 δ(dB/km) 来表示。考虑到大气衰减时侦察接收机输入端的信号功率与自由空间接收机的信号功率之间满足以下关系：

$$10\lg P_r - 10\lg P'_r = \delta R \tag{7.2.15}$$

式中，R 表示雷达与侦察设备之间的距离。由上式可得

$$P'_r = 10^{-0.1\delta R} P_r = e^{-0.23\delta R} P_r = \frac{p_t G_t G_r \lambda^2}{(4\pi R)^2 10^{0.1L}} e^{-0.23\delta R} \tag{7.2.16}$$

因此侦察作用距离为

$$R_{max} = \sqrt{\frac{P_t G_t G_r \lambda^2}{(4\pi)^2 P_{rmin} 10^{0.1L}} e^{-0.23\delta R_{max}}} = \sqrt{\frac{p_t G_t G_r \lambda^2}{(4\pi)^2 P_{rmin} 10^{0.1L}}} e^{-0.115\delta R_{max}} \tag{7.2.17}$$

将式(7.2.17)与式(7.2.6)进行比较可以看出，考虑大气衰减时的侦察作用距离为自由空间的侦察作用距离乘以一个修正因子 $e^{-0.115\delta R_{max}}$。特别是当 δR 很大时，大气衰减会使侦察作用距离显著减小。

此外，各种气象条件(如云、雨、雾等)，也会对电磁波产生衰减，其衰减因子可以从有关手册中查到，计算时可将复杂气象条件下的衰减因子与通常情况下的大气衰减因子一同考虑，如图 7.2.5 所示。

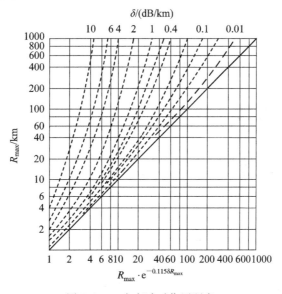

图 7.2.5　有衰减时作用距离

3. 旁瓣侦察作用距离

以上讨论的侦察方程是针对雷达主瓣的，由于雷达天线的主瓣一般比较窄，而且雷达波束又往往进行扫描，这就使侦察设备发现雷达信号很困难。为了提高侦察设备发现雷达信号的概率、增加接收信号的时间、提高发现目标的速度，可以利用雷达波束的旁瓣进行侦察。雷达天线的旁瓣电平一般比主瓣的峰值低 20～50 dB，所以对旁瓣进行侦察时要求侦察设备有足够高的灵敏度。利用旁瓣侦察时，侦察方程中雷达天线主瓣增益应用旁瓣增益代替，旁瓣增益则可以用近似公式进行计算。

对于多数雷达天线（如抛物面、喇叭、阵列等），当天线口径尺寸比工作波长大许多倍 $(d/\lambda > (4\sim5))$ 时，天线方向图可近似地表示为

$$F(\theta) = \frac{\sin\left(\frac{\pi d}{\lambda}\theta\right)}{\frac{\pi d}{\lambda}\theta} \tag{7.2.18}$$

式中，θ 表示偏离天线主瓣最大值的角度。于是一个平面内天线增益函数可以表示为

$$G(\theta) = G(0)F^2(\theta) = G(0)\left[\frac{\sin\left(\frac{\pi d}{\lambda}\theta\right)}{\frac{\pi d}{\lambda}\theta}\right]^2$$

对应于不同角度的相对增益系数为

$$\frac{G(\theta)}{G(0)} = \left[\frac{\sin\left(\frac{\pi d}{\lambda}\theta\right)}{\frac{\pi d}{\lambda}\theta}\right]^2 \tag{7.2.19}$$

式中，$G(0)$ 表示 $\theta=0$ 时的增益，即主瓣增益的最大值。由式(7.2.19)可以看出，当 $\theta=0$ 时，$\frac{G(\theta)}{G(0)}=1$；当 $\frac{\pi d}{\lambda}\theta = n\pi(n=0,1,2,3,\cdots)$ 时，$\sin\left(\frac{\pi d}{\lambda}\theta\right)=0$，使得 $\frac{G(\theta)}{G(0)}=0$，方向图出现了许多零点，也就形成了许多旁瓣，旁瓣的最大值出现在 $\sin\left(\frac{\pi d}{\lambda}\theta\right)=1$ 处。所以，对应旁瓣最大值时的相对增益系数为

$$\frac{G'(\theta)}{G(0)} = \frac{1}{\left(\frac{\pi d}{\lambda}\theta\right)^2} \tag{7.2.20}$$

对于大多数雷达，其半功率波束宽度与天线口径尺寸及波长应满足以下关系：

$$\theta_{0.5} = K\frac{\lambda}{d} \tag{7.2.21}$$

式中：$\theta_{0.5}$ 为天线的半功率宽度；K 为常数，其数值与天线口面场的分布情况有关。口面场分布均匀时 K 值较小，口面场分布不均匀时 K 值较大，一般 $K=0.88\sim1.4$。将式(7.2.21)代入式(7.2.20)，可得

$$\frac{G'(\theta)}{G(0)} = \frac{1}{\left(\frac{\pi K}{\theta_{0.5}}\theta\right)^2} = k'\left(\frac{\theta_{0.5}}{\theta}\right)^2 \tag{7.2.22}$$

式中，$k = (0.7\sim0.8)k' \approx 0.04\sim0.10$。在实际使用中，为了保证侦察设备接收的信号基本上连续，应取比旁瓣峰值电平低的增益来进行计算，通常取 3 dB 旁瓣电平。旁瓣增益的

峰值电平的变化规律如图 7.2.6 所示。

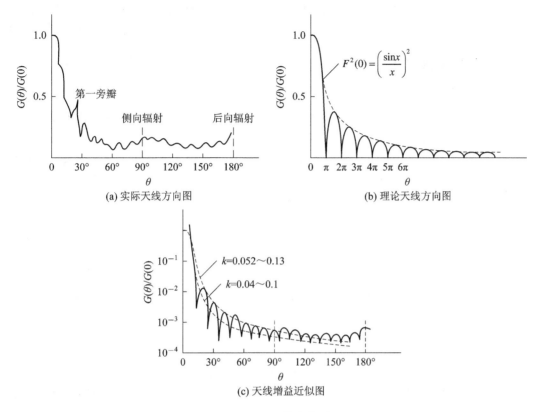

(a) 实际天线方向图 (b) 理论天线方向图

(c) 天线增益近似图

图 7.2.6 天线方向图

通过以上分析可得到旁瓣侦察和干扰时雷达天线增益系数的计算公式为

$$\frac{G'(\theta)}{G(0)} = k \left(\frac{\theta_{0.5}}{\theta}\right)^2 \tag{7.2.23}$$

显然，天线的旁瓣增益 $G'(\theta)$ 与偏离天线主瓣最大值的角度的平方 θ^2 成反比。需要说明的是：式(7.2.18)只适用于 $\theta \leqslant (60° \sim 90°)$ 的范围。当 $\theta > (60° \sim 90°)$ 时，旁瓣电平不再与 θ^2 成反比，甚至还有所增高；由于方向图是近似得来的，所以式(7.2.18)不适用于主瓣的计算。

一般厘米波雷达天线的旁瓣电平比主瓣电平大约低 20～50 dB，即

$$\frac{G'(\theta)}{G(0)} = 10^{-2} \sim 10^{-5} \tag{7.2.24}$$

而米波雷达天线旁瓣电平则比主瓣电平大约低 10～20 dB，即

$$\frac{G'(\theta)}{G(0)} = 10^{-1} \sim 10^{-2} \tag{7.2.25}$$

由此可见，对米波雷达进行旁瓣侦察和干扰要比对厘米波雷达容易实现。

当需要计算旁瓣侦察时的侦察作用距离时，应将侦察方程中的雷达天线主瓣增益 G_t 用旁瓣增益 $G'(\theta)$ 来代替。此时的旁瓣侦察方程为

$$R_{\max} = \sqrt{\frac{P_t G_t G_r \lambda^2}{(4\pi)^2 P_{r\min} 10^{0.1L}} \frac{G'(\theta)}{G(0)}} = \sqrt{\frac{P_t G_t G_r \lambda^2}{(4\pi)^2 P_{r\min} 10^{0.1L}} k \left(\frac{\theta_{0.5}}{\theta}\right)^2} \tag{7.2.26}$$

7.3　雷达干扰方程与干扰手段

7.3.1　雷达干扰概述

对雷达的电子攻击过去通常是指对敌方雷达施放电子干扰，以破坏敌方各种雷达(如警戒、引导、炮瞄、制导、轰炸瞄准雷达等)的正常工作，导致敌指挥系统和武器系统失灵而丧失战斗力。从这个意义上来说，雷达干扰是一种重要的进攻性武器。但是由于对雷达施放电子干扰不会造成雷达实体的破坏，而只能利用电子设备或干扰器材改变雷达获取的信息量，从而破坏雷达的正常工作，使其不能探测和跟踪真正的目标，所以是一种"软杀伤"手段。图 7.3.1 所示为常见雷达干扰场景。

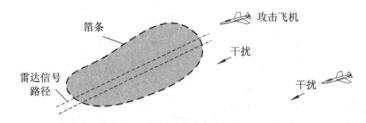

图 7.3.1　常见雷达干扰场景

现代电子战中的电子攻击除了包括对敌方雷达的电子干扰之外，还特别强调了使用反辐射导弹和定向能武器等。由于使用这些武器能够从实体上破坏雷达，具有摧毁性，所以称其为"硬杀伤"武器。因此，现代电子战中的电子攻击既包括使用不具有摧毁性的软杀伤手段，也包括使用具有摧毁性的硬杀伤手段。为了达到最佳的电子攻击效果，将软杀伤与硬杀伤手段结合使用是电子战发展的必然趋势。

雷达干扰是指一切破坏和扰乱敌方雷达检测己方目标信息的战术和技术措施的统称。对雷达来说，除带有目标信息的有用信号外，其他各种无用信号都是干扰。干扰的分类方法很多，一种综合性的分类方法如图 7.3.2 所示。

还可以按照干扰的来源、产生途径以及干扰的作用机理等对干扰信号进行分类。

按照干扰能量的来源可将干扰信号分为两类：有源干扰和无源干扰。

有源(Active)干扰：凡是由辐射电磁波的能源产生的干扰。

无源(Passive)干扰：凡是利用非目标的物体对电磁波的散射、反射、折射或吸收等现象产生的干扰。

1. 按照干扰产生的途径分类

按照干扰信号的产生途径可将干扰信号分为两类：有意干扰和无意干扰。

有意干扰：凡是人为有意识制造的干扰称为有意干扰。

无意干扰：凡是因自然或其他因素无意识形成的干扰称为无意干扰。通常，将人为有意识施放的有源干扰称为积极干扰，将人为有意实施的无源干扰称为消极干扰。

2. 按照干扰的作用机理分类

按照干扰信号的作用机理可将干扰信号分为两类：压制性干扰和欺骗性干扰。

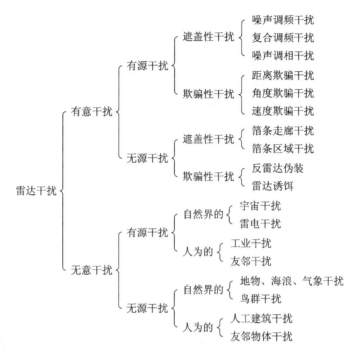

图 7.3.2　雷达干扰的分类

压制性干扰：干扰机发射的强干扰信号进入雷达接收机，在雷达接收机中形成对回波信号有压制作用的干扰背景，使雷达难以从中检测到目标息。

欺骗性干扰：干扰机发射与目标信号特征相同或相似的假信号，使得雷达接收机难以将干扰信号与目标回波区分开，使雷达不能正确地检测目标信息。

3. 按照雷达、目标与干扰机之间的相互位置关系分类

按照雷达、目标与干扰机之间的相互位置关系分类，可将干扰信号分为远距离支援式干扰、随队干扰、自卫式干扰和近距离干扰四种。

7.3.2　干扰方程及有效干扰空间

干扰方程是设计干扰机时进行初始计算以及选取整机参数的基础，同时也是使用干扰机时计算和确定干扰机有效干扰空间（即干扰机威力范围的依据）。由于干扰机的基本任务就是压制雷达、保卫目标，所以，干扰方程必然涉及干扰机、雷达和目标三个因素，干扰方程将干扰机、雷达和目标三者之间的空间能量关系联系在一起。

1. 干扰方程的一般表示式

1）基本能量关系

通常雷达探测和跟踪目标时，雷达天线的主瓣指向目标，而干扰机为了压制雷达也将干扰天线的主瓣指向雷达。由于干扰机和目标不一定在一起，故干扰信号通常从雷达天线旁瓣进入雷达。雷达、目标和干扰机的空间关系如图 7.3.3 所示。

显然，雷达接收机将收到两个信号：目标的回波信号 P_{rs} 和干扰机辐射的干扰信号 P_{rj}。

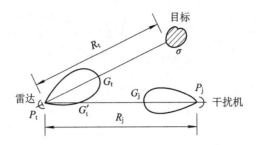

图 7.3.3　雷达、目标和干扰机的空间关系图

由雷达方程可得雷达收到的目标回波信号功率 P_{rs} 为

$$P_{rs} = \frac{P_t G_t \sigma A}{(4\pi R_t^2)^2} = \frac{P_t G_t^2 \sigma \lambda^2}{(4\pi)^3 R_t^4} \qquad (7.3.1)$$

式中，P_t 为雷达的发射功率，G_t 为雷达天线增益，σ 为目标散射截面积，R_t 为雷达天线的有效面积。

由二次雷达方程得进入雷达接收机的干扰信号功率 P_{rj} 为

$$P_{rj} = \frac{P_j G_j}{4\pi R_j^2} A' \gamma_j = \frac{P_j G_j G'_t \lambda^2 \gamma_j}{(4\pi)^2 R_j^2} \qquad (7.3.2)$$

式中：P_j 为干扰机的发射功率；G_j 为干扰机天线增益；R_j 为干扰机与雷达的距离；γ_j 为干扰信号对雷达天线的极化系数；A' 为雷达天线在干扰机方向上的有效面积，与之相对应的雷达天线增益为 G'_t，$A' = \left(\dfrac{\lambda^2}{4\pi}\right) G'_t$。

由式(7.3.1)和式(7.3.2)可以得到雷达接收机输入端的干扰信号功率和目标回波信号功率的比值为

$$\frac{P_{rj}}{P_{rs}} = \frac{P_j G_j}{P_t G_t} \times \frac{4\pi \gamma_j}{\sigma} \times \frac{G'_t}{G_t} \times \frac{R_t^4}{R_j^2} \qquad (7.3.3)$$

仅仅知道进入雷达接收机的干扰信号和目标信号的功率比，还不能说明干扰是否有效，还必须用一个标准来衡量干扰效果的有效性，通常称其为压制系数。

2) 功率准则

功率准则是衡量干扰效果或抗干扰效果的一种方法。功率准则又称信息损失准则，一般用压制性系数 K_j 表示，适用于对压制性干扰效果的评定，它表示对雷达实施有效干扰(搜索状态下指雷达发现概率下降到发现阈值以下)时，雷达接收机输入端或接收机线性输出端所需要的最小干扰信号与雷达回波信号功率之比，即

$$K_j = \frac{P_j}{P_s \mid_{P_d = 0.1}} \qquad (7.3.4)$$

式中，P_j、P_s 分别为受干扰雷达输入端或接收机线性输出端的干扰功率和目标回波信号功率。显然，它们是干扰信号调制样式、干扰信号质量、接收机响应特性、信号处理方式等的综合性函数。

压制系数虽然是一个常数，但必须根据干扰信号的调制样式和雷达形式(特别是雷达接收机和终端设备的形式)两方面的因素来确定。例如，对警戒雷达实施噪声干扰时，当干扰功率和信号功率基本相等或略大些时，操作员仍可以在干扰背景中发现目标信号；当接收机输入端干扰信号的功率比回波信号的功率大 2～3 倍时，操作员就不能在环视显示

器(属亮度显示器类)的干扰背景中发现目标信号。所以，噪声干扰对以环视显示器为终端设备的雷达的压制系数 $K_j=2\sim3$。而同样大的干扰信号和目标回波信号的功率比值还不足以使距离显示器失效，操作员仍能在距离显示器(属偏转调制显示器类)上辨识出目标信号。当接收机输入端干扰和信号功率比达到 $8\sim9$ 时，即使有经验的雷达操作员也不能在噪声干扰背景中发现目标信号。所以，噪声干扰对于有距离显示器做终端的雷达，其压制系数 $K_j=8\sim9$。对于自动工作的雷达系统，由于没有人的操作，不能利用干扰和信号之间的细微差别来区别干扰目标，只能从信号和干扰在幅度、宽度等数量上的差别来区分干扰和信号，因而比较容易受干扰。对于这类系统，只要噪声干扰功率比目标回波信号功率大1.5 倍，就可以使它失效，所以压制系数 $K_j=1.5\sim2$。

总之，压制系数越小，说明干扰越容易，雷达的抗干扰性能越差；压制系数越大，说明干扰越困难，雷达的抗干扰性能越好。此外，压制系数还是用于比较各种干扰信号样式优劣的重要标准之一。

3) 干扰方程

利用压制系数可以推导出干扰方程。由式(7.3.3)知，有效干扰必须满足

$$\frac{P_{rj}}{P_{rs}}=\frac{P_jG_j}{P_tG_t}\times\frac{4\pi\gamma_j}{\sigma}\times\frac{G_t'}{G_t}\times\frac{R_t^4}{R_j^2}\geqslant K_j \tag{7.3.5}$$

或

$$P_jG_j\geqslant\frac{K_j}{\gamma_j}\times\frac{P_tG_t\sigma}{4\pi\left(\dfrac{G_t'}{G_t}\right)}\times\frac{R_j^2}{R_t^4} \tag{7.3.6}$$

通常将式(7.3.5)或式(7.3.6)称为干扰方程。

上述分析是针对干扰机带宽不大于雷达接收机带宽($\Delta f_j\leqslant\Delta f_r$)时的情况进行的，只适用于瞄准式干扰的情况。当干扰机带宽比雷达接收机带宽大很多时，干扰机产生的干扰功率无法全部进入雷达接收机。因此，干扰方程必须考虑带宽因素的影响，即

$$\frac{P_jG_j}{P_tG_t}\times\frac{4\pi\gamma_j}{\sigma}\times\frac{G_t'}{G_t}\times\frac{R_t^4}{R_j^2}\times\frac{\Delta f_r}{\Delta f_j}\geqslant K_j \tag{7.3.7}$$

或

$$P_jG_j\geqslant\frac{K_j}{\gamma_j}\times\frac{P_tG_t\sigma}{4\pi\left(\dfrac{G_t'}{G_t}\right)}\times\frac{R_j^2}{R_t^4}\times\frac{\Delta f_j}{\Delta f_r} \tag{7.3.8}$$

式(7.3.7)和式(7.3.8)是一般形式的干扰方程，即干扰机不配置在目标上，而且干扰机的干扰带宽大于雷达接收机的带宽。干扰方程反映了与雷达相距 R_j 的干扰机在掩护与雷达相距 R_t 的目标时，干扰机功率和干扰天线增益所应满足的空间能量关系。

当干扰机配置在目标上(目标自卫)时，$R_j=R_t$，且 $G_t'=G_t$，所以一般形式的干扰方程式(7.3.7)或式(7.3.8)可以简化为

$$P_jG_j\geqslant\frac{K_j}{\gamma_j}\times\frac{P_tG_t\sigma}{4\pi R^2}\times\frac{\Delta f_j}{\Delta f_r} \tag{7.3.9}$$

或

$$R_0=\sqrt{\frac{K_j\sigma}{4\pi\gamma_j}\times\frac{P_tG_t}{P_jG_j}\times\frac{\Delta f_j}{\Delta f_r}} \tag{7.3.10}$$

式中：R_0 为干扰机的最小有效干扰距离。

当 $\Delta f_j \leqslant \Delta f_r$ 时，式(7.3.7)和式(7.3.8)中的 $\Delta f_j \leqslant \Delta f_r$ 的值取为 1。

2. 干扰方程的讨论

从干扰方程可以看出：

（1）干扰机功率 $P_j G_j$ 和雷达功率 $P_t G_t$ 成正比，即压制大功率雷达所需干扰功率大。对于雷达来说，增大 $P_t G_t$ 就可以提高其抗干扰能力；对于干扰来说，增大干扰功率 $P_j G_j$ 就可以提高对雷达压制的有效性。通常把 $P_t G_t$ 和 $P_j G_j$ 分别称为雷达和干扰机的有效辐射功率。

（2）干扰有效辐射功率 $P_j G_j$ 与雷达天线的侧向增益比 G_t'/G_t 成反比。这说明雷达天线方向性越强，抗干扰性能越好，干扰起来就越困难，需要的干扰功率就大。要进行旁瓣干扰，由于 G_t'/G_t 可达 30~50 dB，那么干扰功率 $P_j G_j$ 叫就应增大 $10^2 \sim 10^5$ 倍才能进行有效干扰。所以从节省功率的角度看，干扰机配置在目标上最有利。

（3）$P_j G_j$ 与目标反射面积成正比，被掩护目标的有效反射面积越大，所需干扰功率 $P_j G_j$ 就越大。因此，掩护重型轰炸机（$\sigma = 150\ \mathrm{m}^2$）比掩护轻型轰炸机（$\sigma = 50\ \mathrm{m}^2$）所需干扰功率 $P_j G_j$ 要大 2 倍，而要掩护大型军舰（$\sigma = 15\,000\ \mathrm{m}^2$）所需的干扰功率 $P_j G_j$ 比掩护重型轰炸机时大 99 倍。

（4）有效干扰功率和压制系数、极化损失系数之间存在相互联系。有效干扰功率和压制系数 K_j 成正比，即 K_j 越大，所需 $P_j G_j$ 就越大。极化系数 γ_j 由干扰机天线的极化性质而定。通常干扰天线是圆极化的，在对各种线性极化雷达实施干扰时，极化损失系数 $\gamma_j = 0.5$。

3. 干扰扇面

干扰信号在环视显示器荧光屏上打亮的扇形区称为干扰扇面。干扰机在保卫目标时，应使其干扰扇面足以掩盖住目标，使雷达不能发现和瞄准目标。

雷达环视显示器通常调整在接收机内部噪声电平门限值处，只有超过噪声电平的目标信号电压才能在荧光屏上形成亮点。干扰要打亮荧光屏，则进入雷达接收机的干扰电平必须大于接收机内部噪声电平一定倍数。干扰要打亮如图 7.3.4 所示的宽度为 $\Delta \theta_B$ 的干扰扇面，则必须保证干扰机功率在雷达天线方向图的 θ 角（$\theta = \Delta \theta_B/2$）方向上进入雷达接收机的干扰信号电平大于接收机内部噪声电平一定倍数。

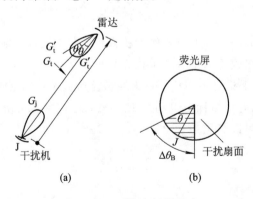

图 7.3.4　干扰扇面的形成

用 P_n 表示雷达接收机输入端的内部噪声电平，m 表示倍数，则进入雷达接收机输入

端的干扰信号电平应为

$$P_{\text{rj}} \geqslant m P_{\text{n}} \tag{7.3.11}$$

根据图 7.3.6 的空间关系可以求得 P_{rj} 为

$$P_{\text{rj}} = \frac{P_{\text{j}} G_{\text{j}}}{4\pi R^2} \times \frac{G'_{\text{t}} \lambda^2}{4\pi} \times \varphi \gamma_{\text{j}} \geqslant m P_{\text{n}} \tag{7.3.12}$$

式中，φ 为雷达馈线损耗系数，G'_{t} 为偏离天线主瓣最大方向 θ 角的雷达天线增益。

如果有雷达天线的方向图曲线，则可以根据 θ 值，在曲线图上求得 G'_{t}。为了得到计算干扰参数的数学表达式，通常用 G'_{t} 与 θ 的经验公式，即

$$\frac{G'_{\text{t}}}{G_{\text{t}}} = k \left(\frac{\theta_{0.5}}{\theta} \right)^2 \tag{7.3.13}$$

对于高增益锐方向天性天线，k 取大值，即 $k=0.07 \sim 0.10$；对于增益较低、波束较宽的天线，k 取小值，即 $k=0.04 \sim 0.06$。还应注意，式(7.3.13)适用的角度范围是 $\theta > \theta_{0.5}/2$ 且小于 $60°$ 或 $90°$，如图 7.3.5 所示。因为实际天线的方向图在大于 $60°$ 或 $90°$ 角度范围之后，天线增益不再随着 θ 的增大而减小，而是趋于一个平均稳定的增益数值，这个数值可用 $\theta=60°$ 或 $\theta=90°$ 时的 G'_{t} 来计算。$\theta \leqslant \theta_{0.5}/2$ 时，G'_{t} 按天线最大增益 G_{t} 来计算。

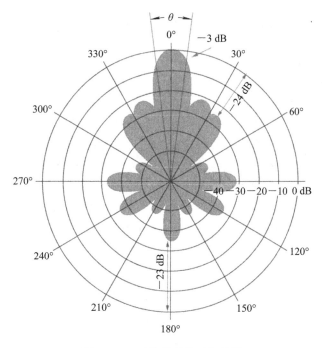

图 7.3.5 天线增益的近似曲线

将天线增益公式代入式(7.3.13)，便可求得干扰扇面 $\Delta\theta_{\text{B}}$ 的公式为

$$\Delta\theta_{\text{B}} = 2\theta \leqslant 2 \left(\frac{P_{\text{j}} G_{\text{j}} G_{\text{t}} \lambda^2 k \varphi \gamma_{\text{j}}}{m P_{\text{n}}} \right)^{\frac{1}{2}} \times \frac{\theta_{0.5}}{4\pi R_{\text{j}}} \tag{7.3.14}$$

干扰扇面是以干扰机方向为中心，两边各为 θ 角的辉亮扇面。可以看出，干扰扇面与 R 成反比，R 越小，干扰扇面 $\Delta\theta_{\text{B}}$ 越大；干扰扇面与 $\sqrt{P_{\text{j}} G_{\text{j}}}$ 成正比，$P_{\text{j}} G_{\text{j}}$ 增加 1 倍，$\Delta\theta_{\text{B}}$ 增加至 $\sqrt{2}$ 倍。

　　上述干扰扇面只是说明干扰信号打亮的扇面有多大，还不能保证在干扰扇面中一定能压制住信号。因此可能出现这种情况，即在干扰信号打亮的扇面内仍能看到目标的亮点，以致达不到压制目标的目的。

　　有效干扰扇面 $\Delta\theta_j$ 是指在最小干扰距离上干扰能压制信号的扇面，在此扇面内雷达完全不能发现目标。

　　有效干扰扇面比上述打亮显示器的干扰面对干扰功率的要求更高，即干扰信号功率不仅大于接收机内部噪声功率一定倍数，而且是目标回波信号的 K_j 倍，在这样的扇面内完全不能发现目标，故称为有效干扰扇面。显然，接收机输入端的干扰信号功率应满足 $P_{rj} \geqslant K_j P_n$，即

$$\frac{P_j G_j}{4\pi R^2} \times \frac{G'_t \lambda^2}{4\pi} \times \varphi\gamma_j \geqslant K_j \frac{P_t G_t^2 \sigma\lambda^2}{(4\pi)^3 R_t^4} \tag{7.3.15}$$

或

$$P_j G_j \geqslant \frac{K_j}{\varphi\gamma_j} \times \frac{P_t G_t \sigma}{4\pi} \times \frac{G_t}{G'_t} \times \frac{R_j^2}{R_t^4} = \frac{K_j}{\varphi\gamma_j} \times \frac{P_t G_t \sigma}{4\pi k} \times \left(\frac{\theta}{\theta_{0.5}}\right)^2 \times \frac{R_j^2}{R_t^4} \tag{7.3.16}$$

　　根据式(7.3.16)求出 θ，便可得到有效干扰面 $\Delta\theta_j$ 的计算式为

$$\Delta\theta_j = 2\theta = 2\left(\frac{P_j G_j}{P_t G_t \sigma} \times \frac{4\pi\varphi\gamma_j k}{K_j}\right)^{\frac{1}{2}} \left(\frac{R_t^2}{R_j}\right)\theta_{0.5} \tag{7.3.17}$$

　　可以看出，有效干扰扇面 $\Delta\theta_j$ 与很多因素有关，既与干扰参数 $P_j G_j$、K_j 有关，还与雷达参数 $P_t G_t$、$\theta_{0.5}$ 以及目标的有效反射面积 σ 有关，同时还与 R_j 和 R_t 有关。

　　比较式(7.3.17)和式(7.3.14)可知，由于雷达接收到的目标回波电平总是比接收机内部噪声电平高很多，因此满足有效干扰扇面要求所需的干扰功率 $P_j G_j$ 要比能够打亮这样大的扇面所需的干扰功率大得多。换句话说，在干扰功率一定情况下，干扰在荧光屏上打亮的干扰扇面 $\Delta\theta_B$ 比它能有效压制雷达信号的扇面 $\Delta\theta_j$(即有效干扰扇面)要大得多。通常所说的雷达干扰扇面是指干扰实际打亮的扇面 $\Delta\theta_B$，而不是有效干扰扇面。

　　有效干扰扇面是根据被保卫目标的大小和干扰机的位置确定的。图 7.3.6 所示为干扰机配置在被保卫目标上的情况。设目标是一座城市，目标半径为 r，干扰机配置在目标中

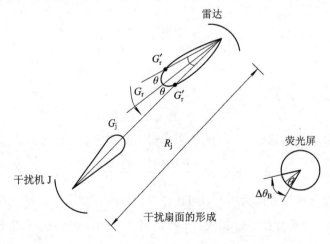

图 7.3.6　干扰机配置在目标上所要求的有效干扰扇面

心，为了可靠地压制雷达，使其在最小压制距离 $R_{\min}$ 上天线最大方向对向目标边缘时都不能发现目标，所以有效干扰扇面 $\Delta\theta_j$ 应为

$$\Delta\theta_j \geqslant 2\theta_j = 2\arcsin\frac{r}{R_{\min}} \tag{7.3.18}$$

式中，$R_{\min} \geqslant R_0$，即干扰机的最小有效干扰距离 R_0 应小于或者等于战术要求的最小压制距离 $R_{\min}$。

当干扰机配置在被保卫目标之外时（如图 7.3.7 所示），可以使雷达无法根据干扰机的方向（干扰扇面的中心线）来判断目标所在。这时有效干扰扇面应为

$$\Delta\theta_j \geqslant 2(\theta_1 + \theta_2) = 2\left(\arcsin\frac{r}{R_{\min}} + \theta_2\right) \tag{7.3.19}$$

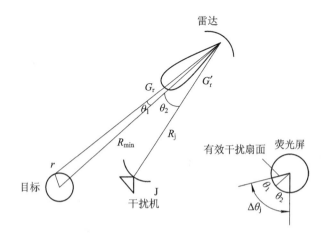

图 7.3.7　干扰配置在目标之外所要求的有效干扰扇面

可以看出，干扰机配置在被保卫目标之外所要求的有效干扰扇面比干扰机配置在目标上的要大得多。有效干扰扇面越大，所需要的干扰机功率就越大，甚至有时会超过一部干扰机所能达到的干扰功率。用两部或两部以上的干扰机配置在被保卫目标之外，共同形成一个有效干扰扇面，这样每部干扰机的功率不至太大，而且雷达也无法根据干扰扇面的中心线来判断目标和干扰机的方向。

4. 有效干扰区

满足干扰方程的空间称为有效干扰区或压制区。

当干扰机配置在被保卫目标上时，干扰机最小有效干扰距离 R_0 用式（7.3.10）表示。在距离 R_0 上，进入雷达接收机的干扰信号功率与雷达接收到的目标回波信号功率之比 P_{rj}/P_{rs} 正好等于压制系数 K_j，即干扰机刚能压制住雷达，使雷达不能发现目标。

当雷达与目标的距离 $R_t > R_0$ 时，$P_{rj}/P_{rs} > K_j$，这时干扰压制住了目标回波信号，雷达不能发现目标，称为有效干扰区。

当雷达与目标的距 $R_t < R_0$ 时，$P_{rj}/P_{rs} < K_j$，这时干扰压制不了目标回波信号，雷达在干扰中仍能够发现目标，称为（目标）暴露区。

显然，由 $P_{rj}/P_{rs} = K_j$ 所得的 R_0，既是压制区的边界也是暴露区的边界。

对于干扰机来说，R_0 就是干扰机的最小有效干扰距离，常称为暴露半径。

对于雷达来说，R_0 就是在压制性干扰的情况下雷达能够发现目标的最大距离，称为雷达的"烧穿距离"或"自卫距离"（有些书中，定义 $K_j = 1$ 时的距离为烧穿距离）。雷达常采用提高发射功率 P_t 或提高天线增益 G_t 的办法来增大自卫距离。

产生这一现象的物理实质是：随着雷达与目标的接近，目标回波信号 P_n 按距离变化的四次方增长，而干扰信号功率 P_{rj} 则是按距离变化的二次方增长；当距离减小至 R_0 时，$P_{rj}/P_{rs} = K_j$；距离再进一步减小时，虽然干扰信号仍在增强，但不如目标回波信号增加得快，使 $P_{rj}/P_{rs} < K_j$，目标就暴露出来了，如图 7.3.8 所示。

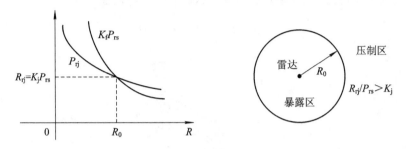

图 7.3.8　压制区与暴露区图示

当自卫干扰飞机离雷达的距离 $R_t > R_0$ 位于图 7.3.9 中的①、②两点时，雷达均处于压制区不能发现目标，但干扰效果不相同。在①点，干扰机离雷达远，在显示器上打亮的干扰扇面窄；在②点，干扰打亮的干扰扇面宽；当飞机离雷达的距离小于图中③处时，虽然干扰扇面比在①、②两点时的宽，但目标回波信号很强，在干扰扇面中就能看到目标。

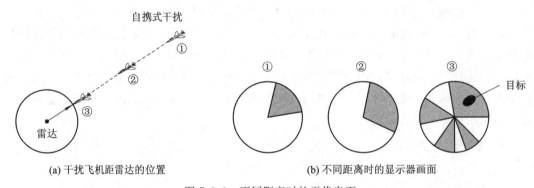

(a) 干扰飞机距雷达的位置　　　　(b) 不同距离时的显示器画面

图 7.3.9　不同距离时的干扰扇面

从干扰方程很容易看出：雷达功率 $P_t G_t$ 越大，被保卫目标的 σ 越大，暴露半径就越大；要减小暴露区，只有提高干扰机的功率 $P_j G_j$，并正确选择干扰样式以降低 K。

7.3.3　对雷达的有源干扰

按照干扰信号的作用机理可将有源干扰分为压制性干扰和欺骗性干扰。

1. 压制性干扰

雷达是通过对回波信号的检测来发现目标并测量其参数信息的，而干扰的目的就是破坏或阻碍雷达对目标的发现和参数的测量。

雷达获取目标信息的过程如图 7.3.10 所示。

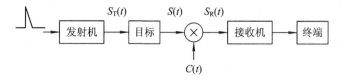

图 7.3.10　雷达获取目标信息的过程

首先，雷达向空间发射信号 $S_T(t)$，当该空间存在目标时，该信号会受到目标距离、角度、速度和其他参数的调制，形成回波信号相 $S_R(t)$。在接收机中，通过对接收信号的解调与分析，便可得到有关目标的距离、角度和速度等信息。图中增加的信号 $C(t)$ 表示雷达接收信号中除目标回波以外不可避免存在的各种噪声（包括多径回波、天线噪声、宇宙射电等）和干扰，正是这些噪声和干扰的加入影响了雷达对目标的检测能力。可见，如果在 $S_T(t)$ 中，人为引入噪声、干扰信号或利用吸收材料等，则都可以阻碍雷达正常地检测目标的信息，达到干扰的目的。

1）压制性干扰的作用

遮盖性干扰就是用噪声或类似噪声的干扰信号遮盖或淹没有用信号，阻止雷达检测目标信息。它的基本原理是：任何一部雷达都有外部噪声和内部噪声，雷达对目标的检测是在这些噪声中进行的，其检测又是基于一定的概率准则的。一般来说，如果目标信号能量 S 与噪声能量 N 相比（信噪比 S/N），超过检测门限 D，则可以保证在一定虚警概率 P_{fa} 的条件下达到一定的检测概率 P_d，简单称为可发现目标，否则便认为不可发现目标。遮盖干扰就是使强干扰功率进入雷达接收机，尽可能降低信噪比 S/N，造成雷达对目标检测的困难。

2）压制性干扰的分类

按照干扰信号中心频率 f_j 和频谱宽度 Δf_j 与雷达接收机中心频率 f_s 和带宽 Δf_r 的关系，压制性干扰可以分为瞄准式干扰、阻塞式干扰和扫频式干扰。

（1）瞄准式干扰。瞄准式干扰一般满足

$$\Delta f_j = (2\sim5)\Delta f_r,\ f_j \approx f_s \tag{7.3.20}$$

采用瞄准式干扰首先必须测出雷达信号频率 f_s，然后调整干扰机频率 f_j，对准雷达频率，保证以较窄的 Δf_j 覆盖 Δf_r，这一过程称为频率引导。瞄准式干扰的主要优点是在 Δf_j 内干扰功率强，是压制干扰的首选方式；缺点是对频率引导的要求高，有时甚至难以实现。

（2）阻塞式干扰。阻塞式干扰一般满足

$$\Delta f_j > 5\Delta f_r,\ f_s \in \left[f_j - \frac{\Delta f_j}{2},\ f_j + \frac{\Delta f_j}{2} \right] \tag{7.3.21}$$

由于阻塞式干扰 Δf_j 相对较宽，故对频率引导精度的要求低，频率引导设备简单。此外，由于其 Δf_j 宽，便于同时干扰频率分集雷达、频率捷变雷达和多部工作在不同频率的雷达。但是阻塞式干扰在 Δf_r 内的干扰功率密度低，干扰强度弱。

（3）扫频式干扰。扫频式干扰一般满足

$$\Delta f_j = (2\sim5)\Delta f_r,\ f_j = f_s \cdot t,\ t \in [0, T] \tag{7.3.22}$$

即干扰的中心频率是以 T 为周期的连续时间函数。扫频式干扰可对雷达形成间断的周期性强干扰，扫频的范围较宽，也能够干扰频率分集雷达、频率速变雷达和多部不同工作频率的雷达。

应当指出，实际干扰机可以根据具体雷达的载频调制情况，对上述基本形式进行组合，对雷达施放多频率点瞄准式干扰、分段阻塞式干扰和扫频锁定式干扰等。

3）最佳压制干扰波形

雷达对目标的检测是在噪声中进行的，对于接收信号作出有无目标的两种假设检验具有不确定性，即后验不确定性。因此，最佳干扰波形就是随机性最强（或不确定性最大）的波形。

衡量随机变量不确定性的量是熵（Entropy，也称为信息量），对于离散型随机变量来说，其平均信息量定义为

$$H(x) = - \sum_{i=1}^{m} P_i \log_a P_i \tag{7.3.23}$$

其中，随机变量的可能取值为 x_1，x_2，$\cdots$，x_m，其对应的概率为 P_1，P_2，$\cdots$，P_m，$\sum_{i=1}^{m} P_i = 1$。对于连续型随机变量来说，

$$H(x) = - \int_{-\infty}^{\infty} p(x) \log_a p(x) \mathrm{d}x \tag{7.3.24}$$

式中，$p(x)$ 为连续型随机变量的概率分布密度函数。熵的单位根据 a 的取值而变化，当 $a = 2$ 时，H 的单位为比特；当 $a = e$ 时，H 的单位为奈特；当 $a = 10$ 时，H 的单位为哈特莱。a 的选取一般视 $H(x)$ 的情况而定，在下面的讨论中选取 $a = e$。对于相同的 a，熵值越大，则不确定性越强；同时，随机变量的方差（平均功率）越大，熵值也越大。由此说明，在相同功率的条件下，雷达接收机线性系统中具有最大熵的干扰波形为最佳干扰波形。这样，最佳干扰波形的设计问题就是在给定平均功率条件下，求解具有最大熵的干扰信号的概率分布问题。

根据拉格朗日常数变易法，已知函数方程：

$$\varPhi = \int_a^b F(x, p) \mathrm{d}x \tag{7.3.25}$$

和 m 个函数方程的限制条件：

$$\begin{cases} \int_a^b \varphi_1(x, p) \mathrm{d}x = C_1 \\ \int_a^b \varphi_2(x, p) \mathrm{d}x = C_2 \\ \qquad\vdots \\ \int_a^b \varphi_m(x, p) \mathrm{d}x = C_m \end{cases} \tag{7.3.26}$$

式中，φ_1，φ_2，$\cdots$，φ_m 为限制条件中给定的函数，则式（7.3.25）的极值可以由上面 m 个方程和下式决定：

$$\frac{\partial F}{\partial p} + \lambda_1 \frac{\partial \varphi_1}{\partial p} + \lambda_2 \frac{\partial \varphi_2}{\partial p} + \cdots + \lambda_m \frac{\partial \varphi_m}{\partial p} = 0 \tag{7.3.27}$$

其中，λ_1，λ_2，$\cdots$，λ_m 是拉格朗日常数。代入最大熵函数求解，则已知：

$$\begin{cases} H(x) = -\displaystyle\int_{-\infty}^{\infty} p(x)\ln p(x)\mathrm{d}x \\[2mm] \displaystyle\int_{-\infty}^{\infty} p(x)\mathrm{d}x = 1 \\[2mm] \displaystyle\int_{-\infty}^{\infty} x^2 p(x)\mathrm{d}x = \sigma^2 \end{cases}$$

从而有

$$\begin{cases} F = -p(x)\ln p(x) \\ \varphi_1 = p(x) \\ \varphi_2 = x^2 p(x) \end{cases}$$

$$p(x) = \mathrm{e}^{\lambda_1 - 1 + \lambda_2 x^2}$$

再利用限制条件，可以得到

$$p(x) = \frac{1}{\sqrt{2\pi}\sigma}\mathrm{e}^{-\frac{x^2}{2\sigma^2}}$$

$$H_{\max}(x) = -\int_{-\infty}^{\infty} p(x)\ln p(x)\mathrm{d}x = \ln\sqrt{2\pi\mathrm{e}\sigma^2} \tag{7.3.28}$$

这样就得到了在平均功率限制条件下，噪声为正态分布时，其熵值最大，为最佳遮盖干扰波形。

研究最佳干扰信号的目的是建立比较各种干扰信号优劣的标准。实际干扰信号可能有偏于最佳干扰信号，如果能计算或测量出它们相对于最佳干扰信号在遮盖性能上的损失，便可以判断各种实际的干扰信号在遮盖性能上的优劣。衡量实际干扰信号质量的量是噪声质量因素 η_n。其定义为：在相同的遮盖效果条件（相同熵 $H_{j0} = H_j$ 下），理想干扰信号所需的功率 P_{j0} 和实际干扰信号所需的干扰功率 P_j 之比，即

$$\eta_n = \frac{P_{j0}}{P_j}\bigg|_{H_j = H_{j0}} \tag{7.3.29}$$

通常，$\eta_n \leqslant 1$。

这样，只要知道正态噪声干扰时所要求的干扰功率再乘以一个修正因子，便可以得到有效干扰时所需的实际干扰信号的功率。应当指出，一般情况下的实际干扰信号的概率密度难以用数学公式描述，或者难以计算它们的熵，故常用实验的方法确定噪声质量因素。

2. 欺骗性干扰

欺骗性干扰是指使用假的目标和信息作用于雷达的目标检测和跟踪系统，使雷达不能正确地检测真正的目标，或者不能正确地测量真正目标的参数信息，从而达到迷惑和扰乱雷达对真正目标检测和跟踪的目的。

1) 欺骗性干扰的作用

设 V 为雷达对各类目标的检测空间（也称为对各类目标检测的威力范围），对于具有四维（距离、方位、仰角和速度）检测能力的雷达，其典型的 V 为

$$V = \{(R_{\min}, R_{\max}), (\alpha_{\min}, \alpha_{\max}), (\beta_{\min}, \beta_{\max}), (f_{d\min}, f_{d\max}), (S_{i\min}, S_{i\max})\} \tag{7.3.30}$$

式中，$R_{\min}$、$R_{\max}$、$\alpha_{\min}$、$\alpha_{\max}$、$\beta_{\min}$、$\beta_{\max}$、$f_{d\min}$、$f_{d\max}$、$S_{i\min}$、$S_{i\max}$ 分别表示雷达的最小和最大检测距离、最小和最大检测方位、最小和最大检测仰角、最小和最大检测的多普勒频率、

最小可检测信号功率(灵敏度)和饱和输入信号功率。理想的点目标 T 仅为 V 中的某一个确定点，即

$$T=\{R,\ \alpha,\ \beta,\ f_d,\ S_i\}\in V \tag{7.3.31}$$

式中，R、α、β、f_d、S_i 分别为目标所在的距离、方位、仰角、多普勒频率和回波功率。雷达能够区分 V 中两个不同点目标 T_1、T_2 的最小空间距离 ΔV，称为雷达的空间分辨力

$$\Delta V=\{\Delta R,\ \Delta\alpha,\ \Delta\beta,\ \Delta f_d,\ (S_{imin},\ S_{imax})\} \tag{7.3.32}$$

式中，ΔR、$\Delta\alpha$、$\Delta\beta$、Δf_d 分别称为雷达的距离分辨力、方位分辨力、仰角分辨力和速度分辨力。一般雷达在能量上没有分辨能力，因此，其能量分辨力就是能量的检测范围。

在一般条件下，欺骗干扰形成的假目标 T_f 也是 V 中的某一个或某一群不同于真目标的集合，即

$$\{T_{fi}\}_{i=1}^{n}\ T_{fi}\in V,\ T_{fi}\neq T\ \forall\ i=1,2,\cdots,n \tag{7.3.33}$$

式中：$\forall i$ 表示对于所有的 i 都成立。由此可知，假目标也能被雷达检测，并起达到以假乱真的干扰效果。特别要指出的是，许多压制性干扰的信号也可以形成 V 中的假目标，但这种假目标往往具有空间和时间上的不确定性，也就是说形成的假目标的空间位置和出现时间是随机的，这就使得假目标与空间和时间上确定的真目标相差其远，难以被雷达当作目标进行检测和跟踪。显然，式(7.3.33)既是实现欺骗干扰的基本条件，也是欺骗性干扰技术实现的关键点。

由于目标的距离、角度和速度信息是通过雷达接收到的回波信号与发射信号振幅、频率和相位调制的相关性表现出来的，而不同雷达获取目标距离、角度、速度信息的原理并不相同，并且发射信号的调制样式又与雷达对目标信息的检测原理密切相关，因此，实现欺骗性干扰必须准确地掌握雷达获取目标距离、角度和速度信息的原理及雷达发射信号调制中的一些关键参数。有针对性地合理设计干扰信号的调制方式和调制参数，才能达到预期的干扰效果。

2) 欺骗性干扰的分类

对欺骗性干扰的分类主要采用以下两种方法。

(1) 根据假目标 T_f 与真目标 T 在 V 中参数信息的差别分类。按这种分类方法可使将欺骗性干扰分为以下五种：

① 距离欺骗干扰。距离欺骗干扰是指假目标的距离不同于真目标，且能量往往比真目标强，而其余参数则与真目标参数近似相等，即

$$R_f\neq R,\ \alpha_f\approx\alpha,\ \beta_f\approx\beta,\ f_{df}\approx f_d,\ S_{if}>S_i \tag{7.3.34}$$

式中，R_f、α_f、β_f、f_{df}、S_{if} 分别为假目标 T_f 在 V 中的距离、方位、仰角、多普勒频率和功率。

② 角度欺骗干扰。角度欺骗干扰是指假目标的方位或仰角不同于真目标，且能量比真目标强，而其余参数则与真目标参数近似相等，即

$$\alpha_f\neq\alpha\ \text{或}\ \beta_f\neq\beta,\ R_f\approx R,\ f_{df}\approx f_d,\ S_{if}>S_i \tag{7.3.35}$$

③ 速度欺骗干扰。速度欺骗干扰是指假目标的多普勒频率不同于真目标，且能量强于真目标，而其余参数则与真目标参数近似相等，即

$$f_{df}\neq f_d,\ R_f\approx R,\ \alpha_f\approx\alpha,\ \beta_f\approx\beta,\ S_{if}>S_i \tag{7.3.36}$$

④ AGC 欺骗干扰。AGC 欺骗干扰是指假目标的能量不同于真目标，而其余参数覆盖或与真目标参数近似相等，即

$$S_{if} \neq S_i \qquad\qquad (7.3.37)$$

⑤ 多参数欺骗干扰。多参数欺骗干扰是指假目标在 V 中有两维或两维以上参数不同于真目标，以便进一步改善欺骗干扰的效果。AGC 欺骗干扰经常与其他干扰配合使用，此外还有距离、速度同步欺骗干扰等。

（2）按照假目标 T_f 与真目标 T 在 V 中参数差别的大小和调制方式分类。按这种分类方法可使将欺骗性干扰分为以下三种：

① 质心干扰。质心干扰是指真、假目标参数的差别小于雷达的空间分辨力，即

$$\| T_f - T \| \leqslant \Delta V \qquad\qquad (7.3.38)$$

式中：$\| \ \|$ 表示泛函数，ΔV 表示雷达空间分辨力。雷达不能将 T_f 与 T 区分为两个不同的目标，而将真、假目标作为同一个目标 T_f' 进行检测和跟踪。由于在许多情况下，雷达对目标的最终检测、跟踪往往是针对真、假目标参数的能量加权质心（重心）进行的，故称这种干扰为质心干扰。

$$T_f' = \frac{S_f T_f}{S_f + S} \qquad\qquad (7.3.39)$$

② 假目标干扰。假目标干扰是指真、假目标参数的差别大于雷达的空间分辨力，即

$$\| T_f - T \| > \Delta V \qquad\qquad (7.3.40)$$

雷达能将 T_f 与 T 区分为两个不同的目标，但可能将假目标作为真目标进行检测和跟踪，从而造成虚警，也可能发现不了真目标而造成漏报。此外，大量的虚警还可能造成雷达检测、跟踪和其他信号处理电路超载。

③ 拖引干扰。拖引干扰是一种周期性地从质心干扰到假目标干扰的连续变化过程。典型的拖引干扰过程可以用下式表示：

$$\| T_f - T \| = \begin{cases} 0 & 0 \leqslant t < t_1 & 停拖 \\ 0 \to \delta V_{max} & t_1 \leqslant t < t_2 & 拖引 \\ T_f\ 消失 & t_2 \leqslant t < T_j & 关闭 \end{cases} \qquad (7.3.41)$$

即在停拖时间段 $[0, t_1)$ 内，假目标与真目标出现的空间和时间近似重合，雷达很容易检测和捕获。由于假目标的能量高于真目标，捕获后 AGC 电路将按照假目标信号的能量来调整接收机的增益（增益降低），以便对其进行连续测量和跟踪，停拖时间段的长度对应于雷达检测和捕获目标所需的时间，也包括雷达接收机 AGC 电路的增益调整时间。在拖引时间段 $[t_1, t_2)$ 内，假目标与真目标在预定的欺骗干扰参数（距离、角度或速度）上逐渐分离（拖引），且分离的速度 v' 在雷达跟踪正常运动目标时的速度响应范围 $[v_{min}', v_{max}']$ 内，直到真假目标的参数差达到预定的程度 δV_{max}：

$$\| T_f - T \| = \delta V_{max} \delta V_{max} \gg \Delta V \qquad\qquad (7.3.42)$$

拖引段的时间长度主要取决于最大误差 δV_{max} 和拖引速度 v'；在关闭时间段 $[t_2, T_j)$ 内，欺骗式干扰关闭发射，使假目标 T_f 突然消失，造成雷达跟踪信号突然中断。在一般情况下，雷达跟踪系统需要滞留和等待一段时间，AGC 电路也需要重新调整雷达接收机的增益（增益提高）。如果信号重新出现，则雷达可以继续进行跟踪。如果信号消失达到一定的时间，则雷达确认目标丢失后，才能重新进行目标信号的搜索、检测和捕获。关闭时间段的长度主要取决于雷达跟踪中断后的滞留和调整时间。

3）欺骗性干扰效果的度量

根据欺骗性干扰的作用原理，主要使用以下几个参数对干扰的效果进行度量。

（1）受欺骗概率 P_f。P_f 是在欺骗性干扰条件下，雷达检测、跟踪系统发生以假目标当作真目标的概率。如果以 $\{T_{fi}\}_{i=1}^N$ 表示 V 中的假目标集，则只要有一个 T_{fi} 被当作真目标，就会发生受欺骗的事件。如果将雷达对每个假目标的检测和识别作为独立试验序列，在第 i 次试验中发生受欺骗的概率记为 P_{fi}，则有 N 个假目标时的受欺骗概率 P_f 为

$$P_f = 1 - \prod_{i=1}^{n}(1 - P_{fi}) \tag{7.3.43}$$

（2）参数测量（跟踪）误差均值 δV、方差 σ_V^2。在随机过程中的参数测量误差往往是一个统计量，δV 是指雷达检测跟踪的实际参数与真目标的理想参数之间误差的均值，σ_V^2 是误差的方差。根据欺骗性干扰的第一种分类方法，δV 可分为距离测量（跟踪）误差 δR、角度测量（跟踪）误差 $\delta\alpha$、$\delta\beta$ 和速度测量（跟踪）误差 δf_d。σ_V^2 也可分为距离误差方差 σ_R^2、角度误差方差 σ_α^2、σ_β^2 和速度误差方差 $\sigma_{f_d}^2$ 等，其中特别是误差均值 δV 对雷达的影响更为重要。

对欺骗性干扰效果的上述度量参数适用于各种用途的雷达。根据雷达在具体作战系统中的作用和功能，还可以将其换算成武器的杀伤概率、生存概率、突防概率等进行度量。

7.4　新体制雷达对抗技术

7.4.1　相控阵雷达对抗技术

相控阵雷达和常规雷达相比具有明显的独特优势：相控阵雷达使用固态有源自适应相控阵天线，通常工作在 L、S、C、X 和 UHF 波段；采用先进的自适应时空二维信息处理技术，自适应能力强，波束扫描无惯性，多波束，大功率，快速灵活控制波束的指向和形状，能自适应地对空间、时间、能量进行最佳管理；波束捷变，视场角大，隐蔽性好；既能够在严密警戒搜索有关空域的同时，精确跟踪多目标和探测隐身目标与小型目标，又能够担负远程搜索警戒、中程引导和目标指示、近程导弹制导和火炮控制等多种任务；既可采用全方位跟踪方式，又可采用边扫描边跟踪方式；抗干扰能力强；在有源情况下，相控阵天线的副瓣零点能迅速朝向敌方的干扰源，使敌方难于收到雷达信号而无法实施有效的干扰，同时还可对新探测到的目标回波信号进行瞬时验证，以避免由于噪声或杂波偶然超过门限而造成的虚警；可靠性高，其固态有源相控阵天线安装了大量独立的接收/发射（T/R）组件，少数组件失效对系统总的性能影响不大，具有故障软化能力，使机载雷达的可靠性（相对于常规雷达）提高了几个数量级。

现代军用雷达正面临着日益严重的威胁和挑战，如低空或超低空的入侵目标，复杂多变的信息对抗和电子对抗环境，采用隐身技术的目标，快速反应的自主式反辐射导弹（ARM），以及高速高机动的空中目标等。上述威胁和挑战正是许多国家不惜投入巨资研制相控阵雷达的原因。本节重点探讨对相控阵雷达的干扰。尽管相控阵雷达具有独特的优势和良好的抗干扰性能，但从工程技术角度看，也不是无懈可击的；任何事情都是一分为二的，只要充分了解和利用其薄弱点，就能对相控阵雷达实施有效干扰。

（1）多机协同工作相控阵雷达具有自适应空间滤波能力，能自适应地在干扰方向形成

天线方向图零点，因此，采用单部干扰机对其进行干扰，将达不到预期的效果。因为自适应空间滤波也不是完美无缺的。要自适应地计算空间矢量，首先必须估计代表干扰方向的空间相关矩阵，而空间相关矩阵的求取需要足够多的空间取样数，也即足够长的时间，这段时间就是自适应时间。若自适应时间不够长，则相关矩阵的估计就不够准确，也就不能在干扰方向形成深的方向图零点，干扰自然不能得到有效和可靠的抑制。利用这一点，若用两部或两部以上配置在不同位置的干扰机，短时间分时轮流工作，即可导致空间相关矩阵与实际接收信号不匹配，从而达到有效干扰之目的。

（2）加大干扰功率时空二维滤波是在信号处理中进行的，信号处理机能进行正常处理的前提就是接收机工作正常，若干扰功率过强以至接收机已经饱和，此时信号处理机的时空二维滤波特性就不能发挥。由于相控阵天线的副瓣电平不可能很低，把干扰功率加大到一定程度致使雷达接收机饱和还是有可能的。另外，即使接收机不饱和，增加干扰功率也能增加相应的干扰效果。因为时空级联滤波器的二维旁瓣电平是固定不变的。

（3）目标携带干扰装置进行阻塞式干扰目标携带干扰装置，其优点是显而易见的。此时应利用处于天线主瓣的有利位置，对雷达实行宽带噪声干扰，淹没掉相对较弱的目标回波信号。

7.4.2　超宽带雷达对抗手段

1. 宽带、超宽带雷达的特点

宽带、超宽带雷达信号对提高现有雷达的性能以及研制新一代高性能雷达都具有非常重要的意义，它不仅能增强雷达的抗干扰能力，有效地对付反辐射导弹，而且由于其相对带宽和绝对带宽都比较宽，在雷达成像、雷达目标识别、雷达低仰角跟踪等方面都有重要的应用。与常规窄带雷达系统相比，宽带、超宽带雷达具有以下优越性能：

（1）宽带、超宽带雷达信号兼有低频和宽频带的特点，适合用作观测隐蔽的目标。

（2）抗干扰性能好。因为在进行宽带干扰时，必须要加大干扰的频带宽度，这就会降低干扰信号的功率谱密度，使干扰的有效性降低。

（3）低截获概率。普通雷达信号的截获接收机覆盖范围小于宽带雷达的工作频率范围。只能接收到部分雷达信号，无法获取雷达的完整参数，因而不能有效地检测宽带雷达信号。

（4）宽带信号距离分辨力极高。宽带雷达的相对带宽大，可以分辨目标的主要散射点，多个强散射点的目标回波信号积累，可以改善信噪比，使其分辨力达到厘米量级。

（5）具有良好的目标识别能力。由于雷达发射脉冲的短时性，可以使目标不同区域的响应分离，使目标的特性突出，借此可进行目标的识别；此外，由于信号宽谱特性，可以激励起目标的各种响应模式，这也有助于目标识别。

（6）超近程探测能力。常规窄带雷达在探测超近程目标时存在近程盲区，宽带、超宽带雷达的脉冲宽度极窄，其最短探测距离与距离分辨力大致相等，所以可超近程探测目标。

基于上述特点，与这种雷达进行电子对抗有相当的难度，主要如下：

（1）为了产生宽频带干扰信号，必须大大增加干扰设备的发射功率。

（2）由于宽带、超宽带雷达工作频率高、信号形势复杂，必须尽量缩短对抗设备的响应时间。

2. 宽带雷达波形

超宽带是就信号的相对带宽而言的,当信号的带宽与中心频率之比大于25%时称为超宽带(UWB)信号,1%～25%时为宽带(WB),小于1%时称为窄带(NB)。通常宽带雷达波形可以分为脉冲压缩波形、冲击脉冲波形和分布频谱波形,下面对前两种作一简介。

1)脉冲压缩波形

脉冲压缩主要是为了达到高的发射平均功率,同时又具有高的有效距离分辨单元,并使雷达所接收的杂波量小。其波形是宽脉冲,可以是相位或频率调制,在通过雷达接收机的匹配滤波器(脉冲压缩)压缩后产生所需的窄脉冲;也可将这种宽脉冲分裂成若干个具有不同载波或相位的窄子脉冲方法发射各种编码脉冲,然后再将接收信号与合适的编码信号在数字相关器中进行相关处理实现脉冲压缩。常用的宽带、超宽带雷达信号脉冲压缩有以下几种方法。这些方法有其各自的优缺点,在实现时技术上的难度也不一样。

第一种方法是宽带脉冲压缩技术。采用线性频率或相位调制压缩技术,数据率高,信号处理实时性好。

第二种方法是时间—带宽转换技术。其基本原理是发射宽带的线性调频宽脉冲信号,而在接收后的信号处理中,将信号中所含的不同的时间(距离)信息变换成不同频率信息,然后对频率信息做数字FFT处理。

第三种方法是阶跃跳频波形技术。它在不同的重复周期发射不同载频的脉冲信号,周期间载频按一定规律阶跃变化,然后对接收信号进行综合处理。

2)冲击脉冲波形

冲击雷达能发射一种无载波的极窄脉冲,其瞬时频带极宽(1～15 GHz),能有效地对付外形隐身和采用雷达吸波材料的隐身兵器,目前正处于原理性探索阶段。冲击脉冲波形通常是利用极高速开关产生极高峰值功率、极窄脉冲宽度(0.1 ns至数纳秒)的波形,其频谱范围接近直流至数吉赫。我们知道,任一周期信号可用直流项加正弦和余弦项组成的傅里叶级数来表示。因此,冲击脉冲信号可用加权的或不加权的正弦波分量合成而得。

3. 针对脉冲压缩雷达和冲击脉冲雷达的干扰方式

1)对脉冲压缩雷达的干扰

目前,宽带信号在军事上主要用于脉冲压缩波形雷达(脉压雷达),包括脉压雷达、SAR和ISAR体制。脉压雷达采用宽带线性调频信号可获得高的距离分辨力。脉压雷达体制中,典型的信号形式是线性调频、脉间频率步进和相位编码信号。脉间频率步进雷达波形实质上是线性调频信号的脉间离散化形式,因此它也具有线性调频信号的距离多普勒耦合问题。

综上所述,对线性调频脉压雷达干扰方法的研究,对脉冲压缩信号形式的宽带雷达干扰问题具有普遍意义。线性调频脉压雷达具有很强的抗噪声干扰和欺骗干扰的性能,噪声干扰时,由于雷达信号处理机与信号匹配,与噪声干扰信号失配,导致滤波器输出的信干比增大D倍(脉压比$D=BT$)。为使噪声干扰有效,干扰机载雷达接收机输入端的干扰功率需比回波信号功率强D倍,这对于干扰机的功率水平而言,还是很困难的。对线性调频信号较有效的干扰方法是移频干扰和转发假目标干扰。线性调频信号在距离和速度间存在着强耦合,当信号具有多普勒频移时,压缩信号的主峰出现时间,将相对无多普勒频移时超前或滞后,这种现象构成了对线性调频雷达干扰的基础。

(1) 移频干扰。典型移频干扰信号形式为

$$f(t, \omega_d) = \exp\left\{ j(\omega_0 + \omega_d) + j\frac{1}{2}k'_r t^2 + j\varphi_j \right\} \tag{7.4.1}$$

移频干扰对脉冲压缩雷达实施干扰时,如果移频干扰保留信号脉间相关特性,则脉压雷达对其在距离向为匹配压缩处理。

根据这个结论,可以进行有规律性的线性移频,实现对雷达距离波门的偷引干扰。移频干扰可以在雷达真目标前后产生假目标,而且移频不能太大,否则能量损失太大。

(2) 转发式干扰。转发式干扰只能产生延时的(真目标后)假目标,但限于原有技术只能形成时域上不重叠的干扰波形,经脉冲压缩雷达匹配接收后的目标间隔不小于其脉冲宽度,由于脉冲压缩体制具有大时宽和高距离分辨力,形成假目标在距离刻度上的密度远达不到压制干扰的要求,为此必须引入高密度脉内假目标的产生技术。产生相干高密度脉内假目标的方法从理论讲有两种:多抽头延迟线法和软件计算合成法。多抽头延迟线法的优点是结构简单、直观;缺点是假目标数量有限,延迟间隔固定,带宽较窄,不够灵活。软件计算合成法的优点是灵活,但结构复杂,处理时间较长。

(3) 幅度调制干扰。幅度调制干扰是在转发干扰的基础上,改变回波信号幅度大小(程序设定或随机产生),形成回波信号的幅度调制,能有效掩盖真实目标,破坏其目标特性。

2) 对冲击脉冲雷达的干扰

冲击脉冲雷达由于其信号带宽极宽(直流至数吉赫)、脉冲宽度极窄、峰值功率极高,对干扰带来很大困难,除常用的箔条及诱饵技术外,还可通过信道化干扰的方式实现。信道化接收机将收到的冲击脉冲雷达信号分解至多频段,采用不同的信道产生各自频段内的干扰信号,经发射机放大后,由不同的馈源投射至发射天线上,利用空间馈电完成各信道的合成。

7.4.3　合成孔径雷达对抗手段

合成孔径雷达(Synthetic Aperture Radar,SAR)作为一种工作在微波波段的主动式遥感器,在遥感领域具有可见光、红外等其他电磁谱段遥感技术所不具备的独特优势,能够全天候、全天时对地进行大范围观测、视角可变的观测,并具有良好的穿透性以及高分辨率,因而在军事和民用领域获得了越来越多的重视和应用。SAR 从 1951 年提出基本概念以来,经过长达半个多世纪的研究和发展,研究重点也发生了根本的变化。目前 SAR 的研究主要分为三个方面,即军事方面的对抗技术、成像算法方面的大斜视角成像算法研究及SAR 民用方面的 SAR 图像应用,本节研究 SAR 的对抗技术。

1. SAR 对抗的可行性分析

合成孔径雷达既具有一般雷达的共性,又有特殊性。针对常规雷达的大多数干扰方法,对合成孔径雷达干扰仍然有一定的效果;同时,合成孔径雷达通常包含高性能的数字信号处理机,可以采用灵活多样的信号处理手段来抑制噪声,这增加了干扰的难度。SAR是一种利用合成孔径技术来改善雷达方位分辨力,从而获得高分辨力图像的雷达。与用于

检测目标、估计目标位置及运动参数的传统雷达不同，SAR 是一种成像雷达。因此，对 SAR 的干扰，主要目的是通过降低 SAR 图像的质量，从而阻止敌方从图像中检测、识别目标及获得有用信息。SAR 的工作方式及成像算法与传统雷达有较大不同，对 SAR 实施干扰有其特殊的不利和有利因素。

（1）SAR 成像算法是一种抗干扰算法。这是因为 SAR 发射信号通常是线性调频信号，方位上也可以近似地看作是线性调频信号。线性调频这类大时宽带宽积的信号有很强的抗干扰能力，这一点增加了对 SAR 实施干扰的难度。

（2）SAR 是一种相干成像雷达，要求回波信号具有良好的相干性，因此对雷达发射机参数和天线波束指向有严格的要求。在成像过程中，线性调频信号的调频带宽和脉冲宽度、雷达的载波频率和脉冲重复频率都不能随意改变，而天线的波束指向也必须与飞行方向保持固定的夹角（如条带式 SAR）或始终指向被观测地区（如聚束式 SAR）。这些限制使雷达侦察系统更容易获取 SAR 的工作参数，因此干扰机也更容易在频率和方向上对准 SAR，从而提高干扰的效率。

（3）SAR 图像实际是目标区域的后向散射系数矩阵，不仅包括车辆、舰船、桥梁等强反射体，也包括海洋、河流、湖泊、农田、道路等弱反射体。干扰信号功率不需很大，便可以覆盖弱反射体，模糊强反射体的轮廓、纹理，降低 SAR 图像的可理解程度。图 7.4.1 所示为 SAR 后向散射系数强度例图。

图 7.4.1　SAR 后向散射系数强度例图

（4）SAR 带宽较大，机载 SAR 已做到数百兆赫的带宽，因此很容易实现带内干扰。SAR 为了大范围测绘，飞行高度较高，回波功率随斜距以 4 次方衰减，SAR 接收到的回波较微弱；而干扰信号仅随斜距以 2 次方衰减，用小功率干扰机实现压制性干扰是有可能的。

2. SAR 压制性干扰技术

压制性干扰产生噪声或类似噪声的干扰信号进入敌方 SAR 接收机去压制或淹没有用信号(目标回波),使之对其侦察区域的成像质量下降甚至变得模糊不清,从而使对方难以从 SAR 图像中检测到需要的目标信息。

压制性干扰技术的具体实现过程可用图 7.4.2 所示的框图来表示。

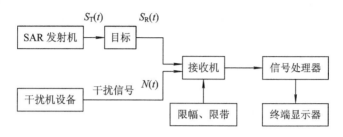

图 7.4.2　SAR 压制性干扰技术实现框图

首先 SAR 向可能存在目标的空间发射一个线性调频脉冲串信号 $S_T(t)$。当该空间存在目标时,该信号会受到目标距离、角度和其他参数的调制,成为回波 $S_R(t)$;而与此同时,另一方 SAR 干扰机则会产生各种噪声 $N(t)$,这些噪声 $N(t)$ 将会和回波 $S_R(t)$ 一起进入接收机,然后再经过信号处理器进行 A/D 转化(量化)和成像处理等一系列数字信号处理技术,得到目标图像并送到终端完成成像显示。在实施压制性干扰时,人为产生的噪声强度随机不定,它和目标回波信号之和的强度可能会超过接收机的动态范围。下面分析压制性干扰方法。

1) 瞄准式干扰

瞄准式干扰要求满足:$f_j \approx f_c$,$B_j = (2 \sim 5)B_r$,采用瞄准式干扰必须首先测得雷达信号载频 f_c,然后把干扰机频率 f_j 调整到雷达频率上,保证以较窄的干扰带宽 B_j 覆盖雷达带宽 B_r,这一过程称为频率引导。这种干扰样式的优点是在 B_r 内干扰功率强,缺点是对频率引导要求高,有时甚至难以实现。瞄准式干扰机发射连续的辐射噪声,干扰噪声谱包含在雷达接收机带宽内,能均匀分布整个成像带。对成像的干扰效果是在距离上,噪声斑点呈现延伸的状态。

2) 阻塞式干扰

阻塞式干扰以连续的方式发射干扰,干扰一般满足:

$$f_s \approx \left[f_j - \frac{B_j}{2},\ f_j + \frac{B_j}{2} \right],\ B_j > 5B_r \tag{7.4.2}$$

其对频率引导要求低,干扰带宽相对较宽,可以用于干扰频率捷变雷达。其缺点是有效干扰功率低,干扰机噪声均匀分布在整个成像范围,其效果是图像呈现为斑点状。阻塞式干扰噪声压制了整个雷达距离带宽及可能的多普勒频率范围。雷达对干扰噪声进行处理后,图像中噪声斑点的大小与距离、方位分辨单元的数量级相同,且由于大量噪声的非相干叠加,使干扰噪声间的密度区域平滑。

3) 随机脉冲干扰

雷达接收机内出现的时域离散的、非目标回波的脉冲统称为脉冲干扰。而随机脉冲干扰的干扰脉冲幅度、宽度和间隔等某些参数或全部参数是随机变化的。当脉冲平均间隔时间小于雷达接收机的暂态响应时间时，中放的输出使这些随机脉冲响应相互重叠，其概率分布接近于高斯分布，且干扰效果与噪声调频干扰相近。因为干扰机发射脉冲的间隔是随机的，所以这些噪声可出现在距离图像的任一部分。若在时域中对足够量的样本进行观察，对应于某个样本噪声脉冲将占据整个距离图像。方位处理器把一个合成孔径长度内的所有样本的噪声功率叠加，相加值与干扰机的平均噪声功率成正比。脉冲干扰机的噪声分布于整个距离图像，斑点的尺寸与瞄准式干扰一样，在距离上仍有扩展。但其干扰的斑点同瞄准或阻塞干扰的斑点相比较，亮度变化更明显，这是因为非相干叠加的噪声样本数减少了，从而降低了多重观察的平滑效果。随机脉冲干扰在普通雷达中能产生大量的虚假目标，而在合成孔径雷达中只能产生噪声。实验表明，尽管不同类型的干扰噪声在 SAR 图像上的表现形式有差异，然而对较均匀的成像区域，都只需约 20 dB 的干信比（进入接收机后的干信比），就可以很好地实现压制性干扰。

图 7.4.3 所示为 SAR 压制干扰效果。

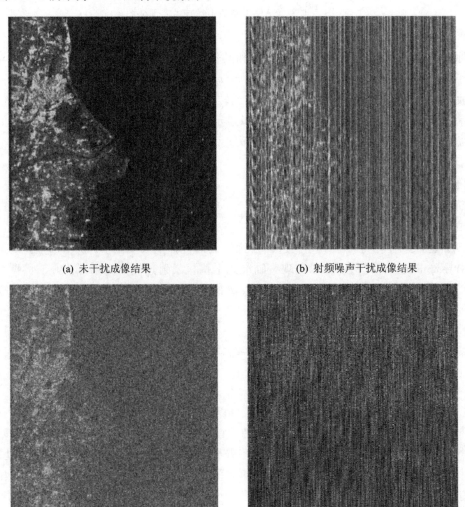

(a) 未干扰成像结果　　　　　　　　(b) 射频噪声干扰成像结果

(c) 阻塞式干扰成像结果　　　　　　(d) 脉冲干扰成像结果

图 7.4.3　SAR 压制干扰效果

3. SAR 欺骗性干扰技术

欺骗性干扰机模拟目标回波信号作用于雷达的目标检测和跟踪系统,以假代真或真假混杂,雷达往往在不知不觉中就受到了干扰,从而不能正确地检测真正的目标或者不能正确地测量其真正目标的参数信息,因而有着特殊的干扰效果。属于积极干扰(有源干扰)的欺骗性干扰可分为假目标干扰、距离跟踪欺骗、角度跟踪欺骗和速度跟踪欺骗。其中假目标干扰就是在雷达观察空域内模拟一个实际上并不存在的目标来迷惑对方。距离跟踪欺骗主要是通过对收到的雷达照射信号进行时延调制和放大转发来实现的。速度跟踪欺骗主要根据雷达接收到的目标回波信号与基准信号(雷达发射信号或直接收到的雷达发射信号)的频率差 f_d(通常称为多普勒频率)来实现。

欺骗式干扰的一种实现途径是转发式干扰,转发式干扰性能取决于干扰机转发的雷达信号的保真程度。这种干扰信号能在许多距离单元中产生噪声或产生假目标。若雷达脉冲的编码和多普勒特性被保存下来,则这种信号将在距离和方位上被压缩。假目标功率密度的增加倍数为信号处理增益。这与固定目标的雷达回波一样。在施放干扰过程中,如不能保持雷达的脉内特征,则信号处理器将以处理噪声方式作用于复制信号。在距离维上,干扰噪声被限制在许多距离单元上,其宽度受再发射干扰脉冲宽度限制。干扰的距离单元位置与干扰机的空间位置及转发器产生的时延有关。在这种情况下,转发式干扰的雷达成像类似于阻塞式干扰噪声。如果转发信号保留了雷达的信号特性,那么雷达处理机就不能把处理的干扰脉冲当成噪声。假设只保留了信号的脉内特性(脉宽、带宽、调频斜率),那么脉冲将被在距离上压缩成一条线,线的宽度为压缩的距离可分辨单元,与噪声带密度相比,该条线的密度为"距离压缩比"倍。如果转发器还能在脉冲间保存被截获雷达的相位,则转发脉冲还可在方位上被压缩,结果为一个点目标的图像,其密度将增加"方位压缩比"倍。可以预料,这种目标是非常强的。除了方位天线方向图旁瓣所接收到的假目标图像外,还有可能因距离模糊造成假目标。这种转发式干扰无需很高的干扰功率就可产生假目标,且效果很好,然而其复杂性也是很明显的。

虽然欺骗式干扰具有不易被察觉的优点,但是它要求对 SAR 系统参数和运动参数准确估计,并且快速生成虚假的分布式目标干扰信号,新一代 SAR 发射信号带宽越来越宽,超宽带的欺骗式干扰机实现起来相当困难。另一种与欺骗式干扰方法类似的干扰方法更为可行,即生成的虚假目标干扰信号和 SAR 回波信号非常相似,因而干扰信号通过 SAR 成像处理后,能有一定程度的压缩,但由于不能准确地和参考函数匹配,干扰信号无法压缩成一个强点,而是扩散在一个小的区域,在此称其为"半匹配干扰"。欺骗式干扰要求准确地估计 SAR 的各个参数,实际中很难做到,因此产生虚假的点目标必然会扩散开,扩散的程度与参数的估计精度有关,事实上将成为半匹配干扰。

SAR 信号处理时,调频斜率误差将会造成主瓣展宽、主瓣峰值下降和旁瓣电平增高。扩散开小的区域是由 SAR 参数估计的不准确造成的,而半匹配式干扰正是利用参数估计的不准确,以欺骗式干扰的形式实现了压制性干扰。图 7.4.4 所示为 SAR 半匹配干扰效果。

(a) 无干扰成像结果　　　　　　　　　　(b) 半匹配干扰成像结果

图 7.4.4　SAR 半匹配干扰效果

7.4.4　脉冲多普勒雷达对抗手段

本节主要学习脉冲多普勒体制雷达的特点以及对其针对性的干扰手段。

20 世纪 60 年代以来，为了解决机载雷达的下视难题，研制了脉冲多普勒雷达（PD）。机载雷达下视时将遇到很强的杂波（地面、海面），在这种杂波背景下检测运动目标主要依靠多普勒频域上的检测能力，MTI 雷达可用的多普勒频域空间受到盲速的限制；工作频率越高，在相同目标速度条件下其多普勒频率相应提高而使第一盲速下降，机载雷达由于其他条件限制而常采用高工作频率（如 X 波段），多个盲速点的存在明显地减小了可检测目标的多普勒空间；机载雷达还因平台的运动而导致杂波频谱的展宽，这将进一步减小可用于检测目标的多普勒空间。脉冲多普勒雷达有以下特点：

（1）足够高的脉冲重复频率。脉冲多普勒雷达选用足够高的脉冲重复频率，保证在频域上能区分杂波和运动目标。当需要测定目标速度时，重复频率的选择应能保证测速没有模糊，但这时通常存在距离模糊。

（2）能实现对脉冲串频谱中单根谱线的多普勒滤波。脉冲多普勒雷达具有对目标信号的单根谱线滤波的能力，因而还能提供精确的速度信息，而动目标显示雷达则不具有这种能力。

（3）采用高稳定度的主振放大式发射机。只有发射相参脉冲串才能对处于模糊距离的目标进行多普勒信号处理，只有发射相参脉冲串才能进行中频信号处理，因此脉冲多普勒雷达通常采用栅控行波管或栅控速调管作为功率放大器的主振式发射机，由它产生相参脉冲串，而不像早期动目标显示雷达那样可以采用磁控管单级振荡式发射机。此外，脉冲多普勒雷达要求发射信号具有很高的稳定性，包括频率稳定和相位稳定。发射系统采用高稳定度的主振源和功率放大式发射机，保证高纯频谱的发射信号，尽可能减少由于发射信号不稳而给系统带来附加噪声和由于谱线展宽而使滤波器频带相应加宽。只有发射信号具有高稳定性，才能保证雷达获得高的改善因子。

（4）天线波瓣应有极低的副瓣电平。机载 PD 雷达的副瓣杂波占据很宽的多普勒频率范围，再加上重瓣多距离模糊而使杂波重叠，强度增大，只有极低的副瓣才能改善在副瓣杂波区检测运动目标的能力。

因此，多普勒雷达的最大特点是在多普勒频率上分辨目标，具有较好的抗干扰能力，这也是干扰难点，主要表现在：

（1）由于多普勒雷达中使用了各种窄带滤波器，只能让指定的目标回波多普勒谱线进入接收机，滤除了带外噪声，从而提高了信噪比。要想让具有足够干扰功率的干扰信号通过多普勒滤波器，既需要使干扰频谱覆盖多普勒滤波器带宽，又要保证多普勒滤波器带宽内有高的干扰功率密度。

（2）多普勒雷达采用相干发射模式，处理回波时采用相干积累。干扰信号必须与雷达回波信号保持相干，才能达到有效干扰的目的。

（3）由于箔条发射后处于随风飘落状态，箔条所产生的多普勒频率与目标回波多普勒频率差距较大，远大于一个多普勒滤波器带宽，因此具有反箔条干扰能力。

（4）多普勒雷达能以直接测量多普勒和对距离测量结果进行微分两种途径提取目标径向速度，通过比对结果，能判断受干扰情况，消除单一速度欺骗干扰对雷达工作的影响。

为了有效干扰多普勒雷达，采用噪声干扰时，由于噪声信号无法获取多普勒雷达接收机处理目标回波时所具有的处理增益，因此必须用加大干扰有效辐射功率来补偿，而且要求噪声带宽很窄；用欺骗干扰时，必须注意到多普勒带宽为 Hz 量级，要求欺骗干扰信号至少在干扰频率上精确到 Hz 量级，才能保证干扰信号获得与脉冲回波相同的处理增益。因此，干扰有效的基本前提条件是：噪声干扰信号必须功率大，具有窄带特征，以便获得高干扰谱密度；欺骗干扰信号必须相干，至少在雷达处理时间内与雷达信号保持相干。

下面先简单讨论抗干扰的方法，为后续深入研究抗干扰方法抛砖引玉。

（1）当多普勒雷达处于下视状态时，主瓣照射会产生很强的主瓣杂波，因此，多普勒雷达必须设计主瓣杂波抑制滤波器，将主瓣杂波滤除掉，减轻窄带滤波器组处理压力。但是，如果运动目标的回波谱落在无杂波区，电子对抗系统将其搬移至主瓣杂波频率范围内，那么，运动目标回波谱同样被滤除，从而达到有效干扰的目的。可采用射频数字存储和调制技术，将目标多普勒谱线搬至主瓣杂波中，利用雷达本身主瓣杂波抑制滤波器的滤波功能，将主瓣杂波和搬移后的目标谱线一并滤除。

（2）速度与距离同步拖引单独的速度门拖引（VGPO）和距离门拖引（RGPO）对某些雷达欺骗是成功的，但是，如果一部雷达（如多普勒雷达）同时具有距离波门和速度波门两种工作状态，则可以通过距离和速度之间的相互计算将已成功进行 VGPO 或 RGPO 的干扰信号剔除。因此，对具有距离和速度波门的雷达进行干扰时，必须采用距离、速度同步拖引方式。拖引距离和拖引速度最大值的选取应视雷达不同而不同，不能超过雷达的最大跟踪距离和最大速度处理能力，欺骗距离和欺骗速度超过这些最大值，雷达将不做处理，从而大大降低欺骗干扰效果。采用速度和距离同步拖引可以模拟导弹从发射平台上的发射过程，这对制导雷达采用多普勒方式是比较有效的。

（3）"盲速"干扰即将真实目标的回波多普勒谱线拖到雷达盲速点上，使雷达作为固定目标处理，在对消器中被消除。当运动目标处于"盲速"上时，雷达会产生丢失或对该目标的检测能力大大降低。

（4）"灵巧噪声"干扰在雷达的中心频率附近发射许多噪声猝发脉冲，在时间上与真正的目标回波重叠并且覆盖住目标回波，这种干扰波形没有真正转发式干扰机的全部效果，但是它能够更好地利用可利用的干扰能量，而且不大可能受雷达采用旁瓣消隐(SLB)和旁瓣取消(SLC)抗干扰技术的影响。

（5）闪烁假目标速度欺骗方法主要是产生多普勒假目标。其产生的机理是：在雷达工作频点的一侧设置两个干扰频点，即 $f_{j1} = f_i + f_{d1}$，$f_{j2} = f_i + f_{d2}$，其中 f_i 为雷达工作频率，f_{j2} 和 f_{d2} 应根据雷达的脉冲重复频率、工作波长、干扰载体相对于地面的运动速度以及雷达载体相对于地面的运动速度进行选取，其值不大于脉冲重复频率的一半。

假设敌方对空监视雷达采用了多普勒体制，脉冲重复频率 $f_{PRF} = 200$ kHz，工作波长 $\lambda = 5$ cm，则最大多普勒频率 $f_{dmax} = 100$ kHz，能探测的目标的最大飞行速度为 $v_{max} = 2500$ m/s。假设我方轰炸机带有自卫功能，采用多普勒假目标方式干扰敌方多普勒雷达，我方飞机与敌方雷达之间的相对径向速度为 1Ma(马赫)，则敌方雷达探测到我方飞机所形成的多普勒频率 $f_d = 14.3$ kHz。为了使干扰有效，应将两个干扰频点设置在多普勒频率的两边，干扰信号的调制特性相反，大于多普勒频率的干扰信号用负极性的锯齿波进行频率调制，小于多普勒频率的干扰信号用正极性的锯齿波进行频率调制。这样，通过交变极性和变频频率信号在多普勒频谱两边形成大量的假目标，扰乱多普勒雷达的速度谱跟踪。

第 8 章 雷达的电子防御

本章主要介绍如何应对雷达面临的四大威胁，主要包括反侦察、反隐身、抗干扰、抗反辐射导弹等技术战术方法；最后分析了电子战历史上的经典战役——贝卡谷地之战中的电子对抗手段。

8.1 雷 达 反 侦 察

如前所述，雷达对抗侦察是雷达电子战的基础，能够为电子干扰、电子防护、武器规避、目标瞄准或其他兵力部署等一系列军事行动实时提供威胁识别和相应参数，所以，雷达具备反侦察能力是十分重要的。

8.1.1 截获因子

雷达反侦察的目的就是使对方的雷达侦察接收机不能（或难以）截获和识别雷达辐射信号。具有难以被侦察接收机截获性质的雷达，统称为低截获概率雷达。低截获概率雷达除了具有反侦察的特点外，还能防止敌方有针对性的干扰，并且也有利于防止反辐射导弹的攻击。

低截获概率雷达的质量通常用截获因子 α 来衡量，它是侦察接收机能够检测到低截获概率雷达的最大距离与雷达检测规定目标（也可以为侦察接收机的平台）的最大距离的比值，即

$$\alpha = \frac{R_\mathrm{l}}{R_\mathrm{m}} \tag{8.1.1}$$

由雷达方程和侦察方程可以推导出：

$$\alpha^4 = \frac{1}{4\pi} \left(\frac{P_\mathrm{t}}{kT_0} \right) \left(\frac{F_\mathrm{r}}{F_\mathrm{l}^2} \right) \left(\frac{1}{\tau B_\mathrm{l}^2} \right) \left(\frac{L_\mathrm{r}}{L_\mathrm{l}^2} \right) \left(\frac{\lambda^2}{\sigma} \right) \left(\frac{D_\mathrm{r}}{D_\mathrm{l}^2} \right) \left(\frac{G_\mathrm{tl}^2 G_\mathrm{l}^2}{G_\mathrm{t} G_\mathrm{r}} \right) \tag{8.1.2}$$

式中：P_t 为发射信号峰值功率；kT_0 为常数项，其中 k 为波尔兹曼常数，T_0 为标准室温 290 K；F_r、F_l 分别为雷达接收机的噪声系数和侦察接收机的噪声系数；L_r、L_l 为雷达和侦察接收机的损耗因子；G_t、G_r 分别为雷达发射和接收天线的增益；G_tl 为雷达发射天线在侦察接收机方向的增益；G_r 为侦察接收机在雷达方向的天线增益；$D_\mathrm{r} = (S/N)_{R\min}$ 为雷达检测因子，即达到一定发现概率和虚警概率时输出端所需的最小信噪比；$D_\mathrm{l} = (S/N)_{l\min}$ 为侦察接收机达到一定发现概率和虚警概率时输出端所需的最小信噪比；λ 为雷达工作波长；τ 为雷达脉冲宽度；B_l 为侦察接收机的有效带宽；σ 为雷达检测目标的雷达散射面积。为提高雷达反侦察性能，应尽量降低截获因子 α。

可见，低截获概率雷达技术的关键技术是脉冲压缩技术和参数随机化等。

8.1.2　雷达反侦察技术措施

雷达反侦察采取的技术措施主要是尽可能地降低雷达的截获因子 α，具体表现如下。

1. 降低辐射信号的峰值功率

由式(8.1.2)可以看出：降低辐射信号的峰值功率，将使截获因子 α 减小。采用功率管理技术，可使 α 保持在尽可能小的程度。雷达功率管理的原则是雷达在目标方向上辐射的能量只要够用(有效检测和跟踪目标)就行，尽量将 P_t 控制在较低的数量值上。

雷达功率管理技术通常适用于测高和跟踪雷达，而搜索雷达则不适用，因为它必须在很大范围连续搜索小目标。

2. 降低发射天线的旁瓣电平

由于现代侦察接收机的灵敏度很高，能够截获由雷达发射天线旁瓣辐射的雷达信号。由式(8.1.2)可见，降低雷达发射天线的旁瓣增益 G_{t1} 对降低截获因子 α 很重要，所以应尽量地降低发射天线的旁瓣电平，采用超低旁瓣天线(即天线旁瓣电平在 -40 dB 以下，平均电平小于 -20 dB。)

3. 发射复杂波形的雷达信号

由式(8.1.2)可见，截获因子 α 与侦察接收机的损耗因子 L_1 成反比，而损耗因子包括了侦察接收机的失配损耗。通常，侦察接收机无法对雷达信号进行匹配接收，而是以失配的方式进行接收，所以自然会产生失配损失。由于失配损失的大小与侦察接收机的形式密切相关，所以，雷达发射的信号越复杂，失配损耗和侦察接收机的损耗因子 L_1 就越大，而截获因子 α 也就越小。

4. 发射大时间带宽积的雷达信号

由式(8.1.2)可见，截获因子 α 还与雷达波形的时间带宽积成反比。增大雷达信号的时间带宽积，侦察接收机的带宽 B_1 必须大于信号带宽，因此能够有效降低截获因子 α。通常将具有大时间带宽积特征的雷达信号波形称为低截获概率雷达信号波形。线性调频信号、随机相位编码信号具有大的时间带宽积，是低截获概率雷达信号，具有较好的反侦察特性。

5. 其他措施

此外，采用瞬间随机捷变频，重复周期、极化甚至脉宽跳变等措施，都可提高雷达的反侦察能力。如果采用无源定位方式，不向外辐射信号，自然能获得最好的反侦察性能。

8.1.3　雷达反侦察战术手段

雷达反侦察的战术措施主要有：尽量缩短雷达的开机时间，充分利用其他侦察方式(侦察预警网)提供的数据，事先在敌机来袭方向做好准备，当目标飞到一定距离时突然开机，小范围搜索几次，抓住目标后立即关机；设置假辐射源或使雷达的工作频率、脉冲重复频率、扫描方式等主要技术参数经常变换，对新程式、新波段雷达严格保密，关键时刻突然使用；平时用假的或不准备作战时使用的雷达迷惑敌方。利用伪装网或其他器材对阵地进行伪装，伪装时要注意不破坏周围景物原貌。还可以将允许放进地下掩体的兵器放进掩体，这样既能达到反侦察的目的又能加强对兵器的防护。

8.2　雷达抗干扰措施

雷达对抗干扰的技术措施有很多种，有多种不同的分类方法。按雷达抗干扰的原理来分类，可以分为波形选择、空间与极化选择、功率对抗、频率选择、最佳接收、动目标处理技术等。本节主要介绍上述几类抗干扰技术的基本原理，重点介绍空间选择技术、脉冲压缩技术、频率捷变技术及脉冲多普勒技术的基本原理。

8.2.1　雷达抗干扰技术

由于有源干扰和无源干扰的作用机理不同，所以雷达对抗有源干扰和无源干扰的技术原理也不尽相同。雷达对抗有源干扰的技术措施主要可以分为两类：第一类措施主要在进入接收机前采用，通过选取雷达基本参数，如输出功率、频率、脉冲重复频率、脉冲幅度、天线性能、天线方向图及扫描方式等，尽量将干扰排除在接收机之外；第二类措施主要用于抑制进入接收机内部的干扰信号，利用信号处理技术使雷达接收机的输出信噪比增至最大。雷达对抗无源干扰的主要措施是利用目标回波信号与无源干扰物形成的干扰信号之间运动速度的差异，采用动目标显示、动目标检测和脉冲多普勒雷达抑制固定（或缓慢运动）杂波干扰。

1. 波形选择

一部雷达采用什么样的发射信号为好，应当根据雷达的用途、威力、精度、分辨力、抗干扰能力等主要战术技术指标的要求，以及实现这种信号的发射机、接收机、信号处理设备等主要组成部分在技术上实现的难易程度和经济性加以全面的考虑。因此，雷达信号波形设计是雷达总体设计工作的一部分。这里并不是要从如此全面的角度来设计雷达信号波形，而是仅从抗干扰角度介绍雷达信号的波形选择问题。

1）抗有源噪声干扰

有源噪声干扰是一种随机性最大的压制性干扰，它的干扰效果好，使用普遍。噪声干扰又可分为白高斯噪声和色高斯噪声干扰两种。

（1）抗高斯白噪声。白噪声背景中检测目标信号应当采用最佳接收系统——匹配滤波器或相关积分器，以得到最大的输出信噪比 $q_{max} = 2E/N$。要进一步提高 q_{max}，只有加大信号能量 E 和降低干扰的谱密度 N_0。前者可以靠增大发射信号的峰值功率或平均功率、增加接收机相参积累的时间、提高天线主瓣增益等办法实现；后者则可通过降低天线副瓣增益、采用能够抑制干扰的天线极化形式、迫使敌方降低干扰功率谱密度（如采用频率分集、捷变频、多波段）等措施实现。这些措施虽说不属于信号波形设计的范围，但对信号波形选择却能起到一定的间接作用。因为不同的信号波形可能表现与上述各种措施的兼容能力有所不同。例如，采用脉内调频信号，因信号的时宽带宽积大，既可迫使干扰谱密度降低，又便于增大信号能量，从而提高 q_{max}；又如伪随机序列相位编码信号也具有大的时宽带宽积，所以也是一种较好的抗白噪声干扰信号波形。

（2）抗有源色高斯噪声。在色噪声背景中检测信号用最佳滤波器能获得最大输出信干比：

$$q_{\max} = \frac{E^2}{\int_{-\infty}^{\infty} N(f) \mid S(f) \mid^2 \mathrm{d}f} \tag{8.2.1}$$

要提高 $q_{\max}$，除了增大 E 之外，就是设法降低干扰谱密度 $N(f)$ 和减小干扰与信号频谱的重叠，将信号频谱集中在干扰频谱较弱的区域，或者说使干扰的模糊函数出现在信号模糊图的低值区或空白区。为此，采用大时宽带宽积的信号，如相参脉冲串、脉内调频、伪随机相位编码信号都是可以的。

（3）抗噪声调频干扰。噪声调频干扰是目前使用最普遍的干扰形式，它的有效频偏可以做得很大，达数百兆赫，覆盖的频带比其他噪声干扰宽得多，因此，一般的宽带信号和跳频方法都无明显的抗干扰效果。目前国内外研制宽—限—窄电路对抑制这种干扰有一定效果，但是需要从雷达信号波形上采取措施，尽量压窄信号带宽，使下面的不等式成立，才能有较好的抗干扰效果：

$$f_e \gg F_0 \gg B_1 \gg B \tag{8.2.2}$$

式中：f_e 为调频噪声的有效带宽；F_0 为调制噪声的带宽；B_1 为限幅器前带宽；B 为限幅后带宽（即匹配滤波器带宽）。

不等式中的前两项是将连续噪声干扰转换成空度比较大的干扰脉冲的条件，后一项是将干扰脉冲加以有效地平滑的条件。

2）抗距离、速度欺骗干扰

距离欺骗和速度欺骗干扰都是回答式干扰，干扰设备在收到雷达发射信号后，转发一个或多个该信号的延时、移频的复本。对于非相干回答式干扰，这种复本不可能是雷达信号的精确再现。如果雷达发射信号采用复杂结构的脉内调制波形，例如脉内调频、相位编码调制等信号，干扰机转发的复本便会严重失真。雷达接收系统对目标回波信号是匹配的，其输出为

$$x(\tau, \xi) = \int_{-\infty}^{+\infty} u(t) u^*(t+\tau) \mathrm{e}^{\mathrm{j}2\pi\xi t} \mathrm{d}t \tag{8.2.3}$$

而对于干扰脉冲是严重失配的，其输出为

$$x_\mathrm{J}(\tau, \zeta) = \int_{-\infty}^{+\infty} v(t) u^*(t+\tau) \mathrm{e}^{\mathrm{j}2\pi\zeta t} \mathrm{d}t \tag{8.2.4}$$

$x(\tau, \zeta)$ 是目标回波信号复包络 $u(t)$ 的时间、频率二维自相关函数（模糊函数），一般总有一个尖锐的主峰，而 $x_\mathrm{J}(\tau, \zeta)$ 是目标回波信号 $u(t)$ 与干扰信号 $v(t)$ 的时间、频率二维互相关函数（也称互模糊函数），它也有自己的主峰，但是由于干扰脉冲是严重失真的信号脉冲复本，它的主峰不会与目标信号的主峰重合。换句话说，在雷达接收系统中，干扰信号必然会受到抑制。受抑制的程度取决于干扰脉冲的失真程度，失真的大小又与雷达发射信号的波形有关。例如采用 $\tau B \gg 1$ 的线性调频信号时，干扰机转发的是宽度等于发射脉冲宽度的普通脉冲信号，而目标回波则保持原来的线性调频结构，两者通过压缩滤波器后，目标回波成了一个被压缩了 τB 倍的尖锐脉冲，而干扰信号失配，不发生压缩现象，因而信干比提高 τB 倍。这就造成了抗距离欺骗或速度欺骗的有利条件。

3）抗无源干扰

如果说功率对抗是抗有源干扰的一种有效手段，那么，正好相反，对于无源干扰功率对抗就完全无效了。这种情况下雷达信号波形的选择则是具有重要意义的手段，这里需要

重申信号模糊原理：不同的信号形式具有不同形状的模糊图，但是只要信号的能量相同，它们的模糊体积就是一定的，而且是相同的，只是它们的主峰和副峰所占比例不同。进行抗干扰波形选择时，只能在这个模糊原理的约束下改变模糊图的形状，其主峰避开干扰，并尽量压低副峰或将副峰移到无关紧要的区域。

2. 空间选择

空间选择法抗干扰是指尽量减少雷达在空间上受到敌人干扰的机会。空间选择抗干扰技术的核心是通过雷达天线的设计，提高雷达的空间鉴别和滤波的能力。所采用的具体技术包括：低旁瓣和超低旁瓣天线技术、空间滤波旁瓣消隐技术、旁瓣对消技术和天线自适应抗干扰技术。

1) 低旁瓣和超低旁瓣天线技术

雷达分辨体积单元 ΔV_s 是指由 θ_α、θ_β、τ 所构成的空间体积（如图 8.2.1 所示），其表达式为

$$\Delta V_s = R\theta_\alpha \times R\theta_\beta \times \frac{1}{2}c\tau \tag{8.2.5}$$

式中，R 为目标的距离。

减小雷达分辨体积单元，不仅能使进入雷达的干扰功率减小，而且会降低雷达信号被敌方侦察设备截获的可能性。由天线增益与波束宽度关系的经验公式(8.2.5)可以看出，减小 θ_α、θ_β 将使天线增益提高。当波束足够窄，旁瓣足够低时，雷达将只接收目标回波信号，而将目标周围空间的各种干扰抑制掉，能够提高雷达接收的信干比。

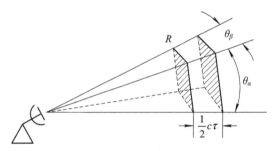

图 8.2.1　雷达分辨体积单元

目前，低旁瓣和超低旁瓣天线已经成为提高雷达系统整体性能的一个重要方面。要想使雷达能在严重地物干扰和电子干扰环境中有效地工作，必须尽可能采用低旁瓣的天线。低旁瓣和超低旁瓣天线还能有效地避免雷达遭反辐射导弹的袭击。一般普通天线的最大旁瓣电平为 $-13 \sim -30$ dB，低旁瓣天线的最大旁瓣电平为 $-30 \sim -40$ dB，而超低旁瓣天线的最大旁瓣电平在 -40 dB 以下。

天线的旁瓣电平主要由天线的照射特性、初级馈源泄漏和口径阻挡效应及天线的加工精度等因素所决定。对于轴对称的反射面天线（如抛物面天线），由于初级馈源泄漏和阻挡效应，很难做成超低旁瓣天线。平面阵列天线却有很大潜力，可以做成超低旁瓣天线。平面阵列天线的超低旁瓣是利用计算机辅助设计（CAD）和计算机辅助机械加工来实现的，其关键技术是鉴别和控制影响天线旁瓣电平的误差源（如天线结构、各辐射元之间的互耦、天线各种制造误差和频率响应等）。

20 世纪 80 年代末，由于国外天线旁瓣设计理论方面有了新的突破，在天线设计和制造方面广泛采用了计算机辅助设计和计算机辅助制造（CAM），再加上对大型雷达天线近场精密测试技术的提高，已实现了对每一部出厂天线进行检测，可发现缺陷并及时修正。因此，新型雷达天线已实现了低旁瓣水平（一般在 -30 dB 左右）。

2）空间滤波

进入雷达干扰信号的强弱与天线波束宽度有关。波束宽，进入的干扰信号较多；波束窄，进入的干扰信号较少。所以，雷达天线波束实质上是一个空间滤波器，起着空间滤波的作用。根据空间滤波特性的不同，可以分为峰值滤波器和零值滤波器。

（1）峰值滤波器。对于干扰均匀分布的环境（如分布式消极干扰或大范围的点式干扰），减小天线波束宽度，使波束主瓣足够窄，天线增益足够高，旁瓣尽量低，就能使信号干扰比达到最大。因为这种方法滤去干扰，而使信号干扰比最大，所以称为峰值滤波器，又称为波束匹配，如图 8.2.2 所示。常规雷达天线的波束实际上就是一种峰值滤波器，因此，为了提高雷达的抗干扰能力应尽量减小天线波束主瓣宽度，提高天线增益，压低旁瓣。大型相控阵面天线波束宽度窄，且波束指向可以捷变，是一种良好的天线峰值滤波器。

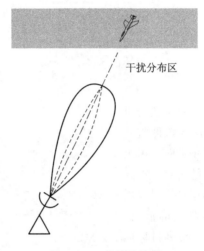

干扰分布区

图 8.2.2　峰值滤波器

（2）零值滤波器。当目标周围只有少数几个点式干扰源（如压制性积极干扰）时，干扰源可以看成是点源，把天线波束零点对准干扰源方向即可滤除干扰，称之为零值滤波器，如图 8.2.3 所示。

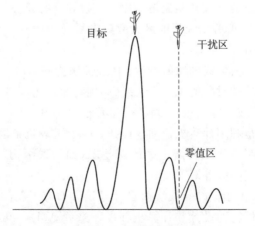

目标　　干扰区

零值区

图 8.2.3　零值滤波器

因为零值滤波器滤去零值方向的干扰，所以在其他方向就不再受这个干扰的影响，可以正常地接收目标信号。由于干扰源在空间相对位置是变化的，零值滤波器的零值位置也要相应变化。旁瓣对消技术是应用零值滤波的一个例子。

　　3) 旁瓣消隐(SLB)技术

　　雷达天线旁瓣的存在，使敌方能够实施旁瓣干扰，而且是很强的干扰，甚至能形成全方位的干扰扇面。为了消除从旁瓣进入的干扰，可采用旁瓣消隐和自适应旁瓣对消技术。

　　旁瓣消隐技术是在原雷达接收机(主路接收机)基础上增设一路辅助接收机，主路接收机所用的主天线为原雷达天线，辅助接收机所用的辅助天线为全向天线，其增益略大于或等于主天线最大旁瓣增益(远小于主瓣增益)。主天线和辅助天线的方向图如图8.2.4 所示。

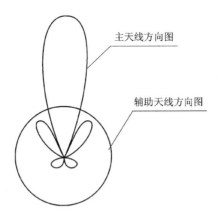

图 8.2.4　主天线和辅助天线方向图

　　旁瓣消隐的原理方框图如图 8.2.5 所示。主天线和辅助天线的输出信号或干扰分别经过主路接收机和辅助接收机送至比较器，在比较器中进行比较。当主路输出大于辅助支路输出时，选通器开启，将主路接收机的信号经过选通器送往显示器，这是目标处于主瓣方向的情况。当主路输出的信号或干扰小于(或等于)辅助支路输出时，则产生消隐脉冲送至选通器关闭选通器，没有信号送往显示器，从而消除了来自旁瓣的干扰。

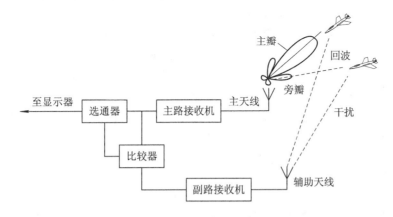

图 8.2.5　旁瓣消隐原理方框图

　　这种方法的优点是结构简单，易于实现。其缺点是只对低工作比的脉冲干扰有效，对于杂波干扰和高工作比的脉冲干扰，因为主瓣大部分时间处于关闭状态，所以不适用。

4）旁瓣对消技术

旁瓣对消（SLC）是一种相干处理技术，可减小通过天线旁瓣进入的噪声干扰，目前的 SLC 技术已能使旁瓣噪声干扰减低 20～30 dB。

一个典型的相干旁瓣自适应对消系统（CSLC）的组成如图 8.2.6 所示。

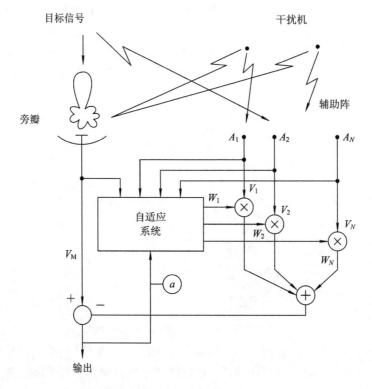

图 8.2.6　相干旁瓣自适应对消系统组成

在主天线波瓣收到目标信号的同时，天线的旁瓣响应中收到了干扰信号。干扰信号也被几个辅助天线接收到，它们在干扰机方向上的增益大于主天线旁瓣的增益。通常在辅助天线上收到的干扰信号强度远大于目标信号。

每一个辅助天线收到的干扰信号在幅度和相位上进行复加权形成"矢量和"信号，然后与主天线的干扰信号相减。权值是由一个自适应处理器控制的，可以使干扰信号功率在系统的输出中最小。

下面用一个简单例子说明自适应对消的原理。如图 8.2.7(a) 所示，主天线接收到的信号，包括回波 $U_{S0}(t)$ 和干扰 $U_{J0}(t)$ 经过接收机处理后送到相加器，辅助天线接收的信号分成互相正交的两路，即 $U_{JC}(t)$ 和 $U_{JC}V(t)$，分别经 W_1 和 W_2 加权后，也送到相加器，三个信号相加的矢量和作为输出信号。

适当调节 W_1、W_2 的值，使

$$U_{J\Sigma}(t) = U_{J0}(t) + W_1 U_{JC}(t) + W_2 U_{JCV}(t) = 0 \qquad (8.2.6)$$

就可将主天线和辅助天线接收的干扰对消掉，它们之间的矢量关系如图 8.2.7(b) 所示。

设辅助天线与主天线所接收的干扰信号幅度比为 a，相位差为 $\Delta\phi$，即 $\dot{U}_{JC} = a\dot{U}_{J0} e^{-j\Delta\phi}$，则根据矢量关系可求得当 $W_1 = -\cos\Delta\phi/a$，$W_2 = \sin\Delta\phi/a$ 时，$U_{J\Sigma} = 0$。

　　对回波信号，由于主天线主瓣增益远大于辅助天线增益，因而辅助天线所接收的回波信号相对于主天线的来说是非常弱的，在相加器处与主天线接收的回波信号矢量相加时，其影响是很小的，所以，回波信号经对消器后损失很小。

　　由于目标和干扰源都在运动，而天线是随目标运动而转动的，辅助天线与主天线旁瓣所接收的干扰信号的幅度比 a 和相位差都在不断地变化着，无法用人工控制权系数 W_1、W_2 的办法来实现旁瓣对消。因此，必须根据两天线所接收的干扰情况自动地计算和调整相位差的数值。

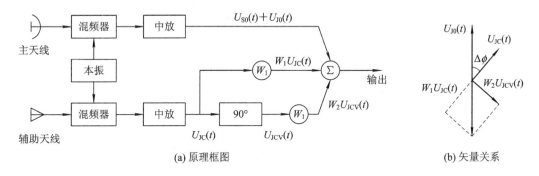

(a) 原理框图　　　　　　　　　　　　　(b) 矢量关系

图 8.2.7　自适应对消原理框图

5) 天线自适应抗干扰技术

　　天线自适应抗干扰技术就是根据信号与干扰的具体环境，自动地控制天线波束形状，使波束主瓣最大值方向始终指向目标而零值方向指向干扰源，以便能最多地接收回波能量和最少地接收干扰能量，使信干比最大。所以，自适应抗干扰天线属于零值滤波器型天线，其原理框图如图 8.2.8 所示。

　　自适应天线是由许多天线元组成的天线阵，每个天线元接收的信号 $y_i(t)$ 经各自复数加权网络 C_i（改变增益及相位的放大器）后组合相加产生

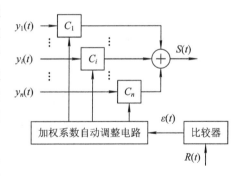

图 8.2.8　天线零值滤波器自适应抗干扰

阵输出 $S(t)$。为实现自适应，将 $S(t)$ 与一个参考信号 $R(t)$ 进行比较产生误差信号 $\varepsilon(t)$，此误差信号送到加权系数自动调整电路控制和调整各天线元的加权系数 C_i，从而使输出信号 $S(t)$ 发生改变，最终使 $S(t)$ 和 $R(t)$ 趋于一致，误差信号 $\varepsilon(t)$ 最小。其中，参考信号 $R(t)$ 应与接收的有用信号一致，而与干扰信号尽量不同，这样才能更好地接收有用信号而抑制干扰，$R(t)$ 可以用参考信号产生器来产生。

　　天线自适应抗干扰系统是一个反馈系统，或是一个典型的复杂自控系统。这种系统的优点是具有从强干扰中检测微弱信号的能力，而且干扰越强，系统的自适应能力和响应速度就越快；其缺点是对主瓣干扰和后瓣干扰的自适应能力低，干扰源数目较多时，自适应能力低，在非干扰源方向的旁瓣较大，而且结构复杂、成本高。

　　图 8.2.9 所示为一个七元双通道加权自适应天线阵的例子。振子间距均为 $\lambda_0/2$，权系数是经过自适应反馈环路计算和调整的。在调整前，所有的权系数都为 1，是一个等幅分

布的均匀阵，在 $\theta = 45.5°$ 方向有一个 -17 dB 的旁瓣峰值，若在这个方向有一架干扰机，则雷达将受到严重干扰。当权系数调整到图中所列 $W_1 \sim W_{14}$ 的数值时，在 $\theta = 45.5°$ 方向将出现 -77 dB 的谷值，因而干扰可被削弱 60 dB。权系数调整前后的方向图如图 8.2.10 所示。

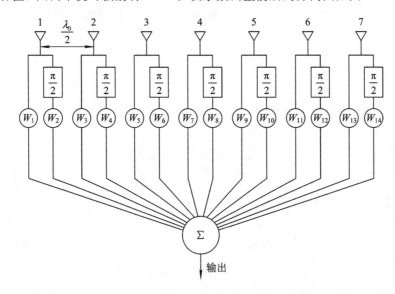

图 8.2.9 七元双通道加权自适应天线阵

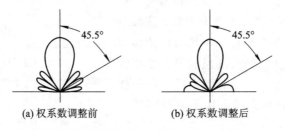

(a) 权系数调整前   (b) 权系数调整后

$W_1 = 0.099$；$W_2 = -1.255$；$W_3 = -0.266$；$W_4 = -1.518$；
$W_5 = 0.182$；$W_6 = -1.610$；$W_7 = 0.000$；$W_8 = -1.233$；
$W_9 = -0.182$；$W_{10} = -1.610$；$W_{11} = 0.266$；$W_{12} = -1.519$；
$W_{13} = -0.099$；$W_{14} = -1.255$

图 8.2.10 七元双通道加权自适应天线阵实例

3. 极化选择

极化对抗又称极化滤波，它是利用目标回波信号和干扰之间在极化上的差异来抑制干扰提取目标信号的技术。

利用雷达的极化特性抗干扰有以下两种方法：

第一种方法是尽可能降低雷达天线的交叉极化增益，以此来对抗交叉极化干扰。为了能对抗一般的交叉极化干扰，通常要求天线主波束增益比交叉极化增益高 35 dB 以上。

第二种方法是控制天线极化，使其保持与干扰的极化失配，能有效地抑制与雷达极化方向正交的干扰信号。从理论上看，当雷达的极化方向与干扰机的极化方向垂直时，对干扰的抑制度可达无穷大。但实际上，由于受天线极化隔离度的限制，仅能得到 20 dB 左右的极化隔离度。极化失配对干扰信号的抑制水平参见表 8.2.1。

表 8.2.1　极化干扰抑制量

抑制量/dB 干扰机　雷达	极 化 方 式			
	水平	垂直	左旋	右旋
极化方式　水平	0	∞①	3	3
垂直	∞①	0	3	3
左旋	3	3	0	∞①
右旋	3	3	∞①	0

注：①实际极限约为 20 dB。

由于敌方干扰信号的极化方向事先是未知的，所以要实现极化失配抗干扰就必须采用极化侦察设备和变极化天线，自适应地改变发射和接收天线的极化方向，使接收的目标信号能量最大而使接收到的干扰能量最小。极化抗干扰的原理图如图 8.2.11 所示。当自卫干扰机或远距离支援干扰机正使用某种极化噪声干扰信号时，通过极化测试仪可以测得干扰信号的极化数据，由操纵员或自动控制系统控制雷达天线改变天线极化方式，最大限度地抑制干扰信号，获得最大的信号干扰比。

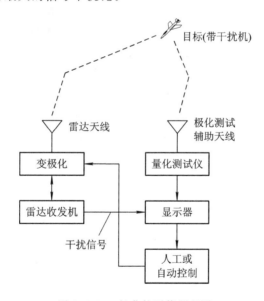

图 8.2.11　极化抗干扰原理图

此外，极化抗干扰技术还包括极化捷变、极化分集等，其基本原理都是通过对天线极化方向的调整抑制对干扰信号的接收。

4. 能量对抗

在电子防卫中，功率对抗是抗有源干扰特别是抗主瓣干扰的一个重要措施。通过增大雷达的发射功率、延长在目标上的波束驻留时间或增加天线增益，都可增大回波信号功率、提高接收信干比，有利于发现和跟踪目标。

功率对抗的基本方法包括：增大单管峰值功率，采用脉冲压缩、功率合成和波束合成技术，以及提高脉冲重复频率。

1）增大单管峰值功率

增大单管峰值功率主要就是选用功率大、效率高的微波发射管。但是单管的峰值功率与波长有关，波长越短，峰值功率越小。而且，当发射管功率很大时，电源的体积增大，价格增加，还容易使传输线系统打火，所以增大单管功率受到了限制。

2）脉冲压缩技术

脉冲压缩的概念始于第二次世界大战初期，由于技术实现上的困难，直到 20 世纪 60 年代初脉冲压缩信号才开始应用于超远程警戒和远程跟踪雷达。70 年代以来，由于理论上的成熟和技术实现手段日趋完善，脉冲压缩技术广泛运用于三坐标、相控阵、侦察、火控等雷达，从而明显地改进了这些雷达的性能。为了强调这种技术的重要性，往往把采用这种技术(体制)的雷达称为脉冲压缩雷达。

脉冲雷达所用的信号多是简单矩形脉冲。这时脉冲信号能量 $E = P_t \tau$，P_t 为脉冲功率，τ 为脉冲宽度。当要求增大雷达探测目标的作用距离时，应该加大信号能量。增大发射机的脉冲功率是一个途径，但它会受到发射管峰值功率及传输线功率容量等因素的限制。在发射机平均功率允许的条件下，可以用增大脉冲宽度 τ 的办法来提高信号能量。但脉冲宽度的增加又受到了距离分辨力的限制。距离分辨力取决于所用信号的带宽 B。B 越大，距离分辨力越好。对于简单矩形脉冲信号，信号带宽 B 和其脉冲宽度 τ 满足 $B\tau \approx 1$ 的关系，τ 越大，B 越小，即距离分辨力越差。因此，对于简单矩形脉冲信号，提高雷达的探测距离和保证必需的距离分辨力这对矛盾是无法解决的。这就有必要去寻找和采用较为复杂的信号形式。

大时宽带宽积信号就是解决上述矛盾的合适信号。顾名思义，大时宽带宽积信号指的是脉冲宽度与信号带宽的乘积远远大于 1 的信号，即 $B\tau \gg 1$。在宽脉冲内采用附加的频率或相位调制就可以增加信号的带宽。接收时采用匹配滤波器进行处理就可将宽脉冲压缩到 $1/B$ 的宽度。这样既可发射宽脉冲以获得大的能量，又可在接收处理后得到窄脉冲所具备的距离分辨力。因为在接收机内对信号进行了压缩处理，所以大时宽带宽积信号又称为脉冲压缩信号。

3）功率合成技术

由于功率分配器和功率合成器是可逆的，在微波中用作功率分配的器件如图 8.2.12 所示的环形桥和双 T 接头等，既可用作功率分配器，也能用作功率合成器，只要将输入和输出调换位置就行了。

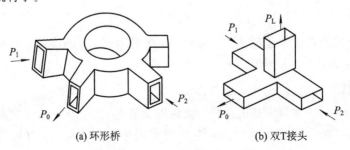

(a) 环形桥　　　　　　(b) 双T接头

图 8.2.12　两路微波功率合成器

若两路输入功率不相等,并存在相位差,则两路功率合成的功率损失与两路信号幅度比及相位差的关系曲线如图 8.2.13 所示。图中曲线对应的合成功率 P_0 与负载吸收功率 P_L 分别为

$$P_0 = \frac{1}{2}(P_1 + P_2) + \sqrt{P_1 P_2 \cos\theta} \qquad (8.2.7)$$

$$P_L = \frac{1}{2}(P_1 + P_2) - \sqrt{P_1 P_2 \cos\theta} \qquad (8.2.8)$$

除了两路功率合成之外,还可以进行多路功率合成。多路功率合成可用许多两路功率合成器组合而成,也可以用 N 路合成器一次合成。图 8.2.14 中前级是两路功率分配,后级是四路功率合成。

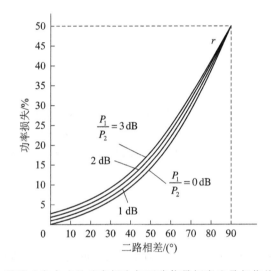

图 8.2.13 两路功率合成的功率损失与两路信号幅度比及相位差的关系曲线

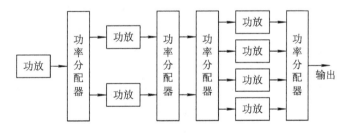

图 8.2.14 四路微波功率合成器

4) 波束合成技术

功率合成就是将许多功率较小的波束合成一个波束,固态有源相控阵雷达就是应用功率合成的一个典型。它用许许多多个固态发射/接收模块,分别给天线阵列的各个阵元馈电,通过控制各个阵元辐射电磁波的相位,即可在空间形成一个能量很大的波束。

相控阵雷达除了具有增大发射功率的作用外,还可以形成多种不同形状的波束,并可根据需要随意改变这些波束的方向,具有很大的灵活性。从功能上说,可以边搜索、边跟踪、边进行火力控制,并可同时跟踪多批目标。从雷达防护的观点看,相控阵雷达还具有以下优点:扫描方式灵活多样、随机变化,扫描波束难以被对方侦察系统截获;具备自适

应波束零点形成能力，能有效抑制某些方向上的支援式干扰；能自适应地在空间实现天线辐射信号能量的合理分配，即实现空间能量匹配；天线孔径大，雷达空间分辨力好，可抗分布式干扰；具备超低副瓣天线的条件，抗旁瓣有源干扰性能好。

5）提高脉冲重复频率

发射脉冲的重复频率（重频）升高，可以增大其平均功率，但同时将使雷达单值测距范围下降，可以采用两种不同的脉冲重复频率解决这个问题。目前，脉冲多普勒雷达采用的是高重频体制，在提高发射平均功率的同时，需要解决脉冲测距模糊的问题。

5. 频率选择

频率选择就是利用雷达信号与干扰信号频域特征的差别来滤除干扰。当雷达迅速改变工作频率，跳出干扰频率范围时，就可以避开干扰。常用频率选择的方法有：选择靠近敌雷达载频的频率工作；开辟新频段；快速跳频；频率捷变；频率分集。

1）频率选择的一般方法

（1）选用靠近敌人雷达载频的频率。由于敌人无法对这一频率施放干扰，因此能够达到避开干扰的效果。

（2）开辟新频段。雷达常用的频段有超短波、L波段（22 cm）、S波段（10 cm）、C波段（5 cm）和X波段（3 cm）。常用雷达密集频段为220 HMz～35 GHz，敌方干扰机也重点针对这些频段实施干扰。如果雷达工作频率超出了敌人干扰机的频率范围，雷达就不会受到干扰。

2）频率捷变技术

频率捷变雷达是一种脉冲载频在脉间（或脉组之间）做有规律或随机变化的脉冲雷达。在第二次世界大战期间，为了躲避敌人的干扰及友邻雷达的相互干扰，就开始逐渐将固定频率的雷达改为可调频率的磁控管雷达。但是，最早的可调频率磁控管采用的是机械调谐机构。20世纪50年代初，出现了用马达带动凸轮的机械调谐机构。但是这种旋转调谐控管用到雷达中，一开始就遇到了很大的技术困难，这就是如何使本振频率能够快速跟上调谐磁控管发射脉冲的频率，而且在发射脉冲之后保持高度的频率稳定。这个问题直到1963年才较成功地得到解决。到1965年，开始了全相参频率捷变雷达的研制。由于频率捷变雷达具有很强的抗干扰能力，相比固定频率的雷达在性能上又有一定的提高，在一些国家，不但将原有的雷达改装为频率捷变雷达，而且在新设计的雷达中也广泛地采用频率捷变体制。目前来看，频率捷变雷达已经成为军用雷达的一种常规体制。频率捷变技术有两种类型：一是采用捷变频磁控管的非相参型；二是利用频率合成技术的主振放大式的全相参型。本节首先讨论频率捷变雷达的性能，然后介绍相参频率捷变雷达及频率合成器的工作原理，最后简单介绍一种自适应频率捷变雷达的工作原理。

（1）频率捷变雷达的性能。

从抗干扰的角度来看，跳频的跨度（频差）越大、跳频速度越高，抗干扰效果越好，但由此带来的复杂性和实际条件的限制，使这两个指标不能做得很高。一般要求相邻脉间频差大于雷达整个工作频带的10%。与固定载频雷达相比，频率捷变雷达在性能上有所提高，并具有很强的抗干扰能力，现分别叙述如下。

① 提高雷达作用距离。

目标的雷达截面积对频率的变化与视角的变化都十分敏感。对于同样的视角，频率的极小变化就会引起有效反射面积的极大变化,如图 8.2.15 所示。复杂目标是由许多大小形状有极大差别的小散射体组成的,而雷达天线所接收到的信号是由这些散射体所反射的电波的矢量和。当雷达发射的频率变化时,由传播路径差而引起的相位差也随之不同,因而各散射体所反射电波的矢量和也就随着变化。

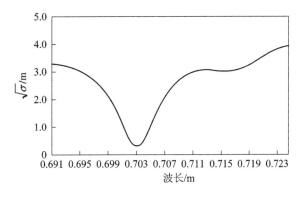

图 8.2.15　某大型喷气式飞机前段雷达散射截面积与波长的关系

由于雷达截面积对频率的依赖关系,当雷达发射脉冲工作于跳频状态时,其每个回波的幅度将会有很大的变化。当频差较大时,所接收到的回波是脉间不相关的,即围绕其平均值而快速跳动。这样,频率捷变可以改变被检测目标和杂波背景的统计性质。假定感兴趣的目标回波信号是起伏的,其统计性质在波束扫描的驻留时间内是强相关的,当采用频率捷变信号时就能起到脉间去相关的作用。在单一频率照射下的目标起伏模型是施威林 I 或 III 型,而在频率捷变情况下目标起伏模型就变成了施威林 II 或 IV 型,在同样的检测概率下,后者比前者需要的信噪比小,这就体现出了频率捷变的好处。

由图 8.2.16 可看出,当脉冲积累为 $N=20$,$P_{fa}=2\times10^{-5}$,$P_d=90\%$ 时,要获得同样的作用距离,则在其他参数均相同的情况下,采用固定频率的雷达需要的发射功率比采用频率捷变的雷达需要的发射功率大 7.5 dB (6 倍)。若采用相同的发射功率,则频率捷变雷达的作用距离是固定频率时的 1.5 倍。当然在 $P_d<33\%$ 时频率捷变雷达的检测性能还不如固定频率雷达,但这样低的检测概率是很少应用的。

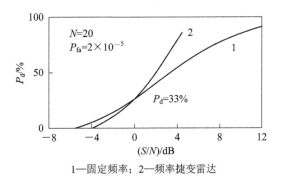

1—固定频率;2—频率捷变雷达

图 8.2.16　发现概率与信噪比的关系

② 提高跟踪精度。

目标回波的视在中心的角度变化称为角闪烁,它表现为角噪声,会引起测角误差。角闪烁的大小与目标的尺寸、目标的视角、雷达的频率和伺服带宽等因素有关。这种视在中心角度的变化在固定频率的雷达中是慢变化的,形成的误差难以消除。

对于频率捷变雷达,每一脉冲的射频都不一样,由此引起目标视在中心的变化速度加快,而视在中心的均值接近真值。这种闪烁的快变化成分是不能通过伺服系统的,因而频率捷变雷达能改善角跟踪精度。

频率捷变对单脉冲雷达角跟踪精度的改善是明显的,而对圆锥扫描的改善不太明显。其原因是频率捷变时圆锥扫描雷达的振幅起伏有所增大。图 8.2.17 和图 8.2.18 分别示出了频率捷变对单脉冲雷达和圆锥扫描雷达跟踪精度的影响。图中横坐标是以某固定值归一化的距离(相对距离),纵坐标是以某固定值归一化的相对均方根值误差。

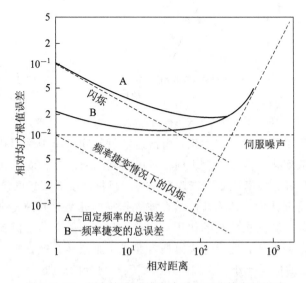

图 8.2.17 频率捷变对单脉冲雷达跟踪精度的影响

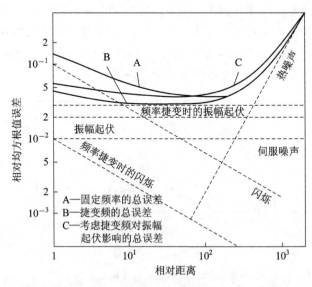

图 8.2.18 频率捷变对圆锥扫描雷达跟踪精度的影响

在较精密的单脉冲雷达中,闪烁误差是跟踪误差的主要限制。使用频率捷变技术可以改善系统的性能,但要求跳频跨度至少等于 150 m/μs/D(MHz)(其中 D 为目标纵深的尺度，单位为 m），才会有明显的去相关作用。

频率捷变能减小低仰角跟踪时多路径效应引起的误差。地面或海面反射所引起的波束分裂，其最小点的角度位置是和雷达所用的工作频率有关的。改变工作频率就可以改变最小点的位置。因此，当雷达工作于频率捷变时，就可以使分裂的波瓣相互重叠，从而消除波瓣分裂（多路径）的影响。这在采用计算机跟踪录取的雷达中，可以大大减小丢失目标的概率。

③ 改善角分辨力和距离分辨力。

固定频率雷达观测两个尺寸相当的目标时，由于姿态不同，天线扫过目标时，一个目标可能反射一组强回波，而另一目标可能反射一组弱回波，脉冲积累后，两者幅度相差很大，因而不能分辨。当采用频率捷变以后，两目标的回波幅度随机起伏，所以积累以后有近似相等的幅度，因而可提高分辨力。

④ 消除二次（或多次）环绕回波。

在很多地面雷达（尤其是海岸警戒雷达）中，由于大气的超折射现象引起的异常传播，常会使雷达有极远的探测距离。这就使远距离的地物杂波或海浪干扰在第二次（或更多次）重复周期内反射回来。轻者会增加噪声背景，严重时甚至会淹没正常目标回波。但在频率捷变雷达中，第二次发射脉冲的载频与第一次的不同，当超量程的环绕回波返回时，接收机的频率范围已经改变。因此接收机不能收到这种信号，这就自然地消除了二次或多次环绕回波。但正是这个原因，捷变体制不能直接用到具有距离模糊的高重复频率的雷达中。

⑤ 提高抗干扰能力。

提高雷达的抗干扰能力是采用频率捷变技术的最初出发点，也是促使现代雷达采用这一技术的重要原因之一。

频率捷变雷达具有低截获概率特性，这就增加了侦察设备对其侦察的困难。由于侦察不到雷达的存在或测量的参数不准，就很难对其实施有效的干扰。

由于频率捷变技术对抗窄带瞄准式干扰特别有效，这就迫使敌方采用宽带阻塞式干扰，这样一来干扰能量就大大分散了，若要提高干扰效果，则必须增大总的干扰功率。

对于强功率宽频带的阻塞式干扰，简单的跳频技术是无能为力的，但具有干扰频谱分析能力的自适应频率捷变雷达，可使雷达工作在干扰频谱的弱区，减小干扰的影响。

频率捷变雷达能抗跨周期回答式干扰，这是显而易见的，因为干扰机无法预知下一周期的雷达频率。

在雷达密集的环境，如舰艇上往往装有多部雷达，互相干扰是很严重的。当采用频率捷变体制时，各雷达接收到邻近雷达发射信号的概率极小，约等于雷达的工作带宽与捷变总带宽之比，基本上可以排除相互干扰。

海面搜索雷达对贴近海面的小型目标的检测能力受到海浪杂波相关性的限制，采用脉间捷变频技术能降低这种相关程度，从而提高海面目标的检测能力。因此，频率捷变体制也特别适用于机载或舰艇雷达，用以检测海面低空或海上目标。

频率捷变可以使相邻周期的杂波去相关。去相关后的杂波，其统计特性完全与噪声类似，因此，采用普通的非相参积累就可以实现提高信杂比的目的。

虽然频率捷变也会使目标回波去相关而变为快速起伏，但只要积累一定数目的回波后，目标的回波幅度逐渐趋近于其平均值，而杂波的方差却大为减小。

利用频率捷变抑制海浪杂波，虽然其效果不是最理想的（不如自适应动目标显示和脉冲多普勒体制),但由于海浪杂波强度通常比地物杂波弱很多,因此该体制仍可以大大提高对海上目标的检测能力。

以上分析了频率捷变对雷达性能的影响及其抗干扰性。除了上述优点之外,频率捷变雷达同单脉冲、脉冲压缩等体制兼容性较好。全相参频率捷变体制可以与动目标显示体制兼容,但非相参频率捷变体制与动目标显示体制难以兼容。

(2) 相参频率捷变。

相参频率捷变雷达的发射脉冲载频与本振信号是由同一个稳定信号源产生的,二者之间保持了严格的相位关系。由于全相参频率捷变雷达的工作频率可用数字技术来控制,它的捷变频有更大的灵活性,可以实现复杂规律的捷变和自适应捷变,同时也可以实现信号的相参处理。

相参频率捷变与非相参频率捷变相比,在技术上要复杂得多。相参频率捷变雷达采用主振放大式发射机,由于基准信号是由高稳定的晶体振荡器产生的,因此其发射信号具有较高的频率稳定度和准确度。

在相参频率捷变雷达中,核心技术问题是频率合成。频率合成系统应能产生数目足够多的频率信号,对每个频率信号而言,频谱纯度都很高,并能以微秒级时间实现跳频。目前,主要有三类频率合成技术:直接模拟频率合成技术、直接数字频率合成技术和间接频率合成技术。

① 直接模拟频率合成技术。

直接模拟频率合成是指用给定的基准频率,利用加、减、乘、除等手段,产生新的所要求频率的技术。实现频率的加、减,通常由混频器来完成;实现频率的乘、除,通常由倍频器和分频器来完成。这种方法得到的信号长期和短期稳定度高,频率变换速度快,但调试难度较大,杂散抑制不易做好。目前此法仍应用于一些雷达信号产生器中。

图 8.2.19 所示为一种十进制开关选择法直接模拟频率合成器的例子。

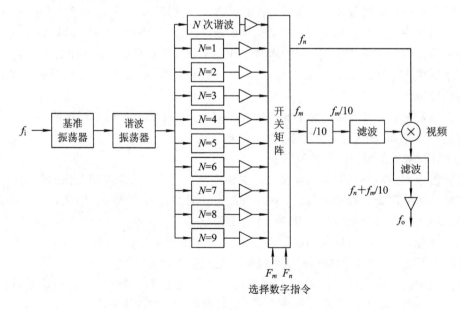

图 8.2.19 十进制开关选择法频率合成器

　　基准振荡器产生基准频率 f_r，它经谐波发生器后又经 10 个选频放大器，得到 10 种频率，加到开关矩阵。开关矩阵有 10 路频率输入和两路频率输出，它受数字指令控制，输出频率可能是 10 种频率中的任意两个：f_m、f_n。然后经 1/10 分频成 $f_m/10$，再经滤波放大，与 f_n 混频得到了 $f_n + f_m/10$ 频率。由于 f_m 和 f_n 是基本频率中 10 次谐波的任意一次，其众多频率分量中最低为 $f_{o\,min} = f_{n\,min} + f_{n\,min}/10 = f_r + 0.1 = 1.1 f_r$，最高频率为 $f_{o\,max} = f_{n\,max} + f_{n\,max}/10 = 10 f_r + f_r = 11 f_r$，间隔为 $0.1 f_r$，共 100 个频率。当 f_o 频率低于雷达所需要的工作频率时，经倍频器倍频为雷达工作频率，再经放大链放大成大功率信号。

　　直接频率合成器的频率捷变时间主要取决于矩阵开关的响应时间。这个时间可以做得很短，约几微秒。

　　② 直接数字频率合成技术。

　　20 世纪 70 年代以来，随着数字集成电路和微电子技术的发展，出现了一种新的合成方法——直接数字式频率合成（DDS）。它从相位的概念出发进行频率合成，采用了数字采样存储技术，具有精确、分辨力高、转换时间短等突出优点，是新一代频率合成器，已经在军事和民用领域得到了广泛应用。

　　DDS 包含相位累加器、波形存储器、数/模转换器、低通滤波器和参考时钟五部分。在参考时钟的控制下，相位累加器对频率控制字 K 进行线性累加，得到的相位码对波形存储器寻址，使之输出相应的幅度码，经过数/模转换器得到相对应的阶梯波，最后经低通滤波器得到连续变化的所需频率的波形。

　　理想的正弦波信号 $s(t)$，可表示成

$$s(t) = A\cos(2\pi f t + \varphi_0) \tag{8.2.9}$$

　　式(8.2.9)说明 $s(t)$ 在振幅 A 和初相 φ_0 确定后，频率由相位唯一确定：

$$\varphi(t) = 2\pi f t \tag{8.2.10}$$

　　DDS 就是利用式(8.2.10)中 $\varphi(t)$ 与时间 t 成线性关系的原理进行频率合成的，在时间 $t = T_c$ 间隔内，正弦信号的相位增量 $\varphi(t)$ 与正弦信号的频率构成了一一对应关系（见式(8.2.11)），如图 8.2.20 所示。

$$f = \frac{\varphi(t)}{2\pi T_c} \tag{8.2.11}$$

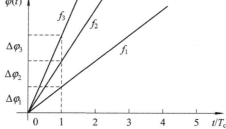

图 8.2.20　频率与相位增量之间的线性关系

　　为了说明 DDS 相位量化的工作原理，可将正弦波一个完整周期内相位的变化用相位圆表示，其相位与幅度一一对应，即相位圆上的每一点均对应输出一个特定的幅度值，如图 8.2.21 所示。

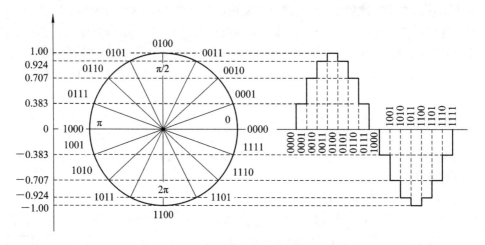

图 8.2.21　相位码与幅度码的对应关系

　　N 位的相位累加器对应相位圆上 $2N$ 个相位点，其最低相位分辨力为 $\varphi_{\min}=\Delta\varphi=2\pi/2^N$。在图中 $N=4$，则共有 $2^4=16$ 种相位值与 16 种幅度值相对应。该幅度值存储于波形存储器中，在频率控制字 K 的作用下，相位累加器给出不同的相位码（用其高位作地址码）去对波形存储器寻址，完成相位—幅度变换，经数/模转换器变成阶梯正弦波信号，再通过低通滤波器平滑，便得到模拟正弦波输出。

　　DDS 的时钟电路是由一个高稳定的晶体振荡器产生的，用于提供 DDS 中各部件同步工作。频率控制字 K 送到 N 位相位累加器中的加法器数据输入端，相位累加器在时钟频率的作用下，不断对频率控制数据进行线性相位累加，当相位累加器累积满量时就会产生一次溢出，累加器的溢出频率就是 DDS 输出的信号频率。由此可以看出：相位累加器实际上是一个以模数 2 为基准、受频率控制字 K 而改变的计数器，它累积了每一个参考时钟周期 T_c 内合成信号的相位变化，这些相位值的高位对 ROM 寻址。在 ROM 中写入了 2^N 个正弦数据，每个数据有 D 位。不同的频率控制字 K，导致相位累加器的不同相位增量，这样从 ROM 输出的正弦波形的频率不同，ROM 输出的 D 位二进制数送到 DAC 进行 D/A变换，得到量化的阶梯形正弦波输出，最后经低通滤波器滤除高频分量，平滑后得到模拟的正弦波信号。

　　波形存储器主要完成信号的相位序列 $\varphi(n)$ 到幅度序列 $s(n)$ 之间的转化。从理论上讲，波形存储器可以存储具有周期性的任意波形，在实际应用中，以正弦波最具有代表性，也应用最广。

　　DDS 输出信号的频率与时钟频率以及频率控制字之间的关系如下：

$$f_{\text{out}}=\frac{Kf_c}{2^N} \tag{8.2.12}$$

式中：f_{out} 为 DDS 输出信号的频率；K 为频率控制字；f_c 为时钟频率；N 为相位累加器的位数。

　　由于 DDS 采用了不同于传统频率合成方法的全数字结构，因而具备许多直接式频率合成技术和间接式频率合成技术所不具备的特点。DDS 频率合成技术的特点如下：

　　a. 极高的频率分辨力。这是 DDS 最主要的优点之一，由式（8.2.12）可知，当参考时钟确定后，DDS 的频率分辨力由相位累加器的字长 N 决定。从理论上讲，只要相位累加器的字长 N 足够大，就可以得到足够高的频率分辨力，可达微赫量级。当 $K=1$ 时，DDS 产生的最低频率称为频率分辨力，即

$$f_{\min} = \frac{f_c}{2^N} \qquad (8.2.13)$$

例如，直接数字频率合成器的时钟采用 50 MHz，相位累加器的字长为 48 位，频率分辨力可达 0.18×10^{-6} Hz，这是传统频率合成技术所难以实现的。

b. 输出频率相对带宽很宽。DDS 的输出频率下限对应于频率控制字为 $K=0$ 时的情况，$f_{out}=0$ 即可输出直流。根据 Nyquist 定理，从理论上讲，DDS 的输出频率上限应为 $f_c/2$，但由于低通滤波器的非理想过渡特性及高端信号频谱恶化的限制，工程上可实现的 DDS 输出频率上限一般为

$$f_{\max} = \frac{2f_c}{5} \qquad (8.2.14)$$

因此，可得到 DDS 的输出范围一般是 $0 \sim 2f_c/5$。这样的相对带宽是传统频率合成技术所无法实现的。

c. 极短的频率转换时间。这是 DDS 的又一个主要优点，DDS 是一个开环系统，无反馈环节。这样的结构决定了 DDS 的频率转换时间是频率控制字的传输时间和以低通滤波器为主的器件频率响应时间之和。在高速 DDS 系统中，由于采用了流水线结构，其频率控制字的传输时间等于流水线级数与时钟周期的乘积，低通滤波器的频响时间随截止频率的提高而缩短，因此高速 DDS 系统的频率转换时间极短，一般可达纳秒量级。

d. 频率捷变时的相位连续性。从 DDS 的工作原理中可以看出，要改变其输出频率，可通过改变频率控制字 K 来实现，实际上这改变的是信号的相位增长速率，而输出信号的相位本身是连续的，这就是 DDS 频率捷变时的相位连续性。图 8.2.22 所示是 DDS 频率变换过渡过程的示意图。

图 8.2.22　DDS 频率变换过渡过程

在许多应用系统中，如跳频通信系统，都需要在捷变频过程中保证信号相位的连续，以避免相位信息的丢失和出现离散频率分量。传统的频率合成技术做不到这一点。

e. 任意波形输出能力。根据 Nyquist 定理，DDS 中相位累加器输出所寻址的波形数据并非一定是正弦信号的，只要该波形所包含的高频分量小于取样频率的一半，那么这个波形就可以由 DDS 产生，而且由于 DDS 为模块化的结构，输出波形仅由波形存储器中的数据来决定，因此，只需要改变存储器中的数据，就可以利用 DDS 产生出正弦、方波、三角波、锯齿波等任意波形。

f. 数字调制功能。由于 DDS 采用全数字结构，本身又是一个相位控制系统，因此可以在 DDS 设计中方便地实现线性调频、调相以及调幅的功能，可产生 ASK、FSK、PSK、

MSK 等多种信号。

g. 工作频带的限制。这是 DDS 的主要缺点之一，是其应用受到限制的主要因素。根据 DDS 的结构和工作原理，DDS 的工作频率显然受到器件速度的限制，主要是指 ROM 和 DAC 的速度限制。由目前的微电子技术水平，采用 CMOS 工艺的逻辑电路速度可达到 60～80 MHz，采用 TTL 工艺的逻辑电路速度可达到 150 MHz，采用 ECL 工艺的电路速度可达到 300～400 MHz，采用 GaAs 工艺的电路速度可达到 2～4 GHz。所以，目前 DDS 的最高输出频率为 1 GHz 左右。

h. 相位噪声性能。DDS 的相位噪声主要由参考时钟信号的相位噪声和器件本身的噪声基底决定。从理论上讲，输出信号的相位噪声会对参考时钟信号的相位噪声有 20 lg/dB 的改善。但在实际工程中，必须要考虑包括相位累加器、ROM 和 DAC 等在内的各部件噪声性能的影响。

i. 杂散抑制差。由于 DDS 一般采用了相位截断技术，它的直接后果是给 DDS 的输出信号引入了杂散。同时，波形存储器中的波形幅度量化所引起的有限字长效应和 DAC 的非理想特性也都将对 DDS 的杂散抑制性能产生很大的影响。杂散抑制差是 DDS 的又一缺点。

另外，集成化、体积小、价格低、便于程控也是 DDS 的特点。

③ 间接频率合成技术。

间接频率合成器也称为锁相频率合成技术。它是利用一个或几个参考频率源，通过谐波发生器混频和分频等产生大量的谐波或组合频率，然后用锁相环把压控振荡器的频率锁定在某一谐波或组合频率上，由压控振荡器间接产生所需频率输出。这种方法的优点是稳频和杂散抑制好，调试简便；缺点是频率切换速度比直接合成慢。

以锁相环为核心的频率合成器，除了锁相环之外，还有分频器、倍频器和混频器。这些部件根据需要，可置于锁相环之前，也可在反馈回路之中。图 8.2.23 是反馈回路中有分频器的频率合成器。

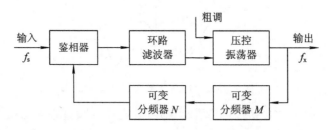

图 8.2.23 分频反馈锁相频率合成器

图 8.2.24 是另一种频率合成器，在锁相环的反馈回路中含有混频器。信号频率经 M 次倍频后进行混频，再经可变分频器进行 N 次分频得 $(f_x - Mf_s)/N$，送至鉴相器。在锁相正常时，可求出输出频率。上述两种方法，当改变可变分频器的分频比 N 时，就能改变输出频率。由于锁相环有一定工作范围，所以需先进行粗调。

$$f_s = \frac{f_x - Mf_s}{N} \tag{8.2.15}$$

$$f_x = (M+N)f_s \tag{8.2.16}$$

　　需要得到可变频率的数目较多时，可用多个锁相环级联。图 8.2.25 是三个锁相环级联的方框图。当各锁相环锁定正常时，各环频率关系分别为

$$\frac{f_s - f_3}{N_1} = f_s, \quad f_x = N_1 f_s + f_3 \tag{8.2.17}$$

$$f_3 - M_1 f_s = \frac{f_2}{L_1}, \quad f_3 = M_1 f_s + \frac{f_2}{L_1} \tag{8.2.18}$$

$$\frac{f_2 - M_2 f_s}{N_2} = \frac{f_s}{L_2}, \quad f_2 = M_2 f_s + \frac{N_2}{L_2} f_s \tag{8.2.19}$$

结果得输出频率

$$f_x = \left[(M_1 + N_1) + \frac{1}{L_1} \left(M_2 + \frac{N_2}{L_2} \right) \right] f_s \tag{8.2.20}$$

当适当选择 M_1、M_2、N_1、N_2、L_1、L_2 的数值时，便能得到要求的输出频率值。

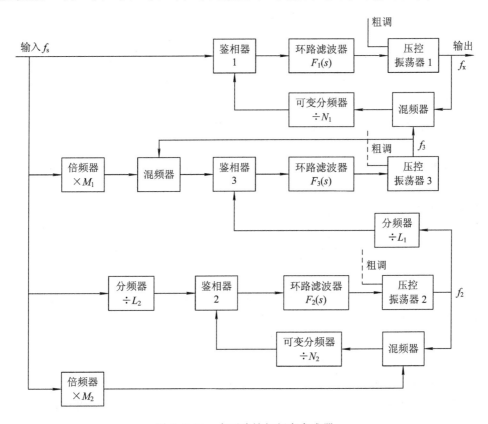

图 8.2.24　多环路锁相频率合成器

（3）自适应频率捷变。

　　前面讲的频率捷变是随机的或按某种规律来跳变的，但由于发射频率不是选在干扰弱区，所以雷达仍有受干扰的可能。如果干扰带宽占捷变带宽的 1/10，当等概率捷变频时，仍有 1/10 的时间受到干扰。

　　自适应捷变频中，雷达工作频率并不是盲目地乱变，而是根据干扰的频谱分布有目的地进行跳频。首先用侦察分析设备分析敌人的干扰特性，主要是频谱，然后引导雷达工作频率跳到干扰频谱的空隙或弱区。此项任务至少要分三步来完成：首先要接收干扰

并对其频谱进行分析，其次是进行门限判决找出干扰谱空隙和弱区，再次是通过逻辑控制电路控制频率合成器工作于相应的频率范围。图 8.2.25 所示为一种自适应捷变频雷达方框图。

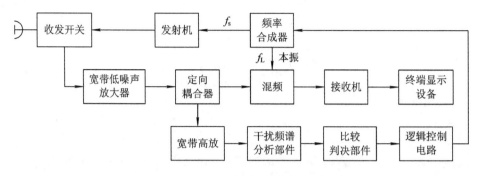

图 8.2.25　简单自适应频率捷变雷达

图 8.2.25 中宽带放大器对干扰信号进行放大。干扰频谱分析器类似于一般频谱分析仪，它像侦察接收机一样分为扫频式和并列通道式两种。扫频式是指用磁调滤波器（YIG）做成窄带滤波器，其中心频率可在测频范围内扫描，于是检波器输出的信号强弱反映了不同频率上干扰的强弱。这样就可由比较判决部件找出干扰谱的空隙和弱区。并列多通道式是采用并列滤波器组，它们的频率特性依次排列并覆盖要侦察分析的整个频段。各滤波器都接有检波记录、指示设备，其输出还送到比较判决部件。这两种方法中，前者简单，但速度慢；后者复杂，但速度快。若采用大规模微波集成电路，用并列多通道式，将得到满意的结果。

比较判决部件类似于门限检测装置。干扰频谱分析器输出的电压实际上是代表干扰频谱的分布。首先对此电压进行时间采样，采样后与门限电平比较，超过门限就有脉冲输出，经过一定的时间 T，判别超出门限电平的脉冲数，就可以看出各频率上干扰的强弱。

根据各频率上干扰的强度，选择一个干扰最弱区域的频率，在逻辑控制电路中产生一定的指令码，控制频率合成器产生相应的发射频率和本振频率。

自适应频率捷变体制是雷达抗干扰的发展方向之一。

3）频率分集（Frequency Diversity）技术

频率分集是为完成同一个任务采用相差较大的多个频率，同时或近似同时工作的一种技术。频率分集可以采用由若干个雷达工作在不同频率上这种形式，也可以是单个雷达系统采用多个不同频率这种形式。

对于后一种形式，在同步脉冲的作用下，几个不同频率的雷达发射机，以一定间隔（或彼此衔接），产生等幅、等宽的高频强功率脉冲，经各自的带通滤波器进入高频功率合成器，经天线射向空间。天线形成几个不同频率的波束。这几个波束形状相近并重合在一起，也可以将几个波束自上而下地依次排列开，这样可减小盲区。接收时，天线将收到的目标回波信号送往高频滤波器，由高频滤波器按频率将信号分路并送入各自的接收通道，经高放、混频、中放、检波后将视频信号送入信号的组合逻辑电路。该电路对各路信号进行相应的时间延迟，使各路信号的到达时间相同，叠加后加到雷达终端。

与频率捷变雷达一样，频率分集雷达可以减小目标起伏的影响，从而增大雷达作用距离，提高发现概率和跟踪精度。

由于频率分集雷达能增加雷达总的发射功率，降低目标起伏对测角精度的影响，消除地面反射引起波瓣分裂的影响，从而显著地改善雷达的工作性能，提高雷达对目标的探测能力。同时，由于采用多部收发设备，还提高了雷达的可靠性。

在电子防护方面，由于频率分集雷达工作于多个不同的频率值，所以当敌方施放瞄准式干扰时，只能使其一路或几路通道失效，其他通道仍能正常工作。频率分集雷达还能迫使阻塞式干扰机加宽干扰频带，从而降低干扰的功率密度。然而，由于频率分集雷达是靠增加发射机和接收机的数量而形成不同载频的脉冲，其载频数不可能很多，所以其抗干扰性能的提高与频率捷变雷达相比是有限的。

6. 接收机内抗干扰技术

接收机内抗干扰就是根据干扰与目标信号某些特性的差异，设法最大限度地抑制干扰，同时输出目标信号。目前，对于特定的干扰有许多种接收机内抗干扰技术，这里仅介绍几种基本的技术：脉冲串匹配滤波器、相关接收、脉冲积累、宽—限—窄电路、反距离波门拖引、恒虚警率(CFAR)处理技术电路、雷达杂波图控制技术等。

1) 脉冲串匹配滤波器

由上节匹配滤波器的定义可知：当滤波器的传输函数的频谱特性和输入信号的频谱特性满足复共轭关系，即 $H(\omega)=KS*(\omega)e^{-j\omega t_0}$ 时，滤波器输出最大信噪比为 $2E/N_0$。

实际上，要做到使雷达接收机的传输函数 $H(\omega)$ 与信号频谱 $S(\omega)$ 完全匹配非常困难，所以接收机往往采用容易实现的与匹配滤波器近似的准匹配滤波器。这样，准匹配滤波器输出的信噪比就会出现损失(失配损失)，使输出信噪比小于 $2E/N_0$。

对于线扫体制的雷达来说，接收的回波为一脉冲串波形。由于天线对目标扫描一次，能够形成若干个目标回波脉冲，并且这些脉冲还受到扫描天线方向图的调制，所以，其匹配滤波器的传输函数频谱应与这些脉冲串的频谱相匹配。由于回波脉冲数目较大时，信号频谱的能量主要集中在主瓣，而且 90% 以上的能量在 $1/\tau$ 内按重复频率 F_r 重复的主谱线内(如图 8.2.26 所示)，因此，匹配滤波器为一套调谐于 F_r 整数倍的窄带滤波器组，这种滤波器称为梳齿滤波器，如图 8.2.27 所示。由于信号能量的绝大部分几乎都能通过该滤波器，而干扰则大部分被抑制掉，所以梳齿滤波器对信干比的改善效果非常明显。

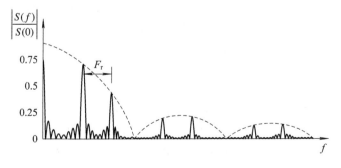

图 8.2.26　矩形视频脉冲串的频谱

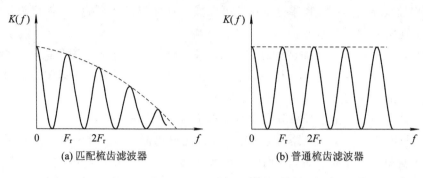

图 8.2.27　梳齿滤波器

2）相关接收

相关接收技术是利用信号与噪声的自相关函数的明显不同，在强噪声背景中提取出微弱的目标信号。实现相关接收需要计算相关函数，计算相关函数的设备称为相关器（或相关积分器），按相关器的输入信号不同，可以分为自相关器和互相关器两种。

自相关器的输入信号为目标回波与干扰的混合信号，即 $s_i(t) + n_i(t)$，经自相关器运算后输出为

$$R_\chi(\tau) = \int_{-\infty}^{\infty} [s_i(t) + n_i(t)][s_i(t-\tau) + n_i(t-\tau)]dt = R_{ss}(\tau) + R_{mn}(\tau) \qquad (8.2.21)$$

式中：$R_{ss}(\tau)$ 为目标信号的自相关函数；$R_{mn}(\tau)$ 为噪声的自相关函数。可以证明，当输入噪声为白噪声时，$R_{mn}(\tau)$ 为 δ 函数，而噪声为窄带高斯噪声时，其自相关函数为

$$R_{mn}(\tau) = \sigma^2 \frac{\sin\left(\dfrac{\Delta\omega\tau}{2}\right)}{\dfrac{\Delta\omega\tau}{2}} \cos\omega_0\tau \qquad (8.2.22)$$

显然，τ 越大，$R_{mn}(\tau)$ 就越小；当 τ 足够大时，$R_{mn}(\tau) \to 0$，$R_\chi(\tau) \approx R_{ss}(\tau)$。但 τ 不能过大，否则，$R_{ss}(\tau)$ 也将很小。综上所述，当 τ 选择适当时，自相关器的输出中仅有目标回波的自相关函数而消除了干扰。

互相关器其输入有两路信号：一路为目标回波与干扰的混合信号，另一路为发射参考信号，经互相关器运算后输出为

$$R_\chi(\tau) = \int_{-\infty}^{\infty} s_i(t-\tau)[s_i(t) + n_i(t)]dt = R_{ss}(\tau) \qquad (8.2.23)$$

不论是自相关器还是互相关器，其输出信号的信干比都有了明显的改善，尤其是当输入信干比较小时，其他抗干扰方法是很难达到这样的改善效果的。但是，自相关器与互相关器的抗干扰性能并不完全相同。从提高输出信噪比的角度看，互相关器比自相关器更加有效，并且输入信干比越小，互相关器的性能就越优越。

3）脉冲积累

一般雷达显示器都有脉冲积累作用。这是由于显示器有一定的余辉时间，加上人的眼睛有视觉暂留现象，同一目标的回波信号就以亮度的形式积累起来，因此，目标回波在显示器上就呈现明亮而稳定的图像，而干扰（噪声或杂波）由于是随机起伏的，不会总在同一位置出现，亮度不能积累，就显得暗淡且随机闪烁，所以雷达显示器有提高信干比的作用。但是，显示器所能积累的脉冲数是很有限的，而且它也不可能与脉冲串的调制规律相匹

配，因而显示器的积累效果是较差的。

积累可以在包络检波前完成，也可以在包络检波后完成。在包络检波前完成的积累称为检波前积累或中频积累；在包络检波后完成的积累称为检波后积累或视频积累。信号在检波前积累时要求信号间有严格的相位关系，即信号是相参的，所以又称为相参积累。由于信号在包络检波后失去了相位信息而只保留幅度信息，所以检波后积累就不需要信号间有严格的相位关系，因此又称为非相参积累。

M 个等幅相参中频脉冲信号进行相参积累时，信噪比（S/N）可提高 M 倍（M 积累脉冲数）。由于相邻周期的中频回波信号按严格的相位关系同相相加，积累相加的结果使信号幅度提高 M 倍，相应的功率提高 M^2 倍，而噪声是随机的，相邻周期之间的噪声不相关，积累是按平均功率相加而使总噪声功率提高 M 倍，因此相参积累的结果可以使输出信噪比（功率）提高 M 倍。相参积累也可以在零中频上用数字技术实现，因为零中频信号保存了中频信号的全部振幅和相位信息。脉冲多普勒雷达的信号处理是实现相参积累的一个很好实例。

M 个等幅脉冲在包络检波后进行理想积累时，信噪比的改善达不到 M 倍。由于包络检波的非线性作用，信号加噪声通过检波器会发生相互作用，产生新的干扰频率分量，从而使输出信噪比减小。特别当检波器输入端的信噪比较低时，检波器输出端的信噪比损失更大。视频积累的信噪比改善在 M 和 $\sqrt{M}$ 之间，当积累数 M 很大时，信噪比的改善趋近于 $\sqrt{M}$。

虽然视频积累的效果不如相参积累，但由于其工程实现比较简单，因此在许多场合仍然使用它。

4）宽—限—窄抗干扰电路

宽—限—窄电路就是在宽带中放后再与限幅器和窄带中放（与信号脉宽匹配）级联形成的电路。宽—限—窄电路是一种利用频域信号处理技术的抗干扰电路，主要用于抗噪声调频干扰和其他快速扫频干扰。

由于宽带中放带宽 B_1 很宽（即暂态响应时间很短），噪声调频干扰信号经宽带中放后变成一系列离散的随机脉冲。这样，抗噪声调频干扰的问题就变成了抗脉冲干扰的问题。而抑制离散调频干扰脉冲的最简便方法就是对干扰信号进行限幅。采用双向硬限幅并将限幅电平设定在目标回波信号脉冲的幅度上，即可将干扰能量的很大一部分消除掉，使得限幅器输出端的信干比得到较大的提高。由于窄带中频放大器的带宽与目标回波信号的频谱宽度相匹配，所以目标信号能量能够无损失或损失很小地通过窄带中频放大器；而干扰脉冲的频谱较宽，通过窄带中放时一部分频率分量将被滤除，进一步提高了窄带中放输出端的信干比。

此外，未加宽—限—窄电路时，由于干扰信号比目标信号强很多，在检波器中将产生严重的强压弱现象，使检波器输出端的信干比进一步变坏；加了宽—限—窄电路后，检波器输入端的信干比接近于 1 甚至大于 1，检波器中就不会发生强干扰压制弱信号的现象，从而减小了检波器中信干比的损失。

5）反距离波门拖引

反距离波门拖引（ARGPO）是一种抗距离欺骗干扰的技术。这种技术的实现有两种结构。在第一种结构中，接收机采用宽—限—窄电路接收机或对数接收机。这样接收机具有较低的输出动态特性,可避免欺骗信号过大引起对真实信号的压制,或避免干扰对 AGC 电路的过大调整。接收机输出信号送到一个微分电路中,该电路实际上消除了超过某一预置值的所有信号后面的部分。如果雷达的脉冲重复频率是随机的或其发射频率是捷变的,可免受距离波门前拖干扰造成的影响,因此这里只考虑距离波门后拖干扰的情况。当真实回波和欺骗信号未分开时,微分电路的输出为真实回波的前沿部分;而当真实回波和欺骗信号分开时,由于距离门仍然套在回波信号的前沿上,所以它不会被干扰信号拖走。

在第二种结构中,接收机采用宽—限—窄电路接收机或对数接收机,以避免欺骗信号过大引起对真实信号的压制。前波门的加权值比后波门的大,这就造成距离门前移,此时根据波门中心测得的距离比实际距离近,但减小值是一个确定值,可以进行补偿。由于距离波门的前移,所以距离跟踪系统不受后拖欺骗干扰的影响。

在两种结构中,跟踪回路的时间常数应适当设计,以确保波门速度不会显著改变。有时,在噪声干扰的情况下,雷达可以有意缩小跟踪回路的频带,这样就可在信号干扰比较小的情况下完成对目标距离的跟踪。

6) 恒虚警率(CFAR)处理技术

恒虚警率处理是指在噪声和外界干扰强度变化时使雷达虚警概率保持恒定的一种技术措施。在自动检测系统中,采用恒虚警率处理技术可使计算机不致因干扰太强而出现饱和;在人工检测雷达中,恒虚警率处理技术能在强杂波干扰下,可使显示器画面清晰、便于观测。因此,恒虚警率处理技术不仅是计算机化雷达中处理杂波干扰的一个重要途径,而且也是改进现有常规雷达使之在强杂波干扰下仍能工作的一个有效方法。

目前常用的恒虚警率处理方法可分为慢门限恒虚警率处理和快门限恒虚警率处理两大类,在此基础上,二者都可分为模拟式和数字式两种。模拟式 CFAR 设备量小,但性能较差;数字式 CFAR 设备量较大,但性能较好。

慢门限恒虚警率处理是一种对接收机内部噪声电平进行恒虚警率处理的电路。内部噪声随着温度、电源等因素而改变,其变化是缓慢的,调整门限的周期可以比较长(例如 0.5 s),所以叫做慢门限恒虚警率处理。这种恒虚警率处理电路实际上是对噪声取样,产生可自动调整的门限电平,根据噪声电平的高低调整第一门限的门限电平,达到恒虚警率的目的。

接收机输出的视频信号送至幅度量化器,与门限电平 E_0 比较后,输出二进制序列。控制电路在雷达工作的休止期(或工作逆程)将控制信号送至存储器,使存储器可以接收量化器输出的脉冲。由于在休止期中没有目标回波,超过门限电平 E_0 的脉冲都是由噪声产生的,这些脉冲的数目代表了噪声电平的高低。经过若干个休止期的积累,把存储的脉冲数与代表了允许噪声电平的参考值进行比较,比较以后形成一个可以说明当前的噪声电平是超过允许值还是低于允许值的差值,再利用这个差值去控制门限电平产生器获得新的门限电平 E_0,即可达到恒虚警率的效果。

快门限恒虚警率处理是针对杂波的工作环境而设置的。与噪声性质不同,杂波具有一定的区域性,并且强度大、变化快,要达到恒虚警率必须对门限进行快速的调整,所以称为快门限恒虚警率处理。

一种典型的快门限恒虚警率处理电路是对邻近单元进行平均恒虚警率处理,延迟单元(抽头延迟线或移位寄存器)中储存了 N 个距离单元(典型值 $N=16$ 或 32)的视频信号,中心的距离单元是被检测单元，左右两边各有 $N/2$ 个距离单元为参考单元，对 N 个参考单元的输入 x_i 求和取平均，即可得到杂波平均值。

被检测单元的输出 x_o 除以平均值的估计值，完成归一化处理 $x_o / \hat{E}(x)$。显然，经过归一化处理后的输出与杂波强度无关，达到了恒虚警率的效果。

快门限恒虚警率处理电路主要适用于处理强度不同的平稳瑞利分布的噪声，即在已知平稳噪声的概率密度分布的条件下才具有恒虚警作用。实际上，大多数干扰杂波是非平稳的，各距离单元杂波强度不同。当检测单元位于强杂波区时，邻近单元的估计值可能偏低，使虚警概率增大；当检测单元位于弱杂波区时，邻近单元的估计值可能偏高，使发现概率降低。为此，应根据杂波的实际情况来选择参考单元的数目 N，尽量做到参考单元里的杂波相对平稳。由于气象、箔条和海浪杂波干扰是连片的，比较符合瑞利分布规律且基本平稳，因此在这些干扰背景中检测目标时，应用快门限恒虚警率处理电路能收到良好的效果。在现代雷达中，一般同时设有慢门限 CFAR 和快门限 CFAR，可根据干扰环境的变化自动转换。

7）雷达杂波图控制技术

雷达的任务就是在复杂的环境中检测目标。在不同的环境中，雷达采用的处理方法是不同的，因此我们首先要了解雷达环境。杂波图就是对雷达的杂波环境的描述。

雷达杂波图是把雷达所要监视的空域按方位和距离划分成若干单元，在每一个单元中存储地物回波幅度的平均值，这样形成以雷达站为中心的地物杂波图。平面位置显示器上能够看到杂波图像，为了把相应的杂波信号有序地存储起来，需要把所需监视范围（一般为动目标显示范围）划分成若干个方位—距离单元，一般在方位上以 $\Delta\theta$ 为单位（最小为天线波束宽度）对全方位进行均匀划分，在距离上以 ΔR 为单位（最小为压缩后的一个脉冲宽度对应的距离），将所需监视的距离均匀等分，这样整个所需监视范围分成了许多扇面区，每一个扇面区就是一个方位—距离单元。对应每一个方位—距离单元设置一个存储器，将出现在该单元内的杂波幅度的平均值以数字的形式存储起来。常用的存储方法是实测法，即根据实际接收到的杂波信号自动制作杂波图。

雷达杂波图分为静态杂波图和动态杂波图。静态杂波图是指杂波在一个天线旋转周期内"制成"后连续使用下去而不再更新的杂波图。显然，这种杂波图不能适应杂波环境的较快变化。动态杂波图则能在天线旋转周期内随时反映杂波环境的变化，因此，动态杂波图要间隔一定时间后重新制作，以便实时进行更新。

利用雷达杂波图可以实现许多功能。例如，在一个天线旋转周期内实测得到的杂波图，可以在下一周期及后续更多周期做灵敏度控制信号，因为杂波值的大小恰好与高频信号在进入高放前需要的衰减量成正比，所以存储器中的杂波值可直接用来控制某种电调衰减器，使强杂波在进入高放前就得到衰减，保证高放工作在线性放大状态；另外，若在一定的方位角范围内，杂波值的总数超过了某一规定的门限值，就让杂波图存储器送出一个控制信号，把低波束通道断开，高波束通道接通。利用杂波图可以产生非均匀杂波环境下的恒虚率检测门限，克服常规临近单元平均恒虚警处理的不足；利用杂波图还可检测切向飞行或低速目标，以及作为正常视频（MTI 视频）的选通信号等。

由于雷达杂波图的杂波单元数很多，要将各个单元杂波的幅度信息进行存储，就需要大量的存储器，而且在杂波图更新的过程中运算量很大，所以雷达杂波图较难实现。随着超高速大规模集成电路和大容量存储器的迅速发展，雷达杂波图的实现变得相对容易了。近年来，很多新研制的空中情报雷达都采用了雷达杂波图控制技术。

（1）杂波图的基本概念。

① 杂波图的含义。

杂波图是表征雷达威力范围内按方位—距离单元分布的杂波强度图。就像划分目标的分辨单元一样，可将雷达的作用域（处理范围）按不同的要求划分成许许多多的杂波单元，杂波单元可以等于或大于目标单元。为了简化存储与处理电路，大多数情况下杂波单元大于目标单元。图 8.2.28(a)所示为二维杂波单元的方位—距离划分示意图。

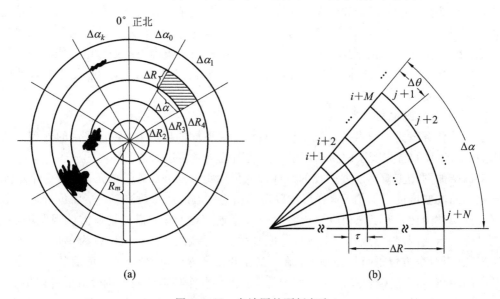

图 8.2.28 杂波图的更新方法

图 8.2.28 中，每个杂波单元距离尺寸和方位尺寸分别用 ΔR 和 $\Delta \alpha$ 表示，设目标距离分辨单元的尺寸为 τ，一个 T_r 对应方位上的一个 $\Delta \theta$，且 $\Delta R = M \times \tau$ 和 $\Delta \alpha = N \times \Delta \theta$，如图 8.2.28(b)所示，则一个杂波单元的当前值为 $M \times N$ 个采样输入的二维平均：

$$\bar{C}_{i, j} = \frac{1}{MN} \sum_{n=1}^{N} \sum_{m=1}^{M} x_{i+m, j+n} \tag{8.2.24}$$

式中，i、j 分别为杂波单元距离向和方位向的编号。将此值按 i、j 对应的地址写入杂波图存储器某单元中，天线扫描一周，接收到的回波就形成了一幅完整的杂波图。

由于雷达杂波是一个随机过程，且随着环境变化而变化的，当天气变化时，杂波的强度甚至其统计特性也会发生变化，在每天的不同时段，杂波的强弱也是不一样的，如早晚杂波的回波信号较强，故杂波图应采用动态更新。

杂波图在动态更新时要考虑以下几点：

a. 要消除目标回波和其他偶然性回波的影响；

b. 杂波图的建立时间尽量短；

c. 要尽量减少设备量和计算量。

杂波单元的当前值是杂波单元内的回波信号的二维平均，如公式（8.2.24）所示。若目标或突变性干扰落在此杂波单元内，那么杂波单元的当前值就含有目标等的信息，即受到目标等的影响。由于飞机目标从一次扫描到下一次扫描通常要移动几个分辨单元，采取多帧(一帧就是雷达天线扫描一周)的杂波单元值的平均值作为本帧的杂波单元值就能把目标等偶然性回波的影响减至最小。但一般需经过数个至数十个天线周期才能建立起比较稳定的杂波图。

由于采用多帧处理时的运算量和所需的存储量比较大，为了减少杂波单元更新的设备量和计算量，通常采用单极点反馈积累法来进行杂波图更新。单极点反馈积累法相当于对各个单元的多次扫描(天线扫描)作指数加权积累，以获得杂波平均值的估值，其原理图如图 8.2.29 所示。

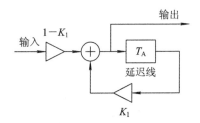

图 8.2.29　反馈积累法原理图

如果用 n_a 表示天线扫描周期序号，则采用单极点反馈积累法的算法如下：

$$\bar{C}_{i,j}(n_a) = K_1 \bar{C}_{i,j}(n_a-1) + (1-K_1)\frac{1}{MN}\sum_{n=1}^{N}\sum_{m=1}^{M}x_{i+m,j+n} \tag{8.2.25}$$

式中，$\bar{C}_{i,j}(n_a)$ 是当前天线周期杂波单元的估计值，$\bar{C}_{i,j}(n_a-1)$ 是上一个天线周期得到的且已存储在杂波图存储器中的杂波估计值，K_1 为小于 1 的常数。

杂波图更新速度取决于权系数值 K_1 的大小。在相同积累时间的前提下，K_1 值选得越小，杂波图更新速度就越快，K_1 值选得越大，杂波图更新速度就越慢。实际中，必须折中选取 K_1 值，一般取 $K_1 = 0.7\sim0.8$。

② 杂波图的分类。

按建立与更新杂波图的方式，杂波图的类型可分为动态杂波图和静态杂波图。动态杂波图是一种能够不断进行自动修正更新的杂波图。静态杂波图是一种相对简单的杂波图，其背景杂波信息已经固化而不能动态改变，但可在阵地转移后或根据其他实际情况进行重新建立与装订，它适应于杂波背景起伏变化不明显的应用场合。早期雷达受器件和实现技术等限制，雷达中的杂波图大多数采用静态杂波图，随着器件和技术的发展，现代雷达都采用动态杂波图。

按照杂波图的功能来划分，杂波图的常见类型可分为以下六类。

a. 用于相参/正常支路选择的杂波轮廓图。

杂波轮廓图的输入信号是经包络检波后的雷达回波信号，输出是杂波的二分层(1/0)信息(用数字"1"表示有杂波，用数字"0"表示无杂波)。杂波轮廓图的输出用来进行相参和正常支路的选择，即在杂波区选择相参支路的输出，在无杂波区(清洁区)选择正常支路的输出。

b. 用于相参支路增益控制的幅度杂波图。

该幅度杂波图的输入信号是经包络检波后的雷达回波信号，输出是代表杂波强弱的多分层信息。该幅度杂波图的输出用来进行接收机中频放大器的增益控制，从而扩大接收机的动态范围。

c. 用于时间单元 CFAR 的地物杂波图。

时间单元 CFAR 是零多普勒处理的重要组成部分。该杂波图的输入信号是雷达回波经过 Kalmus 滤波器处理后的剩余杂波，其输出是剩余杂波的统计参数（幅度等），剩余杂波的统计参数送给时间单元 CFAR。

d. 用于相参支路分频道 CFAR 的杂波门限图。

杂波门限图存储的是三维（方位—距离—多普勒频率单元）的检测门限。由于雷达杂波在各个方位和距离的分布和强度是不同的，那么采用的检测门限也应不同，因此采用杂波门限图就能实现对不同的杂波采用不同的门限，从而更好地检测目标。

e. 用于非相参支路超杂波检测的精细杂波图。

该精细杂波图的输入信号是经过包络检波后的雷达回波信号，输出的是杂波信息（包括杂波幅度、方差等）。其杂波单元的划分一般等于雷达的最小分辨单元。

超杂波检测的功能是在杂波中检测目标，它可作为相参支路的 MTI 或 MTD 的补充。与相参支路的 MTI 和 MTD 相比，超杂波检测对目标的检测能力虽然差，但它不需要相位信息，没有盲相和盲速问题，因此可以检测慢速和切向运动目标。

由于地物杂波在邻近距离范围内变化剧烈，同一距离—方位单元内虽然有一定的起伏，但在不同的天线扫描帧间满足一定的平稳性。因此，在杂波区进行超杂波检测，不能采用常规的 CFAR 检测方法，而采用杂波图 CFAR 处理方法，即基于同一单元的多次扫描对地物杂波的平均幅度进行估值（即精细杂波图），用此估值对该单元的输入作归一化调整（即杂波图 CFAR），从而完成目标的超杂波检测。

f. 用于静点迹过滤的精细杂波图。

该精细杂波图的输入信号是经信号处理并检测后的信号，输出是不运动（或慢运动）的杂波剩余。使用该杂波图可以消除杂波剩余，降低虚警。

（2）杂波图的工作原理。

① 杂波轮廓图。

现代雷达信号处理分系统一般包含两个信号处理通道：相参处理通道和正常（非相参）处理通道。正常处理通道的主要功能是：减小相参处理通道不必要的处理损失，提高目标尤其是低速小目标的检测能力。因为强杂波环境中所必需的对消滤波器及快门限 CFAR 处理都有一定的处理损失，在无杂波或弱杂波条件下势必导致一定程度上的检测能力降低。因此在无杂波的清洁区采用基于幅度信息的正常处理（线性或对数检波后接 NCFAR、滑窗检测等），能够保证目标信号的检测概率。

为了实现对正常处理和相参处理结果的选择，必须建立一个能够反映杂波有/无（确切地说是杂波强/弱）的杂波图。由于它只需提供杂波的二分层（1/0）概略信息，因此称为杂波轮廓图。例如：数字"1"可表示有杂波，用来控制选择相参支路的输出；数字"0"表示无杂波，可控制选择正常支路的输出。所以杂波轮廓图又名杂波开关。基于杂波开关选择的双支路处理系统结构如图 8.2.30 所示。

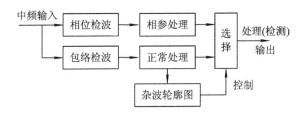

图 8.2.30　杂波轮廓图通道选择处理原理图

② 幅度杂波图。

杂波自动增益控制的目的是提高接收机的线性动态范围，满足相参处理对接收机动态范围的要求。图 8.2.31 和图 8.2.32 分别给出了用杂波图控制中放增益的两种情况。这两种情况的区别是：

a. 建立杂波图的输入信号不同。图 8.2.31 中杂波图电路的输入为专门的对数中放通道，而图 8.2.32 中杂波图电路的输入来自相参支路的零多普勒通道。

b. 图 8.2.31 所示为开环控制，即由对数通道（一般构成正常处理支路）输入形成的杂波图控制信息只对相参支路的增益实施控制，而图 8.2.32 所示为闭环控制。

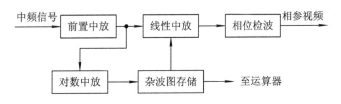

图 8.2.31　用杂波图存储控制中放增益之一

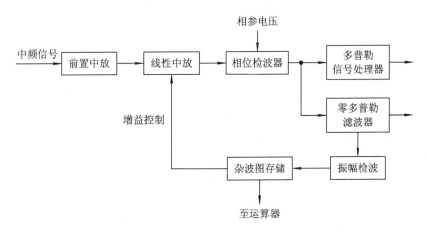

图 8.2.32　用杂波图存储控制中放增益之二

与杂波轮廓图相比，用于增益控制的杂波图必须按不同的距离单元提供更精确的多位杂波幅度信息，因此它又称为幅度杂波图，或更具针对性的自动杂波衰减（ACA）控制图。由于幅度杂波图的存储量比杂波轮廓图要大得多，其更新调整所需的设备复杂得多。为简化电路设备，幅度杂波图的建立与更新通常用单极点反馈积累法。

8.2.2   雷达抗干扰战术

雷达抗干扰除了技术措施外，还有战术抗干扰措施，主要包括以下内容。

1. 消灭干扰源

使用火炮、飞机、导弹等一切常规火力杀伤武器摧毁干扰源是最彻底的抗干扰手段，也可以用反辐射导弹攻击干扰辐射源。

2. 将各种形式多种波段的雷达合理地组成雷达网

由于不同形式雷达的工作体制、频率、极化、信号参数等都不相同，并且占据了较大的空域，因而不可能同时受到敌方严重的干扰。将这些雷达合理地组成雷达网，可以利用网内不受干扰或只受到轻微干扰的雷达提供的数据来发现、跟踪目标，以此实现强干扰下对敌方目标的探测、跟踪与攻击。显然，雷达网中必须配备有可靠的通信设备、精确的坐标转换系统以及高效率的指挥控制系统。

3. 与光学、红外设备和激光雷达配合使用

光学设备具有不受电磁干扰、不受消极干扰、不受地面多路径影响、测量精度高等优点。当雷达受到严重干扰时，将这些设备与雷达配合使用，就可以利用光学设备完成目标跟踪和导弹制导任务。光电设备的缺点是作用距离较近且容易受气象条件的影响。

4. 采用被动雷达定位与双(多)基地雷达

被动雷达本身不辐射信号，而是利用敌方目标上的雷达、通信、导航、干扰等设备辐射的电磁波实现对目标的定位和跟踪。被动雷达常用单脉冲体制实现对目标的角度跟踪，采用多站无源时差或方位测量定位法确定目标的距离。被动雷达是一种非合作工作方式，其工作完全依赖于目标上无线电设备的电磁辐射信号。

双(多)基地雷达采用收、发基地分置，利用接收基地接收目标对发射信号的侧向散射波来确定目标的位置。由于接收基地不辐射电磁波，处于隐蔽位置，通常不会受到强烈的电磁干扰。

5. 操作抗干扰

当雷达受到严重干扰时，雷达自动检测、自动跟踪和数据处理系统可能会处于瘫痪状态。而雷达的抗干扰电路是针对某些特定干扰设计的，当干扰形式改变时，这些反干扰电路就不起作用甚至会起相反的作用。在复杂的干扰环境下，训练有素的操作员却能改变操作程序，充分利用人的判别力来发现和跟踪目标，使雷达在一定程度上能正常工作。因此，严格训练操作人员的操作技能，不断研究在各种干扰环境下的操作方法是非常重要的。

8.3   抗反辐射攻击与反隐身措施

8.3.1   抗反辐射攻击技术

目前，反辐射导弹(ARM)以其摧毁性的"硬"杀伤手段，对军用雷达构成了严重的威胁，造成雷达等辐射源的永久性破坏。因此，在 ARM 威胁日益严重的情况下，能够有效地对抗反辐射导弹 AARM 的攻击,不仅关系到雷达站作战效能的正常发挥,而且关系到雷达生存力的提高。

雷达反摧毁技术主要分为三大类:第一类是使反辐射导弹的导引头难于截获和跟踪目标雷达;第二类是干扰反辐射导弹导引头的跟踪并使反辐射导弹不能命中目标雷达;第三类是及时发现并拦截摧毁反辐射导弹。

1. 抗反辐射导弹的总体设计

雷达总体设计中,应把提高雷达抗反辐射导弹能力作为主要技术设计内容。雷达总体抗反辐射导弹设计包括:选择雷达工作频段、采用雷达反 ARM 技术措施、提高雷达的机动能力以及采用双(多)基地雷达体制等。

1) 选择雷达工作频段

选择 30~1000 MHz(即 VHF 和 UHF)频段或毫米波频段的雷达(辐射器)具有良好的抗反辐射导弹性能。

(1) 选用低频段提高雷达抗反辐射导弹的性能。

ARM 导引头通常用 4 个宽频带接收天线单元组成单脉冲测向系统。为了有足够高的测向精度,一般要求天线孔径尺寸大于 3~4 个工作波长,至少要大于半个波长。当天线孔径尺寸为半个波长时,其波瓣宽度 θ 约为 $80°$,而测向精度约为 θ 的 $1/15$~$1/10$,即 $6°$~$8°$。如果 θ 再增大,ARM 的导引精度就会低到难以命中目标雷达的程度。显然,要让 ARM 工作在低频段,就必须加大天线孔径尺寸。然而,ARM 的弹径限制住了其天线的尺寸。例如,"哈姆"导弹的弹径为 25 cm,其最低工作频率为 1.2 GHz。如果进一步考虑到实际安装的尺寸则会更小一些,因此"哈姆"导弹的最低工作频率(据报道)为 1.2 GHz(其他型号 ARM 的弹径也大致如此)。所以,很难攻击低频段(低于 GHz)工作雷达,除非利用低频段雷达辐射信号的高次谐波。

雷达为了获得足够高的测角精度和角度分辨力,要求天线孔径与波长之比足够高,采用低频段会使雷达天线尺寸非常庞大。例如,要求波束宽度 $\theta=3°$,如果雷达的工作频率 $f=600$ MHz,那么天线孔径尺寸约为 12 m,这将使雷达的机动性变差、造价提高。随着数字波束形成技术和高分辨力空间谱估计技术的发展,在天线物理尺寸不大的情况下,使雷达具有足够高的测角精度和角分辨力的技术问题可逐步得到解决。

此外,即使 ARM 能在低频段工作,但由于地面镜面反射对低频段辐射信号形成了比较强的多路径效应,使得能在此频段工作的 ARM 的瞄视误差较大,ARM 的测向瞄视中心也会偏离雷达天线,不会有良好的对雷达攻击性能。

雷达工作于米波段或分米波段时,一方面具有良好的性能,另一方面还具有较好的探测隐身目标(飞机)能力。

(2) 毫米波段的选用。

目前广泛装备的 ARM,最高工作频率一般低于 20 GHz(仅达 Ku 频段)。因此,工作于毫米波段的雷达具有 ARM 的能力。毫米波雷达由于具有天线孔径小、波束窄、空间选择能力强、测角精度高、提取目标速度信息能力强、体积小、质量轻、机动性好等特点,因此其不仅具有良好的抗反辐射导弹性能,还具有较好的抗有源干扰能力,并具有很强的探测来袭的 ARM 的能力。

虽然新型 ARM 工作频率提高到了 40 GHz,但由于毫米波雷达具有窄波束、超低副瓣天线、对 ARM 自卫告警能力强以及机动性好等优点，因此仍是雷达 AARM 设计值得选用的工作频段。

然而，毫米波辐射信号传播衰减大，只适用于作用距离不远的跟踪、照射雷达。

2）采用雷达反 ARM 技术措施

在 ARM 发射攻击雷达之前，一般要由载机的侦察系统或 ARM 接收机本身对将攻击雷达的信号进行侦察（即搜索、截获、威胁判断、锁定跟踪）。与此同时，受攻击的雷达或专用于 ARM 告警的雷达也在对 ARM 载机和 ARM 进行探测。若雷达能在 ARM 侦察到雷达信号之前或在 ARM 刚发射时探测到 ARM 载机，则能赢得较长的预警时间，或者发射防空导弹摧毁 ARM 载机，或者及早采取其他有效措施对付 ARM。

针对 ARM 侦收和处理信号方面的弱点，雷达在频域、时域和空域采取有效的对抗措施，可使 ARM 难以截获和锁定跟踪雷达的辐射信号（反侦察）。雷达低截获概率技术的采用，既使雷达具有良好的主动探测 ARM 能力，又使雷达信号隐蔽、具有反侦察能力。

雷达抗反辐射导弹的有效技术措施主要有以下四项：

（1）采用大时宽带宽乘积的信号。

大时宽带宽乘积信号（脉冲压缩雷达信号）能在雷达发射脉冲功率不变的条件下，大大地增加作用距离，同时保持雷达的高距离分辨力。现代雷达的压缩比（时宽带宽积）能做到大于 30 dB，如此高的压缩比是在雷达对自身发射的信号匹配接收情况下获得的。而 ARM 在侦察接收时，无法预知雷达复杂的信号形式，只能进行非匹配接收（采用幅度检测与非相参积累方式），信号处理作用远远小于匹配接收方式，使得 ARM 侦收雷达信号距离减小，有可能在 ARM 侦察机截获雷达信号之前，雷达就已探测到 ARM 载机。雷达为了防止 ARM 侦察机对其信号进行匹配接收，必须使信号结构不为 ARM 侦察系统预先获知，因此信号形式必须复杂多变，可采用伪随机编码信号。

（2）在空域进行低截获概率设计。

采用窄波束、超低旁瓣天线，并且天线波束随机扫描，能够提高雷达 AARM 的能力。

天线波束越窄，扫描搜索时停留 ARM 载机上的时间越短，加上波束随机扫描，使 ARM 载机或 ARM 本身接收系统侦收和处理信号就越困难。地面制导雷达波束应避免长期停留照射目标飞机，防止目标飞机上的 ARM 迎着主波束进行远距离攻击。

现装备的许多雷达，旁瓣电平比主瓣仅低 20～30 dB，而现代 ARM 接收机的灵敏度足够高，使得 ARM 能沿旁瓣（包括背瓣）对雷达进行有效的攻击。将雷达相对旁瓣电平降至 −40～−50 dB（达到低和超低旁瓣电平），可使 ARM 难以在规定的距离截获或跟踪锁定旁瓣辐射的信号，大大提高雷达抗反辐射的导弹能力。

（3）雷达诸参数捷变。

ARM 侦察接收系统通常利用雷达载频、重复频率、脉冲宽度等信号参数来分选、识别、判定待攻击的雷达信号。若上述各参数随机变化，即载频捷变，重复频率随机抖动，脉宽不断变化，则 ARM 接收系统就难以找出雷达信号特征，很难在复杂、密集的信号环境中侦察并锁定跟踪这样的雷达信号。

（4）雷达发射信号时间可控制和发射功率管理。

让雷达间歇发射，发射停止时间甚至大于工作时间几倍，即便 ARM 接收机从雷达旁瓣侦收信号也时隐时现，使 ARM 难以截获和跟踪雷达信号。

　　根据需要设定雷达发射机功率，在满足探测和跟踪目标要求的条件下，应尽量压低发射功率，实行空间能量匹配，从而避免 ARM 侦察接收系统过早截获到雷达信号。

　　让搜索雷达在最易受 ARM 攻击方向上不发射信号，形成几个"寂静扇区"，也是一种利用发射控制能力对付 ARM 的措施。

　　当发现 ARM 来袭时，立即关闭雷达发射机，改由光学设备对目标进行探测与跟踪。同时，雷达利用其他雷达送来的目标信息(如友邻低频段边搜索边跟踪雷达传来的目标坐标信号)对目标进行静默跟踪。一旦目标飞临该雷达最有利工作空域，突然开机捕获跟踪目标并迅速发射导弹攻击目标，可在目标机发射之前将其击落。

　　3) 提高雷达的机动能力

　　提高雷达的机动能力，也是一项 AARM 措施。ARM 攻击的雷达目标，常常以自身电子情报(ELINT)或电子侦察活动提供的雷达部署情报为依据。如果防空导弹制导雷达设置点固定不变或长期不动，其受到 ARM 攻击的危险就很大。因此，雷达应能在短时间拆卸、转移和架设，具有良好的机动性。

　　4) 采用双(多)基地雷达体制

　　把雷达发射系统与接收系统分开放置，两者相隔一定距离协同工作，就构成了双(多)基地雷达。

　　把发射系统放置于掩体内，或放置在 ARM 最大攻击距离之外的地方，将一部或多部具有高角分辨力接收天线的接收机设置在前沿(构成双或多基地雷达)。因为接收机不辐射电磁波，对 ARM 来说工作是寂静的，因而它不受 ARM 攻击。此外，如果把发射系统置于在高空巡航的大型预警飞机或卫星上，也可免受一般 ARM 的攻击。

　　虽然双(多)基地雷达在收、发系统间配合(如通信联络、收发天线协同扫描、高精度时间同步等)方面存在着技术困难，但随着技术的发展，这些困难将得到较好的解决。而且，双(多)基地雷达在探测隐身飞机方面也有较强的能力。

2. 对 ARM 的探测、告警和诱偏

　　1) 探测和告警报

　　对飞行中的 ARM 进行探测和告警，是采用各种技术和战术措施抗击 ARM 的前提。与常规飞机相比，ARM 具有雷达截面积比较小、朝向雷达飞行的径向速度高(通常马赫数大于 2)，且总在载机前方(靠近目标雷达)等特点，因此，在目标雷达上看到的 ARM 反射回波的多普勒频率较高、可迅速接近雷达、信号弱而稳定且在载机回波之前。ARM 探测装备的设计，充分利用了 ARM 回波的这些特征。探测、告警装置可分为两类，一类是在原有雷达上加装探测、告警支路，另一类则是设计专用告警雷达。

　　(1) 在原有雷达上加装 ARM 来袭监视支路。

　　利用 ARM 回波信号多普勒频率较高，一个目标信号分离成两个，且其中一个迅速接近雷达的特点，在雷达上加装 ARM 回波信号识别电路。

　　当雷达跟踪或边搜索边跟踪某目标时，一旦发现该目标回波分离成两个信号，且其中之一具有较高的多普勒频率时，信号识别电路即发出告警信号，令发射机关高压，或启动对应的手段抗击 ARM。对 ARM 监视、告警的电路既可装在制导雷达上供自卫用，也可装在搜索雷达上，使其在搜索和跟踪过程中发现 ARM，并向友邻雷达发出 ARM 袭击的告警信号。

（2）专用的 ARM 告警雷达。

雷达自身的 ARM 监视支路只能监视主瓣方向来袭的 ARM，难以监视旁瓣方向来袭的 ARM，且对于无多目标跟踪能力的雷达，如果监视了 ARM 就会丢掉跟踪的目标，搜索雷达难以监视顶空 ARM 的袭击。因此，对 ARM 告警的最佳方案是使用专用的 ARM 告警雷达。

ARM 专用告警雷达应采用低频段、毫米波段或低截获概率技术，避免自身受到 ARM 的攻击。作为告警雷达，对其定位等精度要求不高，只要求比较粗略地指示出 ARM 的方向和距离，但要求有全向（半球空间）指示和跟踪能力，以便指挥 ARM 诱偏系统工作或引导火力拦截系统攻击 ARM。

2）对 ARM 的诱偏

在雷达附近设置对 ARM 有源诱偏装置，是一项有效对抗反辐射导弹的措施。

ARM 主要是依据要攻击雷达信号的特征（如载频、重复频率、脉宽等）锁定跟踪目标的，若有源诱饵辐射的信号特征与雷达信号的相同，其有效辐射功率足够大，在远区与雷达同处一个 ARM 天线角分辨单元之内，就有可能把 ARM 诱偏到两者的"质心"，甚至是远离雷达和诱饵的其他地方，以保护制导雷达。

通常，ARM 从雷达旁瓣方向进行攻击，因而诱饵的有效辐射功率（ERP）应比旁瓣有效辐射功率略高一些。

ARM 导引头通常设计成锁定在雷达探测脉冲前沿、后沿或中间脉冲取样上，一旦获得探测信号，ARM 的导引头会产生制导命令，引导 ARM 自动瞄准辐射源。假如只有一个雷达在以探测脉冲形式辐射 RF 信号，那么导引头就对探测脉冲串中各相继脉冲的前沿或后沿或中间脉冲进行取样，以便产生制导指令使 ARM 瞄准雷达。

为了提高雷达受 ARM 攻击时的生存能力，希望将诱饵安置在所要保护的雷达附近，距离雷达数百米远，诱饵之间的距离取决于战术应用，使攻击中的 ARM 制导系统瞄准到位置与雷达分开的视在源上。来自诱饵的射频信号产生合成的覆盖脉冲遮盖住雷达天线旁瓣产生的探测脉冲（在功率幅度和时间宽度上均遮盖）。如此，来袭 ARM 的制导系统就不能用探测脉冲的前沿、后沿或中间脉冲取样得到制导指令。同时，几个诱饵脉冲遮盖探测脉冲的位置随机"闪烁"变换，从而使 ARM 制导系统接收信号方向"闪烁"。由于这种"闪烁"，引起 ARM 的瞄准点偏离，因而也就阻止了 ARM 去瞄准雷达或任何一个诱饵。图 8.3.1 为一种有源诱饵抗反辐射导弹的部署示意图，图 8.3.2 为一种诱饵与雷达信号到达 ARM 处的时序关系。

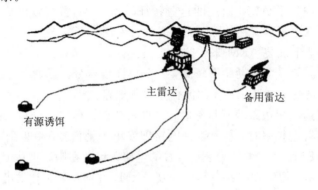

图 8.3.1　有源诱饵抗反辐射导弹的部署示意图

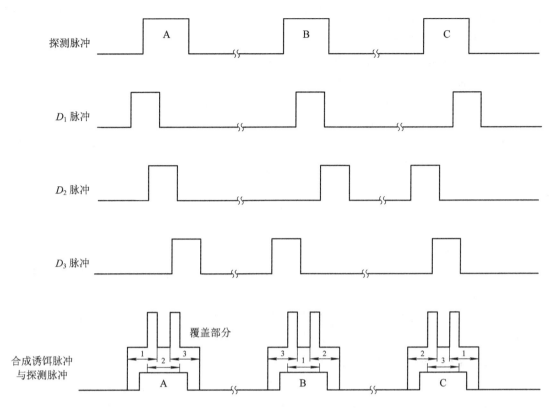

图 8.3.2　诱饵与雷达信号到达 ARM 处的时序关系

由图 8.3.1 可见：三点诱饵系统布置在雷达附近的不同位置上，每个诱饵通过数据链与雷达相连。雷达是传统的脉冲雷达，它辐射具有预定频率的探测脉冲，照射到来袭的 ARM 上。雷达中有一个同步器控制发射机产生探测脉冲，经天线辐射出去。同步器还产生供各诱饵用的控制信号，以便按图 8.3.2 所示程序产生诱饵脉冲（具有预定频率）。

雷达中的同步器用来提供触发脉冲馈给发射机和各个诱饵站。触发脉冲的位置在图 8.3.2 中四个波形的前沿位置（未单独画出）。为了使 ARM 无法攻击某一个诱饵，三个诱饵的时序设计成交替变化的时序，如表 8.3.1 所示。

表 8.3.1　三个诱饵的时序表

探测脉冲	预触发脉冲	中间触发脉冲	后触发脉冲
A	1	2	3
B	3	1	2
C	2	3	1

"预触发脉冲"指的是在探测脉冲之前出现的触发脉冲；"中间触发脉冲"指的是在探测脉冲发射期间出现的触发脉冲；"后触发脉冲"则是指恰好在探测脉冲后沿之前出现的触发脉冲。

图 8.3.2 最下面的波形显示出了到达 ARM 处三个合成覆盖脉冲和探测脉冲的关系。

观察波形可得出如下结论：

① 每个合成覆盖脉冲均遮盖了相应的探测脉冲；

② 合成覆盖脉冲的幅度通常总是大于相应的探测脉冲；

③ 每个合成覆盖脉冲均不同于另外两个合成诱饵脉冲，即具有交替性。

可以看到，到达 ARM 处的各个探测脉冲和相应的诱饵脉冲之间的传播延时之差取决于 ARM 相对于雷达和各诱饵的仰角和方位角。然而，即使不同触发脉冲的出现时间是未加调整的，只要各诱饵(1 站、2 站和 3 站)与雷达距离较近，且诱饵脉宽足够，该传播时间差的任何可能的变化都将小于各个探测脉冲与任何一个诱饵脉冲之间的重叠时间。因此，不管 ARM 从什么方向飞临雷达，所有由 ARM 导引头接收的探测脉冲都会被合成脉冲所遮盖。而且，不管 ARM 制导系统是跟踪接收到的脉冲串的前沿还是后沿，ARM 制导系统处理的只是脉冲 D1、D2 和 D3。换句话说，不论 ARM 导引头使用的是前沿跟踪器、后沿跟踪还是中间脉冲取样器，所得到的制导指令都将把 ARM 引向某个与雷达相距一定距离的地方。而且，该着弹点也不会在诱饵站处，因为在导弹攻击的末段，其制导系统的动态响应范围会被超出。

诱饵系统中诱饵的数目可以根据经费的许可适当增加，诱饵的数量越多对抗 ARM 的效果越好。

3. 抗反辐射导弹的系统对抗措施

以上各项 AARM 措施都是针对 ARM 制导技术存在的弱点提出来的。实际上，ARM 技术正在不断地发展。20 世纪 80 年代后，智能化技术、复合制导体制在 ARM 上得到广泛应用，ARM 技术已发展到了一个新阶段。目前，采用单一的 AARM 措施已不能十分可靠地保护昂贵的制导雷达。为此，应采用系统工程方法，研究 ARM 攻击的全过程。针对 ARM 攻击前、后各阶段分层采用综合措施，用系统对抗的方法防护、摧毁 ARM 的攻击。

1）ARM 攻击的全过程

攻击辐射源的过程可以分为发射前侦察、锁定跟踪阶段，点火发射阶段，ARM 高速直飞行攻击阶段和末端攻击阶段等四个阶段。

第一阶段是 ARM 发射前侦察、锁定跟踪阶段。通常，ARM 载机上装有侦察、告警系统，用于在复杂的电磁信号环境中不间断地侦收所要攻击的雷达信号，将实时收到的信号与数据库储存的威胁信号数据进行对比、判断，选定出需要攻击的对象并测定其方位，把 ARM 接收系统的跟踪环路锁定在待攻击的雷达参数上。若载机无专用雷达信号侦察设备，则由 ARM 接收机自己完成上述工作。

第二阶段是 ARM 点火发射阶段，即 ARM 对雷达攻击的开始阶段。其特点是 ARM 与载机分离，加速向雷达接近。

第三阶段是 ARM 高速直飞攻击阶段。其特点是 ARM 速度很高，而且现代 ARM 还能在雷达关机的条件下进行记忆跟踪。

第四阶段是开启 ARM 引信，对雷达发起最后攻击的阶段。

2）对付 ARM 的系统对抗措施

依据 ARM 各阶段的特点，分别采取相应的系统对抗措施。

（1）在 ARM 侦察阶段。

导弹武器系统采取的主要措施是提高各辐射源的隐蔽性，使 ARM 无法对辐射源信号进行锁定和跟踪，具体措施如下：

① 雷达制导站采用低截获概率技术；

② 雷达发射控制，隐蔽跟踪，随时应急开关发射机，有意断续开机等；

③ 雷达同时辐射多个假工作频率，形成使对方难以准确判断的密集信号环境；

④ 雷达组网，统一控制开启关闭时间，信息资源共享，形成密集和闪烁变化的电磁环境；

⑤ 应用双（多）基地雷达体制，让高性能的接收系统不受 ARM 攻击且有效地工作；

⑥ 对电站等热辐射源进行隐蔽、冷却或用其他措施防护，防止红外寻的 ARM 攻击；

⑦ 防止敌方预先侦知雷达所在地和信号形式。

（2）ARM 点火攻击阶段。

ARM 的点火攻击阶段同时也是导弹武器系统对 ARM 进行探测、告警和采取反击措施的准备阶段。武器系统在此阶段采取的对抗措施如下：

① 在雷达上增设对高速飞行 ARM 来袭的监视支路，获得预警时间；

② 配置专用探测 ARM 的脉冲多普勒（PD）雷达，监视和测定 ARM，发出告警，为武器系统抗击 ARM 提供预警，并能对"硬"杀伤武器进行引导；

③ 充分利用雷达网内其他雷达以及 C^3I 指挥信息系统提供的告警信息。

（3）在武器系统发现 ARM 来袭后的防护阶段。

武器系统发现 ARM 来袭后便进入防护 ARM 的第三阶段，其主要战术、技术措施如下：

① 雷达紧急关机，用其他探测和跟踪手段（例如光学系统）继续对目标进行探测或跟踪；

② 开启 ARM 诱偏系统，把 ARM 诱偏到远离雷达的安全地方；

③ 多部雷达组网工作，它们具有精确的定时发射脉冲和相同的载频，其发射脉冲码组（脉冲内调制）具有正交性，各雷达的发射脉冲具有较大重叠，造成 ARM 选定跟踪困难，或使方位跟踪有大范围的角度起伏；

④ 减小雷达本身热辐射、工作频带外的辐射和寄生辐射，防止 ARM 对这些辐射源实施跟踪；

⑤ 用防空导弹拦截 ARM。

（4）在 ARM 临近制导雷达的最后攻击阶段。

这一阶段雷达受到威胁的程度最高，所采取的措施主要是干扰 ARM 的引信和直接毁伤 ARM。具体措施如下：

① 干扰 ARM 引信，使其早爆或不爆；

② 施放大功率干扰，使导引头前端承受破坏性过载，造成电子元件失效，使 ARM 导引系统受到破坏；

③ 利用激光束和高能粒子束武器摧毁 ARM；

④ 利用密集阵火炮，在 ARM 来袭方向上形成火力墙；

⑤ 投放箔条、烟雾等介质，破坏 ARM 的无线电引信、激光引信和复合制导方式（激光、红外和电视等），用曳光弹作红外诱饵。

ARM 的系统对抗过程和相应的措施可概括在表 8.3.2 中。

表 8.3.2　系统对抗 ARM 的过程与措施表

ARM 攻击阶段	对雷达侦察、锁定跟踪	点火、加速	高速直飞	末端攻击
AARM 阶段	反侦察	探测、告警、防御准备	防御、反击	拦截杀伤
AARM 措施	(1) 低概率截获技术 (2) 低频段(米波、分米波)和毫米波段采用 (3) 雷达组网,隐蔽跟踪 (4) 双(多)基地雷达体制 (5) 光电探测与跟踪 (6) 提高机动性	(1) 雷达附加告警支路 (2) ARMPD 雷达(专门用于探测 ARM 的脉冲多普勒雷达) (3) 雷达组网后 ARM 信息利用,或 C^3I 系统其他信息	(1) 紧急关机 (2) 诱偏系统开启 (3) 雷达组网,同步工作 (4) 反导导弹(防空导弹) (5) 减小雷达站热辐射和寄生辐射,带外辐射	(1) 对引信干扰 (2) 大功率干扰 (3) 密集火炮阵 (4) 激光与高能粒子束武器 (5) 烟雾、箔条和曳光弹

8.3.2　雷达反隐身技术

20 世纪 80 年代末期以来,隐身技术进入了实用阶段,各种隐身飞行器已在军事技术先进的国家中服役。雷达隐身技术的发展必然带动雷达反隐身技术的迅速发展。目前提出了多种反隐身的技术途径,有些技术已经实现,有些技术尚处于研究阶段。

雷达反隐身技术是一门多学科的综合技术,其技术措施主要集中在两个领域:一是抑制隐身效果,使隐身飞行器的雷达截面积不至于显著降低;二是提高雷达的探测能力,使雷达能够在所需距离上监测到雷达截面积小的目标。实际应用中,这两类措施往往是交叉、混合使用的。

1. 体制反隐身

体制反隐身主要包括以下几方面:

1) 分米波与米波段超分辨力雷达

这种技术是反隐身技术中最有前途的一种。隐身飞行器对米波波段的隐身效果差,它利用的是在低频上吸波材料的效率降低这一特点。另外,由于各种原因,飞机发动机和机体的某些部位仍然多为金属制造,因此飞机上至少有约为 1 m² 的区域与传统材料一样。如果雷达载波波长也约为 1 m,就会发生谐振现象,此时隐身飞机的低反射特性将不再成立。在这些条件下,隐身飞机就不可能呈现远小于 1 m² 的 RCS。

米波雷达的主要缺点是测角精度差、波束扫描慢、鉴别力低及低空作用距离近。将现代谱估计理论引入阵列天线形成空间谱估计理论,应用空间谱估计的各种算法,空间分辨力能提高到波束半功率宽度的 1/10～1/20。由于这是利用了非线性处理,因此应注意回波相位与多普勒信号的失真,制导雷达应采用相参体制的分米波或米波雷达。

2) 采用雷达组网与数据融合技术

由于隐身飞行器侧向的 RCS(雷达截面积)远大于前向鼻锥的 RCS,因此,即使将单基地体制的雷达组网也会对反隐身有益。近几年来,多传感器的数据融合技术有了很大的发展,为雷达组网创造了良好的技术条件。

3）双（多）基地雷达

双（多）基地方式主要利用大双基地角时隐身飞行器非后向散射雷达截面增大的弱点进行反隐身的，其探测目标的原理示意图如图 8.3.3 所示。

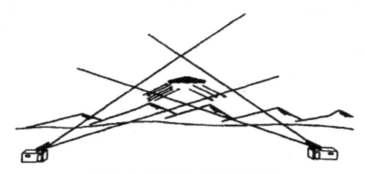

图 8.3.3　双基地雷达探测目标示意图

双（多）基地 RCS 存在前向散射区，这一区域主要指双基地角大于 135°的区域。在该区域中，双基地 RCS 比单基地 RCS 增大很多。当 $\beta=180°$时，双基地达到最大。此时目标的前向散射 RCS 用 σ_F 表示，即

$$\sigma_F = \frac{4\pi A^2}{\lambda^2} \tag{8.3.1}$$

式中，A 为目标在入射方向上的截面积或投影面积，λ 为波长。

目标可以是光滑的简单形状，也可以是复杂形状。目标可以是反射型的，也可以是吸收型的，或者是两者的组合，只要目标的投影面积处于发射波束的截面之中。

目标产生前向散射效应的机理可用巴比涅（Babinet）原理加以说明。巴比涅原理最初是作为一个光学原理来应用的，后来被引进了电磁场理论，用于说明偶极子与缝隙天线具有相同的辐射方向图。

图 8.3.4 给出了巴比涅原理应用于前向散射的情况。不透明面积为 A 的"偶极子"目标和与其互补的透明面积为 A 的"缝隙"目标分别由互为共轭的辐射源照射，这里，"共轭源"定义为相对原来源极化方向旋转 90°的辐射源。接收机置于目标的另一边，双基地角为 $\beta=180°$。偶极子目标表示在发射—接收路径上截面积为 A 的真实目标，而缝隙目标表示该路径上的巴比涅模型，即孔径面积为 A 的真实缝隙目标。根据巴比涅原理，当受互为共

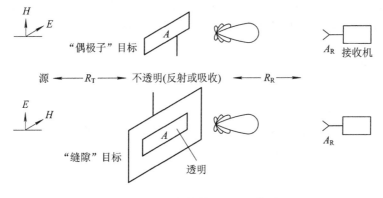

图 8.3.4　前向散射的巴比涅模型

轭的辐射源照射时，这两个目标的前向散射的方向图是相同的。此时，缝隙目标"接收"到的功率正比于缝隙的截面积 A，而它的"再辐射"功率则正比于缝隙天线的增益 $G(G = 4\pi A/\lambda^2)$。因此，接收机处的功率正比于 $A \cdot G = 4\pi A^2/\lambda^2$，这就是式（8.3.1）中的 σ_F。当 $\beta < 180°$ 时，随着 β 的减小，目标的前向散射面积将减小。这种结果是由于缝隙天线辐射方向性引起的。由于偶极子目标代表的是真实目标的情况，因此巴比涅原理就直观地解释了复杂目标前向散射面积增大的机理。

图 8.3.5 给出了一个 8° 圆锥体，底面直径为 35 mm，波长 $\lambda = 17.9$ mm，在双基地角分别为 180° 和 70° 情况下，以测试转台角为函数的双基地雷达截面积的测量数据。该测量是在微波暗室用缩比目标进行的，测试模型支撑在一个聚苯乙烯塑料转台上。

图 8.3.5 中，雷达截面积用 λ^2 进行了归一化，横坐标为转台角，它表示双基地角平分线方向与测试转台基准方向的夹角。

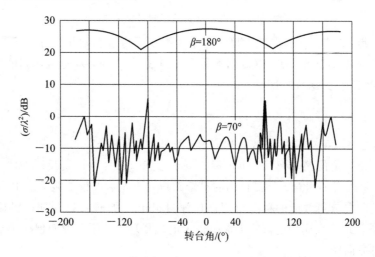

图 8.3.5　圆锥体双基地 RCS 与转台角的关系

由图 8.3.5 可以看出：双基地角为 180° 情况下的双基地雷达截面积数值较大，且随不同转台角变化的范围较小，仅 7 dB 而双基地角为 70° 情况下的双基地雷达截面积数值较小，但随不同转台角变化的范围较大，最大差值超过 30 dB。

4）采用谐波雷达体制

因为隐身目标谐波的辐射强度可能比基波的后向散射波还要大，所以采用能够接收目标散射谐波的雷达体制，可以获得较大的目标回波信号功率。

5）超宽带雷达和冲激雷达

有载波的超宽带雷达有了很大进展，可以获得几个厘米的径向高分辨力，成功地用于反隐身、成像制导与目标识别等方面。

无载波的冲激雷达发射极窄的视频脉冲，因此具有极宽的频谱，可用作反隐身雷达。这种雷达的问题在于，发射脉冲的功率很低，因此雷达作用距离是有限制的。当有足够功率的无载频发射机可实现时，这类雷达才会有较高的效能。

2. 技术反隐身

技术反隐身主要包括以下具体方法：

1）提高功率孔径积

随着大功率固态器件的应用，制导雷达的功率还有很大潜力。随着低旁瓣天线水平的提高，天线孔径也应合理增大。因此，大功率孔径积与低截获概率的功率管理能够做到相互兼容。

2）提高发射波形的时间带宽积

提高相参体制发射波形的时间带宽积对反隐身、反低空突防与抗干扰都有利。目前，雷达信号带宽已经扩展到了 4 GHz，信号带宽增大，意味着雷达径向分辨力的提高。具有高径向分辨力是制导雷达的发展方向，它能有效地反隐身、抗低空环境杂波和提高目标识别能力。

3）双频段和复合制导

目前，隐身技术有效频段范围为微波波段，因此在地面制导雷达或导弹末制导上增添 35～94 GHz 的毫米波传感器，或者增添红外、可见光与激光探测器，都能提高制导系统的反隐身能力，同时也有益于抗干扰和反低空突防。

4）增加相参处理的脉冲数

采用相参积累方式可以显著提高雷达探测目标的能力，而且参与相参处理的积累脉冲数越多，雷达探测目标的能力就越强。

5）无源被动相干检测技术

对隐身飞行器表面辐射的电磁波或者所携带的辐射源进行相干检测或者相关分析，以提高被动探测的灵敏度。无源被动定位技术应与雷达组网技术相结合。

8.4　经典雷达电子战实例分析

如今，电子战已经成为战争制胜的第一利器、国际斗争的有效暗器。毫无疑问，未来电子战在斗争的舞台上将扮演越来越重要的角色。电子战自 20 世纪初出现以来，在历次大小战争中发挥了积极的作用。随着电子技术的飞速发展，电子战在现代高技术战争中的地位不断提高。现代化电子装备的进步及其在战场上显现出来的巨大效能，使得现代军队对电子设备的依赖性增大，高技术条件下作战行动对电子战的依赖也随之增强，电子战从而渗透到战场的各个角落，在现代作战中的作用越来越突出，其成败将对作战的进程和结局产生重要影响。从第四次中东战争、贝卡谷地之战、美军空袭利比亚、英阿马岛之战到海湾战争、科索沃战争、阿富汗战争的战争实践都充分表明，现代条件下作战，掌握制电磁权的一方，将极有可能取得胜利。

本节以贝卡谷地战役的电子战进程为例，详细分析电子战在战争中发挥的重要作用。

8.4.1　贝卡谷地战役回顾

贝卡谷地位于黎巴嫩东部靠近叙利亚的边境地区。这里土地肥沃、气候温和，是黎巴嫩最大的农业区。后来，法国殖民者占领这里，当地阿拉伯人不断反抗，使得法国殖民者不得已撤离此地。随后黎巴嫩独立，贝卡谷地位于黎巴嫩境内。

1982 年 4、5 月间，两伊战争进入紧张阶段，英国和阿根廷也在南大西洋的马岛发生战争。以色列瞄准这一有利时机，借口驻英国大使遇刺，突然入侵黎巴嫩。黎巴嫩战火熊熊燃烧，震惊了整个世界，更使它的邻国叙利亚感到严重不安。以色列和叙利亚积怨其深，叙利亚担心它的这个老对手会把战火烧到自己的境内。果然，仅仅 3 天后，以色列突然出动近百架飞机，对叙利亚部署在贝卡谷地的萨姆-6(SAM-6)导弹阵地发动了一次闪电般空袭，仅用 6 分钟就让叙军的 SAM-6 导弹阵地化为一片废墟。

提起 SAM-6 防空导弹(见图 8.4.1)，就不能不使人想起 20 世纪 70 年代爆发的第 4 次中东战争，正是在这场战争中，SAM-6 大大地出了一番风头——以色列被击落的战机，大多数是由 SAM-6 导弹击落的，从而才使 SAM-6 名扬世界。叙利亚对 SAM-6 导弹推崇至极。实际上，在世界战争舞台上，没有任何武器装备可以在战场上永远保持"绝对优势"，叙利亚对萨姆导弹的过分迷信和依赖，也为后来的贝卡谷地悲剧埋下了伏笔。

图 8.4.1　SAM-6 防空导弹

以色列通过 E-2C"鹰眼"预警飞机监视叙利亚从机场起飞的飞机，引导以机进行拦截，并用 A-4 飞机做近距离空中支援，用波音 707 飞机改装的远距离支援侦察干扰飞机进行电子干扰。以方共出动了 F-15、F-16、F-4 等飞机约 90 架，几乎摧毁了叙方所有的导弹连(19 个)。以方在这次战争中取得胜利的原因有：在埃以战争期间，以色列缴获了埃及的 SAM-6、SAM-7 及四管高炮等完整的武器系统，在飞机上装了可以侦收上述武器辐射信号的新雷达告警接收机；战前进行了攻击 SAM-6 导弹连的战术训练；战时再采用遥控飞行器和新的电子干扰战术。因此以方占了明显的优势。这次战斗证明了使用电子控制的武器与电子对抗支援措施相结合的重要性。图 8.4.2 所示为贝卡谷地电子战概况。

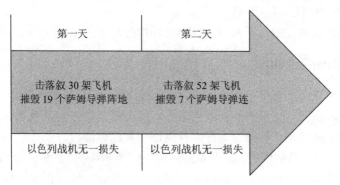

第一天	第二天
击落叙 30 架飞机 摧毁 19 个萨姆导弹阵地	击落叙 52 架飞机 摧毁 7 个萨姆导弹连
以色列战机无一损失	以色列战机无一损失

图 8.4.2　贝卡谷地电子战概况

在这以后，苏联向叙利亚提供大量的新型导弹武器系统 SAM-8、SAM-9，叙方于 7 月 25 日成功地击落一架 F-4 飞机。在以色列设法缴获 SAM-8 和 SAM-9 导弹武器系统后，9 月份便在黎巴嫩摧毁了 5 个这样的导弹连。贝卡谷地的战果显示出在精确电子战行动支援下进行"实时"攻击的新概念，显示出一种新的战争模式。

以色列飞机装备了先进的全自动化、计算机化的欺骗干扰机，能使先进的导弹偏离轨道。机载雷达告警接收机能发现 SAM 导弹系统的制导雷达是否已跟踪上飞机，能分析与识别各种威胁，确定威胁的优先级，及时采取最有效的措施去对抗各种威胁。

8.4.2　贝卡谷地战役雷达电子战对抗分析

1. 战前的电子侦察

以色列在决定对叙利亚的防空系统进行攻击之前的一年的时间里，使用无人机、陆基侦察战等多种手段对叙利亚的防空系统进行了多次长时间的侦察，详细地掌握了雷达的工作参数和布防位置信息，并且在真正的空袭开始之前使用"猛犬"无人机引诱叙利亚防空系统启动，同时派出"侦察兵"无人机紧跟其后，最后一次对叙利亚雷达的工作参数和位置进行确定，并传递给预警机。这样，即便"猛犬"无人机被击落，叙利亚雷达与通信的频率也已经被以色列军队所完全截获。图 8.4.3 所示为贝卡谷地战役中以军用于电子战的飞机。

图 8.4.3　贝卡谷地战役中以军用于电子战的飞机

2. 战役中的电子攻击

针对雷达的攻击，以色列军队不仅引进了"百舌鸟"反辐射导弹，其自身还研制生产了"狼"式地对地反辐射导弹，增加了记忆电路，增强了对雷达关机等反辐射措施的干扰效果。此外，以军专门改装了波音 707 客机，将这样一个大型的客机改装成了专用的电子战飞机，在战时对叙利亚的通信系统有效实施远距离的电子干扰，切断了叙利亚地面指挥部与其导弹阵地以及机场之间的联系。同时，以军还利用美制的 F-14、F-15 携带的雷达告警和自卫干扰设备对叙利亚的雷达、通信系统进行了压制和欺骗干扰。

3. 战役后期的对空拦截

叙利亚得知贝卡谷地被空袭后，立即从本土起飞前往支援，但以军立即对增援的叙利亚空军空地通信实施压制干扰，切断通信链路，并对叙空军飞机实施通信欺骗，发送假消息引诱其进入包围圈。

总结贝卡谷地电子战的战法，其具有如下几个鲜明的特点：

(1) 战前周密侦察，充分准备。以色列军队在第四次中东战争遭受重创之后，历经了 10 年的时间，逐步找到了防空系统的弱点，针对雷达的弱点进行了电子战训练。

(2) 在发起正式的攻击之前，以军先行佯攻。为了有效地确认敌防空系统情报的有效性，以军采用无人机编队进行最终的确认。

（3）侦察、干扰、告警、摧毁一体化作战。以军充分利用了机载的雷达告警和自卫干扰系统相结合、有源干扰与无源干扰相结合、软杀伤和硬摧毁相结合的技术手段。

这次空战有力地证明了以电子战为主导，并贯穿战争始终的战争样式是以色列取得压倒性胜利的关键。贝卡谷地空战带给我们的启示如下：

（1）要打赢信息化战争，视野和思维必须与时俱进，紧跟时代步伐。电子战已成为现代战场的主要作战样式之一，一方面，叙利亚军队沉浸在第四次中东战争"SAM‐6"导弹取得的成功故步自封，只注重无干扰条件下的防空，没有意识到"电子战"时代的来临；另一方面，以色列十年磨一剑，充分研究"SAM‐6"导弹的弱点和缺陷，制定并反复演练针对性的打击方案。

（2）电子战装备的优劣对战争的结果起着非常重要的作用。以色列军队不仅引进了"百舌鸟"反辐射导弹，其自身还研制生产了"狼"式地对地反辐射导弹、侦察无人机等电子战装备。

（3）不断推动适应新装备、新环境的电子战战术战法的发展。一方面，叙利亚仍然停留在传统的防空以及空战战法，主要依靠地面指挥引导；另一方面，以色列已经开启了新的战争模式，即电子战体系战的空战战法，特别是采用了多机群群体化的电子战战法，从而取得了这场战争压倒性的胜利。

参 考 文 献

[1] SKOLNIK M I. 雷达手册. 2 版. 北京：电子工业出版社，2003.

[2] SKOLNIK M I. 雷达系统导论. 3 版. 北京：电子工业出版社，2006.

[3] 丁鹭飞，耿富录. 雷达原理. 3 版. 西安：西安电子科技大学出版社，2002.

[4] STIMSON G W. 机载雷达导论. 2 版. 北京：电子工业出版社，2005.

[5] 张明友，汪学刚. 雷达系统. 2 版. 北京：电子工业出版社，2006.

[6] 王小谟，张光义. 雷达与探测. 2 版. 北京：国防工业出版社，2008.

[7] 中航雷达与电子设备研究院. 雷达系统. 北京：国防工业出版社，2005.

[8] EAVES J L，REEDY E K. 现代雷达原理. 北京：电子工业出版社，1991.

[9] 李蕴滋，黄培康，等. 雷达工程学. 北京：海洋出版社，1999.

[10] SCHLEHER D C. 信息时代的电子战. 信息产业部电子第二十九所，电子对抗国防科技重点实验室，2000.

[11] 伊利·布鲁克纳. 雷达技术. 北京：国防工业出版社，1984.

[12] 蔡希尧. 雷达系统导论. 北京：中国科学技术出版社，1983.

[13] BARTON D K. 雷达系统分析. 北京：国防工业出版社，1985.

[14] BARTON D K. 雷达系统分析与建模. 北京：电子工业出版社，2007.

[15] 郑新，李文辉，潘厚忠. 雷达发射机技术. 北京：电子工业出版社，2006.

[16] 弋稳. 雷达接收机技术. 北京：电子工业出版社，2006.

[17] 张祖穗，金林，束咸荣. 雷达天线技术. 北京：电子工业出版社，2005.

[18] 黄培康，殷红成，许小剑. 雷达目标特性. 北京：电子工业出版社，2005.

[19] 保铮，邢孟道，王彤. 雷达成像技术. 北京：电子工业出版社，2005.

[20] 王小谟，匡永胜，陈忠先. 监视雷达技术. 北京：电子工业出版社，2008.

[21] 张光义，赵玉洁. 相控阵雷达技术. 北京：电子工业出版社，2006.

[22] 张光义，王德纯，华海根，等. 空间探测相控阵雷达. 北京：科学出版社，2001.

[23] 贲德，韦传安，林幼权. 机载雷达技术. 北京：电子工业出版社，2006.

[24] MORRIS G V. 机载脉冲多普勒雷达. 北京：航空工业出版社，1990.

[25] 刘树声. 雷达反干扰的基本理论与技术. 北京：北京理工大学出版社，1989.

[26] ADAMY D L. 雷达电子战原理与应用. 北京：电子工业出版社，2017.

[27] 张永顺，等. 雷达电子战原理. 北京：国防工业出版社，2010.

[28] 赵国庆，等. 雷达对抗原理. 2 版. 西安：西安电子科技大学出版社，2012.

[29] 王满玉，程柏林. 雷达抗干扰技术. 北京：国防工业出版社，2016.

[30] 王雪松，李盾，王伟，等. 雷达技术与系统. 北京：电子工业出版社，2009.

[31] 许小剑，黄培康. 雷达系统及其信息处理. 北京：电子工业出版社，2010.